新世纪高等学校教材 · 环境生态工程系列

环境生态学
研究方法引论

主　编◎刘静玲　杨志峰　曾维华

副主编◎徐琳瑜　毛建素

HUANJING SHENGTAIXUE
YANJIU FANGFA YINLUN

北京师范大学出版集团
BEIJING NORMAL UNIVERSITY PUBLISHING GROUP

北京师范大学出版社

图书在版编目(CIP)数据

环境生态学研究方法引论/刘静玲,杨志峰,曾维华主编.
—北京:北京师范大学出版社,2020.12
(新世纪高等学校教材·环境生态工程系列)
ISBN 978-7-303-25590-0

Ⅰ.①环… Ⅱ.①刘… ②杨… ③曾… Ⅲ.①环境生态学-高等学校-教材 Ⅳ.①X171

中国版本图书馆 CIP 数据核字(2020)第 015611 号

营 销 中 心 电 话　010-58802181　58805532
北师大出版社科技与经管分社　www.jswsbook.com
电 子 信 箱　jswsbook@163.com

出版发行:北京师范大学出版社　www.bnupg.com
　　　　　北京市西城区新街口外大街 12-3 号
　　　　　邮政编码:100088
印　　刷:北京京师印务有限公司
经　　销:全国新华书店
开　　本:787 mm×1092 mm　1/16
印　　张:20.75
字　　数:479 千字
版　　次:2020 年 12 月第 1 版
印　　次:2020 年 12 月第 1 次印刷
定　　价:59.80 元

策划编辑:刘凤娟　　　　　责任编辑:刘凤娟
美术编辑:刘　超　　　　　装帧设计:刘　超
责任校对:赵非非　黄　华　责任印制:马　洁

新世纪高等学校教材·环境生态工程系列

前　言

2009 年 1 月至 2010 年 6 月我们代表北京师范大学环境学院有幸参加了科技部 21 世纪中心创新方法工作专项项目，与来自全国各地的不同学科专家及科技人员一道开展研究，走访了北京大学唐孝炎院士和叶文虎教授等前辈与专家，感受到了国家科技战略层面对科技创新方法的重视。以杨志峰院士为组长，刘静玲教授和曾维华教授为副组长，并与硕士/博士研究生一起组成了研究团队，经过近 2 年的研究、汇总和结题报告撰写，正式在科学出版社出版了科技创新方法系列丛书，我们课题组出版了《环境系统工程创新方法》一书，受到广泛的关注与好评。

时光飞逝，环境科学与工程一级学科在国家生态文明建设和环境管理提速的大背景下进入了一个快速发展的时期，2011 年，教育部环境科学与工程教学指导委员会环境科学分委会在"十一五"期间不懈努力，终于使生态学提升成为一级学科列入教育部学科目录。同时教育部环境科学与工程教学指导委员会在环境科学与工程一级学科下，设立了环境生态工程二级学科，这个学科的诞生故事曲折，在此不详赘述。2018 年 3 月，原来的国家环境保护部重组为国务院正部级组成部门：中华人民共和国生态环境部。各高校也在这个大背景下整合着环境科学与工程和生态学这两个一级学科的资源，希望实现跨学科的优化和发展，这个未来面向解决重大科学问题和服务社会的交叉学科将进入一个新的阶段。

2016 年秋季，我开始为一年级硕士研究生开设方法论课程《环境生态学方法》，在教学过程中我发现，面对课堂上学生研讨时的迷茫与困惑，以及硕博研究生在选题、开题、研究和答辩等研究阶段的焦虑与无绪，校内外专家关注与聚焦的经常是方法的创新与优化，这对学生来说是难以突破的瓶颈，而国内外相关的教材资源贫乏……此时北京师范大学环境学院作为中国最早的环境教育基地和"双一流"建设的重点学科，把系列教材建设提到了议事日程，我们课题组的师生在科学研究和教材编写过程中，注重传承，勇于创新，贡献了大量的时间、精力和智慧。

本书由上、下两篇组成，上篇为研究方法总论，下篇为研究方法分论。

上篇共计 5 章，下篇共计 8 章，具体编者分工如下：

前言　　刘静玲　杨志峰　曾维华
第 1 章　科学研究方法　　刘静玲　杨志峰　曾维华
第 2 章　科学研究策略　　刘静玲　曾维华　杨志峰
第 3 章　环境科学研究维度分析　　杨志峰　任玉华　刘静玲
第 4 章　环境生态问题甄别与选题　　任玉华　杨志峰　刘静玲
第 5 章　生态伦理观及方法　　刘静玲　张璐璐　孟博　包坤　高丽娟
第 6 章　生态环境风险评估　　李永丽　陈秋颖　刘丰　刘静玲
第 7 章　环境生态野外研究方法　　刘静玲　杨涛　高丽娟
第 8 章　生态环境模拟实验方法　　刘静玲　王雪梅　张婧　杨懿
第 9 章　生态环境模型研究方法　　刘静玲　孟博　包坤

统稿　刘静玲　杨志峰　曾维华　徐琳瑜　毛建素

校对　刘静玲　孟博　包坤　高丽娟　马康　陈楠楠　马家铭

编写大纲得到清华大学卢风教授，香港大学顾继东教授，东北师范大学盛连喜教授、王德利教授，华南师范大学肖显静教授，黑龙江自然资源研究院倪宏伟研究员，中国林业科学研究院崔丽娟研究员和生态环境部环境工程评估中心总工程师王亚男的大力支持，他们提供了无私的帮助和宝贵的建议。出版过程中得到北京师范大学出版社刘风娟、陈婉怡编辑大力支持，特别是非冠疫情期间坚持辛勤工作，在此一并表示衷心的感谢！

多年来伴随着一届又一届硕士研究生和博士研究生的到来，每到准备研一和开题阶段，科学研究的新手上路之时，很多问题迎面而来。所谓新手上路，遇到困难和波折是再正常不过的事情了，这时掌握科学研究的方法和策略就显得尤为重要了。这本教材经过了近 10 年的积累，在北京师范大学环境学院这个"双一流"科研平台上凝聚了集体的智慧，体现了探索创新永无止境的科学精神，传承和发扬了我们的院训"勿忘在莒，励精图治，海纳百川，开拓创新"，希望它能够对于研究生的学习和科学研究方法方面有所启发和帮助，同时也是起到抛砖引玉的作用，希望国家科技管理部门、专家学者和公众关注环境生态学方法的研究、归纳、梳理与总结，共同推进和提升环境生态学研究方法与技术手段的创新，共同为提升跨学科复合型创新人才的科研创新能力而努力！

2012 年第 1 稿

2018 年第 2 稿

2019 年第 3 稿

2020 年 6 月最终稿

作者于北京师范大学珠海校区

目　录

上　篇　研究方法总论

下 篇 环境生态方法分论

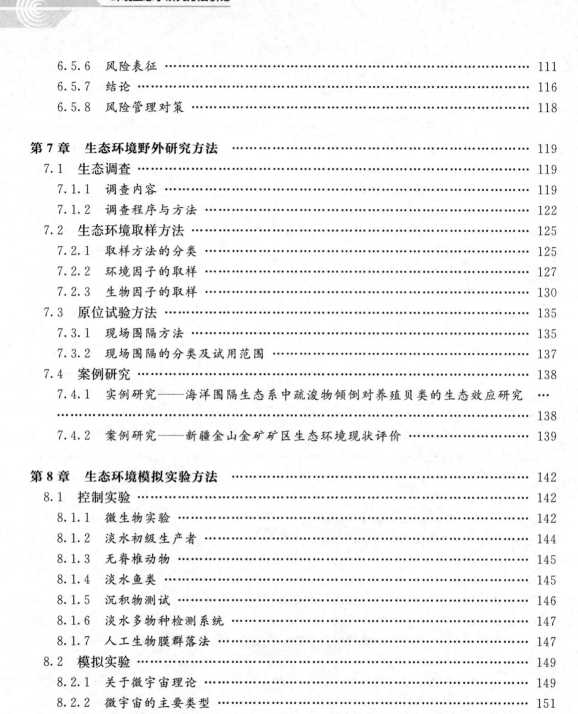

上　篇　研究方法总论

第1章 科学研究方法

科学方法论是一个系统，包括调查、实验、计算建模、推理、演绎等各种科学方法以及其使用方法的一般原则，以确保科学推理过程的严谨性和有效性。它的三个目标：

1. 通过科学方法的综述、分析与思考，为科学推理的过程和研究计划提供结构支持；

2. 通过分析环境生态学研究中案例的共同性和特殊性，优化解决问题的不同研究方法；

3. 进行环境生态学研究时，面对跨学科的挑战，解决生态环境管理的复杂性导致的社会科学、理学和工学的交叉与融合所面临的困难。

1.1 科学研究基本步骤

1.1.1 制定一个分析框架

科学研究与课程学习不同，它的任务是分析问题和解决问题，首先需要：①确定一个研究问题(科学问题)；②运用创造力产生研究新思路；③确保提出的研究方法与已有的科学研究紧密联系；④确保在有限的时间和资源内，方法具有可行性；⑤基于科学假设提出预期研究结果。

1.1.2 对科学推理进行综合分析

我们需要明晰三种知识类型：概念与理论(预设已了解的知识，确定基本原理)；假设与提出问题(通过研究区分真假，通过数据陈述确定辨析真假及其推理)；进行测量和设计实验(必须要对进行测量的性质进行分析，使它在表征概念时有效、精确)。

通过逻辑、归纳、演绎等推理方法描述可能证伪一个假说的条件，这是科学研究中最难的一步。

需要区分科学推理和统计推理，需要探索性分析来确定并进行统计检验。

环境生态学的复杂性需要融合性的思想去定义综合性的概念和理论，如果要创造一种新理论，需要了解和深入理解原有的理论与方法，不能够被单一、判决性的研究所限制，需要概念分类、方法比较和思考不同的研究策略，才能够融会贯通，有所创新。

1.1.3 在研究共同体中工作

批判的思维是研究的基本要求，科学家可以按照自己的需求和兴趣，研究构建逻辑基础，然而社会、环境和资源等因素对于年轻科学家具有重要的影响，特别是研究团队的共同合作，对于克服环境生态学研究面临的困难与挑战是非常重要的。

生态环境保护是一个需要专家跨学科联合攻关的复杂课题。全球和国家一级不同尺度上生态环境问题的解决、复杂形同的科学关键的明晰、理论与方法的创新、不同管理策略的制定，需要我们具有理解、包容、妥协和优化的跨学科思维与决策能力。

1.1.4 筛选一种或几种研究方法并优化

不同的研究方法与手段具有各自的优势和不足,环境生态研究的方法论的基本原则:①不断进行公正有效的批判;②定义概念、原理、假设、数据陈述和推论要精确;③必须用明确的标准来检验理论和证据之间的关系,得出结论;④通过概念的定义和理论构建,对比运用,科学阐明构建与评价变化的过程。

1.2 问题与挑战

目前,生态学和环境科学面临的质疑和批判在于:缺乏突破性进展、未出现普遍性的理论、概念不完备、不能够检验自己的理论。因此,渐进式综合关注应该是跨学科研究的主要推理方法。表 1-1 所示为环境生态学研究新手所面临的问题一览表。

表 1-1　环境生态学研究新手所面临的问题一览表

问题	方法论对策
如何提出一个问题?如何发现科学问题?	A. 阅读文献;B. 组会讨论;C. 请教导师或专家
有想法,但却没有方案?	A. 加强思考深度;B. 注重知识转化成为自己的观点;C. 参考开题报告和基金申请书
如何进行文献综述?如何了解那些已经研究过的内容?如何把握学科前沿?	A. 阅读综述文章;B. 自己归纳总结文献;C. 阅读专著及最近 3 年的文献;D. 参加学术会议
如何知道方案与一个理论和实际问题的相关性以及研究意义?如何评估研究方案的可行性?	A. 广泛征求意见;B. 组会;C. 开题研讨会
怎样分析数据、写论文?提出的假设,检验后发现不正确应当怎样?	A. 阅读论文;B. 不断尝试写作和发表论文;C. 组会研讨或者学术会议演讲
如何解释研究结果,不用为了与假设或者其他人的结果相契合而去变更已得到的结果?	A. 坚持自己的发现;B. 深入挖掘数据发现科学规律;C. 提出自己的理论
如何分析、整合并科学表达想法?	A. 学习最新的技术与方法;B. 用最简单的科学语言阐述结论;C. 学习统计分析和图表语言与软件
如何选择有价值的研究主题,并得到资助?	A. 在研究中发现新的科学问题;B. 在实践中注重观察与思考;C. 不断尝试去申请各类资助

研究新手经常不明确科学研究过程(Stock,1985;Stock,1989),不知道将问题提炼成测量程序和作出科学推理的方法。首先必须学习同时掌握多种程序,确定已经完成了什么,设计出问题和研究方案,提升知识储备,构建真正有价值的研究体系,并了解统计和推理;在阅读文献时学习追踪最新和原始经典文献,学习与相反观点的辩论,明晰自己的观点和其他人的观点不同之处,了解研究方法的差异性和科学细节的重要性,最终完成一个系统严谨的科学研究过程。

1.3 研究计划制订

发现问题是一个过程，"发现的逻辑"需要科学的训练，批判和自我批判的艺术需要在科学研讨过程中学习，在计划阶段要明白想法通常缺乏完整性和创新性，需要经过反复思考和深入探究，有时需要仔细观察和静心思考，有时需要学习放弃原有的思维模式。在环境生态学跨学科领域，有些概念一开始就是不精确的，在研究计划形成的过程中，需要努力精确定义或重新定义概念。

1.3.1 分析框架制订

关键的第一步是确定研究问题——选题，确定想要研究的问题及其理论意义和实际价值的科学依据。

(1)科学知识存在于原理、假设和数据陈述中，首先需要对知识进行有效的分类，对选题涉及的概念和关键词进行明确严谨的定义；

(2)一个假设可能被构建用于证实和证伪，但归纳和证伪并不是绝对的，需要进行科学的检验；测量应该尽可能具有有效性、准确性和精确性，这将与选择的方法和手段相关；

(3)无论是在实验室还是在野外，没有一种研究手段是最佳的，需要根据不同的问题和时空条件对研究方法进行取舍和优化，寻找最适合的研究方法是最重要的一部分工作，需要进行系统的对比分析。

1.3.2 研究方案制订

1. 运用创新能力产生新思路

在明晰选题和科学假设之后，关键在于发现别人没有发现的问题，注重新的思考点、新观察、新测量的启发，努力去了解别人之前没有了解的东西，这是研究方案的核心。

2. 确保研究的连续性、科学性和前瞻性

通过文献综述，全面分析本领域的研究历程、现状以及前沿和热点领域，将理论和已有知识作为科学依据，同时还必须警惕在研究中出现自我确证、偏见和权威思考一致性等情况。

3. 研究目标、内容和方法具有可行性

研究新手经常会出现题目偏大或偏小的问题，针对这一问题，导师和专家组的帮助非常重要，但也需要批判性地看待他们的建议，有益的接受，有的也要坚持自己的想法。

4. 测量新手段或数据分析方法的应用

测量手段如卫星遥感、环境监测、生态测量、生理生化指标测定、同位素示踪、分子生物学技术、数据统计分析程序、环境生态模型和大数据分析等，为解决问题提供了先进技术和手段，但是最重要的还是专注于界定科学新问题，这是核心。

5. 预期可能的研究成果

需要严格区分科学推理和统计推理，精确计量科学推理，特别需要注重统计推理和构建研究的逻辑过程，并对研究进行详细的时间规划与管理，也是完成研究的保证之一。

1.4 理论、假设与概念分析

1.4.1 科学研究思维过程

科学研究要求将创新的主观过程通过争论、质疑和新数据的收集放在科学逻辑的框架之下，这是由想象、研究、对比和推理组成的 4 个连续的过程，促进原理和数据间的迭代。这个过程通过三类陈述发展知识，即原理、假设和数据陈述。为了开始研究，必须进行概念和命题分析，定义原理和假设，并对检验假设所需要的数据陈述给予说明（见图 1-1）。

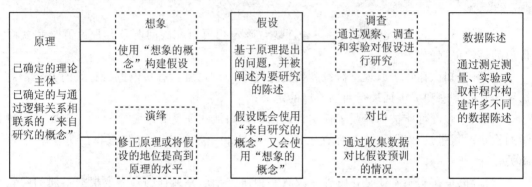

图 1-1　推动研究的 3 种知识状态和科学方法的 4 个过程之间的关系（大卫·福特，2012）

1.4.2 理论构成和性质

科学的挑战是使用主观的看法、思想和想象，去实施产生更客观知识的发现程序。研究的任务是在必要之处改变先前的思想，从而完善或者形成创新的理论体系。这里我们需要明晰即使科学家自身也很少讨论的过程和关键。科学研究将扩展或重构科学理论，为此，必须识别和确定理论的组成及其作用（见表 1-2）。

表 1-2　理论组成及不确定

组成	作用	不确定性
概念	在学科体系中被明确定义和使用的科学术语	定义环境学家和生态学家之间达成一致或者针对特定研究问题和研究地点的特定表达，以及科学前沿最新提出的、并没有达成一致最新定义
原理	通常是在已经被证实的知识体系中的命题。规定了相应的使用体系和条件	通常我们使用的原理被认为是正确的，但是有时候发现原理在使用时如果不加以限制，可能会出现不正确或错误的解释
假设	针对科学问题。通过测量和定量研究进行的命题。或者是对于广博、综合、抽象的问题说明	在研究之初有很多的不确定性，所以假设也可以是多个，在研究的过程中对于假设进行验证，可能是正确，可能是错误，也可能还需要进一步的验证

续表

组成	作用	不确定性
定律	主要来源于经验的普遍一致的关系	对于这种关系的定性与定量，存在缺乏理论上的说明，导致使用定律具有不确定性
数据	是为了检验假设而收集的数据，并进行比较分析和详尽的说明	构建数据陈述的前提，是选择正确的研究方法或者是几种方法的集成，然后制定出相关的技术路线，这是科学研究的关键一步，也是科学想象过程的重要部分
假说	通过数据陈述，建构定量化逻辑推理模型并进行检验	基于测量和取样及环境生态学的其他技术支持，为了检验假设，可能构建不止一种假说，仅仅一个假说检验的结果不足以得出明确的认定正确或错误，也不能够归结为其他科学家也认同的结论

科学原理(Axiom)阐明事情会发生或不会发生、一个事物会影响或不会影响另一事物以及确定一种数学关系。

统摄性原理(Over-arching axiom)是指用作原理的基础命题，具有普遍的规律性，不能被单一的研究结果所挑战。例如，成熟的红鲑鱼从海洋洄游到淡水并产卵这是一个统摄性理论，而鱼类洄游嗅觉传感器的作用以及迁徙路线可能受环境污染等因素所影响，得到的研究结果不会对这一理论形成挑战。

1.4.3 概念与命题分析

概念和命题分析的三大作用在于：确定研究题目的科学意义和学术价值，减少对原有思想和教科书的依赖，从而足够客观地去全面理解相关的科学概念，如生态位、群落和环境承载力；理解概念和知识不同部分之间的逻辑关系，例如，文献综述中发现不同科学家使用具有思维差别含义的科学概念，评价理论的完整程度不同，概念分析分为研究概念原理和想象的概念假设，如有些命题被称作理论，却常常缺乏深入系统的研究，有些概念是被假设出来的，而不是被测量出来的，那些关键的概念才是理论的基础。

1.4.4 假设

假设(Postulate)是以命题形式写成的推测，需要通过研究进行检验，通过构建假设，可以验证原有的理论或者提出新的理论。例如，我们可以基于一些原理提出新的假设：成熟的鲑鱼是否可能在淡水河流或支流上产卵？大坝是否是影响红鲑鱼洄游的主要环境因素？人工鱼道是否可以让红鲑鱼洄游至产卵场？

1.4.5 定律

定律(Law)是为实践和事实所证明，反映事物在一定条件下发展变化的客观规律的论断。定律的特点是可证，需要通过测量建立，而且已经被不断证明。定律是一种理论模型，它用以描述特定情况、特定尺度下的现实世界，在其他尺度下可能会失效或者不准

确。它可以用来作为推理的规则和科学依据。

1.4.6 数据陈述

数据陈述(Data Statement)是确定研究假设所用的科学程序，阐述对假设概念所做的测量，阐述所用统计学检验的数据条件。目的是确定假设的逻辑结果的评价程序：如果使用命题逻辑，则彻底地否决或证实它；如果评价程序使用统计推理，则以一种明确的概率否决或接受它。

数据陈述的作用是要确定数据收集的背景和条件，科学研究的可重复性意味着我们要依据头脑中的某些观点和理论进行数据收集和分析，并努力陈述事实。

1.4.7 科学假说

科学假说(Hypothesis)是指按照预先设定，对某种现象进行的解释，即根据已知的科学事实和科学原理，对所研究的自然现象及其规律性提出的推测和说明，而且数据经过详细的分类、归纳与分析，得到一个暂时性但是可以被接受的解释。任何一种科学理论在未得到实验确证之前表现为假设学说或假说。有的假设还没有完全被科学方法所证明，也没有被任何一种科学方法所否定，但能够产生深远的影响。

构思一个假说，必须要做到：选择特定的研究方法或方法创新；决定研究的细节和研究方案的科学性、严谨性以及精确性(如采样设计、处理和测量等)；确保获得的数据符合需要应用的统计程序的要求。

构建假说应该非常谨慎，大胆假设小心求证，在包括生态学在内的环境科学更常用统计推理评定的情况下，统计检验和验证假说，基于不同的测量和采样选择，对于同一假设，可能有不同的数据陈述，也可能存在不同的假说。例如，盖亚假说(Gaiahy pothesis)是由英国大气学家詹姆斯·洛夫洛克(James E. Lovelock)在20世纪60年代末提出的。后来经过他和美国生物学家马古利斯(Lynnmargulis)共同推进，逐渐受到西方科学界的重视，并对人们的地球观产生着越来越大的影响。同时，盖亚假说也成为西方环境保护运动和绿党行动的一个重要的理论基础。简单地说，盖亚假说是指生命与环境的相互作用能使地球适合生命持续地生存与发展。

1.5 科学假设

1.5.1 科学假设的科学性特征

科学假设是以一定的科学事实为依据，以科学理论为前提，合乎逻辑机制和规范而提出来的；因此，假设具有科学性。科学性是假设的本质特征，是假设得以成立的前提和基础。例如，康德的星云假设，就是为了解释太阳系现存状态的演化进程。这一问题以行星公转的同向性(八大行星朝同一方向绕太阳公转)、共面性(它们的公转轨道面几乎在同一平面上)、近圆性(它们的轨道和圆相当接近)。这一假设最基本的科学事实为依据，同时又可以通过引力、斥力相互作用的基本原理来解释，因此，它具有一定的科学性。又如，爱因斯坦的广义相对论。假设的科学性使它不同于毫无科学根据的神话和缺乏逻辑基础的幻想。科学研究并不排斥具有启发性的神话、幻想，但神话和幻想并不是科学意义上的假设，而是真正意义上的"假"之说。

1.5.2 科学假设的解释说明性特征

在科学研究中，当关于个别事物和现象的资料积累到一定程度以后，人们就能够遵循从个别到一般、由特殊到普遍的认识发展的途径，运用各种理性思维方法，对事实材料进行分析综合、整理加工，透过事实材料中的个别或特殊事实之间的联系揭示出研究对象的一般规律，形成各种科学假设。

科学假设是从个别的和特殊的事物现象中提取出来的，对事物普遍本质和一般规律的诠释。它能够解释和说明已经存在的个别的事物现象和科学事实，透过事实资料中偶然性的现象而猜测出其必然性的结果，透过事实资料中量变的积累趋势而猜测出其质变的关节点，具有解释说明性，是人类认识的深化。

科学假设对事实的解释说明应与已知的经过实践复核的事实相符合，不仅能解释个别事实，而且能够解释已知的全部事实。如果假设与已知事实中哪怕有一个已知确认的事实不相符合，假设就应当修改甚至被摒弃。

1.5.3 科学假设的预见推测性特征

科学假设的预见推测性主要体现在两个方面。

(1)不仅包括从个别到一般的过程，还包括从一般到个别的过程。

当人们已经认识和把握一般规律以后，就会以此为指导，继续向着尚未研究过的存在或未知的事物进行探索，揭示其特殊的本质。事物的一般规律不但能够对已知的事物和现象进行科学的说明和解释，对继续深入研究已知事物和现象的特殊本质具有一般的指导意义，而且能够科学地预见未知的事物和现象，更深刻更广泛地揭示事物的本质和规律。

在科学研究中，人们以反映普遍规律的一般理论为指导，以相关的事实资料为基础，对未发现和尚未存在的事物现象进行猜测和推断，大胆地预言未知的事物和现象的可能存在，形成各种预见猜测性假设；所以，科学假设具有预见推测性。

(2)运用已知事物的属性和特征去解释和推测待认识事物的属性和特征，从个别到个别的推测过程。

因为自然界中的事物和现象尽管千差万别，但是，在一些事物和现象之间往往具有某些相类似或相对称的属性和特征。人们在认识了某种事物和现象之后，往往会对尚未认识的但与之相类似或相对称的事物和现象提供一种类似的说明方式，以提出和建立新的科学假设。科学假设具有预见推测性，可以预见与已存在和已发现事物现象相类似或相对称的未发现和尚未存在的事物现象的属性。

科学假设的预见猜测性特征具有相当广阔的视野和非常重要的意义。科学史表明，一种科学假设所揭示的自然规律越深刻、越普遍，它的预见性便越强，预见到的现象越多，它的实践和理论意义也越大。

1.5.4 科学假设的验证性特征

假设毕竟是假设，它还不是科学的真理，它的基本思想和主要部分是推想出来的，

是否真实还有待于实践的检验。科学假设具有待验证性，不可检验的假设是不科学的，也是不可取的。科学假设的可检验性是通过从假设中推出新的预言和预见而表现出来的。如果一种假设除了解释由它提出的事实之外，不能做出任何新的预言，那么它实际上就不具备可检验性，这种假设也就很难有继续发展的余地。正确反映普遍规律的科学假设不但能够正确地说明和解释已存在的科学事实，而且能够科学地预见未知的事物和现象。因此，一种反映普遍规律的科学假设要发展为科学的理论，就必须看它所预见的未知的事物和现象能否得到实践的证实。这既是对科学假设是否具有真理性的严格检验，也是科学假设发展到科学理论的一个关键性条件。

科学假设的验证性包括三个方面：

（1）科学假设的客观内容，即它所揭示的研究对象的本质和规律及其所反映的自然事物和自然现象具有可直接观测性，可以通过科学观察和科学实验进行检验和说明。

（2）科学假设的可演绎性，即在科学假设不具备可直接观测性的条件下，能够从科学假设中按照逻辑机制演绎出具有可直接观测的有关个别的科学事实的推论来，以便通过科学观察和科学实验进行检验和说明。

（3）科学假设的验证性特征并不等同于现实的检验性，有些科学假设尽管具备了逻辑上的可检验性，但是不一定具备技术上现实的可检验性。有些科学假设尽管目前还不具备技术条件上的可检验性，但是随着科学技术的不断发展，最终还要接受实践的检验。

1.5.5　科学假设类型

根据科学假设认识事物的范围大小、深刻程度的不同，可以将其分为狭义性假设和广义性假设。

1. 狭义性假设与广义性假设

狭义性假设又称为陈述性假设，是关于某事件或某事物个别属性的猜测性判断和说明。例如，预言中子的存在，预测到波粒二象性是物质的普遍性等。这类假设包含为数不多的判断。

广义性假设又称为知识性假设，是关于事物的一般规律的说明和推断。它往往是由一系列的概念、判断、推理等组成的一定结构的复杂体系。广义假设作为庞大的判断系统，其中一些是具有或然性质的原始前提，即狭义的假设，而另一些则是这些前提的演绎展开。例如，光的波动本性的推测是假设，从它之中引出的"光在不同介质中的折射"性质甚至整个光的波动学说都是科学假设，后者是以光的波动本性的假设为前提，以逻辑的必然性演绎出来的。

2. 理论假设和事实假设

理论假设是对已存在的大量的有限的科学现象和科学事实在总体上和本质上进行概括而生成的科学假设。在科学研究中，观察和实验的进行总是有限的，对整个研究领域中的事物和现象的分析以及相应的事实资料的积累也总是有限的。但是，科学假设又必须概括整个研究领域中的事物和现象，揭示整个研究领域的本质和规律。

事实假设是根据科学理论、理论假设以及理论或假设所揭示的规律性和本质联系，按照逻辑机制演绎出的结论。事实假设是关于未知事实的结论，可以是这些假设所假定或推测预言的事实和现象，或者已经存在但不为人们所知，或者暂未存在但能够在将来

发生。

3. 证实性假设和证伪性假设

证实性假设指的是与经验事实相符合，在实践中证明是正确的假设。证实性假设是科学假设上升为科学理论的关键。证实性假设包括两种情况：第一，当科学假设的内容和越来越多的事实相符合，说明这个假设是正确的，直接证明了假设的正确性，属于直接证实性假设。例如，对氧化学说的证实，对生物进化学说的证实。第二，依据科学假设所作出的推测，在以后的实践中被证明是正确的，这说明假设也是正确的，间接证明了假设的正确性，属于间接证实性假设。

证伪假设认为任何一种科学理论都不过是某种猜想或假设，其中必然蕴含某种错误，即使能够暂时逃脱实验的检验，但终有一天会暴露出来，从而遭到实验的反驳或"证伪"。

1.5.6 科学假设形成步骤

随着科学实验的发展，出现了已知的科学理论无法解释的新事实新矛盾。根据已知的科学知识和有限的科学材料，经过一系列的思维过程，对这些新事实新矛盾的产生及其发展提出初步的假定。利用有关的理论和科学数据，进行广泛的观察、实验和论证，使之成为比较完整的假设，并向系统理论转化。

科学假设的形成一般需要依次经过下列步骤：

(1)要在收集一定数量事实、资料的基础上，提炼出科学问题；

(2)为回答问题，要充分运用各种有关的科学知识，并且灵活地展开归纳和演绎、分析和综合、类比和想象等各种思维活动，形成解答问题的基本观点，而这种观点常常表述为新的科学概念，并以此构成假设的核心；

(3)要推演出对各相关现象的理论性陈述，使假设发展成比较系统的形态。

推荐阅读

1. Eldon D E, Bradley F S. Emvironmental Science A study of Interrelationships (Fourteenth Edition)[M]. 北京：清华大学出版社，2017.

2. Eugene P Odum. 生态学基础[M]. 北京：高等教育出版社，2009.

方法学训练

1. 辨析生态环境热点问题、科学问题与科学假设。

2. 研究前沿与研究选题策略。

第2章 科学研究策略

环境生态学研究是一个跨学科的综合研究过程，研究动机是在对 WHY 型问题科学说明的融贯性基础上，进行科学推理，优选调查、实验和模拟等多种研究手段，预期研究的创新性，最终做出客观和真实的解释。

形成最佳说明性解释的 3 个基本原则：①广泛性和持续性地对研究目标、方法和结果批判；②为了科学研究范围和内容的一致性而要求定义的精确性；③必须用明确的标准评价假设。

科学推理和理论构建必须包括如下过程：①综合现存理论和新结果；②综合阐明科学问题；③说明原创性和创新点。特别强调研究推理过程的严谨性、逻辑性和融贯性。

2.1 测量与实验设计

2.1.1 测量的原则

科学测量需要科研调查者在处理选择测量什么、如何测量、如何处理测量数据和如何设计对照与重复等问题时，应该遵循如下基本原则：

(1)以科学假设为前提，明晰测量的目的性和精确程度；

(2)每个新测量必须以数据陈述详细论述，以期能够评价要求的准确性；

(3)关于新概念的研究需要不止一次的测量，应进行重复验证；

(4)应该明确研究测量的敏感性和不确定性；

(5)实验可以分为响应量级实验和分析实验。

通常认为生态环境对污染胁迫等人类活动和气候变化的响应存在一种时间上的滞后性，实际上生态系统已经发出无数次的警告，只是人类无视了这些生态响应(ecological response)，这时需要认真考虑选择哪些测量指标(ecological indicators)作为反映生态系统退化的关键指标。因此，响应级实验可以在种群、群落、生态系统、景观尺度上进行，被用来研究生态环境效应的强度。分析实验需要明确科学假设和实验目的，分析实验原理和科学依据，选择实验对象、材料和方法，设计实验步骤，预测实验结果，观察收集记录实验数据，分析推理得出结论。对于两种实验应该分析其异同点(见表 2-1)。

表 2-1　响应量级试验和分析实验的异同点

内容	响应量级实验	分析实验
目的	将一个预计非常可能发生的效应进行量化。例如，植物生物量或农作物的产量对水污染的响应，水生底栖动物对于河湖底泥污染和营养物质的响应	研究水生生态系统如何运行的，例如，一个群落演替的过程，生物对其栖息地结构或环境变化的响应

续表

内容	响应量级实验	分析实验
设计	实验每个处理通常分为若干组或不同的样方，需要有多组重复和对照组，以对不同组的差异性进行统计分析和评估	处理通常是不同样方、样带或样地的简单对比，尽可能的重复目的是活的响应性质的确定性，很多生态学分析实验由于现场处理的技术困难，只有少数的重复
测量	可以通过先进的便携仪器和室内仪器进行定量的测定和量化。收集至少 3 组平行数据，以便进行统计分析	在研究之初有很多的不确定性，所以假设也可应该测量多系统中不同组分的多组数据，一边去定和分析变化的特性
对照	包括一个对照，或给出一个标准化的处理作为基准线，就可以进行量化的比较	对照是很难达到的，例如生态系统退化与恢复前后的对比，必须详细研究吃力的影响，除了假设的影响，还可能有其他环境生态因子的影响
方法	线性模型。例如方差分析、多因子方差分析，回归方程	非线性模型，多因子环境生态模型，生态环境模拟

注：修改自大卫·福特，2012。

2.1.2　实验设计原则

实验设计应遵循以下原则。

1. 对照原则

设计对照组（空白对照、自身对照、条件对照、互相对照）和实验组。

2. 单一或多重变量原则

明晰自变量、因变量和无关变量（控制变量），特别是注意生态环境影响经常是多对多的复杂系统，在设计试验中需要明晰关键的自变量和因变量。

正交试验设计是指研究多因素、多水平的一种试验设计方法。当试验涉及的因素在 3 个或 3 个以上，而且因素间可能有交互作用时，试验工作量就会变得很大，甚至难以实施。针对这个困扰，正交试验设计无疑是一种更好的选择。正交试验设计的主要工具是正交表，试验者可根据试验的因素数、因素的水平数以及是否具有交互作用等需求查找相应的正交表，再依托正交表的正交性从全面试验中挑选出部分有代表性的点进行试验，可以实现以最少的试验次数达到与大量全面试验等效的结果。

3. 平行重复原则

平行实验一般指按固定的方法做同一个实验（通常同时做两个以上实验），看实验的稳定性。平行重复原则，即控制某种因素的变化幅度，在同样条件下重复实验，观察其对实验结果影响的程度。任何实验都必须能够重复，这是具有科学性的标志，在实验设计中为了避免实验结果的偶然性，必须对所做实验在同样条件下进行足够次数的重复，不能只进行 1～2 次便得出结论。也就是说，任何实验都必须有足够的实验次数才能判断结果的可靠性。

2.2 科学推理方法

　　理论包含不同类型的知识，我们设想的理论的确定程度随着研究的进步而变化，没有一个推理方法是科学家一定要遵循的。主要的方法有两种——演绎和归纳。科学研究中大多数都是归纳，但是归纳引入了主观成分，因而进一步的研究建议是证伪，如果一个想法经得起证伪，则它具有更大的价值；另一个是基于因果程序，使论据更有说服力，通过对比分析，得出有条件的科学结论（见图 2-1）。

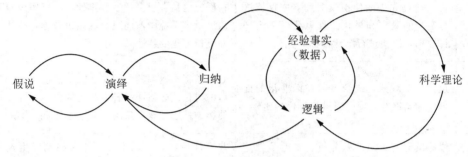

图 2-1　环境生态学研究方法的因果关系流程图

2.2.1 归纳法

　　归纳法或归纳推理，有时叫作归纳逻辑，是论证的前提支持结论但不确保结论的推理过程。它把特性或关系归结到基于对特殊的代表（token）的有限观察的类型；或公式表达基于对反复再现的现象的模式（pattern）的有限观察的规律。

　　归纳法有两种常用定义：第一种定义为从个别前提得出一般结论的方法。根据这个定义，它包括简单枚举归纳法、完全归纳法、科学归纳法、穆勒五法、赖特的消除归纳法、逆推理方法和数学归纳法；第二种定义为个别前提或然得出结论的方法。根据此定义，包括简单枚举归纳法、穆勒五法、赖特的消除归纳法、逆推理方法和类比法，而不包括完全归纳法、科学归纳法和数学归纳法。

　　归纳难题的四个解决途径：

　　(1) 努力证伪一个命题，如果努力失败，该命题的正确性可能会增加；

　　(2) 通过使用对比推进；

　　(3) 寻求因果推理和组织推理加假设连接到或定义为基本的生态环境过程；

　　(4) 构建多重竞争假设，有可能证实一个特定假设。

2.2.2 演绎法

　　归纳与演绎是写作过程中常用的两种逻辑思维方式。人类认识活动，总是先接触到个别事物，而后推及一般，又从一般推及个别，如此循环往复，使认识不断深化。归纳就是从个别到一般，演绎则是从一般到个别。

　　归纳和演绎这两种方法既互相区别、互相对立，又互相联系、互相补充，它们相互之间的辩证关系表现为：一方面，归纳是演绎的基础，没有归纳就没有演绎；另一方面，演绎是归纳的前导，没有演绎也就没有归纳。一切科学的真理都是归纳和演绎辩证统一的产物，离开演绎的归纳和离开归纳的演绎，都不能得到科学的真理。

归纳是演绎的基础。演绎是从归纳结束的地方开始的，演绎的一般知识来源于经验归纳的结果。没有大量的机械运动的经验事实，不可能建立能量守恒定律；没有大量的生物杂交的试验事实，不可能创立遗传基因学说。归纳为演绎准备前提，演绎中包含有归纳，一刻也离不开归纳。

演绎是归纳的前导。归纳虽然是演绎的基础，但归纳本身也离不开演绎的指导，对实际材料进行归纳的指导思想往往是演绎的成果。

归纳和演绎是互为条件，互相渗透，并在一定条件下互相转化。归纳出来的结论，成为演绎的前提，归纳转化为演绎；以一般原理为指导，通过对大量材料的归纳得出一般结论，演绎又转化为归纳。归纳和演绎相互补充，交替进行。归纳后随之进行演绎，归纳出的认识成果得到扩大和加深；演绎后随之进行归纳，用对实际材料的归纳来验证和丰富演绎出的结论。人们的认识，在这种交互作用的过程中，从个别到一般，又从一般到个别，循环往复，步步深化。

演绎推理的主要形式是"三段论"，由大前提、小前提、结论三部分组成一个"连珠"。大前提是已知的一般原理；小前提是研究的特殊场合；结论是将特殊场合归到一般原理之下得出的创新结论。

逻辑思维方法是前提与结论之间存在或然关系（非确定性的相互关系）的推论过程。通过归纳事实，产生低级的理论，再由低级的理论上升到高级的理论，最后形成公理，从而遵循从特殊到一般的过程。

演绎是根据已有的前提假设，确定性地推演出新的结论的过程。从而遵循从一般到一般或一般到特殊的过程。演绎法在现代数学方法中代表是代数。演绎推理的结论不会超过其逻辑前提。而理论思维重视演绎推理。演绎则根据已有的与假设相关的确定性前提来逻辑严密地验证这些假设的正确性，并且可以根据现有的少数确定性命题（规律、公理等）和已知的事实发展出合乎逻辑的具体结论。

演绎方法的优势在于更有可能提出更大解释力的普遍理论。归纳方法的优势是不预设任何先验关键影响因子，采用后验的思路接纳通过科学验证的结论。前者在常规科学阶段的科学证明中能发挥作用，后者有助于反推可能的因果关系而引发重大的科学理论突破，即科学革命。

2.3 科学研究的流程模式

科学研究具有两个层面：如何思考和怎么做？

科学家分析问题，然后进行调查或实验来发现新的信息。通过在一个综合中整理和解释这些信息，科学家形成一个关于现实世界运转的理论。精通某一特定研究技能是要付出努力的，如生态学田间实验、植被调查与分析等，理解理论是如何用由应用它们获得的数据构筑起来同样如此。选择的研究问题、分析问题的方式会受到所掌握研究技能的强烈影响。因此，在建造理论时可能会偏向用我们最熟悉的研究技能获得信息。

科学家在理论与数据之间所做的反复的对话需要批判性的分析和创造。定义与评估必须不断地相互作用：首先，将自己的想法定义为一个理论，由此发展新的想法，通过观测评价这些想法，然后在一个新的框架下修订理论。然而，定义与评价之间的相互作用必须经过批判性分析的反复磨炼。批判性分析是我们必须不断使用的基本过程，以此使定义更精确和清晰，评价无偏。

　　科学研究具有四个环节：根据已有理论，提出科学问题；收集数据，通过归纳法予以系统分析；根据研究结果，演绎新的推论；实验验证，判断这一过程成功与否。而形成科学推断需要四个工具——定义、评价、批判和创造。

　　批判是创造的一个基本过程。初看这似乎违反直觉，人们通常把批判与创造的对立面——破坏联系起来。但新的发现要求人们意识到，当前的理论或观察在某些方面是不足或有缺陷的。科学家们通常对他们在研究中做什么非常关注，而往往认为推动研究的思维过程理所当然。一般来讲，科学家们是通过观察研究进程，间接地学到这些思维过程的使用。

推荐阅读

　　1. 大卫·福特. 生态学研究的科学方法[M]. 肖显静，林祥磊，译. 北京：中国环境科学出版社，2012.

　　2. 曾思育. 环境管理与环境社会科学研究方法[M]. 北京：清华大学出版社，2004.

方法学训练

　　1. 根据小组的研究选题进行文献的科学归纳与演绎。

　　2. 研究方法列表比较与分析。

第 3 章　环境科学研究维度分析

环境科学是一门新兴的跨学科并且综合性极强的科学，不仅牵涉到自然科学与工程技术科学的许多部门，还涉及经济学、社会学和法学等社会科学。近年来，随着人们对环境问题的关注程度和认识的不断深入，环境科学所涉及的研究范畴不断扩大，不断与交叉学科相融合，所采用的研究方法不断丰富。环境科学是由环境问题的出现发展而来的，是以解决环境问题为目的，并由此而形成各环境科学分支学科。国外关于科学方法的研究比较成熟，对环境科学的研究多以环境问题为导向，开展环境对科学论影响的研究，但是对环境科学方法的研究甚少。环境科学到目前为止尚未形成自己的理论基础与方法体系，大多数基础理论研究方法来源于其他相关学科。建立环境科学学科分类体系，选择合适的研究维度是环境科学方法研究的前提。但国内对环境科学体系没有统一的分类标准，从不同角度分类，得到的结果也不一样。刘培桐将环境科学划分为理论环境学、综合环境学和部门环境学；左玉辉认为可将环境科学学科划分为环境自然科学、环境社会科学、环境经济科学和环境技术科学。

为了构建环境科学自己的理论与方法，亟须通过对国内外著名环境科学专家在环境科学发展历程、科学思想演化、分支学科理论与方法等方面的著作进行调研，整理凝练环境领域专家及相关学者所积累的宝贵知识财富，对环境科学及其各分支学科进行梳理，归纳总结，提炼具有指导性的方法体系。

本章涉及的研究案例以回收的环境领域的 50 名专家、50 名研究生和 50 名本科生的调查问卷为基础数据来源，从环境科学方法研究的现状、维度、途径、学科基础等方面深入调查，采用统计分析法、回归分析方法，运用 SPSS 软件，重点比较分析环境科学方法研究维度、途径，综合目前对环境学体系分类结果，提出有利于环境科学方法研究的分类体系，为环境科学方法的研究与凝练奠定理论基础和科学依据。

3.1　研究框架及目的

环境科学方法研究从学科维度、问题维度、方法维度三个方面梳理归纳。预研究阶段以提炼环境科学方法总论为主要任务，完成环境科学方法研究的整体框架设计。问卷面向环境领域四个层次人群开展调查，以便比较分析不同层次学者的看法。

3.1.1　问卷设计

根据发放对象的不同，内容设计分为两种——专家版和学生版。专家版问卷共 16 个问题，其中 4 个为开放式问题，为被调查者提供交流平台；学生版问卷共 13 个问题，开放式问题 2 个。基本内容分为三部分：

(1)基本信息部分：主要掌握被调查者的基本信息情况，为开展分类调查分析提供数据。

(2)环境科学方法研究现状部分：主要了解被调查者对我国现在环境科学方法现状的

认识。

(3)环境科学方法研究方式部分：通过集成环境领域各阶层各专业人士智慧结晶，比较分析此研究从何种维度切入，以何种方式整理更易开展，为下一步研究奠定理论和方法论基础。

3.1.2 研究方法

调查问卷采取非随机抽样——配额抽样方法，主要以全国环境领域 50 名专家和环境相关专业 100 名学生为发放对象，50 名专家来自全国各地，从事教师或者科研工作，全部具有博士学位，其中有 8 位教育部高等学校环境科学与工程教学指导委员会成员；100 名学生中本科生 50 人、硕士研究生 35 人、博士研究生 15 人（见图 3-1）。配额抽取的 150 位被调查者，均具有环境及相关领域研究或学习背景，其中从事环境科学专业方向研究的专家占调查总人数的 58%，问卷回收率为 100%（见表 3-1）。

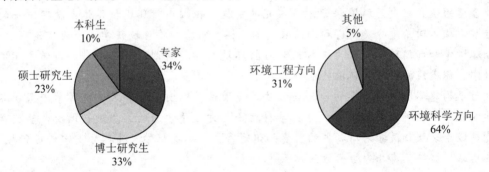

图 3-1　被调查者学历及研究方向比例

表 3-1　被调查者研究方向比例　　　　　　　　　　　　　　单位：%

被调查者	环境科学方向	环境工程方向	其他方向
专家	58	32	10
博士研究生	80	20	0
硕士研究生	88	6	6
本科生	50	50	0

配额抽取的 150 份调查问卷形成了一个有效的基础数据源。如何将相关数据分析挖掘，并结合专家针对开放式问题的答复进行综合评估，是开展调查问卷分析的最终目的。只有将数据科学、合理地进行分析整理，才能客观、科学地考察和监测某学科领域的研究热点和发展趋势，才能进行横向及纵向的综合对比分析。

3.1.3 数据分析

在数据的分析过程中，面临两个主要问题：

(1)态度和观点属于复杂概念，不同被调查者对同一个问题有着不同的看法，因此对每个问题的答案也是分散杂乱的。如何根据问卷调查结果确定测量等级是研究的关键。

在测量时对顺序级变量加以数字化，对不同的等级按顺序赋值，借助物理学上计算物质分布重心的方法，通过计算被调查者意见的重心作为该问题的综合意见。具体计算公式为

$$L = \sum_i X_i / \sum X_i$$

其中：i 为等级数，X_i 为等级 i 中投票的被调查者数目，则 L 所在的位置就是该指标对应的总体位置。

（2）对于一种变量对另一种变量的影响分析，如果自变量是区间测量的，可以使用回归分析；如果自变量是名义度量的，采用方差分析方法；如果自变量是顺序度量的，一般更倾向于使用回归分析方法。问卷中涉及的大部分变量是顺序度量的，如分析不同学历、不同年龄、不同研究领域对环境科学方法研究的看法是否具有相关性影响，采用 SPSS 软件分析自变量对因变量的影响，并计算出相关系数和显著水平。

3.2 环境科学方法分析

3.2.1 环境科学方法研究阶段

了解目前环境科学方法研究的现状是开展此项研究的前提，通过对"我国目前环境科学领域发展处于什么阶段？"和"您认为有必要总结和归纳本领域的研究方法吗？"两个问题的统计分析（见表3-2），运用公式 $L = \sum_i X_i / \sum X_i$，得出 $L_{\text{I}} = 1.34$、$L_{\text{II}} = 1.57$，可以看出被调查者认为目前环境科学领域发展处于初级和中级之间阶段，有必要归纳总结研究方法，现阶段开展环境科学方法研究是符合环境科学发展和社会需求，对环境科学发展具有重要的推进作用。

表 3-2　环境科学方法研究阶段统计分析表

序号	内容	顺序变量			
		1	2	3	4
I	目前环境科学领域所处阶段	初级 99 人	中级 51 人	高级 0	
II	总结归纳研究方法的必要性	非常必要 67	有必要 80 人	一般必要 3 人	无必要 0

3.2.2 环境科学方法研究途径比较分析

目前国内外对环境学分类没有统一的划分，对环境学科的研究基础没有统一定论。此次研究从学科、问题、方法等维度切入，采用专家访谈、问卷调查、科学研讨等方式。

根据表 3-3 数据统计结果，可以看出各研究方法维度由大到小排列顺序为：问题维度、方法维度、学科维度（见图 3-2）。从各维度的子维度排序看出，被调查者认为从环境化学、区域性环境问题、方法论入手更容易开展此项研究；根据表 3-4 及表 3-5 数据结果显示被调查者认为研究途径排列顺序为：科学研讨、专著和教材整理汇总、专家访谈、

调查问卷(见图 3-3)。环境科学方法研究的理论基础排列顺序为：自然科学与社会科学融合体、自然科学、环境科学/系统科学、社会科学。

表 3-3 各研究维度及子维度调查结果统计

被调查者	学科维度				问题维度					方法维度				
	环境地学	环境化学	环境经济学	其他	全球环境问题	区域环境问题	城市环境问题	农村环境问题	其他	方法论	科学假说	理性方法	经验性方法	其他
专家	3	6	1	0	4	5	17	2	0	4	2	3	1	0
博士研究生	0	2	0	0	2	3	6	1	0	2	1	0	0	0
硕士研究生	1	3	1	0	1	6	13	2	0	3	1	1	3	0
本科生	1	4	2	0	2	5	22	5	0	2	4	3	1	0
合计	5	15	4	0	9	19	58	10	0	11	8	7	5	0
	24				95					31				

表 3-4 环境科学方法研究途径调查统计表

被调查者	专家访谈	调查问卷	科学研讨	专著和教材整理	其他
专家	17	12	34	12	0
博士研究生	10	6	13	8	0
硕士研究生	12	10	32	22	0
本科生	32	27	50	46	0
合计	71	55	129	88	0

注：此项可多选。

表 3-5 环境科学研究基础调查统计表

被调查者	环境科学	自然科学	社会科学	系统科学	自然科学与社会科学融合体
专家	5	11	4	11	19
博士研究生	0	6	1	2	6
硕士研究生	3	15	0	7	10
本科生	15	10	1	3	21
合计	23	42	6	23	56

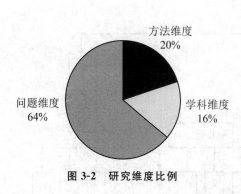

图 3-2 研究维度比例

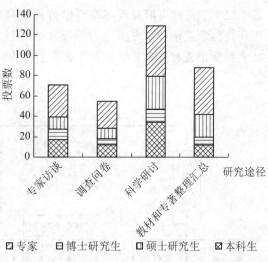

图 3-3 不同学历人群对不同研究维度投票数

3.2.3 不同层次人群对环境科学方法研究看法的相关性分析

目前有研究表明，不同层次人群对于环境科学方法研究中各问题态度是不同的，其中针对环境科学方法研究途径问题，本科生和硕士研究生看法相关度较高；针对环境科学方法研究从什么维度更容易展开这一问题，本科生、硕士研究生、博士研究生看法相关度较高；针对环境科学方法研究基础问题，硕士研究生和博士研究生相关度较高。通过分析可以看出，针对环境科学方法研究问题，专家与学生的看法相关度较低，学生之间的看法相关度较高。

3.3 研究维度体系构建

环境科学方法研究需要站在学科层次之上总结集成环境科学特有的方法体系，是一项工作量极大且归纳性极强的工作。环境科学方法研究可从方法维度、学科维度和问题维度入手，环境科学本身及其研究对象的特点说明它是自然科学、社会科学和技术科学之间的边际学科。

按照环境科学学科的性质、作用及环境科学方法学科研究维度，可将其分为基础环境学、应用环境学和社会环境学。具体分类如图 3-4 所示。

环境科学是为了解决人类面临的环境问题而产生的，并且随着环境问题的复杂化和综合化而日益成熟。环境科学从问题维度划分如图 3-5 所示。

环境科学从方法维度可进行如图 3-6 所示划分。

国内环境科学发展处于初级和中级之间，系统总结归纳环境科学的研究方法具有重要理论意义和应用前景，方法系统研究缺失已经成为环境科学学科发展和创新的障碍与瓶颈。通过综合运用科学研讨、专家访谈、调查问卷等方法集成，研究发现环境科学方法体系、研究维度和理论框架需要环境科学、方法论和社会科学等方面专家联合攻关。

硕士以下学历的人群对待环境科学方法研究维度和途径问题存在着很大的差异，说明青年环境科学工作者在方法论的系统掌握上较为薄弱。研究应关注对环境科学、方法论和社会科学相关领域著名学者和专家思想的梳理与汇总。

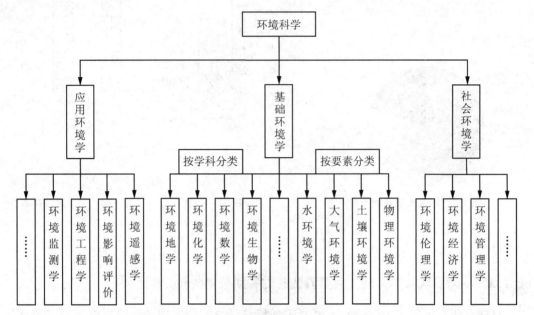

图 3-4　环境科学方法研究学科维度分类体系

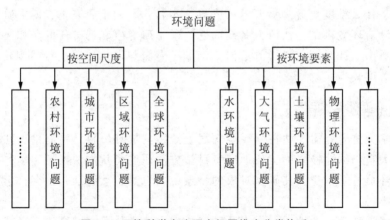

图 3-5　环境科学方法研究问题维度分类体系

　　环境科学方法研究应从方法维度、学科维度和问题维度入手，研究从易到难的顺序为问题维度、学科维度和方法维度。方法维度的哲学思考最具普遍性和重要指导意义。

　　总之，环境科学方法研究应开展不同维度研究方法的总结和提炼，深入探寻环境问题本质，集成和优化解决环境问题的最佳方法，进而构建环境科学方法理论体系，为化解环境危机探索创新之路。

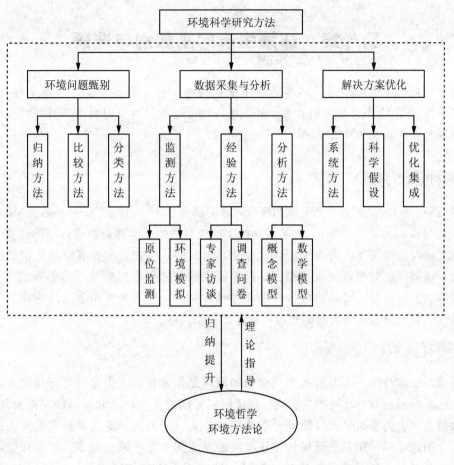

图 3-6　环境科学方法研究方法维度分类体系

推荐阅读

1. 科诺·罗娜，思恩·米根，刘静玲，等. 可持续发展实用工具和案例——环境评价卷[J]. 苏俐雅，马牧源，译. 北京：中国环境科学出版社，2009.

2. E. 马尔特比. 生态系统管理：科学与社会问题[M]. 北京：科学出版社，2003.

方法学训练

1. 生态环境问题导向的学科维度、方法维度分析。

2. 方法建立思维过程的科学表述。

第4章 环境生态问题甄别与选题

为了避免由于选题不当、草草选题而造成科研工作走弯路和失败，许多科研人员，每年几乎要用2~3个月的时间查看资料，苦苦思索选题。对于刚刚涉足科研工作的人来说，选题无疑是最大的难点。

4.1 环境科学问题

环境科学被定义为"对人为造成的环境问题的研究(the study of man-made environmental problems)"(Boersema，2009)。人类活动的干涉或自然的波动都会造成环境的改变，环境科学主要研究的是人类活动造成的环境改变，当人们认为这种改变有负面影响的时候就称之为环境问题。对于研究人员而言，这里所说的环境科学问题并不是指酸雨、全球气候变暖等表象的问题，而是造成这些现象的具体原因，即人为作用下大气中稀有气体含量的增加。我们更加关注问题的根源，这才是科学问题。

4.1.1 环境科学问题特征

环境系统本身是一个多层次相互交错的网络结构系统，人类生活在环境之中，其生产和生活不可避免地对环境产生影响。环境问题是随着人类社会和经济的发展而发展的。随着人类生产力的提高，人口数量也迅速增长。人口的增长又反过来要求生产力的进一步提高，如此循环作用，直至现代，环境问题发展到十分严峻的地步。随着环境问题的加剧，人类开始关注并着手解决环境问题。针对不断变化的环境问题，通过自然科学、社会科学、工程技术跨学科的综合研究，发现环境科学问题不同于传统的问题，有其自己的特点。

1. 复杂性和多学科性

环境本身是一个庞大而复杂的多级系统。除了具有本身的特征外，各组分之间都有相互作用，它们使系统具有自我调节能力，从而在一定程度上保持系统的稳定和平衡。这种相互作用越复杂，彼此之间的调节能力就越强，其稳定性就越大，更容易保持平衡。同时，系统的结构越复杂，相互作用越强，当某个组分或环节的问题超出了系统自我调节的能力范围，这种负面影响的作用也更大，使问题更复杂化，解决起来也更为困难。这就是由环境系统本身的特性引起的环境科学问题的复杂性。举一个简单的例子，人工环境(农田、人工绿地、城市等)发展的越充分，该系统的不稳定性就越强，也就是说如果不人为的继续投入和管理，就会出现自然的演进过程。例如，除虫灭草就是对自然演进趋势的对抗。如此就可以理解为了维持人工环境系统所投入的资源数量是多么巨大。仅就全世界每年消耗的矿物燃料来说，20世纪初消耗量不足 15×10^8 t，90年代中期约为 85×10^8 t，且这一趋势至今有增无减。矿物燃料使用的增加，必然引起向环境排放燃烧产物的增加，一旦超过了自然环境的循环能力，连锁的环境问题就出现了。矿物燃料使用的增加造成的影响是多样的，我们仅拿温室气体排放的增加来说。不可置疑，二氧化碳的增加是全球变暖的原因之一，全球变暖可能导致的影响综合来看大致有以下方面：①引起极地和高山冰川融化、海水热膨胀，使海平面上升，给沿海地区和岛屿国家的生存与发展带来了巨大的影响。专家预言，如果地球环境继续恶化，在 50 年之内，图瓦卢 9 个小岛变得无法居住的时间将会大大提前，最终它们将全部没入海中，在世界地图上将永远消失。②温度带的变化进而导致气压和风的变化，使旱涝灾害加剧，厄尔尼诺现象更加频繁。例如，2011 年 1 月澳大利亚东北部的昆士兰州和新南威尔士州连降暴雨，并引发了近 50 年来少见的特大洪涝灾害，给当地经济造成高达 60 亿澳元的直接损失。③自然生态和农业发展发生难以预料的变化。很多动植物的迁徙可能赶不上气候变化的速度，导致物种灭绝。农作物品种的地理分布也将发生变化，可能导致病虫害增多，使农药的使用量增加，从而加剧水资源污染。④洪涝灾害、病虫害等直接引发巨大的经济损失，成为社会的不安定因素。⑤天气炎热使得疾病传播更为广泛，尤其是虫媒传染病和经水传播的疾病，例如疟疾、登革热、霍乱等的患病率和死亡率可能增高。矿物燃料使用的增加不仅仅产生温室气体，还会导致酸雨气体、多环芳烃等排放的增加，其中多环芳烃是致畸、致癌、致突变的环境持久性有机污染物，在大气、水环境、生物体中均有分布，对自然生态系统和人类社会的安全都有一定的风险。由此可见，仅矿物燃料的燃烧就造成大气圈、水圈、生物圈中诸多的环境问题，且各环境问题相互联系，还可衍生出其他的环境问题，其复杂性可见一斑。

一些科学家用"environmental sciences"表示环境科学，认为环境科学是自然科学、社会科学和人文科学多学科相互交叉的科学。环境是一个有机整体，涉及面非常广，关系到几乎每一个自然要素和一定的社会要素，因此环境科学问题也是多学科的综合性问题。各种不同的环境问题产生的综合作用对环境的影响有时会大于各环境问题的效应之和，有时候会小于其效应之和。同时，环境问题也是多种因素综合作用的结果。因此，环境科学问题涉及管理、经济、科技、军事各个方面，需要用到物理学、化学、生物学、法学、经济学、教育学等各个学科。各种环境问题的产生都是人类干扰活动造成的，我们必须认识到环境问题是与社会问题密切相关的。在分析原因、过程、作用机制的时候，主要依靠的是自然科学的方法和手段，但是在探索解决方法的时候，仅依靠自然科学是远远不够的，还涉及很多社会科学的东西，例如基金的投入、政策的引导、法律的限制等。在研究环境问题时，必须开展多学科的综合研究，发挥学科群和各部门干群的协同攻关作用，才能揭示和落实环境保护和环境建设的有效措施。例如，当前我国开展沙尘暴的预防和控制研究工作，既与地学、生物学、物理学、化学、医学和工程学等自然科学技术有关，又与社会学、经济学、法学和商学等社会科学密切联系，也与当地人口素质、传统、文化等人文科学相关。

环境是一个有机整体，环境问题的产生通常不是一个因素，而是多个因素共同作用的结果。例如，臭氧层的破坏、大气中二氧化碳含量增高、土壤中氮含量不足等，这些问题表面看起来原因各异，但实质上都是相互联系的，因为全球性的碳、氧、氮、硫等物质的生物地球化学循环之间有许多都是相互联系的。再加上环境问题的引发不可避免有人类活动的参与，这就不仅仅是自然科学的问题了。因此，在研究和解决环境问题时，

必须全面考虑，实施跨部门、跨学科的合作。

　　2. 区域性和整体性

　　由于纬度和经度的差异，地球热量和水分在各个自然环境的分布不同，形成了生态系统的垂直地带性分布和水平地带性分布，这是自然环境的基本特征。例如，我国属于东亚季风气候，年降水量从东南沿海向西北内陆递减。南方不仅雨季历时长，而且夏秋季节降水集中，因而常常出现洪涝灾害；而华北、西北降水较少，再加上垦殖、放牧过度，蓄水抗旱能力差，所以面临严重的水资源短缺问题。不同时空尺度下区域的自然生态特征的变化很大，再加上人们文化、活动、经济、政策的区域性，即使在同一自然区域中，环境问题可能也会有所不同，或者同一环境问题其严重程度也有所不同。在研究污染物特征的时候，空间分布是其主要内容之一，这正体现了环境问题的区域性。区域性这个特征也为环境科学问题的研究结论、解决方法等的推广带来一定的困难。

　　环境同时又是一个有机整体，局部地区的环境污染和破坏总会对其他地区造成影响和危害。例如，化学药品一般残留时间较长，它们通过大气环流及食物链进入其他区域的生物体内，在南北极的多种动物及地衣中发现了早已禁用的 DDT 和六六六。日本福岛核电站发生核泄漏事故后，散发到大气中的放射性粒子可能随大气或海洋迁移到其他地区，专家预测由于此次日本的核泄漏事故，美国西海岸可能会出现一轮男婴出生高峰期。可见，环境科学问题的研究需要事先界定好研究范围和尺度。在环境科学研究中，按照不同尺度的环境空间，环境可以分为星际环境、全球环境、区域环境、聚落环境和特定空间环境。星际环境又称宇宙环境，与地球环境有一定的联系。全球环境就是指整个地球环境系统。区域环境是不同地区的社会因素和自然因素的综合，是一种结构复杂、功能多样的环境，它的空间和时间尺度可大可小，如流域环境、行政区域环境等。聚落环境是指人类有意识地开发利用和改造自然而创造出来的生存环境，如院落环境、村落环境、城市环境等。特定空间环境更加微观，是指更小范围的环境，如居室环境等。目前，全球环境和区域环境是研究的热点尺度。

　　环境问题同时具有区域性和整体性的特征，在研究环境科学问题的时候也需要综合这两方面来考虑。例如，在河流的研究和管理上提出的流域概念，流域是由不同生态系统组成的异质性区域和巨型复合生态系统，其完整性意义非同一般。就流域湿地生态系统来说，可以分为河流、湖泊、水库、城市湿地和河口等典型生态单元，区域特征明显，但各个生态单元又相互联系，在研究和管理的时候又是不可分割的，因此流域的概念应运而生。目前以流域为尺度的科学研究很多，在管理上，我国也成立了各大流域水利委员会。

　　3. 问题导向性

　　环境科学是为了解决出现的各种环境问题而出现的，也就是说环境科学的研究要针对出现的环境问题才有意义。Groot 在《环境科学理论》一书中将环境科学形容为"问题导向的环境科学(problem-oriented environmental science)"，可见环境科学问题的研究具有明显的问题导向性。发现社会中环境问题及需求，是环境科学研究的很好的方向。例如，为了控制和改善我国目前的水污染状况，国家启动了"水体污染控制与治理科技重大专项(水专项)"项目，总经费概算 300 多亿元。水专项针对的问题就是制约我国社会经济发展的重大水污染科技瓶颈问题，工业污染源控制与治理、农业面源污染控制与治理、城市污水处理与资源化、水体水质净化与生态修复、饮用水安全保障以及水环境监控预警与管理等水污染控制与治理等关键技术和共性技术等。由此可见，环境科学问题的研究是具有社会、政策导向性的。这种国家的重大科研项目一般都是各领域的专家结合国家和社会的需求拟定的，对于刚开始做科研的人来说，以此作为切入点可以获得很多有用的信息。

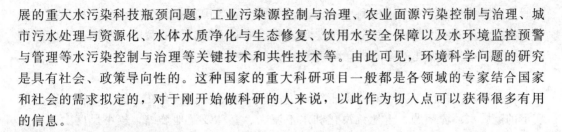

4.1.2 热点环境问题

随着工业化与城市化强度和广度的急剧增加，人类活动对大自然的干扰已经给地球环境造成了极大的危害。这种人为干扰有别于正常的、缓慢的全球变化和快速的瞬时扰动。这里所指的环境问题即目前出现在全球范围内的各种热点问题。

1. 全球环境变化

全球环境变化是指地球自然环境和人为变化所导致的全球环境问题及其相互作用。全球环境变化尤其是指大尺度的环境问题，例如全球气候变暖、臭氧层耗竭、生物入侵、生物多样性下降、全球生态系统退化等。其中，气候变暖已成为全球政府或非政府组织最为关注的环境问题。

联合国环境规划署（UNEP）下属的政府间气候变化委员会（IPCC）在第三次评估报告中提出 20 世纪 90 年代是自 1861 年以来温度最高的十年，并且气候系统也发生了各种变化：北半球中高纬度河湖的冰期多了 2 周；北极海冰减薄 40%；厄尔尼诺现象更加频繁和强烈；动物活动区北移，具有更长的乳化期、开花期、迁移期和病虫害暴发期……2007 年至 2009 年连续 3 年世界环境日的主题都是与全球气候变化相关的，可见这是当前环境问题的热点之一。从科学的角度看，全球气候变化主要涉及五大科学问题：①气候变化的基本科学事实与证据；②气候变化的原因、过程与机理；③气候变化的影响；④未来气候变化的预测；⑤应对气候变化的战略。简言之，全球气候变化问题的提出与解答应基于对事实、机理、影响、预测和策略这五大科学问题的清楚认识。其中，气候变化的科学事实与观测证据包括气候系统主要因素（气温、降水量、海平面、雪盖和冰盖的变化等）的变化趋势、极端天气气候事件发生概率的变化等；气候变化的机理（原因）包括自然和人为驱动因子的变化及其所引发的正负反馈过程与相互作用，自然和人为因素对气候变化的贡献率，以及自然和人为因素的相互作用等；气候变化对人类社会经济的影响包括气候变化对资源与产业（农、林、牧、渔、水）的影响，发生对环境的影响，以及对人体健康、重大工程和病虫害发生的影响等；未来全球气候变化的预测主要包括对未来可能发生的重大气候事件以及气候变化对自然系统和社会系统影响的预测等；全球气候变化的应对策略包括减缓气候变化和适应气候变化两个主要方面。目前 IPCC 第四次评估报告的一个重要结论和进展是：近百年全球变暖很可能（发生的概率大于 90%）是由于人为温室气体浓度增加所导致的。目前，气候预测的内涵、理论、方法尚处于研究初期，只有少数国家能够对气候变化的强信号——厄尔尼诺进行预测试验。目前国际上跨季节的气候预报准确率还不到 20%，更何况对未来几十年甚至上百年的预测。未来百年的气候预测是科学家面临的、假以时日予以解决的重大科学问题。在我们对近百年全球

变暖的原因、机理没有明晰的科学结论时,兼顾世界各国存在的贫富差别、科学技术水平和社会经济的巨大差异,对全球气候变暖主要采取了"减缓"的策略。所以,目前的研究主要集中在气候变化的原因机理和气候变暖的影响。

2. 区域环境问题

与全球尺度相比,区域的范围相对较小,但环境危机依然存在。例如,较大区域尺度上的流域水环境问题、土地荒漠化和水土流失、森林及湿地萎缩,较小尺度上的城市水资源匮乏、热岛效应,以及更小尺度的土壤污染等。

以水资源为例,作为人类生存和发展必不可少的资源,水资源的开发利用不仅保障了生活用水需求,而且有力地促进了社会进步和经济发展。水资源供需矛盾的日益突出,成为世界范围的战略性问题之一。面对水资源危机,"水资源学"应运而生。中国工程院王浩院士认为水资源学是研究水资源形成、运动、循环和演变的科学,其直接研究对象是水资源,主要有三个层面的科学问题:①水资源本身的研究,包括水资源的运移、循环和演变规律的研究,是认识对象的过程,属于水资源的基础研究。在研究水循环的整体过程中,人们发现水从一个系统向另一个系统过渡的界面过程最能够有效反应开放系统间的物质与能量交换信息,因此界面过程和界面内过程将成为现代水资源过程研究的热点问题。②人类对水资源的开发利用研究,属于水资源的应用研究,主要包括水资源开发范围的扩展研究(地下水的开采、雨水资源化、洪水资源化、海水资源化、劣质水资源化等),水资源开发利用手段的研究等(水利工程修建技术的提高、海水淡化费用的降低、新型节水器具的发明等)。③水资源系统对社会经济系统和生态环境系统三者平衡关系的研究,属于水资源的综合研究。具体包括河川径流的过度开发、生态系统的退化、水资源被污染、地下水超采、水土流失等问题。目前研究比较多的问题,如工业、农业对水资源的过度利用,人为污染对水资源的破坏,大型水利水电工程(如南水北调、大型水电站等)导致的生态系统变化,以及上述人类活动对生态环境的影响等,涉及社会、经济、资源和生态环境,是非常复杂也非常重要的科学问题。

4.2 选题的原则与类型

4.2.1 选题意义

选择研究问题,即确定要解决的问题和主攻方向,是进行科学研究的第一步,也是非常关键的一步。正确而又合适的选题,对科学研究具有重要的意义。

1. 科学问题的选择能够决定科学研究的价值和效用

科学研究的成果与价值,最终当然要由研究的最后完成和客观效用来评定。但科学问题的选择对其有重要作用。科学问题的选择就是初步进行科学研究的过程。选择一个好的研究问题,需要经过研究者一番多方思索、互相比较、反复推敲、精心策划的努力。问题一经选定,也就表明研究者头脑里已经大致形成了一个轮廓。经过一个研究过程才能提出一个像样的问题,这就是选题的重要性之所在。选题有意义,后续的科学研究才有价值,如果选定的问题毫无意义,即使花了很多的工夫,也不会有什么积极的效果和作用。

2. 科学问题的选择可以规划研究的方向、角度和规模，弥补知识储备的不足

在研究客观资料的过程中，随着资料的积累，思维的渐进深入，会有各种各样的想法纷至沓来，这期间所产生的思想火花和各种看法，都是十分宝贵的。但它们尚处于分散的状态，还难以确定它们对论文主题是否有用和用处的大小。因此，对它们必须有一个选择、鉴别、归拢、集中的过程。从对个别事物的个别认识上升到对一般事物的共性认识，从对象的具体分析中寻找彼此间的差异和联系，从输入大脑的众多信息中提炼，形成属于自己的观点，并使其确定下来。选题还有利于弥补知识储备不足的缺陷，有针对性地、高效率地获取知识。在知识不够齐备的情况下，对准研究目标，直接进入研究过程，就可以根据研究的需要来补充、收集有关的资料，有针对性地弥补知识储备的不足。这样一来，选题的过程，也成了学习新知识，拓宽知识面，加深对问题理解的好时机。

3. 合适的选题可以保证写作的顺利进行，提高研究能力

选题有利于提高研究能力。通过选题，能对所研究的问题由感性认识上升到理性认识，加以条理使其初步系统化；对这一问题的历史和现状研究，找出症结与关键，不仅可以比较清楚地认识问题，而且对研究方案的顺利实施也更有信心。选题是研究工作实践的第一步，需要研究者积极思考，需要具备一定的研究能力，在开始选题的过程中，从事学术研究的各种能力都可以得到初步的锻炼和提高。选题前，需要对某一学科的专业知识下一番钻研的功夫，需要学会收集、整理、查阅资料等各项研究工作的方法。选题中，要对已学的专业知识反复认真地思考，并从一个角度、一个侧面深化对问题的认识，从而使自己的归纳和演绎、分析和综合、判断和推理、联想和发挥等方面的思维能力和研究能力得到锻炼和提高。

通过选题，可以大体看出研究者的研究方向和学术水平。从提出问题到解决问题，是一个合乎逻辑的过程，有了问题，才谈得上问题的解决，对问题认识得越清楚，对问题的解决也就越容易。许多有意义有价值的课题，由于难度较大，要求较高，研究者可能一时难以取得进展，甚至由于研究方法不当而造成失败。这种情况下的科学研究或总结仍然是有意义的，它至少能够起到为后人铺路的作用。在这种意义上说，只要研究方向正确，科研无论成功与失败都有价值，都是成功的。况且在研究中往往主攻方向受阻，而很可能在事先没有想到的方面会成功，有意外的收获。另外，如果选题方向有重大的错误，即使花费再大的精力，也是没有价值的。无论从哪个角度来说，选题的意义都是不可低估的。

4.2.2 选题原则

要能够正确而恰当地选题，首先要明确选题的原则，明确了选题原则，就能比较容易地选定一个既有一定学术价值，又符合自己志趣，适合个人研究能力，因而较有成功把握的题目。一般来说，选择研究问题要遵循以下几条原则。

（1）科学性原则：科学性是指研究课题必须属于科学范畴，必须是科学上需要解决而尚未解决的问题，需要用科学术语表述出来的、明确具体的问题。科研工作的任务在于揭示客观世界发展的规律，它正确反映人们认识与改造世界的水平，因此科学性原则是

衡量科研工作的首要标准。任何课题的确立都应以已知的科学理论或技术事实为基础。

（2）创新性原则：创新性是指研究内容应具有创新性，在继承和运用已有的科学成就的基础上，有所发现、有所提升、有所创造、有所前进。科研工作从某种意义上讲就是不断创新，不断开拓。科研工作者应把创新性劳动视为自己的主要职责。没有创新性的科研课题是没有价值的，也称不上科学研究，这是衡量科研成果大小的重要标准。

（3）可行性原则：可行性是指从主客观两个方面的条件来看课题能够被解决的可能性。客观条件指研究所需的实验设备、药品和已有的文献资料充足度。对于初次接触选题和科研的人来说，最好有好的学术带头人的指导。另外，有无足够的时间也是选题时要考虑的问题。主观条件是指充分发挥自己的特长优势，力求专业对口而扬长避短，要选自己最拿手的方面进行研究突破。千万不要一开始就把研究面铺得太宽，或别人搞什么就想搞什么，要真正地了解自己，选取对自己最有吸引力的课题。科研工作是个艰苦的过程，成功之前往往会经过无数次的失败。没有兴趣这个重要的心理因素支撑，就不会有顽强的毅力和经久不息的热情，往往会导致半途而废。

以上是做科学研究时选题的基本原则，由于环境科学问题具有复杂性、多学科性和社会导向性，其选题也有其自己的一些基本原则。环境科学是一门伴随着社会环境问题的出现而诞生的学科，是解决实际问题的科学。因此，环境科学研究在选题的时候要考虑到研究的实际意义，即社会导向性。目前这个问题是不是社会所关心的，是不是亟待解决的，在确定选题之前需要考虑这个问题的研究意义，这是环境科学研究不同于古代文学等理论研究的显著特点。同时，因为目前的环境问题是复杂多样的，国家政策会倾向于目前相对更为重要的、亟待解决的问题。因此，环境科学研究的选题也需要结合国家政策和社会需求。此外，环境问题的复杂性和多学科性也决定了对同一个环境问题的研究有多个切入角度和多种研究方法，包括多个学科的交叉和综合。所以，首先选择自己比较擅长的，比较有兴趣的方向作为切入点，对刚开始做科学研究的人来说是很重要的。

4.2.3　选题类型

（1）补白性选题：所选前人没有研究，至少是国内没有作过研究的，叫作补白。填补研究的空白，当然具有学术性、理论性。此种选题具有极强的创新性，但需要独特的视角和充分的科研条件。或者说这一问题是新的，是社会生活或法律生活中出现的新情况、新问题，过去没有或没有意识到，当然更谈不到研究，现在提出这一问题本身就具有价值，标志学术研究的进步，也许还做不到系统、全面、深入的研究，但其学术性和理论性就表现在率先提出问题。随着科学技术的突飞猛进，环境科学问题也是日新月异的。例如，很多新型污染物在各种环境介质中的分布、环境行为、对环境系统的影响等都是不清楚的，对这类问题的研究就属于补白性选题。

（2）拓展性选题：所选前人虽然有所研究，但成果很少，仅有几篇一般性文章，或者仅研究其个别部分、侧面而不是全部，文章将研究的范围拓宽了，研究的程度加深了，作了系统、全面、深度的研究，这样才能体现其开拓性。此类选题可从研究的范围和深度入手。此种类型较常见。例如，Kalf 等人提出了对 10 种多环芳烃生态风险评价的方

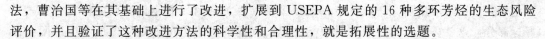

法，曹治国等在其基础上进行了改进，扩展到 USEPA 规定的 16 种多环芳烃的生态风险评价，并且验证了这种改进方法的科学性和合理性，就是拓展性的选题。

（3）总结性选题：所选课题在不同的时代、不同国家都有很多研究成果，不同的研究都有所侧重，有所限制，均有一定的不足，文章在前人所取得的研究基础上作系统、全面、深入的带总结性的研究，即在系统全面归纳所研究领域或相关领域的科研成果的基础上，进行比较分析或者提出新的方法和理论。例如，各种综述类的文章都可以看作总结性的选题。

4.3 选题的程序与方法

4.3.1 选题程序

1. 资料的累积调查

要找到一个合适的、有意义的研究问题，首先就必须做好该领域的调查工作。主要包括以下几个方面。

（1）该领域研究的历史。通过调查，着重了解前人是否对此问题作过研究，作过哪些研究，研究的程度如何，已经取得了哪些成果，还存在着哪些问题，困难在哪里。只有完全了解清楚这些问题，才能确定自己是否能够对这个问题进行研究。学术研究是一项创造性活动，探索未知是学术研究的任务，而探索未知的前提是了解已知，只有了解了已知，才知道哪些问题仍属未知状态，才能掌握还有哪些问题未被解决。对于选择研究课题之前的调查研究工作来说，了解人家做了什么并不是重要的，最重要的是了解人家不曾做什么。

（2）课题研究的现状。通过调查，着重了解目前是否有人对自己所要研究的问题进行研究，研究的进度、研究的角度及研究的方法如何，以便找到研究的突破口。如果说调查研究的历史是一种纵向的了解，那么调查研究的现状则是一种横向的比较。通过这种比较，可以做到知己知彼，可以了解自己的研究与他人有无不同或者有何不同，自己的研究是否会有超越他人的地方。

（3）课题研究的发展趋向。了解课题的发展趋势，前景如何，对研究前景做出预测。有些课题的研究具有终止性，没有进一步发展的空间。问题解决了，研究也就终止了，无后继工作可做。作为较长远一点的研究，应该选择有较大的研究自由空间和发展前景的科学问题。

（4）相关研究的状况。为提高研究水平，可以有意识地了解一下相关领域的研究状况，看看哪些成果可供借鉴，特别是哪些研究方法可以引入和使用。学术研究的方法是相通的，其他专业领域的研究方法的借鉴和使用，很可能使学术研究产生突破，使自己的研究呈现出一种全新的面貌。

2. 资料的整理

当资料的收集和积累到一定的时候，就需要对资料进行整理。资料整理的最有效方法是用自己的想法写出文献综述，并弄清以下问题。

（1）问题背景和目的。研究问题提出的背景和目的，它决定研究的意义。无论是从事

理论研究，还是应用研究，这一点都是重要的，因为它可以看出该选题的研究意义。写好这部分，这就需要读到并理解最原始文献。问题的提出也可能是从理论和应用两方面提出来的。一些应用基础研究常常出现这种情况，即当实际问题抽象成数学问题后，原始的应用背景已经无踪无影了。对于应用背景较强的选题，知道一点应用背景还是必要的。

(2)弄清概念和研究目标。要清楚地叙述问题是怎么形成概念的，它要解决的是什么问题，最终达到什么目标。概念和目标叙述要准确，尽可能用专业的语言来叙述。

(3)研究进展。这是综述的主体，在理解概念的基本上，对文献中报道的困难程度、基本结果、进展情况、存在问题进行综合论述，也应该包括自己的见解。根据内容和研究的范围，这部分可能要分几个小节来写。写好这一部分，需要阅读一些重要文献。

3. 资料的分析与科学问题的确定

通过文献综述，对此专题的研究进展有个大概的了解。接下来就是仔细分析研究可供进一步研究的方向和具体研究内容，预测结果，分析可能出现的困难和采取的研究措施，从而确定具体的科学问题和初步的研究方案。

4.3.2 选题的方法

1. 文献综述法

在选题确定之前，必须对即将研究的领域及相关领域的所有文献或资料认真研读，全面认识此研究领域。需要查阅大量国内外文献，及时了解国内外研究进展，文献搜索应遵循以下三个原则。

(1)先近后远：查阅文献时要先查阅最近的文献资料，然后追溯到更早的文献资料。这样一方面可以迅速了解目前该领域研究最先进的理论观点及方法手段，另一方面文献资料常附有以往的文献目录，可以选择和扩大文献线索。

(2)先内后外：先查阅国内的文献资料，然后再查阅国外的文献资料。一般文献中专业术语较多，因此在全面了解国内研究内容的基础上再查阅国外文献更容易理解；另外，由于国内外语言文化的差异，直接输入关键词很难搜索到目标文献，如果利用国内文献中引证的国外文献目录，可使搜索效果事半功倍。

(3)先综述后单篇：先查阅相关的综述性的文献，再查阅单篇文献。因为综述性文章对此领域研究的历史现状及存在的争议和展望都会有较全面的综合的论述，可较快地了解概况，对所研究的问题可较快地得到比较全面而深刻的认识。加之综述后多列有文献目录，是扩大文献资料来源的捷径。

2. 原因链分析法

环境科学研究选题的关键是发现科学问题。原因链分析法在大量阅读文献资料的基础上，通过比较分析，归纳总结目前研究中已经解决的科学问题以及仍未解决的问题，寻找问题发生的原因，并挖掘整个原因链，分析原因之间的关系，找到根本原因或原因链中的薄弱点，将此关键点或薄弱点作为选题的突破口。此方法是发现科学问题的常用方法(见图4-1)。

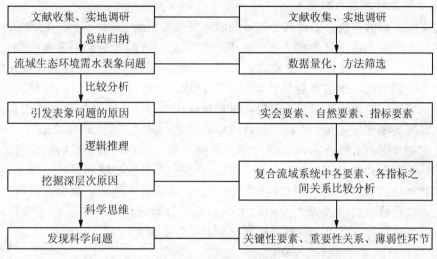

图 4-1 原因链分析方法

3. 问卷调查法

发放问卷是一种常用的调查方法。使用这种方法，可以很好地对存在的问题进行调查。此种方法可以在一次调查中对很多变量予以考察和了解，而且可以突破空间的限制进行远距离的调查。通过这种方法取得的数据可以十分有效地应用于描述性的分析，针对某领域内的专业人士做问卷调查，对研究问题的确定是很有裨益的。问卷发放一段时间后，还需要回收。因为问卷的有效性很难控制，所以要尽可能地多回收一些，以保证有效问卷的数量。问卷是整个调查的重点，问卷必须科学、准确、客观，尽量排除个人的主观色彩。问卷应当在一些基本的原则下进行制作：①用语应当科学、明确，避免出现暧昧、多义的词语；②问题不要脱离现实，不要做虚构想象式的提问；③不要做主观诱导式的提问，不带倾向性；④问题与考察的内容要有相关性，要简捷明了。

4.4 选题案例分析——生物膜法应用于海河流域水生态系统健康评价

4.4.1 选题

1. 从国家重大科研项目寻找研究方向

随着国民经济的快速发展和人口增长，强烈的人类活动正全面深入地扰动着天然流域的水循环过程，严重威胁了饮用水安全及生态环境健康，成为影响国家资源与环境安全的主要制约因素。从国家"十一五"规划和水专项来看，我国水环境和水资源管理从单纯的化学污染控制向水生态系统保护转变，从偏重水体服务功能用途的保护向人体健康和水生态系统安全转变，这就要求构建新的水环境管理技术体系，特别是在种群、群落和生态系统等尺度上对人为干扰的生态学响应机制的深入研究，建立水生态系统健康状态综合评价体系，辨明水生态系统受损的主要胁迫因子，这对于流域水生态系统服务功能的恢复和生态安全具有重要的科学意义。因此，研究方向选择为流域水生态系统健康评价。

2. 该领域资料的累积和调查

通过文献资料的查阅，了解到生态系统健康研究最早始于 1994 年，一直到 2004 年左右文献都侧重于生态系统健康相关概念及其评价理论方法的概况介绍和研究综述；2002年开始出现生态系统健康评价的个案分析，同年，流域尺度生态系统健康评价开始涌现，并逐步成为我国当前生态系统健康评价的重要领域。总体而言，我国流域尺度上的生态健康评价的研究与实践还处于起步阶段，流域健康评价多集中在对河流水质的监测方面，对流域水资源的物理特征和生态特征的研究尚不多见，有很多需要研究的地方。

水生生物群落具有整合不同时间尺度上各种化学、生物和物理影响的能力，可反映多种生态胁迫对水环境造成的累积效应，是评价水生态系统健康状况的重要手段。主要包括指示物种法、预测模型法和多指标评价法。目前综合了物理、化学、生物甚至社会经济指标的指标体系法在流域尺度上的水生态系统健康评价中得到了广泛肯定和应用。而这些评价方法中都需要有生物群落指标反映水生态系统变化。

3. 资料的分析与科学问题的确定

通过资料的分析可以看出水生生物群落在水生态系统健康评价中占有重要地位，水生生物评价信息是流域管理中的关键组成部分。而指示物种法和预测模型法由于是对单一物种进行监测，将其外推来估测群落水平和生态系统水平健康是不充分的，群落水平的测试是相对真实和可靠的方法，因此采用多指标评价体系，通过监测群落水平生物状态和整合多物种的多种结构和功能指标的生物完整性指数来评价流域水生态系统健康状态是适宜的。

4.4.2 研究对象的筛选

1. 可比较性

鱼类和底栖动物由于具有易采集、种类多，对各种干扰反应敏感以及比较容易鉴定等特点，在水生态系统健康评价中研究最为成熟，应用最为广泛。但是，海河流域受到强烈的人为干扰，大量水生生物灭绝，生态组分严重缺失，在许多河流、湖泊中没有鱼类、底栖生物和大型水生植物，采用上述生物评价流域水生态系统健康状态时不能对流域内各个生态单元健康状态进行比较排序，不能为全流域的恢复与管理决策制定提供科学有效的依据，所以采用生物完整性指数法评价海河流域水生态系统健康时应选取流域中广泛存在的生物进行评价。

2. 创新性

生物膜，也称附着生物，广泛存在于地球上的各个角落，是适合于海河流域水生态系统健康评价的生物群落，因此选题可以初步确定为生物膜法应用于海河流域水生态系统健康评价研究。

创新思维需要抛弃从众心理，需要在研究中注重细节，在野外注重观察与分析，并通过预实验进行初步尝试，明晰可行性与可操作性。

环境科学问题具有复杂性和多学科性、区域性和整体性以及社会导向性特点，在科学研究中问题的甄别与选题具有极其重要的意义。科学的选题能够决定科学研究的价值和效用，可以规划研究的方向、角度和规模，弥补知识储备的不足，保证写作的顺利进行，提高研究能力。选题过程中要结合实际问题，遵守科学性、创新性和可行性原则合理规划，系统甄别。选题的一般步骤包括资料的积累与调查、整理和分析，最终提炼科学问题。一般方法包括文献综述法和问卷调查法，本研究应用了前面的原因链分析法（见图4-1），通过比较分析，归纳总结目前研究中已经解决的科学问题以及仍未解决的问题，寻找问题发生的原因，并挖掘整个原因链，分析原因之间的关系，找到根本原因或原因链中的薄弱点，将此关键点或薄弱点作为选题的突破口。

推荐阅读

1. 杨志峰，崔保山，刘静玲，等. 生态环境需水理论、方法与实践[M]. 北京：科学出版社，2003.
2. 杨志峰，刘静玲，孙涛. 流域生态需水规律[M]. 北京：科学出版社，2006.
3. 杨志峰，崔保山，孙涛. 湿地生态需水机理、模型和配置[M]. 北京：科学出版社，2012.

方法学训练

1. 科学研究选题的原则与程序。
2. 科学研究开题报告的关键要素。

下 篇 环境生态方法分论

第5章 生态伦理观及方法

自20世纪40年代以来，随着人口的增加、资源的开发、环境的变迁和经济的增长，环境污染、森林破坏、水土流失和荒漠化等一系列世界性问题对人类生存和经济的持续发展构成了严重威胁。恢复退化生态系统和合理管理现有的自然资源日益受到国际社会的关注。生态伦理学是伦理学研究的新领域，是现代生态科学和社会伦理学的交叉学科，是关于人和自然的道德学说。基于生态伦理观的生态系统管理成为促进可持续发展、维护生态平衡，保护和恢复生态系统的重要途径。生命周期评价作为一种环境管理工具，具有生态伦理的理论基础，体现了生态伦理观，不仅对当前的环境冲突进行有效的量化分析、评价，而且对产品及其"从摇篮到坟墓"的全过程所涉及的环境问题进行评价，是"面向产品环境管理"的重要支持工具。

5.1 生态伦理观

伦理是"人与人之间的关系，即作为人类共同体基础的秩序和道德"。也就是说，伦理是人类为了维系人类命运共同体存在而限制自身行为的规范意识，伦理学就是关于这种规范意识的学问，这就是对于伦理、伦理学最为普遍的认识。

生态伦理，即人类处理自身及其周围的动物、环境和大自然等生态环境的关系的一系列道德规范。通常是人类在进行与自然生态有关的活动中所形成的伦理关系及其调节原则。

生态伦理学是伦理学研究的新领域，是现代生态科学和社会伦理学的交叉学科，是关于人和自然的道德学说。生态伦理学作为一门研究人类与自然界道德关系的伦理学分支，形成于20世纪40年代的西方工业化国家，主张把道德行为的领域从人与人、人与社会领域扩大到人与自然之间。中国古代儒家学派一些杰出的思想家从研究人际关系出发，也提出了许多极其宝贵的生态伦理思想，形成了一套比较系统的生态伦理道德观。他们所提出的"天人协调""天人合一"以及尊重自然规律、合理利用和保护资源等思想，对维护人与自然的和谐关系起到了相当显著的作用。因此，生态伦理学的根本目的之一，在于确定"人对自然界的道德义务"。它是生态学、环境学、伦理学、经济学和管理学等学科相结合的产物，是对传统伦理学和环境伦理学的新发展，在政治、经济、科技和文化各领域，推动社会生产方式、生活方式和思维方式的变革。

5.1.1 生态伦理的概念与内涵

1. 生态伦理的概念

生态伦理，即人类处理自身及其周围的动物、环境和大自然等生态环境的关系的一系列道德规范。通常是人类在进行与自然生态有关的活动中所形成的伦理关系及其调节原则。生态伦理强调人的自觉和自律，强调人与自然环境的相互依存、相互促进、共同融合。因此，生态伦理的内涵包含促进人与人之间、人与自然之间、可持续发展与生态

环境保护之间的互利共生、协同进化和发展。

生态伦理学是伦理学研究的新领域，是现代生态科学和社会伦理学的交叉学科。西方学术界又称为"环境哲学"或"环境伦理学"，是关于人和自然的道德学说，是如何对待生态价值，如何了解人与生物群落之间相互作用、如何调节人与环境之间关系的伦理学说。生态伦理学的核心思想是尊重生命和自然界，它所要处理的问题是人对与自己的生存密切相关的地球上其他物种和自然界抱什么态度的问题。也就是说，它在理论上的要求是，确立关于自然界的价值和权利的理论；在实践上要求按照生态伦理学的道德标准和规范约束人的行为，以保护地球上的生命和生态系统。

2. 生态伦理观的内涵

传统工业文明把人类看作是凌驾于自然之上的唯一值得尊重的物种，所以传统道德观只关注人的利益、人的权利，而忽视了自然界的生态权利；只承认人类是权利主体，而不承认自然界具备权利主体的特性；只调整人与人、人与社会之间的关系，而排斥人和社会与自然之间的伦理关系。在生态文明形态下，新的生态伦理观则要求人们树立崭新的生态意识，规范人们对自然的行为，启迪人们的道德悟性，公正地对待自然和人类自身，使人类与自然的关系和谐有序，进而推动人类与社会的关系和谐有序。这种新的生态伦理观主要由人类平等观和人与自然平等观两部分组成。

一是人类平等观。所谓人类平等观是指在人与人之间的关系上，强调一部分人的发展不应损害和牺牲另一部分人的利益。这就要求实现和维护"横向"的代内平等与"纵向"的代际平等。代内平等是以自然为中介的现实人或同时代人之间的相互尊重、相互促进、共同发展的问题。它强调当代人在利用自然资源、满足自身利益上的机会均等，在谋求生存与发展上权利均等。任何人既不能剥夺他人或其他国家和民族对自然拥有的权利，也不能逃脱对自然应履行的各种义务。代际平等则强调在人类社会的历史发展中，每一代人都有责任和义务为后一代人创造良好的生存空间和发展环境。现实的人不能为了眼前的利益而损害人类赖以生存和发展的生态环境。在制定当代人的发展计划时，应依据代际公平的原则，综合考虑当代人的需要和后代人的需要，将一个可持续的生态环境和社会环境留给子孙后代。

二是人与自然平等观。所谓人与自然平等观是指在人与自然的关系上，强调人与自然是平等的，自然有重要的价值，人既有改造自然的权利和自由，同样也有保护自然的义务和责任。人与其他物种都是宇宙生物链中不可缺少的有机组成部分，享用自然并非人类的特权，而是一切物种共有的权利。因此，不能把人的利益看成是绝对性的、唯一性的，不能仅仅以人的利益为尺度来衡量人与自然的关系，而是要超越人类沙文主义的观念，尊重自然权利，承认自然界的价值和利益，反对对自然资源进行无限度、无休止的索取和掠夺。

生态伦理学的实践意义在于它的研究不是纯粹理论研究，也不是纯粹理性研究，而是将生态学的理论知识和解决生态环境的现实需要相结合，制定价值标准和行为规范，并依据这些标准和规范进行价值评判。它是一种价值角度的取向，具有实践意义。生态伦理学参与实践可体现在预测、对策和决策；计划、设计和运筹；价值的制定和评估等方面，如对工业生产、农业生产和其他经济社会活动进行生态设计；对现代化建设的各项重大决策进行可行性分析和未来预测等，以争取最佳社会经济效益和生态效益，从而

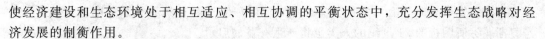

使经济建设和生态环境处于相互适应、相互协调的平衡状态中，充分发挥生态战略对经济发展的制衡作用。

20世纪90年代，按照这种生态伦理观的要求，我国政府在《中国21世纪议程》中，将相应的公民道德行为界定为以下三条：①所有的人享有生存环境不受污染和破坏，从而能过健康和健全生活的权利，并承担有保护子孙后代，满足其生存需要的责任；②地球上所有的生物物种享有其栖息地不受污染和破坏，从而能维持其生存的权利，人类承担有保护生态环境的责任；③每个人都有义务关心他人和其他生命，破坏、侵犯他人和生物物种生存权利的行为是违背人类责任的行为，应当禁止这种不道德的行为。

5.1.2 生态伦理的产生与发展

早在19世纪，英国功利主义哲学家边沁就有扩展道德共同体（moral community）之议；德国生物学家海克尔（E. H. Haeckel）又提出"生态学"（ecology）的概念（1886）；美国博物学者玛什（G. P. Marsh）的《人与自然》（1864）、英国医生赫胥黎（T. Huxley）的《进化与伦理学》（1893）都主张在人与自然之间建立某种亲和的伦理关系。生态伦理学是由法国哲学家、医生、诺贝尔和平奖获得者施韦泽和英国环境学家利奥波德创立的，他们主张把道德行为的领域从人与人、人与社会领域扩大到人与自然之间，人类需要将善良、良心、正义、义务等观点应用到处理自然生态关系中去，"人与自然"应作为伦理学的一项基本准则。施韦泽从对生命的崇拜出发，提倡尊重生命的生态伦理。他认为崇拜生命是伦理学的基础，维护生命、完善生命和发展生命是善；毁坏生命和损害生命的行为是恶，在这种伦理中最主要的是人应对所有生物负有个人责任。利奥波德提倡大地伦理学，并主张伦理学研究的对象要从人和社会领域扩展到人和大地（自然界）。1975年，美国哲学家罗尔斯顿发表《存在生态伦理学吗？》一文，从生态规律转换为道德义务的必要性论证了生态伦理学的合理性。此后，他发表一系列论文和两本专著，如《哲学走向原理》（1986年）、《环境伦理学：自然界的价值和人对自然的责任》（1988年），建构了环境伦理学的理论框架。

此外，日本伦理学研究所的丸山竹秋在《地球人的地球伦理学》一文中指出，伦理本来是关于人与人之间道德关系。但是，人与人以外的事物的关系却多得多和复杂得多，对这方面的道德关系视而不见是存在很大的片面性，大地是生存之源，是值得尊敬、爱惜和感谢的。因而他认为，伦理学的对象不仅是对人，还必须扩大到人以外的生物，地球上的非生物，甚至太阳和其他天体。也就是说，规范人类行为的道德，不限于人间之道，还包括：①对人以外事物的"人之道"；②对宇宙的"人之道"；③对大地的"人之道"；④对生物的"人之道"。以地球为目标、为对象的地球伦理以人的生存和地球要素（地球保护）为最大和最终目标。

早在中国古代，一些杰出的思想家从研究人际关系出发，也提出了许多极其宝贵的生态伦理思想。以孔子、孟子为代表的儒家学派，从先秦时期开始便对人与自然的关系进行了深刻的思考，经过两汉、隋唐到宋、元、明各个时期，形成了一套比较系统的生态伦理道德观。儒家学派所提出的"天人协调""天人合一"、珍惜生命、仁爱万物、尊重自然规律、合理利用和保护资源等思想，对维护人与自然的和谐关系，起到了相当显著的作用。今天，挖掘、弘扬儒家生态伦理思想中的积极合理因素，对我国现代化进程中

实行可持续发展战略具有一定的借鉴作用；同时，对于与自然界关系急剧恶化，正被生态日渐恶劣所困扰的 21 世纪的人类也将产生有益的启示。

孔子首先提出了"仁爱万物"的主张，他要求把"仁""爱人"这些人际道德原则扩展到自然界万事万物之中去，以此来协调人和自然界的关系。把人对自然的态度作为善恶评价的一个尺度。他认为生物都有自己的生长规律，对它们的获取要有度，"钓而不网，弋不射宿"。他指出"断一树，杀一兽，不以其防，非孝也"。可见，孔子是把人们对待生物的态度当作儒家道德规范之一——孝道来看待的。凡仁爱万物的行为就是孝，就是善；反之则是不孝，就是恶。孟子继承和发展了"仁爱万物"的思想，提出"亲亲而仁民，仁民而爱物"。他要求人们由敬爱亲友而泛爱他人，由泛爱他人而仁爱万物，主张君子之爱应该从对亲人的爱扩展到对百姓的爱，再延伸至对自然的爱。这是君子施行仁政的主要内容。这种思想后来发展成宋儒张载"民吾同胞，物吾与也"。张载认为仁爱就是爱人、爱物、不私己。在他看来，人是天地万物中的一员，同万物具有共同的本性，所以不能偏私自己。他主张"是立必俱立，知必周知，爱必兼爱，成不独成"。意思是说，立要立己立人，知要知人知物，爱要爱己爱人，成要成己成物。"民吾同胞，物吾与也"的意思是百姓是我的兄弟，万物是我的朋友。人和物都是大地所生，在天和地面前人人都是同胞兄弟，人与物是同伴朋友。朱熹从理学角度也谈到了人与生物的关系。他说："事事物物皆有至理，如一草一物，一禽一兽，皆有理；自家知得万物均气同体。见生不忍见死，闻声不忍食肉，非其时不伐一木，不杀胎，不妖夭，不覆巢，此便是和内外"。他还把儒家的"仁"作了发挥，把"仁"定义为"心之德而爱之理"，从根本上把爱人与爱物统一起来。王阳明认为虽然人与物是同体的，但人与物的地位是不同的，爱万物也需分清先后主次，先爱至亲、家庭，再爱路人，最后是草木禽兽。因此，他认为"仁、义、礼、智、信"这五德不仅适用于人，而且可以推广到自然界。儒家学说里蕴含着丰富的生态伦理思想，他们所提出的"天人合一""仁爱万物"的思想，以及对合理利用自然资源的论述，以朴素的、直观的形式反映了当时人们对自身与自然关系的认识，具有丰富的文化伦理价值，是全人类宝贵的文化遗产。在当代，人们更是提出了整体主义生态伦理观。整体主义生态伦理观的基本原则是公正，公正的实质就是协调好人与自然及人与社会内部的利益关系，体现了人类对自身生活的完整的终极关怀。

自然资源是自然界中一切对人类有用的物质和能量，它构成人类经济社会发展的物质基础。人类社会要能持续稳定地发展进化，就必须转变现有生存哲学，重新审视人与自然界的关系，选择可持续发展道路，提倡生态伦理。

5.1.3 生态与环境伦理学的异同

环境是指人类生存的空间及其中可以直接或间接影响人类生活和发展的各种自然因素。生态是在一定空间范围内，所有生物因子和非生物因子，通过能量流动和物质循环过程形成彼此关联、相互作用的统一整体。可以看出，生态与环境既有区别又有联系。生态偏重于生物与其周边环境的相互关系，更多地体现出系统性、整体性、关联性，而环境更强调以人类生存发展为中心的外部因素，更多地体现为人类社会的生产和生活提供的广泛空间、充裕资源和必要条件。

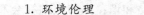

1. 环境伦理

伦理是为了维系人类共同体存在而限制自身行为的规范意识。环境伦理是指人与自然发生关系时的伦理。针对人类活动对自然环境的破坏，从伦理的角度给保护环境提供依据。环境伦理研究的是人类与自然环境之间道德关系的学说——人类应如何对待环境价值，如何调节人类与生物群落、人类与环境之间的关系。日本环境伦理学专家岩佐茂提出，"环境伦理并不是维系共同体存在的、在人类相互的社会关系中直接发挥作用的伦理，而是人与自然发生关系时的伦理。"

根据环境伦理的观点，只有那些基于环境意识而设计、实施的解决当代环境问题的技术性思维才是先进和科学的，这些思维可以概括为以下四条原则：

(1)废弃物的无害化与最小量化原则。努力使人类生产的废弃物和生活废弃物尽量做到无害化与最小量化排放，最大限度的约束废弃物对生态环境的污染影响。

(2)物质的生命周期管理原则。产品的生命周期是指一种产品取之自然又回到自然，及产品"从摇篮到坟墓"的全过程。物质的生命周期管理是指要管理好物质的开发过程，要管理好物质的生产加工过程，管理好物质作为商品投入到市场后的使用过程。这里既要处理物质作为原材料的耗用问题，又要处理物质作为废弃物的排放问题，还要考虑废弃物的回收和再利用问题。

(3)节约资源的原则。要使资源得到有效的利用，就必须做到既要节约生物资源，又要节约非生物资源；既要注意生产领域中的节约，又要注意生活消费领域中的节约；既要注意耗用量减少型的节约，又要注意资源替代型的节约。

(4)自然保护与生态恢复的原则。要对一切自然景观与生物物种加以保护，对那些被破坏的生态系统及其组分进行恢复。这里的恢复既包括经过野化逐步再现原貌，也包括经过重新规划和设计，重建能适于新条件与未来需求的生态系统。

2. 生态伦理

生态伦理认为世界是"人—社会—自然"的复合生态系统，是一个活的有机整体。在这里，人是主体，生命和自然界也是主体。世界是事物相互联系、相互作用的系统，具有自组织、自调控、自发展的性质，朝着有序和价值进化的方向发展。在有机世界的整体与部分的关系中，整体比部分重要，事物的动力来自整体而不是部分，即不是部分决定整体，而是整体决定部分。有机世界虽由部分组成，具有一定的结构和功能，但它以整体性为主要特征，事物的关系和动态性比结构更重要，因而生态伦理主张放弃首要次要之分，拒绝"以什么为中心"的思路。在此意义上，生态伦理宣扬人、生命和自然界没有高低贵贱之分，追求万物平等以及人与自然和谐发展。超越人类中心主义的价值观，确立自然价值论。

工业文明的价值观是人类中心主义的价值观。在理论上它表述为：人是宇宙(世界)的中心，因而一切以人为尺度，一切为人的利益服务，一切从人的利益出发。但在现实中人是具体的个人或利益群体，因而所谓"人类中心主义"实际上是个人中心主义，从来都没有而且也不是以"全人类利益为尺度"，而是以"个人(或少数人)利益为尺度"，即从个人或少数人的利益出发。个人主义是现代社会的世界观，是 21 世纪人类行为的哲学基础。但依据生态伦理学价值观，不仅要承认个人和团体的价值，而且要承认全人类的价值，承认子孙后代的价值；不仅承认人有价值，而且承认生命和自然界也有价值。生态

伦理的价值观不是人类中心主义，不是人统治自然；它的本质是和谐：人与人的社会和谐，人与自然的生态和谐。生态伦理的目标是，通过人的自我救赎和自然解放而实现人与自然的生态和解以及人与人的社会和解，建设人与人和谐、人与自然和谐发展的社会。

5.1.4　可持续发展观的基本原则

生态伦理学尊重生命和自然界的主张，核心是扩大道德对象的领域，规定人类行为中的生态道德的基本原则和行为规范，它要说明的一个哲学道理是在人与自然关系中，无论谁统治谁都不可能有最后胜利；依据人和自然界有机统一体的观点，只有人与自然和谐发展、共同进步才是符合客观规律的。因而在利用和管理自然资源中要遵循4个原则。

(1)持续发展的资源利用原则。在现实资源管理中要有长远目光与打算。例如，对于一些低品位矿藏，在现有条件下开采、利用率很低，那么留待以后技术进步了再使用也许是更合理的。

(2)生命共同体原则。生态伦理学一方面承认人类的利益，用全人类道德原则处理人与人之间的关系；另一方面也承认地球上其他生命的权利，尊重生命和自然界，与自然协调而不是征服，即人类是自然界不可分割的一部分。

(3)保护生物多样性原则。缺少经济价值不仅是许多物种的特征，而且是许多群落(沼泽、泥塘等)的特征。但它们却具有其他方面的价值，即生态价值。如果以单一经济利益为目标，任意毁掉那些没有商业价值的物种和群落，恰恰毁掉了大地系统的完整性。

(4)代际共同性原则。当代人的发展不应当危害后代人的发展，当代人对自然资源的利用也应以不危害后代人的需求为限，否则就应主动采取代际财富转移政策。总之，当代人既要留给后代一个健全的环境，同时又应为后代积累足够他们发展的自然资源财富。

5.2　人类中心主义和非人类中心主义

由于生态伦理学是一个跨学科的研究，不仅需要有一定的自然科学知识，还需要有深厚的伦理和哲学素养。因此，该领域的研究也往往存在较大的争议。在学术界关于生态伦理问题的讨论中，对于人类中心主义有两种不同的态度，集中表现为人类中心主义同非人类中心主义的生态伦理观的冲突。

5.2.1　人类中心主义

人类中心主义生态伦理观认为，人是自然界中唯一拥有理性的存在物，这种理性使人自在地就是一种目的，自在地具有内在价值，因而伦理或道德只是人类社会生活的专利，是专门调节人与人之间关系的规范。所以人是唯一的道德顾客，也是唯一的道德代理人，只有人才有资格享有道德关怀。自然界中的其他存在物是价值客体，是实现人类目的的工具，它们根本不具备获得道德关怀的资格。人与自然界之间的关系从本质上讲，从属于人与人之间的关系，且归根结底反映着人与人之间的关系。人们对自然生态环境的破坏和污染，直接损害了另一些人的利益。离开了人与人的关系，孤立地说人与自然界之间存在着伦理关系是没有任何意义的。自然生态环境是人类生存的物质基础，是人类可持续发展的资源条件，人类离开了自然生态环境就不可能生存与发展，因而人类应

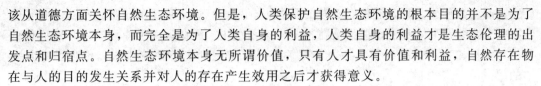

该从道德方面关怀自然生态环境。但是，人类保护自然生态环境的根本目的并不是为了自然生态环境本身，而完全是为了人类自身的利益，人类自身的利益才是生态伦理的出发点和归宿点。自然生态环境本身无所谓价值，只有人才具有价值和利益，自然存在物在与人的目的发生关系并对人的存在产生效用之后才获得意义。

傅华对人类中心主义生态伦理观进行了概括总结，认为人类中心主义生态伦理学的基本观点是："人类中心主义"是一种价值论，是人类为了寻找、确立自己在自然界中的优越地位，维护自身利益而在历史上形成和发展起来的一种理论假设。这是人类中心主义者立论的基础。人类的整体利益和长远利益是人类保护自然生态环境的出发点和归宿点，是促进人类保护自然行为的依据，也是评价人与自然关系的根本尺度。这是人类中心主义者的基本信念。在人与自然的关系上，人是主体，自然是客体；人处于主导地位，不仅对自然有开发和利用的权利，而且对自然有管理和维护的责任和义务。这是人类中心主义者的基本原则。人的主体地位，意味着人类拥有运用理性的力量和科学技术的手段改造自然和保护自然以实现自己的目的和理想的能力，意味着人类对自己的能力无比自信和自豪。这是人类中心主义的基本信念。

5.2.2 非人类中心主义

非人类中心主义在批判人类中心主义的同时，也努力打破传统伦理学研究的界限，把道德关怀的范围从人类社会扩展到自然界以及自然界中的所有自然存在物身上。美国哲学家泰勒继承和发挥了施韦泽的生态伦理思想，提出了"尊重自然"的生态伦理理论。泰勒指出，人际伦理的基本精神如果说是对人的尊重，那么生态伦理的基本精神则是对自然的尊重。此外，生态中心主义强调一种整体主义生态伦理观。生态中心主义运用生态学的成果和观点审视人与自然界的关系，它站在整体主义立场上，突出整个自然界是一个相互作用、不可分割的整体，重视各生物之间相互联系、相互依存，以及由生物和非生物组成的生态系统的重要性。在他们看来，生命有机个体的道德价值是由其对生态整体的贡献决定的，一种恰当的生态伦理学必须是整体主义而非个体主义的。动物解放/权利论和生物中心主义强调对生物个体价值的尊重，其存在的困境是：人类为了自己的生存不得不毁灭某些生物个体的生命，人类的生存行为与尊重或敬畏生命的道德态度相矛盾。生态中心主义重视维护物种、生态系统的利益和价值，它并不反对对某些生命个体价值的破坏，只要这种破坏不威胁整体的存在。生态中心主义主要有大地伦理学、深层生态学和罗尔斯顿的自然价值论。

自然界承载着多种价值，但生态系统的价值是最高价值，工具价值和内在价值都是客观地存在于生态系统中。生态系统的价值是一种创造性价值，生态系统不是价值的所有者，而是价值的生产者。罗尔斯顿解释说，生态系统对生命来说是至关重要的，没有它，有机体就不能生存，即共同体比个体更有价值。因为有机体只护卫自己的身体或同类，生态系统却编织着一个更宏伟的故事；有机体只关心自己的延续，生态系统则促进新的有机体的产生；物种只增加其同类，生态系统却增加物种种类，并使新物种与老物种和睦相处。恰如有机体是有选择能力的系统一样，生态系统也是有选择能力的系统。在生态系统层面上，我们面对的不再是工具价值，尽管作为生命之源，生态系统具有工具价值的属性；我们面对的也不是内在价值，尽管生态系统为了它自身的缘故而护卫某

些完整的生命形式。此时，我们面对的是"系统价值"。这个重要的价值像历史一样，并没有完全浓缩在个体身上，它弥漫在整个生态系统中。因此，人类应该对生物共同体的美丽、完整和稳定负有道德义务，道德关怀只有扩展到生态系统中去，伦理学才是完整的。

传统伦理学一般局限于人与人之间的道德关系，仅仅关注人这样一个物种的福利，生态伦理学关注构成目前地球上几千万物种福利。生态伦理学的最主要特点是把道德研究从人与人关系的领域扩大到人与自然关系的领域，研究人对地球上的生物和自然界行为的道德态度和行为规范。随着生态伦理学的兴起，人们逐渐意识到，生态危机的深层次根源在于人类文明所奉行的错误价值观，即人类中心主义。这种价值观忽视了人对自然的义务和责任。在生物学及认识和实践意义上，人类以自身利益为中心，本无可厚非，但是，在价值论的层面上，人类必须超越人类中心主义。人类中心主义价值观是在近代社会推崇理性的前提下确立的。人有理性，理所当然具有内在价值，其他存在物没有理性，因而只有工具价值。由此，人类社会道德原则的制定与选择的唯一因素必然是人和人的利益。然而在当代，面对生态失衡、环境恶化等负面效应，人类中心主义无法调整和制约人类破坏自然的合理行为。取代人类中心主义的是非人类中心主义，非人类中心主义是随着现代生态伦理学的形成而形成的。在非人类中心主义看来，人类有权力从自然界中索取满足自身生存和发展需要的物质资料，但是，必须同时在道德上关心其他物种，因为自然存在物本身具有内在价值，而且自然存在物的价值不能完全还原为人的兴趣和偏好。非人类中心主义使人类的道德关注目光投射到更多的生命体上，给人们提出了更多的伦理问题。

5.3　生态系统管理

自20世纪40年代以来，随着人口的增加、资源的开发、环境的变迁和经济的增长。环境污染、森林破坏、水土流失和荒漠化等一系列世界性问题对人类生存和经济的持续发展构成了严重威胁。恢复退化生态系统和合理管理现有的自然资源日益受到国际社会的关注。基于生态伦理观的生态系统管理成为促进可持续发展，维护生态平衡，保护和恢复生态系统的重要途径。

自走出丛林以来，人类经历了原始文明、农耕文明、工商文明。原始文明以采摘狩猎为特征，以水火生态因子为依托，以用火和发明工具为标志，是一种自生式的社会形态；农耕文明以种植养殖为特征，以土地与生物生态为依托，以发明灌溉和施肥育种为标志，是一种再生式的社会形态；工商文明以市场经济为特征，以矿产与金融为依托，以大规模使用化石能源和机械化工产品为标志，是一种竞生式的社会形态；社会文明分两阶段：其中社会主义是其初级阶段，以社会公平为目标，是一种共生式的社会形态；社会文明的高级阶段以可持续发展为特征，以知识经济和生态系统服务为依托，以高效的生态技术、和谐的生态体制、持续的生态服务及健康的社会生活为标志，集竞生、共生、再生、自生功能为一体的高级生态文明形态。

环境污染和生态退化是工业文明副作用的产物。随着大工业的发展，专业化分工越来越细，经济效益成为企业生产的唯一目标。企业从遍布全球的自然生态系统中无偿或低偿地索取资源，并将生产和消费过程中未被有效利用的大量副产品以污染物或废弃物的形式排出厂外，形成环境问题。其生态学实质是资源代谢在时空尺度上的滞留和耗竭，系统耦合在结构关系上的破碎和板结，生态功能在演化过程中的退化和灾变，社会管理在局整关系上的短视和匮缺。人们只看到产业的物理过程，而忽视其生态过程；只重视产品的社会服务功能，而忽视其生态服务功能；只注意企业的经济成本而无视其生态成本；只看到污染物质的环境负价值而忽视其资源可再生利用的正价值。社会的生产、生活与生态管理职能条块分割，以产量产值为主的政绩考核指标和短期行为，以还原论为主导的传统科技，以及生态意识低下、生态教育落后的国民素质，是整体环境持续恶化的根本原因。

发展应该是一种渐进有序的系统发育和功能完善的过程，包括经济、人口和环境的协调发展。发展自然就要改变环境、适应环境、积累资产、调节关系。可持续发展是向传统生产方式、价值观念和科学方法挑战的一场生态革命，其内涵包括了经济的持续增长、资源的永续利用、体制的公平合理、社会的和谐共生、传统文化的延续及自然活力的维系。其核心是调节人口、资源、环境间的生态关系。

5.3.1　生态系统管理概念

对生态系统管理的定义，不同群体或个人根据不同的出发点有不同的看法。生态系统管理的概念起源可追溯到美国著名生态学家和环境保护主义的先驱 Aldo Leopold(1887—1948)，他认为自然资源管理中应包括生态学、社会学和人类利益等相关学科的基本原则。美国 Agee 和 Johnson(1988)的《公园和野生地生态系统管理》是第一部关于生态系统管理学的专著，它标志着生态系统管理学的诞生。Agee 和 Johnson 及其后来的学者与学术团体 Grumbine(1994)、美国生态学会(Christensen et al.，1996)和 Dale 等(1999)均提出和强调生态系统管理涉及调控生态系统内部结构和功能，输入和输出，维持生态系统的稳定性、整体性和持续性，并获得社会渴望的条件；美国学者 Overbay (1992)认为生态系统管理是指精心巧妙地利用生态学、经济学、社会学以及管理学原理，来长期经营管理生态系统的生产、恢复或维持生态系统的整体性和所期望的状态、利用、产品、价值和服务；美国林学会在 1992 年提出生态系统管理强调生态系统诸方面的状态，主要目标是维持土壤生产力、遗传特性、生物多样性、景观格局和生态过程；Wood 于 1994 年提出综合利用生态学、经济学和社会学原理管理生物学和物理学系统，以保证生态系统的可持续性、自然界多样性和景观的生产；美国环保局认为生态系统管理是指恢复和维持生态系统的健康、可持续性和生物多样性，同时支持可持续的经济和社会；在美国生态学会看来，生态系统管理有明确的管理目标，并执行一定的政策和规划，基于实践和研究并根据实际情况作调整，基于对生态系统作用和过程的最佳理解，管理过程必须维持生态系统组成、结构和功能的可持续性；Dale 等人认为生态系统管理是考虑了组成生态系统的所有生物体及生态过程，并基于对生态系统的最佳理解的土地利用决策和土地管理实践过程。生态系统管理包括维持生态系统结构、功能的可持续性，认识生态系统的时空动态，生态系统功能依赖于生态系统的结构和多样性，土地利用决策必须考虑整个生态系统。但是 1993 年 Ludwig 等在 *Science* 上发表了一篇题为《不确定性，资源开发与保护——历史的教训》的论文，就科学研究对维持生态系统可持续性的贡献提出了质疑。

由此可见，上述多个定义在许多方面有重复，大多数定义强调在生态系统与社会经济系统间的可持续性的平衡，部分定义强调生态系统的功能特征。这些定义就像盲人摸象得出的结论一样。我们认为所有这些定义并没有矛盾，生态系统管理要求我们越过生态系统中什么是有价值的和什么是没价值的问题，而主要集中在自然系统与社会经济系统重叠区的问题。这些问题包括：生态系统管理要求融合生态学的知识和社会科学的技术，并把人类、社会价值整合进生态系统；生态系统管理的对象包括自然和人类干扰的系统；生态系统功能可用生物多样性和生产力潜力来衡量；生态系统管理要求科学家与管理者定义生态系统退化的阈值；生态系统管理要求人类利用对生态系统的影响方面的系统的科学研究结果作指导；由于利用生态系统某一方面的功能会损害其他的功能，因而生态系统管理要求我们理解和接受生态系统功能的部分损失，并利用科学知识做出最小损害生态系统整体性的管理选择；生态系统管理的时空尺度应与管理目标相适应；生态系统管理要求发现生态系统退化的根源，并在其退化前采取措施。与生态系统管理相近或相联系，且均用于环境管理方面的术语还有生态系统健康、生态恢复、生态整体性和可持续发展（见表 5-1）。

表 5-1　生态系统管理与传统自然资源管理的区别

项目	生态系统管理	传统自然资源的管理
目标	所在区域的长期可持续发展，强调生物多样性保护	短期的产量和经济效益，强调单个物种的保护
尺度	多尺度：生态系统—区域—全球	限于地方—区域层次
科学基础	使用诸如模型和 GIS 等现代工具，有利于增强整体特征，并可能在一个更加广泛的空间框架中使用	基于传统的生物学、地学、经济学以及资源利用的技术科学
信息资源	以多重因素，在多重尺度上使用多重边界去采集、组织信息	通常过分简化信息收集，依靠有限的分类和信息基础进行分析
价值观	考虑政治、经济、社会和生态价值提出的所有措施必须能被各方面接受	主要考虑经济价值
人的生态位置	把人类作为系统的一个组分，在一定阈值范围内，允许和鼓励人类活动	人与自然是分离的两个组分，人类活动受限制并在必要时被禁止

5.3.2　生态系统管理发展前瞻

生态系统管理（ecosystem management）源于传统的林业资源管理，20 世纪 70 年代以后，应用领域逐渐拓展，特别是 90 年代以来，生态系统管理与可持续发展紧密联系起来，受到越来越广泛的重视，也促使传统的资源管理向着基于生态系统的资源管理方向不断发展。

生态系统管理是一种正迅速发展的自然资源管理理念和思路，研究和应用领域越来越广。自 1866 年德国生物学家 Haeckel 提出生态学的定义后，生态学作为一门新兴学科开始蓬勃发展；1935年，英国植物学家Tansley提出了生态系统的概念，生态系统研究成为生态学研究领域的重点内容和发展方向。其中，生态系统管理概念最早是在20世纪60年代提出来的，反映出人们开始用生态的、系统的、平衡的视角来思考资源环境问题；在20世纪70—80年代，生态系统管理在基础理论和应用实践上都得到了长足发展，逐渐形成了完整的理论-方法-模式体系；进入20世纪90年代，特别是在21世纪后，更为先进的综合生态系统管理(integrated ecosystem management，IEM)的理论和实践开始迅速发展。作为一种新的管理理念和管理方式，生态系统管理长期以来主要作为环境方面的思潮在应用，特别是在森林、海洋、农业和水资源等管理中得到较为广泛的应用。在生态系统管理方面，两项颇具影响的国际计划已经开展了，一是全球生态系统探索分析(PAGE)，二是千年生态系统评估项目(MEA)，它们都非常重视全球各种生态系统的评价，也表明了开展全球生态系统评估研究是目前生态系统管理研究的重要方向。

资源管理由数量管理、质量管理走向生态系统管理——更加重视资源开发与环境协调发展。在资源的开发利用过程中不可避免会产生多方面的生态环境问题，西方国家在工业化发展道路中经历了先破坏、后治理的道路，在处理经济发展与环境保护方面走了一些弯路，积累了不少经验和教训，值得我们借鉴。生态系统管理观念要求我们树立新型的、科学的资源观，注重资源效益、环境效益、经济效益的协调，从重开发向开发与保护并重发展。目前，西方发达国家在自然资源的管理中特别注意对生态环境的保护，把资源作为重要的环境要素，实施了诸如土地管理中的生态系统管理、矿产资源开发利用中的"绿色矿业"、水资源管理中的"生态用水"等，这些都为实现国土资源的可持续利用提供了重要的思路。随着经济增长从数量扩张的粗放型向追求质量效率的集约型转变，资源管理方式也从数量管理跨过质量管理而进入生态管理阶段。在推进生态系统管理发展的进程中，要实现生态系统的可持续发展，进行质量和生态管护，需要建立一套科学、实用的指标体系和评价指标。在这方面，国际上已经做了大量工作，需要指出的是，美国国家研究委员会(NRC)于2003年出版的《国家生态指标》报告中建立了基于生态资产(包括生物和非生物)和生态功能反映国家尺度生态系统健康状态的关键评价指标。

具有强烈的多学科特点。生态系统管理需要综合利用地球科学、环境科学、资源科学、经济学和社会学的知识。在实施生态系统管理行动中，需要加强多学科的交叉和融合，为此全球环境基金(GEF)倡导综合生态系统管理的理念，并实施了一系列合作研究项目，如中国-全球环境基金干旱生态系统土地退化防治伙伴关系项目。美国地质调查局从1995年开始实施生态系统计划(Ecosystem Program)，包括了3个试点地区-South Florida、San Francisco Bay、Chesapeake Bay。研究内容包括土地特性，地表模拟，地质空间数据库管理，地表水和地下水水文学，地球物理学，生态学，地球化学，古生物学，水文模拟，污染物、沉积物和营养物动力学等。这些项目需要确定它们超出单一生活环境类型、对话区域及管理单位外的管理规模，以便将整个生态系统包括在内；需要制定将生态系统的动态特性及我们通过一段时间获得的经验及知识考虑在内的灵活的、有适应能力的管理计划；需要按照当地条件来制定；需要以人为本；需要充分发挥伙伴关系的作用。中国-全球环境基金土地退化防治伙伴关系是这类伙伴关系的一个例子，这种伙伴关系进一步强调了中国在保护及管理生态系统中所要发挥的领导作用。

非常重视多部门的协作。生态系统管理涉及众多资源管理部门和环境保护部门，其

有效运用和实施往往需要多个部门的合作和协作，需要建立资源管理的大部门制或涉及多部门的协调机构，真正推动生态系统管理的应用和发展。1995 年，美国环境质量委员会、农业部、陆军部、国防部、能源部、住房和城市发展部、内政部、司法部、劳动部、国务院、运输部、环境保护局和科学技术政策局等 14 个单位，签署了"鼓励生态系统途径的谅解备忘录"，对生态系统途径的定义进一步进行了明确，统一了未来的行动。备忘录认为，生态系统是包括人类在内的生物相互联系的一个群落及其内部相互作用的自然环境；生态系统途径是维持或恢复生态系统及其功能和价值的一种方法。千年生态系统评估（MEA）是一个典型的跨部门、跨学科、跨国家的项目，项目的理事会由 5 个国际公约的代表、5 个联合国机构的代表、部分国际科学组织，以及私营机构、非政府组织和原住民团体领导人的代表共同组成。总之，多部门合作对实施生态系统管理非常重要，有利于兼顾各方面利益，有利于成果和方法的信息共享，提高管理效率，避免重复的行动。

重视多尺度生态系统管理研究。生态系统可以在不同的空间尺度上定义，生态系统的范围可以是微生物系统，也可能是面积达几千平方千米的森林、流域。生态系统管理研究涉及生物细胞、组织、个体、种群、群落、生态系统、区域与全球等不同尺度上的对象，从宏观生态学意义上来说，主要包括生态系统、区域和全球三大层次。全球尺度的研究，有利于从总体上了解全球生态系统管理的方向、原则、框架和态势，并可加深和增强公众对生态系统管理问题的认识和意识，但却失去了决策者们制定政策所必须的地方性特点。当今世界社会经济、文化传统与生态环境的巨大差异，决定了全球不是一个探讨生态系统管理可统一操作的空间途径。另外，尽管生态系统尺度的研究是宏观生态系统管理的基本依据，有助于解析大尺度生态系统演替的成因机理，但生态系统更多的属于类型研究范畴，难以反映地域空间的整体健康状况，也非可操作的空间单元。因此，中尺度的区域或流域，作为一个不同生态系统空间镶嵌而成的地域单元，是全球尺度研究的重要基础，既将宏观（全球）与微观（生态系统）尺度的生态问题紧密联系起来，又能使生态系统状态与社会经济影响相互关联，是进行生态系统管理研究的关键尺度。

5.3.3 生态系统管理原则与步骤

Pavlikakis 等认为生态系统管理的主要原则包括四个方面：①必须强调生态系统管理所涉及的相互协作；②考虑生态系统管理所涉及区域内居民的特性、目标和行为的敏感性；③必须允许和鼓励局部水平的多种利用和行为，以达到区域的长期管理，同时需要对个人利用加以法律约束，必要时禁止个人利用；④在规划、设计和决策过程中，需要收集关于区域的高质量的科学信息，以便对整个管理过程提供帮助。

基于以上原则，生态系统管理方法论一般包括 9 个步骤：①调查确定系统的主要问题；②当地居民的认知和参与；③政策、法律和经济分析；④确认管理的目标和对象；⑤生态系统管理边界的确定，尤其是确定等级系统结构，以核心层次为主，适当考虑相邻层次内容；⑥制订管理计划，将社会经济数据和生态数据在一个适宜的模型中关联；⑦实施和调控；⑧评价、明确管理方案的缺陷和局限性；⑨制订矫正措施，通过反馈机制进一步促进适应性管理的进行（见图 5-1）。

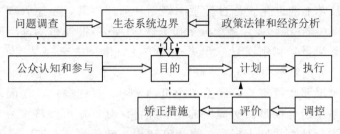

图 5-1 生态系统管理的一般步骤

5.3.4 社会-经济-自然复合生态系统适应性管理

人类社会是一类以人的行为为主导、自然环境为依托、资源流动为命脉、社会文化为经络的社会-经济-自然复合生态系统(见图 5-2)。这三个子系统相互之间是相生相克、相辅相成的。研究、规划和管理人员的职责就是要了解每一个子系统内部以及三个子系统之间在时间、空间、数量、结构、秩序方面的生态耦合关系。其中,时间关系包括地质演化、地理变迁、生物进化、文化传承、城市建设和经济发展等不同尺度;空间关系包括大的区域、流域、政域直至小街区;数量关系包括规模、速度、密度、容量、足迹、承载力等量化关系;结构关系包括人口结构、产业结构、景观结构、资源结构、社会结构等;还有很重要的序,每个子系统都有它自己的序,包括竞争序、共生序、自生序、再生序和进化序。复合生态系统理论的核心在于生态整合,强调物质、能量和信息三类关系的综合,系统的时(届际、代际、世序)、空(地域、流域、区域)、量(各种物质、能量、人口、资金代谢过程)、构(产业、体制、文化)及序(竞争、共生与自生序)关系的统筹规划和系统关联是生态整合的精髓。

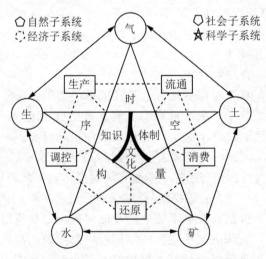

图 5-2 社会-经济-自然复合生态系统示意图

1. 城市复合生态规划与管理

规划的科学性在于系统化、定量化和最优化。从 20 世纪 80 年代初开始,研究者开发了一套定量与定性相结合、优化和模拟相结合,从测量到测序、从优化到进化,从柔化

到刚化，面向系统功能的进化式泛目标生态规划和适应性共轭生态管理方法。泛目标生态规划方法于1988年在国际应用系统分析研究院（IIASA）报告和发表，开拓了IIASA适应性生态管理的新视野。利用泛目标生态规划方法，欧阳志云等从时间、空间、阈值、结构和功能序5个方面对不同尺度、不同时段的天津城市复合生态系统的结构、功能、过程进行了辨识、模拟和政策实验，提出了由机理学习、过程模拟、政策调控、发展管理组成的复合生态系统组合模型。所提出的生态经济区划、城市经济重心东移、塘—汉—大滨海区统筹开发、哑铃状城市格局、水生态建设、老租界区改造、海河滨岸改造等研究建议都得到了实施并取得显著效益。利用复合生态管理方法，天津连续11年荣获全国城市环境综合定量考核十佳城市，全国唯一省域环保模范城市，为滨海区开发战略确立、天津城市发展和生态城建设奠定了科学基础。

共轭生态管理是指协调人与自然、资源与环境、生产与生活间共轭关系的复合生态系统管理。这里的共轭是指矛盾的双方相反相成、协同共生，特别是社会经济发展和自然生态服务的平衡、人工基础设施建设和自然基础设施建设的平衡、空间生态关联与时间生态关联的协调、物态环境和心态环境的和谐；而管理则指从时间、空间、数量、结构、序理五个方面去调控共轭组分间的整合、协同和循环机制，协调决策多边形中机会和风险、环境和经济、绿韵与红脉、产品服务和生态服务、眼前和长远的博弈关系。有研究者利用共轭生态管理方法研究了北京城市生态建设中的建设用地和生态服务用地，生产生活用水和生态系统用水，人口承载力和生态服务关系，明确了西部生态涵养区的经济发展和东部经济发展区的生态建设战略，提出了破解摊大饼格局的生态工程措施和共轭生态管理对策。

2. 区域生态建设与管理

一个区域的环境与发展，常与该区域资源开发利用中存在的问题密切相关，如水土流失、荒漠化、森林（草原、河湖、海洋）生态退化等，均与区域人口、经济和不合理开发利用自然资源、破坏生态环境有着内在的必然联系。只有通过分析区域存在的环境与可持续发展问题，把造成生态环境问题的各方面因素联系起来，才能发现其症结所在，从而找到绿色发展和高效管理的对策。

我国重要发展区域包括：京津冀地区、长江流域经济带、珠江流域及大湾区、东北地区和西部生态环境保障区等，每个区域都具有显著的自然地理、环境、生态和人文社会特征，在我国可持续发展战略实施中具有重要的作用和意义。下面我们以长江三角湿地生态建设与管理为研究案例，体现区域生态建设与管理的重要性。

长江流域生态建设与管理经历了三个阶段，同时也体现了从政府为主体发展到政府、企业和公众协同参与的社会综合管理模式（见图5-3）。

长江中下游湿地地区包括长江中下游地区及淮河流域，是我国淡水湖泊分布最集中和最具有代表性的地区，我国著名的五大淡水湖——鄱阳湖、洞庭湖、太湖、巢湖和洪泽湖全部在这一地区，拥有湖南东洞庭湖保护区、湖南西洞庭湖保护区、湖南南洞庭湖保护区、江西鄱阳湖保护区、上海崇明东滩保护区、江苏盐城保护区和江苏大丰麋鹿保护区等国际重要湿地。这里是我国湿地资源最丰富地区之一，也是亚洲重要的候鸟越冬地，被列为世界湿地和生物多样性保护热点地区。长江中下游地区水资源丰富，伴随着农业开发与工业、城市快速发展，湿地保护面临着较大的压力，天然湿地面积减少，湿

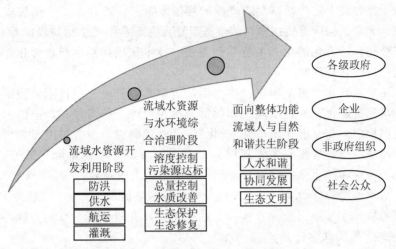

图 5-3　流域综合治理发展历程

地功能减弱，水质污染严重，湿地生态环境退化，对该区湿地资源可持续利用提出了严峻考验。充分发挥湿地生态系统的综合生态功能，保持生态环境稳定及水资源平衡，是区域经济社会持续发展的战略问题。因此，应加强流域生态管理，逐渐恢复长江中下游湖泊湿地面积，改善湿地生态环境状况，使该区域丰富的湿地生物多样性得到有效保护。

长江中下游湿地是一个互相关联互相影响的生态系统，加快推进长江中下游湿地保护工作，必须把整个流域作为一个整体进行规划和保护。依据《全国湿地保护工程规划》，这里提出以下措施推进长江中下游湿地保护工作。

一是在流域内建立统一协调机制，对流域湿地保护与合理利用，合理布局，统一规划。创建流域管理与行政区域管理相结合的流域生态管理新体制，明确流域管理机构的宏观管理职能和直接管理职能，实行流域统一规划，统筹安排，实施流域的统一管理。确立流域管理与区域管理相结合的湿地行政新关系。按照人与自然和谐共处的原则，积极进行流域湿地生态规划。

二是按湖泊流域和物种分布整合现有保护区，建立新的湿地保护区，解决目前管理上的制约问题。

三是大力开展湿地修复重建。推广国家林业局在这一地区开展的湿地恢复试点示范的成功经验，扩大试点，在所有湿地核心区开展湿地修复。

四是继续推进退耕还林、长江防护林等工程建设，发挥森林在治理水土流失、涵养水源方面的作用。

五是在保护的前提下科学合理地利用长江中下游湿地资源，开拓新的生产力。同时，应加强湿地科学研究，揭示湿地的重要功能和价值，使公众了解和重视湿地，让湿地保护深入人们的意识和价值观。

3. 生态系统工程技术集成

将复合生态系统方法用到城市生态建设中去，重点在城市生态基础设施、社区生活环境和厂区生产环境三方面规划设计和推进了一批复合生态系统工程的建设。垃圾问题是一类典型的复合生态系统管理问题，需要物理的、化学的、生物的、生态的、社会的、

经济的联合手段和技术集成，以及适应性的管理体制。1996年以来，研究者和管理人员先后在广汉、北京、桐庐等地探索和试验基于复合生态系统的生活垃圾减量化、无害化、资源化、产业化和社会化的生态工程管理方法、技术集成体系、产业孵化途径和社会整合等方面的适应性管理研究。

广汉生活垃圾五化生态工程研究将生活垃圾单部门管理、单技术处理模式革新为社区减量化、堆肥资源化、焚烧填埋一体化的城市垃圾综合管理模式，由国家六部委召开现场会向全国推广。北京市开展垃圾"五化"综合管理研究，国务院主要领导也给予了高度关注。两年来，通过与政府主管部门、大型企业、典型社区和拾荒民工的合作研究，取得了垃圾资源化和产业化关键参数，形成系统化的工程规划方案，2010年，北京垃圾出现历史上首次负增长（−0.48％），垃圾分拣服务网络提供了1 400个就业岗位，4个试点社区垃圾减量50％。在北京全面实施"五化"工程，有望振兴北京的静脉产业，减少垃圾清运量50％，提供就业机会21.9万个。

人类社会的发展史是一个人与自然关系从必然王国向自由王国过渡的生态进化史，这里的"自然"包括自由和必然两层含义，人类对其赖以生存和发展的生态环境和生态关系的认识是逐步深化又不可能穷尽的，永远达不到自由王国的国度。复合生态系统理论的建立为人类从还原论走向整体论，从纵向科学走向交叉科学，从经院科学走向官产研学结合的建设科学打下了基础。基于生态哲学、生态科学、生态工程和生态美学的复合生态系统生态学已成为人类社会可持续发展的理论基础和应用工具。可以预见，就像数学来源于物理学又推动物理学的发展那样，复合生态系统生态学来源于生物学、社会学、环境科学，又必然会推动相关学科的长足发展和科学的新突破。

5.4　生命周期评价

5.4.1　生命周期评价理论概述

自1990年由国际环境毒理学与化学学会（SETAC）首次提出"生命周期评价（Life Cycle Assessment，LCA）"的概念以来，学界对LCA的认识和理解一直处于不断地发展和完善中，许多研究机构和企业都参与到了LCA的研究之中。不同国家或组织机构对该方法的定义有所区别，目前比较有代表性的定义主要有两种，分别是由环境毒理学与化学学会（SETAC）和国际标准化组织（ISO）给出的。

SETAC将生命周期评价定义为"生命周期评价是一种对产品、生产工艺以及活动对环境的压力进行评价的客观过程，它是通过对能量和物质的利用以及由此造成的废弃物排放对环境的影响进行识别和量化，寻求改善环境影响的机会以及如何利用这种机会；这种评价贯穿于产品、工艺和活动的整个生命周期，包括原材料提取与加工，产品制造、运输以及销售，产品的使用、再利用和维护，废弃物的再生循环和最终废物的处置。"与此同时，SETAC也是最早提出生命周期评价方法研究框架的组织。它提出的研究框架由四个有机联系的部分组成。

（1）研究目的与范围的确定：确定研究的目的和原因以及研究结果可能应用的领域。评价的目的应根据具体研究对象来确定，明确阐述其应用意图、开展研究的理由及其交流的对象。范围的确定包括定义所研究的系统，确定系统边界，说明数据要求，指出重要假设和限制等。

（2）清单分析：对一种产品、工艺和活动在其整个生命周期过程中的能量与原材料需要量以及对环境的排放进行以数据为基础的客观量化过程。

（3）影响评价：对清单阶段所识别的环境影响压力进行定量或定性的表征评价，评价过程既要考虑对生态的和对人体健康的影响，还应考虑对栖息地改变、噪声等其他影响。

（4）改善分析：系统地评价在产品、工艺或活动的整个生命周期内削减能源消耗、原材料使用以及环境释放的需求和机会。这种评价包括定量和定性的改进措施，如改变产品结构、重新选择原材料、改变制造工艺和消费方式以及废物管理方案等。

在 LCA 方法的研究方面，由国际标准化组织制定的环境管理标准 ISO 14040 和 ISO 14044 中的相关研究最有影响，体现了世界范围内 LCA 研究的共识。ISO 14040 标准中给出的对 LCA 的定义是："汇总和评估一个产品（或服务）体系在其整个生命周期内的所有投入及产出对环境造成的潜在影响的方法。"它通过以下三步完成：

（1）编制和研究系统相关的输入和输出数据清单；

（2）量化评价那些输入和输出伴随的潜在环境影响；

（3）联系研究的目标，解释清单分析和影响评价结果。

LCA 研究的是某种产品从原材料采集到生产、使用和最终处理整个过程的潜在环境影响，需要考虑的环境影响一般包括资源使用、人类健康和生态后果三大类。

在以上定义的基础上，ISO 提出了 LCA 方法的研究框架（见图 5-4）。该方法包括目的与范围的确定、清单分析、影响评价三阶段，以及每个阶段都要开展的结果解释。首先，LCA 需要确定其目的和范围，接下来开展清单分析和影响评价。每个阶段的结果解释可以指导开发潜在的改进措施。这些措施又可以反过来影响 LCA 的各个阶段；因此，LCA 是一个反复交互的过程。

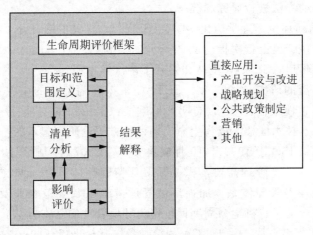

图 5-4 生命周期技术框架（ISO，1997）

5.4.2 起源与发展

生命周期评价最早可追溯到 20 世纪 60 年代末 70 年代初美国开展的一系列针对包装品的分析评价。生命周期评价研究开始的标志是 1969 年由美国中西部资源研究所（MRI）

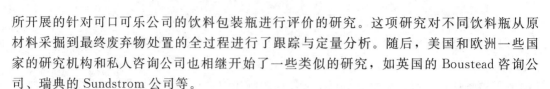

所开展的针对可口可乐公司的饮料包装瓶进行评价的研究。这项研究对不同饮料瓶从原材料采掘到最终废弃物处置的全过程进行了跟踪与定量分析。随后，美国和欧洲一些国家的研究机构和私人咨询公司也相继开始了一些类似的研究，如英国的 Boustead 咨询公司、瑞典的 Sundstrom 公司等。

到了 20 世纪 70 年代中到 80 年代末，这段时期尽管工业界的兴趣逐渐下降，但在学术界一些关于生命周期评价的方法论研究仍在缓慢进行，如英国的 Boustead 咨询公司针对清查分析方法做了大量研究逐步形成了一套较为规范化的分析方法，为后来著名的 Boustead 模型打下了坚实的理论基础。1984 年，受生命周期评价方法的启发，瑞士联邦材料测试与研究实验室为瑞士环境部开展了一项有关包装材料的研究。该研究首次采用了健康标准评估系统，即后来所发展的临界体积方法。1991 年，该实验室又开发出了一个商业化的计算机软件，为后来的生命周期评价方法论的发展奠定了重要的基石。

早期的生命周期评价案例涉及包装品、化工产品、建筑材料、婴儿尿布和餐具等物品。这些案例研究中的 70% 由企业自己开展，20% 由行业协会组织，另外 10% 由政府组织开展。例如，美国自然科学基金会资助的"国家需求研究"项目对玻璃瓶、聚丙烯和聚氯乙烯整个生产过程中直接和间接的废物排放进行了比较分析。

20 世纪 80 年代末以后，随着区域性与全球性环境问题的日益严重，以及全球环境保护意识的加强，可持续发展思想的普及以及可持续行动计划的兴起，大量的生命周期评价研究重新开始，公众和社会也开始日益关注这种研究的结果。荷兰、瑞士等国的研究机构从生态平衡和环境评价等角度出发，对生命周期评价进行了较为系统的研究，逐渐形成了较为规范的分析方法，这些研究为 LCA 方法学的发展和应用领域的拓展奠定了基础。然而，此时的生命周期评价研究虽然涉及研究机构、管理部门、工业企业、产品消费者等，但其目的和侧重点各不相同，而且所分析的产品和系统也变得越来越复杂，急需对生命周期评价的方法进行研究和统一。

1990 年，由国际环境毒理学与化学学会（SETAC）首次主持召开了有关生命周期评价的国际研讨会。在该会议上首次提出了"生命周期评价（Life Cycle Assessment，LCA）"的概念。在之后的几年里，SETAC 主持和召开了多次学术研讨会，对生命周期评价从理论与方法上进行了广泛的研究。1993 年，SETAC 根据在葡萄牙的一次学术会议的主要结论，出版了一本纲领性报告："生命周期评价纲要：实用指南"。该报告为生命周期评价方法提供了一个基本技术框架，成为生命周期评价方法论研究起步的一个里程碑。

国际标准化组织 ISO 于 1993 年 10 月成立 ISO/TC207 环境管理技术委员会以来，为适应和推动全球性的环境管理需要，积极开展环境管理体系和工具方面的标准化工作，支持世界各国建立环境管理体系，加强环境管理措施以及规范企业及各种组织的活动、产品和服务的环境行为。它将生命周期评价作为环境管理的基本方法，纳入到 ISO 14000 系列标准之中。1997 年 6 月，关于 LCA 的第一条国际标准（ISO 14040：环境管理—生命周期评价—原则与框架）正式颁布。此后，ISO 又陆续发布了该系列的多项标准和技术报告，包括 ISO 14041《环境管理-生命周期评价-目标和范围的界定及清单分析》、ISO 14042《环境管理-生命周期评价-影响评价》、ISO 14043《环境管理-生命周期评价-解释》、ISO/TR 14047《ISO 14042 应用示例》、ISO/TR 14049《ISO 14041 应用示例》等。至此，有关 LCA 的技术框架趋于一致。

自 1990 年国际环境化学协会（The International Scientific Society of Environmental Chemists）、SETAC（Society of Environmental Toxicology and Chemistry）率先开始了 LCA 的研究工作以来，国际上许多研究机构也纷纷参与到 LCA 的研究当中。国际上主要的研究机构如表 5-2 所示。

表 5-2　LCA 国际研究机构

缩写	全称
WWA	Worldwide Fund for Nature
TUD	Technical University of Denmark
SETAC	Society of Environmental Toxicology and Chemistry
Procter & Gamble	The Procter & Gamble Company
UNEP	United Nations Environment Program
WBCSD	World Business Council for Sustainable Development
NEP	Nordic Project for Environmentally-Oriented Product Development

生命周期评价是一种全生命周期过程的、系统性的评价，不仅涉及企业内部，还涉及社会各个部门，因此涉及面广，工作量大。LCA 研究需要大量数据，一般一个完整的 LCA 需十万个数据，这些数据的获取、分析、归类要求投入大量的工作。LCA 的复杂性和数据来源的多样性意味着利用计算机建立模型将是其定量化的有效工具，它不仅可以进行所需数据的处理，并且可以存储信息以备其他方面使用，因此这种庞大的数据收集工作的需要也促使生命周期评价软件系统的产生。

世界各国的许多研究机构和一些企业都纷纷开展 LCA 工具的研究和开发工作，现在已取得了一定的进展。表 5-3 列出了当前常见的 LCA 工具。我国在此方面的研究起步比较晚，目前还没有成熟的、系统性的和完善的软件系统为广大的生命周期评价人员以及产品生态设计开发者提供有力的评价工具。

表 5-3　常见的 LCA 工具

工具名称	开发机构或组织
Boustead	Boustead Consulting Ltd，The Netherlands
ECO-it	PRé Consultants，the Netherlands
ECO-SCAN 1.0	Turtle Bay，The Netherlands
EDIP LCV tool	Institute for Product Development，DTU，Denmark
GaBi	IKP，University of Stuttgart，Germany
IDEMAT	Delft university of Technology，The Netherlands
JEM-LCA	NEC Corporation，Japan
SimaPro	PRé Consultants，the Netherlands

5.4.3 生命周期评价的理论基础

1. 理论基础

材料的生产-使用-废弃过程是一个将大量自然资源提取出来以供使用，又将大量废弃物排放回到自然环境中的循环过程。这一过程必然给自然环境带来巨大影响。生命周期评价从技术上讲，是针对传统材料学的弊端而设立的。

传统材料学的看法与西方长期以来的人类中心主义价值传统相一致。人类中心主义仅仅承认人的内在价值，必然只承认人类之间的伦理关系。只承认人类之间的伦理关系，实际上就必然在逻辑上待人以人伦，待物亦以人伦，即不是从物自身的角度来对待它，而是仅仅从人的需要的角度来对待它们。自然虽然有形成、发展的历史，但自然没有内在价值，没有生命，没有生态本质。传统材料学把自然界当作一个死的场所和不竭的资源库，对自然的价值认识片面化、单一化，就是这种逻辑欠缺的必然结果。以人伦待物，实质上是对自然的非伦理对待。对自然的非伦理对待最终反过来又将导致对人类自身非伦理的对待。环境污染与破坏，不仅是现代人与人之间，而且是现代人与后代人之间的非伦理对待的表现。

自然不仅是一个有形成和发展历史的系统，而且是一个活的生命整体，一个有独特本质的生态系统。它从原初的状态发展到有人类的状态，是经过漫长演化的有规律运动变化的结果。它的组成部分之间，不管是有机成分，还是无机成分，不管是植物部分，还是动物部分，都是构成自然的现在本质的不可或缺的部分。生态伦理在观念上实现了对人类中心主义价值观的突破，主张非人类的自然存在具有内在价值。

一定空间范围内的生物群落与其生存环境之间构成的有一定组成、结构和功能的生态系统，因其中进行生物生产、能量流动、物质循环和信息传递而总是处于不停的运动和变化之中，经过长时间的演化，最终内部各因素之间能够相互适应，相互协调，使生物的种类和数量、结构和功能，以及物质和能量的输入、输出等可在长时间内处于相对稳定的状态，并能在外来干扰下通过自我调节恢复到初始的稳定状态，也表现出了自我调控和趋向需要。在一定的时空尺度内，其输入和输出相等，构成一个动态的平衡。在一定的强度下，当外部输入大于输出时，生态系统可通过自我调节而使其正常功能不被破坏，实现环境的自净，这都是自我调控和趋向需要的表现。所以，在给自然环境造成了严重污染之后，要保住自然的经济价值，必须依据对自然的内在价值认识来维护和保护它，才能达到保护自然经济价值的目的。生命周期评价的宗旨正在于此。减轻环境负荷就是尽可能少地减损自然已经拥有的内在价值，进行生命周期评价就是避免人为地向自然界增加能减少其内在价值的新物质。

2. 实践基础

生态伦理学不从生命个体利益的角度出发，而从生态系统出发，把维护生态系统的整体性和健康运行看成其伦理的最根本的道德原则，并提出了诸如遵循自然、保护生态、敬畏生命、不对自然作恶或伤害等具体的道德要求。这些道德，既是生存竞争中自由行动的极限，也是社会性的人的行为的正当性的标准。生命周期评价从科学技术上体现了环境伦理的上述道德原则和价值标准。

人对自然的伦理活动也必然通过人对自然的实践活动来实现。人对自然的实践活动，既是生产实践，也是伦理道德实践，两者是同一过程的两个方面。一方面，生态伦理可以为符合生态环境的生产、消费过程提供理论基础；另一方面，符合生态环境的生产、消费过程则具体践履生态伦理道德。为避免人类行为对生态系统造成严重的伤害或不可逆的改变，人类需要对自己行为进行超前评估。生命周期评价则就是环境伦理与道德的相关理论与观念的科学化结果。

生命周期评价本身带有生态伦理的色彩，是一个将系列生态伦理理论与观念运用于产品或材料的设计、生产和应用之中的过程。生命周期评价的技术框架主要包括目的与范围的确定、基础数据库研究、评估软件开发、生命周期清单分析、生命周期影响评价、生命周期解释和环境影响评价等。生命周期评价过程表明人类已经希望维持生态系统的价值，不想因为其活动而使价值受到破坏，这本身就是一种对自然环境的关怀。这种关怀，在使人类的提供产品的行为获得了伦理的属性的同时，使自然也成了人类伦理关怀的对象。

要求反复进行是生命周期评价的特征之一。生命周期评价的反复性与伦理行为的反复性一致。伦理行为是人们对道德目的的实现，是人们形成德性的德行。德性是个人生活整体的善的品质，是只能通过不断的现实活动才能实现的伦理目的的内化。生命周期评价要求反复进行，既是科学精神使然，也是伦理精神使然。在科学上，不断反复能摒弃可能的错误，在伦理上，不断反复则能使人们更加接近善。

5.4.4 生命周期评价的应用

生命周期评价作为一种环境管理工具，不仅对当前的环境冲突进行有效的量化分析、评价，而且对产品及其"从摇篮到坟墓"的全过程所涉及的环境问题进行评价，是"面向产品环境管理"的重要支持工具。

1. 企业层面

目前，LCA广泛运用于能源运输系统、化工行业、金属、固体废物管理、造纸业、水及其他行业。已有文献一般把LCA的应用分为内部和外部：

(1)用于内部目的：对于生产者来说，LCA可以用于了解具体产品工艺过程，及其相关的环境影响，生产者可以选择环境影响小的原材料和改进工艺等措施来提高产品的质量和产品环境友好性，增加市场竞争力。

(2)用于外部目的：LCA帮助生产者制定市场决策，参与环境标签计划以及将评估结果通告各利益相关方。

另一种分类方式(Weidema et al.，1993)认为LCA可以为产品环境管理解决3个不同的问题：

(1)现有的方案是什么样的状态？

(2)企业的愿景和战略是什么？

(3)实施这一战略需要的措施有哪些？

这些问题可以通过运用LCA予以解决：

(1)运用LCA评价现有项目的状态，如评价环境影响以确保产品达标，运用生命周期思想评价现存产品生产过程；

(2)运用LCA支持企业的计划和战略，如通过确定能源和原料管理的战略、废物最小化战略、预防环境污染战略；

（3）运用 LCA 支撑企业实施战略的措施，如建立世界范围的标准，开展培训项目。

图 5-5 是简化的产品发展周期，主要由四个步骤组成：战略决策（Strategy Definition），研究、发展和设计（R&D and design），采购和生产（Procurement and Production）以及销售（Marking）。这四个步骤既是单独的功能组分，又必须被当作产品发展的整个过程进行考虑，因为这些步骤之间存在反馈，例如，企业的战略决定了其他三个部分，同时市场需求和期望也会明显地影响决策。

在产品流程的四个步骤中，LCA 都能得到应用（见图 5-5）。

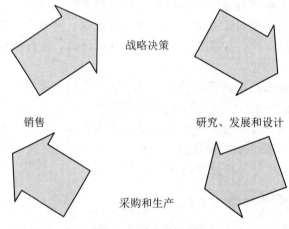

图 5-5　产品流程图

目前，以一些国际著名的跨国企业为龙头，已经开展了一些生命周期研究应用的工作（见表 5-4）。

表 5-4　一些企业开展的生命周期研究应用项目

企业名称	实施地	主要内容
惠普公司	美国	有关打印机和微机的能源效率和废弃物研究
美国电报电话公司	美国	生命周期评价方法论研究商业电话生命周期评价示范研究
国际商业机器公司	美国	磁盘驱动器生命周期评价示范研究微机报废及能源效率
数字设备公司	美国	生命周期评价方法论研究电子数字设备部件的生命周期评价
施乐公司	美国	产品部件报废研究
德国西门子公司	德国	各种产品生命周期结束后有关问题研究
奔驰汽车公司	德国	生命周期评价方法论研究空气清洁器生命周期评价示范研究
Loewe-opta	德国	彩色电视机生命周期评价
飞利浦有限公司	荷兰	广泛开展了各种产品的生命周期评价
菲亚特公司	意大利	汽车发动机生命周期评价示范研究
ABB 集团	瑞典	汽车发动机生命周期评价示范研究
爱立信公司	瑞典	无线电系统生命周期评价示范研究

续表

企业名称	实施地	主要内容
沃尔沃汽车公司	瑞典	生命周期评价方法论
Bang & Olufeen 电器公司	丹麦	生命周期评价方法论机电设备、电冰箱、彩色电视机、高压清洗器等产品的生命周期评价

2. 政府层次

在政府层次上，生命周期评价主要用于以下几个方面。

(1)制定产品政策与产品标准。生命周期评价还用来制订政策、法规，制定污染防治政策。在欧洲，生命周期评价已用于欧盟制定"包装和包装法"，比利时政府1993年做出决定，根据环境负荷大小对包装和产品征税，其中确定环境负荷大小采用的就是生命周期评价方法。

(2)实施生态标志计划。清洁生产、绿色产品、生态标志的提出和发展将会进一步推动生命周期评价的发展。目前，各国政策重点从末端治理转向控制污染源、进行总量控制，这在一定程度上反映了现有法规制度无法单独承担对环境和公共卫生造成的危机，从另一侧面也反映了生命周期评价将成为未来制定环境问题长期政策的基础，这对实现可持续发展战略具有深远的意义。相应的一些国家的生态标志计划纷纷出台，客观上刺激了生态产品的消费。

现在已经实施产品环境标志认证的国家很多，其评价通常采取如下步骤：①产品种类选择；②对初选产品种类进行产品整个生命周期的环境影响评价；③建立恰当的考核产品环境性能的标准；④产品种类范围的精选。

其中，对初选产品进行整个生命周期的环境影响评价是选择产品种类和制定绿色产品标准的依据，也是实施产品环境标志的核心。由于目前产品生命周期评价方法尚未规范和统一，且进行完整的产品生命周期评价需要大量的基础数据，因此国外推行第三方认证绿色产品(环境标志产品)制度的一些国家采用了定性或简化定量产品生命周期评价方法来制定绿色产品的标准；一些国家则只是简单地依据产品有利于环境保护，有利于资源回收利用和对人体健康危害较小等一般原则作为制定绿色产品标准的依据。所以，各国的绿色产品评价指标与标准有一定的差异，发达国家的绿色产品评价标准明显高于发展中国家。

德国采用名叫"蓝色天使(Blue Angel)"的环境标志对绿色产品进行认证，并在产品的环境标志制度中指出：在确定绿色产品标准时必须始终考虑产品的生命周期，即考虑产品生命周期全过程中对环境造成危害的各个方面，包括考虑在产品的设计制造(包括原材料选用)、销售、运输、安装使用、最终处理过程中产生的有害物质、大气排放物、废水、对土壤的污染、噪声以及对能源和自然资源利用情况等。

英国绿色产品标志的制定采用简化生命周期评价(Streamlined LCA)，其评价目的不是对产品进行比较或得出有关被选择的具体产品的结论，而是鉴别产品生命周期中对环境影响最大的各个方面。

其他一些国家，如加拿大、荷兰、一些北欧国家以及美国[如民间环境标志——绿色

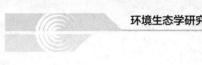

标章(Green Seal)]等都和上述国家相类似,在进行产品环境标志认证或制定标准的时候都采用定性生命周期评价方法,找出产品生命周期中最主要的阶段和最主要的环境影响,即能够反映该产品全部环境行为的最主要特征,针对削减产品的主要环境影响来制定标准。

(3)优化政府的环境规划。例如,荷兰政府从 1989 年起开展"国家废弃物管理计划",通过对固体废弃物进行生命周期评价,一方面发展了 LCA 的方法论,另一方面提出了一项综合废弃物管理的规划。

(4)促进国际环境管理体制的制定。目前,比较有影响的环境管理标准有英国 BS7750,欧盟生态管理和审计计划(EMAS)。特别是国际标准化组织目前正在加紧制订 ISO 14000 环境管理体系。在该体系中将生命周期评价的概念框架和技术框架进行标准化,不仅关注产品的质量,而且对组织的活动、产品和服务从原材料的选择、设计、加工、销售、运输、使用到最终废弃物的处理进行全过程的管理,从而规范企业和社会团体等所有组织的活动、产品和服务的环境行为,支持全球的环境保护工作。

推荐阅读

1. 刘静玲,等. 环境科学案例[M]. 北京:北京师范大学出版社,2006.

2. Jianguo Liu,Thomas Dietz,Stephen R. Carpenter,Marina Alberti,Carl Folke,Emilio Moran,Alice N. Pell,Peter Deadman,Timothy Kratz,Jane Lubchenco,Elinor Ostrom,Zhiyun Ouyang,William Provencher,Charles L. Redman,Stephen H. Schneider,William W. Taylor1[J]. Complexity of Coupled Human and Natural Systems,2007,317(5844):1513-1516.

3. CHANS-net,http://chans-net.org/.

方法学训练

1. 文献综述与科学史的意义。
2. 生命周期评价的生态学本质以及生态伦理价值。
3. 论述复合生态系统的适宜性管理。

第6章 生态环境风险评估

生态系统是一个相互联系、相互制约的统一体。因为人类生产和生活活动干扰生态系统的强度和频率越来越大，致使生态系统结构和功能发生变化，呈现出各种生态负效应。为了及时全面地了解生态系统的现状需定期对其展开监测并进行生态风险评价，以便更好地管理和保护生态系统。本章重点介绍因为环境污染及生态破坏所造成的生态负效应，生态环境监测的程序、方法及生态风险评价的框架、方法模型。

6.1 人为干扰下的生态负效应

生态效应（ecological effect）是指人类活动引发的生态系统的变化和响应，按照性质可分为正效应和负效应。由于负效应对人类生产、生活的影响和危害作用而倍受关注，也更具研究价值，很多生态效应的定义也据此给出。《中国大百科全书》认为，生态效应是人为活动造成的环境污染和生态破坏引起的生态系统结构和功能变化；美国科内尔州立大学等研究机构从生态系统的组成入手对环境污染的生态效应进行了界定，认为其主要体现在系统生产力损失、生物生长行为和生态过程改变、物种多样性减少、群落结构变化和珍稀物种丧失等负面影响上，并在各生态组织层次上发生。引发生态负效应的人类干扰主要包括环境污染和生态破坏。

6.1.1 环境污染的生态负效应

生态系统对环境污染产生生态负效应的过程如下：污染物进入非生物环境后，生物对污染物吸收、迁移、富集，引起毒害、产生抗性，这一效应顺着食物链及食物网传递，导致敏感性个体死亡，抗性个体在种群内比例增大，反映到种群水平就是种群遗传多样性的降低；而敏感性物种的消失，导致生物群落结构的简单化，从而使生态系统的复杂性降低，生态系统多样性丧失。以淡水生态系统为例，从分子、细胞、组织器官、个体、种群、群落及生态系统水平分别阐述环境污染的生态负效应，即毒性效应。

6.1.1.1 分子水平的毒性效应

分子水平的研究使人们能够尽快确定环境污染物的早期检测终点并进行早期预警。某些酶的活性可以反映出水中污染程度的大小，可将此类酶作为特定污染物的生物标记物。例如，鱼脑中的乙酰胆碱酯酶（AChE）的活性下降可以反映出水中有机磷、氨基甲酸酯的污染程度；鱼血清中谷氨酸草酰乙酸转氨酶（S-GOT）升高指示水体中有机氯杀虫剂和汞污染严重，鱼体内肝脏受损。

污染物对淡水生物可产生多种分子水平的生态毒理学效应，如引起细胞 DNA 损伤，基因转录水平的变化，蛋白质结构及功能的改变及酶活性的变化等。重金属如 Pb、Cd、Cu、Zn 等一方面对水生生物具有遗传毒性，可导致水生生物（如鲫鱼）染色体和 DNA 分子的变异，诱导鱼类金属硫蛋白（MT）转录水平升高；同时，它们也可导致体内产生大量的活性氧自由基，这些自由基可使 DNA 断裂、脂质过氧化、酶蛋白失活等，引起生物大

分子和膜脂质过氧化，从而诱发多种损害。

6.1.1.2　细胞、亚细胞及器官水平的毒性效应

水生生物受到重金属或其他环境污染物的胁迫，在尚未出现可见症状之前，就已在细胞和组织水平出现生理生化与显微形态结构等微观方面的变化。

1. 对植物细胞及细胞器的效应

植物细胞及其细胞器对重金属等环境污染物的毒性作用反应非常敏感，且有明确的剂量效应关系。例如，经 15 mg/L Cd^{2+} 溶液处理的水花生的根细胞，细胞核受害较轻，核膜轻微破损，核质出现凝聚；当浓度达到 20 mg/L 时，在分裂期的根尖细胞核膜凹凸不平，部分受损，染色体凝聚；当浓度高达 40 mg/L 时，根细胞细胞核核质进一步浓缩，核周腔普遍膨大，核周腔的多数部位核膜破裂消失，核结构解体，细胞中其他结构多数遭破坏，细胞趋于死亡。

2. 对动物细胞及器官的效应

水域环境污染物对动物内脏的破坏作用极明显，常见的如造成淡水动物骨骼发育畸形，引起肝、肾等组织器官及血液发生病理性变化。例如，用含 Cd(0.01 和 0.05 mg/L) 的水分别饲养鲤鱼 50 d 和 30 d 后，鲤鱼的脊椎发生弯曲，用 X 射线透视发现变形鱼脊椎骨有空洞现象。鲫鱼经含 Cu^{2+} 溶液处理后白细胞数大为增加，红细胞数和血红蛋白量也发生了较大变化。

6.1.1.3　个体水平的毒性效应

1. 对淡水生物形态结构的影响

生物形态结构的变化是水生生物受到污染物严重损害的基本指标。用浓度为 6.5 mg/L 的萘处理，可使水花生幼嫩叶片失绿、萎蔫甚至腐烂；当浓度为 16.1 mg/L 时，成熟叶片出现由绿变紫红的现象。水污染还可引起鱼类的鳍和骨骼变形，甚至发生肿瘤。当 Pb 浓度为 1 mg/L 时，鱼的形态开始出现弯曲变形现象，鱼肝瘤和其他肝病变也多有发生。

2. 引起淡水生物生长抑制与死亡

环境污染物可对淡水生物产生直接毒害作用，轻者影响水生生物的生长和发育，污染严重时，藻类、浮游动物、鱼类和底栖生物的生长繁殖受到抑制甚至死亡。污水中所含的溶解和悬浮的有机质进入水体后，在微生物作用下进行强烈的氧化分解反应，消耗水中的氧气。由于急剧降低水中的溶解氧和放出有毒气体(H_2S、NH_3、CO_2 等)，水生生物大量死亡。例如，四川盆地的母亲河——沱江，全长 550 km，先后发生过 16 次阵发性死鱼事件，最严重的一次，至少有 10×10^4 kg 鱼浮于水面。

3. 对水生植物光合作用和呼吸作用的影响

污染物还可影响水生植物的光合作用及呼吸作用。例如，当 Cd^{2+} 在 1 mg/L、2 mg/L 浓度下，荇菜的光合和呼吸作用都有明显升高的现象，而当浓度为 5 mg/L 时，其光合、呼吸作用短暂升高后，又呈明显回落状态，处理时间越长，毒害作用越明显。此外，水中悬浮污染物可遮挡光线，阻碍水生植物的光合作用。

4. 对淡水生物行为的影响

水环境污染会对淡水生物行为产生严重影响。鱼类所有的行为都易受到污染物的影响。例如，在含有一定浓度的 DDT 水中生长的鲑鱼，对低温非常敏感，它被迫改变产卵区，把卵产在温度偏高的、鱼苗不能成活的水中。Scott 研究小组发现，暴露于含镉水体

中 7 d，鱼群对示警物质正常的回避行为消失；鱼体荧光放射性自显影证实，嗅觉器官镉的蓄积比其他器官高，且抑制了血浆皮质醇浓度的升高。显然，水环境中的锌、镉等破坏了鱼群对示警物质的正常行为和生理反应，改变了鱼群的回避策略。淡水污染物所造成的鱼类回避和社会行为改变的毒性使水环境中鱼类的组成、区系分布随之改变，从而影响原有的生态平衡。

5. 对水生动物繁殖的影响

某些淡水中的污染物对动物繁殖有影响。有机氯农药对鱼类、水鸟、哺乳动物的繁殖有严重影响。$0.02 \sim 0.05$ mg/kg 的 γ-六六六可使阔尾鳉鱼卵母细胞萎缩，抑制卵黄形成，抑制黄体生成素对排卵的诱导作用，卵中胚胎发育受阻。有机氯农药还能使许多鸟类蛋壳变薄。Ryckman 等报道 DDT 污染使加拿大安大略湖等地区的鸬鹚蛋壳厚度降低了 2.3%，21% 的鸬鹚的嘴发生了畸变。Sonnenschein 报道狄氏剂、多氯联苯、毒杀酚等具有雌激素的作用，能干扰内分泌系统，甚至可使雄性动物雌性化。用 5 mg/kg 的 PCB 喂水貂，其繁殖全部停止。我国鄱阳湖水貂繁殖差，雄貂有死精现象，可能与农药对湖水的污染有关。

6.1.1.4 种群、群落水平的毒性效应

1. 种群效应

环境污染物对淡水生物种群所产生的效应主要体现在种群密度、年龄组成、性别比例、出生率和死亡率的改变上。其中，年龄组成、性别比例、出生率和死亡率都会影响到种群密度。处于较高浓度环境污染物的水生生物种群会在短时间内发生种群数量的减少甚至趋于灭亡，而长期接触较低浓度环境污染物的生物种群可能对毒物产生耐性和抗性。不同种群对水污染的敏感性和耐性不同。例如，蓝藻中的螺旋藻属（*Spirulina*）和小颤藻（*Oscillatoria tenuis*）可在污染严重的水体中生存，而硅藻中的等片藻（*Diatoma*）和绿藻中的凹顶鼓藻属（*Euastrum*）则喜欢在清洁的水体中生活。因此，可以用不同种群作为监测生物来评价水体的污染状况。以硝基芳烃类有机污染物对斜生栅列藻（*Scenedesmus obliquus*）种群的毒性作用研究为例，当对硝基甲苯浓度为 2×10^{-4} mol/L 时，藻类生长阻碍率为 23.67%，此时，细胞的生长和繁殖受阻；浓度为 2.26×10^{-4} mol/L 时，藻类生长阻碍率为 57.14%，此时，细胞核和细胞器解体；浓度为 3.16×10^{-4} mol/L 时，藻类生长阻碍率为 73.97%，此时，细胞的原生质解体。

2. 群落效应

水体受到污染时，敏感种类消失，耐污种类数量增加，物种多样性下降，群落结构改变或破坏，功能失调。但同一群落中，不同种群对污染物的敏感性有一定差异。以单甲脒农药对群落的影响为例。不同浓度单甲脒处理 2 周后，藻类种类减少 $50\% \sim 75\%$，多样性指数明显下降。藻类群落结构发生变化，绿藻比例增加，最多达 98.89%，硅藻、蓝藻、裸藻仅占 1.11%，隐藻、金藻、甲藻和黄藻全部消失。单甲脒农药对大型水生植物生长的影响也非常明显，经高浓度单甲脒农药处理 2 周后，挺水植物受到严重伤害，全部下沉水底，不能正常挺立水层。在浓度较高的处理组，挺水植物也逐步表现出受害症状，如叶片脱落，色素变黄等，但浓度较低的处理组挺水植物未见明显变化。可见大型水生植物对单甲脒农药的抗性比藻类强。高浓度单甲脒农药处理下，秀体蚤和低额蚤等浮游甲壳动物很快死亡，耐性最强的盘肠蚤类也在 2 周内全部被杀灭；底栖动物除少量耐

污的颤蚓外，大部分也于2周内被杀灭。在单甲脒农药处理组，浮游动物种类及多样性指数也有不同程度地下降。比较各类生物群落的变化可见，藻类群落对单甲脒农药的反应最为敏感，浮游动物和大型水生植物其次，底栖动物较强，好氧异养菌耐性最强。

6.1.1.5　生态系统水平的毒性效应

在水环境中，当污染物在一定的时空范围内持续作用于水生生态系统时，生态系统物质流动和能量流动受阻，生态系统的健康受到影响，逐步走向衰退。长期环境污染对水生生态系统的生态毒理学效应主要包括生物多样性的丧失、生态系统复杂性降低及自我调控能力下降。

1. 淡水富营养化

在多数富营养水体中，蓝藻数量多且为优势种，但也有部分湖泊中绿藻为优势种。随着水体富营养化程度加重，原生动物数量增多，而轮虫和棱角类、棱足类动物减少或消失。这样，淡水富营养化引起某些种类的水生生物特别是藻类生长过旺，大量消耗水生生态系统中的氧和营养物质，使多种好氧水生生物由于缺氧而死亡，残留的尸体分解缓慢，水质极度恶化，对淡水水生生态系统造成严重破坏。"水华"就是因淡水富营养化引起。形成"水华"的这些藻类可产生大量藻毒素使水源污染，藻毒素可以引起多种生物特别是鱼类死亡，并可通过食物链影响人体的健康。蓝藻"水华"能损害肝脏，具有促癌效应，直接威胁人体的健康。澳大利亚以铜绿微囊藻污染严重的水库作为水源的居民，其肝脏受损，从而导致血清中某些肝脏酶含量增高。

2. 外来水生生物种入侵

外来水生生物种入侵对水体生态系统的危害非常严重。例如，水葫芦（*Eichhornia crassipes*）在一些湖泊中疯狂生长，侵占湖泊水面，使水中生物锐减。云南滇池水面曾一度被水葫芦大面积侵占，使湖中68种土著鱼种竟有38种面临灭绝，16种植物难觅踪影。食蚊鱼（*Gambusia affinis*）入侵是外来水生动物入侵破坏水域生态系统的典型事例。食蚊鱼原产地为美国南部和墨西哥北部。最初是作为蚊子的生物防治天敌有意引进的。研究表明，食蚊鱼适应环境能力强，繁殖能力强，对生态位相似的当地鱼类造成相当大的压力，而且还会袭击体形比自己大1倍的鱼类。目前，食蚊鱼在华南已取代了当地中青鳉和弓背青鳉，成为当地低地水体的优势种，威胁到这些青鳉的生存，甚至影响当地蛙类、蝾螈等两栖动物的生存。

6.1.2　生态破坏的负效应

生态破坏是相对污染影响而言的，主要指人类活动对生态环境产生的非污染型影响，其发生原因主要为交通、水利等大型工程建设及其引起的土地利用/植被覆盖变化。

6.1.2.1　公路建设

公路建设的生态负效应主要包括道路污染、工程占地、植被破坏、水土流失、景观破碎、通道阻隔及间接干扰等（见表6-1）。当前，对公路建设生态负效应内在机理的研究还并不成熟，多集中于对其地质灾害（主要为滑坡）作用的探讨。此类研究多通过分析公路建设沿线区域的地质条件和滑坡体特征，计算边坡稳定性和极限高度，结果表明，道路滑坡是在一定的岩土工程地质背景下产生，此时边坡的大面积切坡基本成型、支护及路基工程还未完成，发生时间多在雨季或暴雨后。

表 6-1 公路建设的生态负效应

效应类型	发生原因	生态负效应
道路污染	车辆噪声和尾气污染；施工污染等	1)施工扬尘和废气造成沿线生态系统组分变化，并危及动植物生存 2)公路两侧 200～300 m 是严重污染带，该区动物习性发生改变
工程占地	永久占地；施工场地道路、取土场等临时占地	1)土地征用造成植被永久清除，植被破坏严重 2)临时占地破坏土壤和植被，地表裸露增加，环境稳定性下降
植被破坏	土石方、道路占地、平整、施工、材料堆放等	1)引发水土流失并严重影响植被恢复，生物多样性降低 2)道路施工污染导致水体水质恶化，影响植物光合作用
土壤侵蚀、水土流失	高挖低填、取土弃土；路肩边坡、塌方滑坡	1)导致土层厚度减小，肥力下降，作物减产，严重时作物完全丧失 2)造成地表植被消失和破坏，进一步加重光秃坡地的土壤侵蚀
景观破碎	道路切割；植被破坏；取弃土场；桥梁涵洞	1)土地类型复杂化，边缘效应和异质性程度增加，特有种类增多 2)路边生境更加破碎，动物与车辆碰撞概率增高，损害生物多样性
阻隔作用	生境破碎、物理障碍；噪声污染和车辆运动等	1)分裂自然过程，影响植物扩散、繁殖并约束动物活动行为 2)与干扰和回避效应共同作用，减少动物成功通过路面的概率
廊道作用	公路建设沿线区域提供了一些特有资源	1)为多种特有生物提供迁移通道和栖息地，支持物种多样性 2)车辆和人类通过携带(种子、活体等)促进物种传播
间接干扰	公路带来经济、政策、文化等方面的变化	导致人类活动能力显著增强，生态影响范围迅速扩大，沿线土地利用发生巨大改变，从而强化了其对生态系统的干扰作用

　　公路建设的生态负效应研究涵盖了个体、种群、群落和生态系统等所有尺度，已经形成了完善的研究体系，内容以植被破坏、景观破碎、边缘效应、道路通道、阻隔作用及污染影响等为重点，并采用指标分析、野外观测和 RS 等技术方法进行定量研究，实现了定性与定量的结合。但现有文献对公路建设干扰下生态系统响应的探讨不够深入，多尺度综合研究相对匮乏，没有深入探讨公路建设生态负效应的发生机理。

6.1.2.2 水电工程

　　水电工程生态负效应的研究内容主要包括温室效应、对库区水质的影响、对浮游生物的影响、对洄游鱼类及河流形态的影响等(见表 6-2)。对于水电工程生态负效应内在机理的研究多针对具体工程进行，内容以库区泥沙淤积作用及对河流的影响机制为主；水库坝前区的水流和河床演变规律得到了初步研究，内容主要涉及输水输沙特性、冲淤机理、平衡面积与保留面积等。有关三门峡水库泥沙淤积的研究认为，水库前期淤积使潼关河段流量流速降低，渭河下游主槽过洪能力减小，破坏了渭河干流和支流推移质进入渭河主河道后的输沙平衡。

　　近年来，水电工程建设多为梯级开发的电站群组建设，生态影响的累积特征明显。

现有研究多以单一水利工程的生态影响为重点，累计效应考虑较少；在时间尺度上多限于项目建设期和运营前期，对工程运营后期和报废后考虑较少；在空间尺度上多限于项目直接影响区域，而对项目建设潜在影响区域的考虑不足；此外对水电工程生态负效应发生机理的研究还非常薄弱。

表6-2　水电工程的生态效应

效应种类	发生原因	生态负效应
温室效应	水库气泡、大坝泄洪道、电站涡轮机产生温室气体 CH_4、CO_2 等	1)CH_4、CO_2 等温室气体导致或加剧温室效应 2)水库温室气体贡献率高达 7%
对库区水质的影响	水库水量集中且水面宽阔，水库水体温度变化缓慢等；库区水体流速缓慢，水体更新速度慢，易造成营养物质富集	1)大坝放水水温夏天比河水低而冬天比河水高 2)影响溶解氧和悬浮物，扰乱水生生物的生命周期 3)水库建设阻碍营养物质运输，容易造成富营养化 4)藻类增生，溶解氧减少，水生生物受损
对浮游生物的影响	水库水体流速缓慢，水体更新速度慢，营养物质季节变化小	1)浮游生物量取决于营养物质含量和水体温度 2)水库中浮游生物冬少夏多，但变化幅度小于其他水体
对洄游鱼类的影响	阻断了洄游鱼类洄游路线，使其繁殖、幼年、发育和成年等阶段的生境发生改变	1)洄游鱼类不能完成繁殖和发育等生理过程 2)溯河产卵的鱼类如 Salmon 和 Shad 死在途中 3)造成其食物链中断，洄游鱼类的分布区域变化
对河流形态的影响	水库库容作用能够调节河流流量，水库能够减缓河流下游流速，沉积泥沙，减少下游河流泥沙含量	1)水库和大坝雨季蓄水，干季放水，使下游河道最大流量减小，最小流量增加，各月流量趋于平均 2)调节能力取决于水库的大小和大坝的运行方式 3)泥沙多沉积在水库，下游河水泥沙总含量减少 4)河水含沙量与水流速度相关性降低，总体上河水变清

6.1.2.3　土地利用/植被覆盖变化的生态效应

土地利用/植被覆盖的变化是生态破坏引起的直接后果和重要内容，将不可避免地对生态系统产生影响，主要体现在对土壤、水体、自然灾害以及物种资源的影响上。森林植被变化必然会影响区域生态环境质量(见表6-3)。土地利用方式/植被覆盖变化导致生境破坏和重建，生境破坏时集合种群中的最优种群将迅速沦为最弱者，当其栖息地的毁坏率大于集合种群优势种对栖息地的占有率时，优势种群和其他强势种群将灭绝；生境恢复将导致集合种群的强弱顺序由顺序规律演变为奇数种群强、偶数种群弱，同时集合种群的最优种群迅速扩张。

当前研究主要集中于微观(如土壤养分、土壤肥力、土壤碳和土壤微生物等)和宏观(如水资源、水环境、气候环境、自然灾害和水土灾害等)两方面，而对生态系统结构—功能—演化的过程缺乏系统探讨，种群和群落等中观尺度研究不足，没有形成尺度的连续和综合；对土地利用方式/植被覆盖变化干扰下的生态负效应发生机制和生态变化规律等研究还比较零散，没有形成完善体系。

表 6-3 土地利用/植被覆盖变化的生态效应研究

干扰及影响要素		表征指标	生态负效应
土地利用方式改变	土壤	土壤碳元素、养分、肥力等	1)不同土地利用格局将影响土壤 CO_2 的释放量 2)长期非持续性土地利用会对草原生态系统土壤碳贮量产生影响 3)土地利用方式的不合理将会导致土壤养分流失，肥力下降
	水体	地表水和地下水质、水文及旱涝等	1)对地下水位变化有重要影响，森林具有保水蓄水功能 2)对地表水污染产生影响，高覆盖度的土地能减轻地表水污染负荷 3)气候与土地利用变化对流域水资源和旱涝具有重要影响
	自然灾害	灾害密度、灾害绝对量等	1)林业用地灾害发生绝对量最大，天然常绿阔叶林和材用毛竹林最少 2)灾害发生密度以耕地最高，其次是梯田
	物种资源	植物区系特征、物种多样性等	1)城市植物区系在组成和生态特征方面与其所在地区自然植被不同 2)人类活动和热岛效应对城市植物区系及其生态特征的作用明显 3)城市土地利用对许多物种构成威胁
植被变化	覆盖降低	生物量、多样性、水土流失	引起土地退化、水质污染加重、生物多样性降低、森林水源涵养能力降低等生态效应，生态系统水土保持、改善气候等功能将削弱
	覆盖升高	水质、气候抗逆性等	1)恢复退化生态系统能积累生物量、保护生物多样性、控制水土流失 2)对陡坡实施退耕种草可改善旱区生态环境条件，保持水土 3)森林增多可提高水土涵养能力，减少径流泥沙含量，改善河水水质

6.2 生态环境监测

生态环境监测是开展生态环境调查的重要手段。同时，为了能够准确、及时、全面地反映环境质量现状及发展趋势，生态环境监测也已成为环境监测的重要组成部分。

6.2.1 生态环境监测

6.2.1.1 生态环境监测

生态环境监测是在地球的全部或局部范围内观察和收集生命支持能力数据，并加以分析研究，以了解生态环境的现状和变化。所谓生命支持能力数据，是采用各种技术和手段得到的生态系统中生物(人类、动物、植物和微生物等)和非生物(地球的基本属性)

的相关信息。

生态环境监测始于 20 世纪 40 年代的英国，当时主要是从地面上调查一个区域的生境资料。但航空摄影扩大了人类的视野，伴随全球环境监测系统(GEMS)的建立和 1972 年开始的地球资源卫星的发射使人类对地球资源及其变化有了更详细的了解，逐步形成了现代概念的生态环境监测。联合国环境规划署(1993)在《环境监测手册》上指出，生态环境监测是一种综合技术，是通过地面固定的监测站或流动观察队、航空摄影及太空轨道卫星获取包括环境、生物、经济和社会等多方面数据的技术。因此，生态环境监测(ecological monitoring)是以生态学原理为理论基础，综合运用比较成熟的方法技术，在时间和空间上对特定区域范围内生态系统和生态系统组合体的类型、结构和功能及其组合要素进行系统地测定，为评价和预测人类活动对生态系统的影响，为合理利用资源、改善生态环境提供决策依据。与其他监测技术相比，生态环境监测是一种涉及学科多、综合性强和更复杂的监测技术。

6.2.1.2 生态环境监测的类型及内容

从生态环境监测的对象及其涉及的空间尺度，可将其分为宏观生态环境监测和微观生态环境监测两大类。

1. 宏观生态环境监测

宏观生态环境监测是对区域范围内生态系统的组合方式、镶嵌特征、动态变化和空间分布格局等，以及在人类活动影响下的变化进行的观察和测定。例如，热带雨林、荒漠、湿地等生态系统的分布及面积的动态变化。宏观生态环境监测研究对象的地域等级至少应在区域生态范围之内，最大可扩展到全球。其监测手段主要依赖于遥感技术和地理信息系统。监测所得的信息多以图件的方式输出，将其与自然本底图件和专业图件比较，评价生态系统质量的变化。其次，区域生态调查与生态统计也是宏观监测的手段。

2. 微观生态环境监测

微观生态环境监测是用物理、化学和生物方法对某一特定生态系统或生态系统聚合体的结构和功能特征，以及在人类活动影响下的变化进行的监测。这项工作要以大量的野外生态环境监测站为基础，每个监测站的地域等级最大可包括由几个生态系统组成的景观生态区，最小也应代表单一的生态类型。按照监测内容，微观生态环境监测可分为三种。

(1)干扰性生态环境监测：对人类特定生产活动干扰生态系统的情况进行监测，如砍伐森林所造成的森林生态系统结构和功能、水文过程和物质迁移规律的改变；草场过度放牧引起的草场退化，生产力降低；湿地的开发引起的生态型改变；污染物排放对水生生态系统的影响等。

(2)污染性生态环境监测：对农药及重金属等污染物在生态系统食物链中的传递及积累进行监测。

(3)治理性生态环境监测：对被破坏的生态系统经人类治理后，生态平衡恢复过程的监测，如对荒漠化土地治理过程的监测。

上述三类微观生态环境监测均应以背景生态系统监测资料作为类比，以反映在人类活动的影响下，生态系统内部各个过程所发生的变化及其程度。

只有把宏观和微观两种不同空间尺度的生态环境监测有机地结合起来，并形成生态

环境监测网，才能全面地了解生态系统受人类活动影响发生的综合变化。

6.2.1.3　生态环境监测的任务和特点

1. 生态环境监测的任务

生态环境监测的任务包括以下几个方面：①对生态系统现状及因人类活动所引起的重要生态问题进行动态监测；②对人类的资源开发和环境污染物引起的生态系统组成、结构和功能的变化进行监测，从而寻求符合我国国情的资源开发治理模式及途径；③对被破坏的生态系统在治理过程中的生态平衡恢复过程进行监测；④通过监测数据的积累，研究各种生态问题的变化规律及发展趋势，建立数学模型，为预测预报和影响评价打下基础；⑤为政府部门制定有关环境法规，进行有关决策提供科学依据；⑥支持国际上一些重要的生态研究及监测计划，如 GEMS(全球环境监测系统)、MAB(人与生物圈计划)、IGBP(国际地圈-生物圈计划)等，加入国际生态环境监测网。

2. 生态环境监测的特点

生态环境监测不同于环境质量监测，生态学的理论及检测技术决定了它具有以下几个特点。

(1)综合性：生态环境监测是一门涉及多学科(包括生物、地理、环境、生态、物理、化学、数学信息和技术科学等)的交叉领域，涉及农、林、牧、副、渔、工等各个生产领域。

(2)长期性：自然界中生态变化的过程十分缓慢，而且生态系统具有自我调控功能，一次或短期的监测数据及调查结果不可能对生态系统的变化趋势作出准确的判断，必须进行长期的监测，通过科学对比，才能对一个地区的生态环境质量进行准确的描述。

(3)复杂性：生态系统是自然界中生物与环境之间相互关联的复杂的动态系统，在时间和空间上具有很大的变异性，生态环境监测要区分人类的干扰作用(污染物质的排放、资源的开发利用等)和自然变异及自然干扰作用(干旱和水灾)比较困难，特别是在人类干扰作用并不明显的情况下，许多生态过程在生态学的研究中也不十分清楚，这使得生态环境监测具有复杂性。

(4)分散性：生态环境监测平台或生态环境监测站的设置相隔较远，监测网络的分散性很大。同时，由于生态过程的缓慢性，生态环境监测的时间跨度也很大，所以通常采取周期性的间断监测。

6.2.2　生态环境监测发展

近年来，我国的生态环境监测取得了长足的进展，提出的"地球动态观测信息网络""我国代表类型区生态状况和变迁规律的大尺度时空观测研究以及发展趋势预测""中国资源生态环境预警研究"等方案及计划，均侧重生态环境监测的内容。在此基础上，中国科学院的"中国生态系统研究网络(CERN)"研究计划已经实施，其所属的 53 个生态环境监测站进行了大量的生态研究工作，成果已引起世界各国的关注。新疆、内蒙古、洞庭湖、舟山等地区生态环境监测站的建立，为生态环境监测提供了广阔的应用前景。我国在生态环境监测指标及生态质量评价指标体系方面也做了一些工作。中山大学与华南环境科学研究所在海南岛生态质量评价指标体系的研究中，提出生物量、多样性、稳定性和清洁度四个原则和 20 个指标参数，并将每个参数按生态学特征及影响划分为五个等级。吉

林省环境保护研究所在东北自然保护区生态指标体系的研究中，将生态指标体系划分为三个层次、五个指标，并运用层次分析法确定指标权重，将保护区评出七个等级。

随着我国空间技术的发展，"3S"技术成为近几年生态环境监测工作者研究的重点，并显示出其快速、准确的突出优点，是宏观生态环境监测技术的发展趋势。10多年来，我国利用"3S"技术在生态环境监测与国土资源监测信息系统方面做了大量的基础性工作。其中，包括黄土高原土壤侵蚀(水蚀)监测体系，定性、定量地监测分析了黄河水系泥沙的来源，以及研究了该地区防沙治沙的具体措施；"三北"防护林建设的遥感调查与监测体系，遥感调查了覆盖我国国土面积15%左右的"三北"地区的生态环境，用于指导我国北方防护林的建设；利用遥感技术对热带森林植被的动态变化、森林火灾后的生态变化、我国北方沙尘灾害特点及其下垫面状况、金衢盆地土地退化、黄河三角洲盐碱地、内蒙古上地盐渍化的典型区域、广州珠江口、太湖水体污染、大连湾海域水体富营养化状况进行监测；利用GIS系统预测预报模型对黄土高原、三峡库区等重点侵蚀区域进行土地退化预报、景观生态退化预测、小流域土壤侵蚀预测和应用国土资源卫星数据对陕北黄土高原生态环境进行遥感动态监测，初步建立了生态环境的遥感识别标志。

近年来，利用遥感技术监测牧场产量、农作物产量、资源调查、水土保持状况和灾害预测等方面都取得了一定的成果，为宏观生态环境监测积累了经验；利用多时相遥感图像判读，系统分析了西双版纳森林植被的动态变化，其结果经地面实况验证基本属实，为结构极为复杂的热带森林植被动态变化监测探索了一条新路。新疆环境监测中心站利用全区气象卫星 NOAA-12 五个波段的影像数据，完成了全区土地荒漠化现状的评价工作。

以下生态项目在我国生态环境监测中具有优先监测权：

①全球气候变暖引起的生态系统或动、植物区系位移；②珍稀、濒危动植物种群的分布及其栖息地；③水土流失面积及其时空分布和对环境的影响；④荒漠化面积及其时空分布和对环境的影响；⑤草场沙化、退化面积及其时空分布和对环境的影响；⑥人类活动对陆地生态系统(森林、草原、农田、荒漠等)结构和功能的影响；⑦水环境污染对水生生态系统(湖泊、水库、河流和海洋等)结构和功能的影响；⑧主要环境污染物(农药、化肥、有机污染物和重金属)在土壤-植物-水体系统中的迁移和转化；⑨水土流失地、荒漠化地及草原退化地优化治理模式的生态平衡恢复过程；⑩各生态系统中微量气体的释放通量与吸收情况。

6.2.3　生态环境监测研究方案制定

开展生态环境监测工作，首先要确定生态环境监测方案，其主要内容是：明确生态环境监测的基本概念和工作范围，并制订相应的技术路线，提出主要的生态问题以便进行优先监测，确定我国主要生态类型和微观生态环境监测的指标体系，依据目前的分析水平，选出常用的监测指标分析方法。

1. 生态环境监测方案的制订及实施程序

生态环境监测技术路线和方案的制订大体包含以下几点：资源、生态与环境问题的提出，生态环境监测平台和生态环境监测站的选址，监测内容、方法及设备的确定，生态系统要素及监测指标的确定，监测场地、监测频率及周期描述，数据(包括监测数据、实验分析数据、统计数据、文字数据、图形及图像数据)的检验与修正,质量与精度的控制,建立数据库,信息或数据输出,信息的利用(编制生态环境监测项目报表,针对提出的生态问题进行统计分析、建立模型、动态模拟、预测预报、进行评价和规划、制定政策)(见图 6-1)。

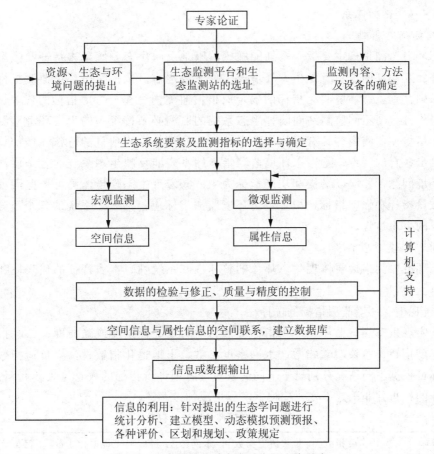

图 6-1　生态环境监测方案制定及实施程序

2. 生态环境监测平台和生态环境监测站

生态环境监测平台是宏观生态环境监测工作的基础。它以遥感技术作支持,并具备容量足够大的计算机和宇航信息处理装置。生态环境监测站是微观生态环境监测工作的基础,它以完整的室内外分析、观测仪器作支持,并具备计算机等信息处理系统。

生态环境监测平台及生态环境监测站的选址必须考虑区域内生态系统的代表性、典型性和对全区域的可控性。一个大的监测区域可设置一个生态环境监测平台和数个生态环境监测站。

3. 生态环境监测频率

生态环境监测频率应视监测的区域和监测目的而定。一般全国范围的生态环境质量监测和评价应 1～2 年进行一次;重点区域的生态环境质量监测每年进行 1～2 次,以季度或每月的年内变化监测;特定目的的监测,如沙尘天气监测和近岸海域的赤潮监测要每天进行一次或数次,甚至采取连续自动监测的方式。数据量的多少决定了科学研究规律

性发现的概率与可能性。

6.2.4　生态环境监测指标体系与方法技术优化

6.2.4.1　指标体系

1．指标确定原则

生态环境监测指标主要指一系列能敏感清晰地反映生态系统基本特征及生态环境变化趋势并相互印证的项目，是生态环境监测的主要内容。选择生态环境监测指标时应遵循如下原则：①生态环境监测指标的确定应根据监测内容充分考虑指标的代表性、综合性及可操作性；②不同监测站间同种生态系统的监测必须按统一的生态环境监测指标体系进行，尽量使监测内容具有可比性；③各监测站可依监测项目的特殊性增加特定的指标，以突出各自的特点；④生态环境监测指标体系应能反映生态系统的各个层次和主要的生态环境问题，并应以结构和功能指标为主；⑤宏观生态环境监测可依监测项目选定相应的数量指标和强度指标，微观生态环境监测指标应包括生态系统的各个组分，并能反映主要的生态过程。

2．指标及其质量评价

生态环境监测指标要体现生态环境的整体性和系统性、本质特征的代表性和环境保护的综合性。

（1）宏观生态环境监测指标的选择

对于宏观生态环境监测，一级指标应选为优劣度、稳定度或脆弱度；二级指标应选为生物丰度指数、植被覆盖指数、水网密度指数、土地退化指数、污染负荷指数。各项二级指标可根据不同情况分别赋予不同的权重，各项评价指标的权重见表6-4。各项评价指标赋予的权重并非固定不变，应根据实际情况加以调整。

表6-4　各项评价指标的权重

评价指标	生物丰度指数	植被覆盖指数	水网密度指数	土地退化指数	污染负荷指数
权重	0.25	0.2	0.2	0.2	0.15

生态环境质量的优劣可用生态环境状况指数（ecological index，EI）来评价，EI可按下式计算：

$EI=0.25×$生物丰度指数$+0.2×$植被覆盖指数$+0.2×$水网密度指数$+0.2×$土地退化指数$+0.2×$污染负荷指数

生物丰度指数、植被覆盖指数、水网密度指数、土地退化指数、污染负荷指数的计算方法见《生态环境状况评价技术规范（试行）》（HYT 192—2006）。

根据EI的大小，将生态环境分为五级，即优、良、一般、较差和差，生态环境分级标准见表6-5。

表6-5　生态环境分级标准

级别	优	良	一般	较差	差
指数	$EI\geqslant75$	$55\leqslant EI<75$	$35\leqslant EI<55$	$20\leqslant EI<35$	$EI<20$

续表

级别	优	良	一般	较差	差
状态	植被覆盖度高，生物多样性丰富，生态系统稳定，最适合人类生存	植被覆盖度较高，生物多样性较丰富，基本适合人类生存	植被覆盖度中等，生物多样性处于一般水平，较适合人类生存，但有不适合人类生存的制约性因素出现	植被覆盖度较差，严重干旱少雨，物种较少，存在明显限制人类生存的因素	条件较恶劣，人类生存环境恶劣

(2)不同类型生态环境监测站(各类生态子系统)监测指标的选择

地球上的生态系统，从宏观角度可划分为陆地和水生两大生态系统。陆地生态系统包括森林生态系统、草原生态系统、荒漠生态系统和农田生态系统。水生生态系统包括淡水生态系统和海洋生态系统。每种类型的生态系统都具有多样性，它不仅包括了环境要素变化的指标和生物资源变化的指标，同时还要包括人类活动变化的指标。

一般来说，陆地生态环境监测站(农田生态系统、森林生态系统和草原生态系统等)的指标体系分为气象、水文、土壤、植物、动物和微生物六大要素；水文生态环境监测站(淡水生态系统和海洋生态系统)的指标体系分为水文气象、水质、底质、浮游植物、浮游动物、游泳动物、着生藻类和底栖生物、微生物八大要素。除上述自然指标外，指标体系的选择要根据生态环境监测站各自的特点、生态系统类型及生态干扰方式，同时兼顾以下三方面：人为指标(人文景观、人文因素等)、一般监测指标(常规生态环境监测指标、重点生态环境监测指标等)和应急监测指标(包括自然因素和人为因素造成的突发性生态问题)。

根据监测指标确定的原则，两类生态系统的监测项目分别见表6-6和表6-7。

表 6-6   陆地生态系统的监测项目

要素	常规指标	选择指标
气象	气温、湿度、风向、风速、降水量及分布、蒸发量、地面及浅层地温、日照时数	大气干、湿沉降物及其化学组成，大气(森林、农田)或林间(森林)CO_2浓度及动态，林冠径流量及化学组成(森林)
水文	地表径流量，径流水化学组成：酸度、碱度、总氮及NO_2^-、NO_3^-、农药(农田)，径流水总悬浮物，地下水位，泥沙颗粒组成及流失量，泥沙化学成分：有机质、总氮、总磷、总钾及重金属、农药(农田)	附近河流水质，泥沙流失量及颗粒组成，农田灌水量、入渗量和蒸发量(农田)

续表

要素	常规指标	选择指标
土壤	有机质，养分含量：总氮、总磷、总钾、速效磷、速效钾，pH，交换性酸及其组成，交换性盐基离子及其组成，阳离子交换量，颗粒组成及团粒结构，平均密度，含水量，孔隙率，透水率等	CO_2 释放量(稻田测 CH_4)、农药残留量、重金属残留量、盐分总量、水田氧化还原电位、化肥和有机肥施用量及化学组成(农田)、元素背景值、生命元素含量、沙丘动态(荒漠)
植物	种类及组成，种群密度，现存生物量，凋落物量及分解率，地上部分生产量，不同器官的化学组成：粗灰分、氮、磷、钾、钠、有机物、水分和光能的收支	珍稀植物及其物候特征(森林)，可食部分农药、重金属、NO_2^- 和 NO_3^- 含量(农田)，可食部分粗蛋白、粗脂肪含量
动物	动物种类及种群密度，土壤动物生物量，热值，能量和物质的收支，化学成分：灰分、蛋白质、脂肪、总磷、钾、钠、钙、镁	珍稀野生动物的数量及动态，动物灰分、蛋白质、脂肪、必须元素含量，体内农药、重金属等残留量(农田)
微生物	种类及种群密度、生物量、热值	土壤酶类型，土壤呼吸强度，土壤固氮作用、元素含量与总量

表 6-7　水生生态系统的监测项目

要素	常规指标	选择指标
水文气象	日照时数、总辐射量、降水量、蒸发量、风向、风速、气温、湿度、大气压、云量、云形、云高及可见度	海况(海洋)，入流量和出流量(淡水)，入流和出流水的化学组成(淡水)，水位(淡水)，大气干、湿沉降物量及其化学组成
水质	水温，颜色，气味，浊度，透明度，电导率，残渣，氧化还原电位，pH，矿化度，总氮，亚硝酸盐氮，硝酸盐氮，氨氮，总磷，总有机碳，溶解氧，化学需氧量，生化需氧量，重金属(镉、汞、砷、铬、铜、锌、镍)	油类
底质	氧化还原电位，pH，粒度，总氮，总磷，有机质，甲基汞，重金属(总汞、砷、铬、铜、锌、镍)，农药	硫化物，COD，BOD_5
游泳动物	个体种类及数量，年龄和丰度，现存量、捕捞量和生产力	体内农药、重金属残留量，致死剂量和亚致死剂量，酶活性(P-450 酶)
浮游植物	群落组成，定量分类数量分布(密度)，优势种动态，生物量，生产力	体内农药、重金属残留量，酶活性(P-450 酶)
浮游动物	群落组成定性分类、定量分类数量分布，优势种动态，生物量	体内农药、重金属残留量

续表

要素	常规指标	选择指标
微生物	细菌总数、细菌种类、大肠菌群及分类、生化活性	
着生藻类和底栖生物	定性分类、定量分类、生物量动态、优势种	体内农药、重金属残留量

6.2.4.2　监测方法

根据各类生态系统监测指标的内容，所用监测方法分为水文、气象参数观测法，理化参数测定法，生物调查和生物测定法等不同类型，可分别选用相应规范化方法测定，如《水和废水监测分析方法》(第四版)、《地表水和污水监测技术规范》(HJ/T 91—2002)、《土壤环境监测技术规范》(HJ/T 166—2004)、《水环境监测规范》(SL 219—1998)、《海洋监测规范》(GB 17378.7—1998)等。如无规范化方法，可从相关的监测资料中选择适宜的方法测定。

各生态环境监测站相同的监测指标应按统一的采样、分析和测定方法进行，以便各监测站间的数据具有可比性和可交流性。

6.2.4.3　生态环境监测技术

生态环境监测应以空中遥感监测为主要技术手段，地面对应监测为辅助措施，结合GIS 和 GPS 技术，完善生态环境监测网，建立完整的生态环境监测指标体系和评价方法，达到科学评价生态环境状况及预测其变化趋势的目的。目前应用的生态环境监测方法有地面监测、空中监测、卫星监测以及一些新技术、新方法。

1. 地面监测方法

在所监测区域建立固定监测站，由人徒步或车、船等交通工具按规定的路线进行定期测量和收集数据。它只能收集几千米到几十千米范围内的数据，而且费用较高，但这是最基本也是不可缺少的手段。因为地面监测得到的是"直接"数据，可以对空中和卫星监测进行校核，而且某些数据只能在地面监测中获得，例如降水量、土壤湿度、小型动物、动物残余物(粪便、尿和残余食物)等。地面监测采样线一般沿着现存的地貌，如小路、家畜和野畜行走的小道。采样点设在这些地貌相对不受干扰一侧的生境点上，监测断面的间隔为 0.5~1.0 km。收集数据包括植物物候现象、高度、物种、种群密度、草地覆盖，生长阶段、生长密度、木本植物的覆盖；观察动物活动、生长、生殖、粪便及残余食物等。

2. 空中监测方法

一般采用 4~6 架单引擎轻型飞机，每架飞机由 4 人执行任务——驾驶员、领航员和两名观察记录员。首先绘制工作区域图，将坐标图覆盖所研究区域，典型的坐标是 10 km×10 km 一小格。飞行速度大约 150 km/h，高度大约 100 m，观察记录员前方有一观察框，视角约 90°，观察地面宽度约 250 m。

3. 卫星监测方法

利用地球资源卫星监测大气、农作物生长状况、森林病虫害、空气和地表水的污染情况等。例如，在地球上空 900 km 轨道上运行的地球资源卫星，每隔 18 d 通过地球表面

同一地点一次，从传感器获得照片或图像，其分辨率可达 10 m。

通过解析图片可获得所需资料，将不同时间同一地点的图片进行分析，可监测油轮倾覆后油污染扩散情况、牧场草地随季节的变化，以及进行大范围内季节性生产力的评估等。

卫星监测的最大优点是覆盖面广，可以获得人难以到达的高山、丛林的资料。由于目前资料来源增加，因而费用相对降低。但这种监测方法难以了解地面细微变化。因此，地面监测、空中监测和卫星监测相互配合才能获得完整的资料。

4. "3S"技术

生态环境监测是以宏观监测为主，宏观监测和微观监测相结合的工作。对结构与功能复杂的宏观生态环境进行监测，必须采用先进的技术手段。其中，生态环境监测平台是宏观生态环境监测的基础，它必须以"3S"技术作为支持。"3S"技术即遥感（remote sensing，RS）、全球定位系统（global positioning system，GPS）与地理信息系统（geographic information system，GIS）三项技术的集合。

遥感包括卫星遥感和航空遥感。经过几十年的发展，在获取地学信息种类与质量上已有很大进步。它可以提供的生态环境信息为：土地利用与土地覆盖信息（几何精度可有 30、10、5、1 m 不同级别）；生物量信息（植被种类、长势、数量分布）；大气环流及大气沙尘暴信息，气象信息（云层厚度、高度、水蒸气含量、云层走势等）。遥感具有观测范围广、获取信息量大、速度快、实用性好及动态性强等特点，可以节约大量的人力、物力、资金和时间，以较少的投入获得常规方法难以获得的资料，这些资料受人为因素的影响较小，比较可靠。

全球定位系统是利用便携接收机与均匀分布在空中的 24 颗卫星中的 4 颗进行无线电测距而对地面进行三维定位的测试技术。测试点的精度分为十米级、米级、亚米级多种，测试速度可达 1 s/点，全年可以满足生态环境实地调查的需要。还可用于实时定位，为遥感实况数据提供空间坐标，用于建立实况环境数据库，并同时为遥感实况数据发挥校正、检核的作用。

地理信息系统是将各类信息数据进行集中存储、统一管理、全方位空间分析的计算机系统。使用这项技术，可以结合遥感、全球定位系统的数据和多种地面调查数据，按照各种生态模型，测算各种生态指数，预报、统计沙尘暴的发生、发展走向及危害覆盖区域。这一技术还可以在生态环境机理研究的基础上，构建机理模型，定量、可视化地模拟生态演化过程，在计算机上进行虚拟调控实验。

以上三项技术形成了对地球进行空间观测、空间定位及空间分析的完整技术体系。它能反映全球尺度的生态系统各要素的相互关系和变化规律，提供全球或大区域精确定位的宏观资源与环境影像，揭示岩石圈、水圈、大气圈和生物圈的相互作用和关系。

"3S"技术是宏观生态环境监测发展的方向，也是其发展的技术基础，在今后较长的一个时期内，遥感将在生态环境监测中得到最广泛的应用，地理信息系统作为"3S"技术的核心将发挥更大的作用。传统的监测手段只能解决局部问题，而综合且准确、完整的监测结果必然要依赖"3S"技术。利用"3S"技术进行生态环境监测时还要注意 RS、GPS、GIS 三项技术的结合，单独利用其中任何一项技术很难对生态环境进行综合监测和评价。

6.3　生态环境风险评价

6.3.1　研究历程

6.3.1.1　环境风险评价发展历程

环境风险是指由自发的自然原因和人类活动引起的，通过环境介质传播的，能对人类社会及自然环境产生破坏、损害及至毁灭性作用等不幸事件发生的概率及其后果。环境风险评价兴起于 20 世纪 70 年代，国外开展的相对较早且比较普遍，尤其在美国。

1. 健康风险评价阶段

健康风险评价早在 20 世纪 30 年代就有了初级评估形式，但以 80 年代美国国家科学院和美国环保局的成果最为丰富，其中具有里程碑意义的文件是 1983 年美国国家科学院出版的红皮书《联邦政府的风险评价：管理程序》，提出风险评价"四步法"，即危害鉴别、剂量-效应关系评价、暴露评价和风险表征，并对各部分都做了明确的定义，风险评价的基本框架已经形成，其核心内容围绕人体健康与安全。80 年代末期，美国环保局制定和颁布了有关风险评价的一系列技术性文件、准则和指南，但大多仍然是人体健康风险评价方面，如致癌风险评价、致畸风险评价等指南，标志着风险评价的科学体系基本形成，并处于不断发展和完善的过程。

这一时期的环境风险评价从风险类型来说多为化学污染，风险受体为人体健康。评价方法已由定性分析转向定量评价，评价过程系统化。1985 年，世界银行环境和科学部颁布了关于"控制影响厂内外人员和环境重大危害事故"导则和指南。1987 年，欧盟立法规定，对有可能发生化学事故危险的工厂必须进行环境风险评价。1988 年，联合国环境规划署（UNEP）制订了阿佩尔计划（APELL），以应付那些令人难以防范而又可能对人类造成严重危害的环境污染事故。

2. 生态风险评价阶段

20 世纪 90 年代初，美国科学家 Joshua Lipton 等人提出风险的最终受体不仅是人类自己，还包括生态系统的各个水平。Barnthouse 等的评价框架是第一次尝试将人体健康评价框架改编成生态风险评价框架，体现了生态风险强调风险源识别、生态描述和评价终点的选择。1998 年，美国国家环保局正式颁布了《生态风险评价指南》，提出生态风险评价"三步法"，即问题形成、分析和风险表征，目前该方法已被广大研究者所接受。其他国家，如加拿大、英国、澳大利亚等国也在 90 年代中期提出并开展了生态风险评价的研究工作。生态风险评价的风险胁迫因子从单一的化学物质，扩展到多种化学物质及可能造成生态风险的事件，风险受体也从人体发展到种群、群落、生态系统及流域景观水平，比较完善的生态风险评价框架已初步形成。1992 年，美国环境保护署（US EPA）提议在风险因子中加入非化学胁迫因子，胁迫因子由化学物质发展到自然因子（如生境破坏、水土流失等）。我国生态风险评价的研究比较缓慢，目前还没有制定专门的生态风险评价技术性文件，仅对水环境生态风险评价和区域生态风险评价等领域的基础理论和技术方法进行相关研究。

当前有关生态风险评价的研究主要是评价污染物可能给生态系统及其组分带来的概率损失，各学者对生态风险评价也多以污染物作为主要的风险源。然而，环境中对生态

系统具有危害作用且具有不确定性的因素不仅仅只有污染物，各种非化学因子、生物因子及灾害（包括自然灾害和人为灾害）等，对人类生存和生态系统的结构和功能都存在极大的威胁，一旦发生必然会对生态系统造成损害，从而危及生态系统及其内部组分的安全和健康，因而它们也是生态系统的风险源。

美国学者 Barnthorse 将风险评价概括为以下步骤：选择终点；定性并定量描述风险源；鉴别和描述环境效应；采用适宜的环境迁移模型，评估生态风险暴露的模式；定量计算风险暴露水平与效应的相关性，综合以上得到最终的生态风险评价结果。殷浩文提出水环境生态风险评价的程序基本可分为五个部分，即源分析、受体分析、暴露分析、危害分析和风险表征。

3. 区域风险评价和风险整合阶段

人们对环境问题的关注已从单一污染物的研究转向复合污染的形成机理与防治研究，从点源污染控制转向区域环境控制与治理。如何开展多种胁迫因子同时存在条件下的区域风险评价已成为当前风险评价技术研究热点。区域风险评价的对象是基于大尺度的，根据不同的研究目标有不同的划分方式，可以采用行政区划，也可以自然流域集水区划分。20 世纪 90 年代后期的大尺度的生态风险评价多基于 EPA 的指导方针。ORNL 研究组对美国田纳西州 Clinch River 流域的生态风险评价研究说明流域和大尺度风险研究是可能的。在我国，区域生态风险评价被应用于辽河和黄河三角洲湿地区域生态风险评价中，以洪涝、干旱、风暴潮和油田污染事故（及黄河断流）为风险源，提出了风险值的计算方法，有效表征了生态风险。许学工等将区域生态风险评价的方法步骤概括为：研究区的界定与分析、受体分析、风险源分析、暴露与危害分析及风险综合评价等几个部分。

2002 年，US EPA 成立专门研究小组，组织专家建立复合污染（蓄积）风险评价框架。随着环境中检出化合物种类不断增多，对多种胁迫因子的效应关注程度不断增加，因此出现了健康风险评价和生态风险评价整合的思想。2004 年，几个国际组织（如 OECD）强烈要求将风险评价过程统一（或整合）起来，以便能够减少风险评价过程中测试动物的数量，并节省时间和花费。目前，关于风险整合，大多研究也只是提出了整合的理念和一些框架，但尚未提出定量化的方法。

从风险评价的发展历程和研究内容来看，环境风险评价包括健康风险评价和生态风险评价。环境健康风险评价是通过估算有害因子对人体发生不良影响的概率来评价暴露于该因子下的人体健康所受的影响，为有效控制有害因子的风险提供技术依据，同时也为确定有害因子主次和治理优先顺序提供科学依据。正确评价化学污染物对人类健康的影响，区别问题的轻重缓急，必须把决策过程建立在可靠的科学基础上。目前，国际上普遍采用美国科学院首次确立的风险评价基本方法，主要包括危害鉴定、剂量-反应评估、暴露评价、风险表征。但是，由于缺乏数据，很难取得连续的剂量-反应效应关系。由毒性实验或预测得到的有机毒物对生物体的毒性，最终也往往以危害分级的级数来表示。

生态风险评价是环境风险评价的重要组成部分，指一个或多个胁迫因子影响后，对不利的生态后果出现的可能性进行的评估。生态风险评价的目的在于评价污染物质或其他生态灾害中的个体或生物群落受到有害影响的可能性大小。一般包括受体分析、风险源分析、暴露和危害分析以及风险等级评价等程序。Suter 等科学家为生态风险评价的应用提供了全面的理论基础和技术框架。

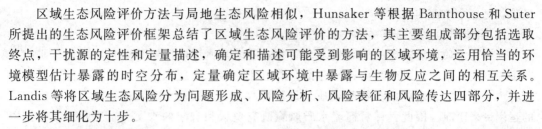

区域生态风险评价方法与局地生态风险相似，Hunsaker 等根据 Barnthouse 和 Suter 所提出的生态风险评价框架总结了区域生态风险评价的方法，其主要组成部分包括选取终点，干扰源的定性和定量描述，确定和描述可能受到影响的区域环境，运用恰当的环境模型估计暴露的时空分布，定量确定区域环境中暴露与生物反应之间的相互关系。Landis 等将区域生态风险分为问题形成、风险分析、风险表征和风险传达四部分，并进一步将其细化为十步。

目前，流域尺度上的风险评价已成为国内外研究的热点。与单一地点的风险评价相比，流域风险评价涉及的风险源以及评价受体等都具有空间异质性，即存在空间分异现象，这就使其更具复杂性。流域方法提倡使用流域边界、合作关系、利益群体的参与和坚实的科学基础来制定有效的管理决策。

6.3.1.2　评价类型

1. 水环境风险评价类型

（1）水环境健康风险评价研究

目前，国内外研究最多的是利用健康风险评价模型对单一或几种复合的污染物对人体健康所产生的风险进行确定性评价。这种方法可以确切地知道不同污染物对人体所产生危害的程度，可以为污染控制优先序提供依据，但是在外推到大尺度或复合污染层次上存在很大不确定性，而且未考虑污染对水生态系统产生的影响。目前，已有很多关于水源地、河流、湖泊等的污染物健康风险评价的报道和污染场地健康风险的报道。耿福明等对饮用水源水质健康危害的风险度进行了评价，应用化学致癌物、放射性污染物以及非治癌污染物所致的健康危害的风险度计算模型，对淮河流域下流的地下水水源的饮水途径健康风险做了评价，对污染物进行了治理的优先排序。目前，应用最为广泛的经典计算模式还有日慢性吸入量和毒性参考剂量，这需要毒理学家对具体的污染物进行深入的毒理效应研究，从而确定最小允许剂量和毒性系数。Kavcar 等评价了土耳其 Izmir 省的饮用水中的重金属通过饮用途径对人体健康的风险。然而，水环境健康风险评价包含了大量的不确定性因素，常规的确定性评价方法难以准确反映水环境健康的真实状态，并且关于水环境健康风险评价的研究多是针对不同水体单元中单一或多种污染物质，基于毒理数据，利用成熟的评价模型进行评价研究，还没有从流域水环境整体角度出发，无法考虑多风险源和多胁迫因子及其相互关系。

（2）水生态风险评价

化学物质污染会使水质恶化，进而造成水生态系统的损害。水环境风险的评价终点不应只有水质，还应包括水生态系统组分。生态风险可预测污染可能产生的对人及其他有机生命体的损害程度。Valiela 等在 Waquoit Bay Massachusetts 流域进行了氮的风险评价，说明单个因子也可以导致对整个生态系统的影响。在我国，关于水环境生态风险评价还处于起步阶段，从理论到技术都还要进行广泛和深入的研究。目前已开展的一些研究一般是基于生态风险评价的理论和框架，针对具体的污染物从水生态毒理的角度进行研究，大多还仅处于理论方法的探讨阶段。开展水环境生态风险评价能为现代化的水环境管理提供科学基础。但目前研究的理念其实与健康风险评价基本一致，依旧是根据毒理学实验结果，把对人体的危害扩展到对其他生物体的危害，需要大量的毒理实验，这种方法显然是无法应用在大尺度上的，外推仍然存在很大的不确定性，无法对大尺度的

风险状况有个全面的评判。

(3)水质风险评价研究

国内对水质风险问题的研究较多,研究对象多为典型河段或重要水体单元,研究内容多为突发性事故,采用灰色系统理论、模糊理论和随机理论进行风险分析但以随机理论为主。由于河流水体大多数都还缺乏足够的水文、水质和水力实测数据,给随机理论的运用带来困难。因此,针对河流水质风险研究现状和有限的水文、水质和水力数据资料,寻求新的水质风险评价理论方法将是今后水环境科学研究的一项重要内容。目前已有的水质风险研究主要是针对水质超标风险和水质风险评价方法的研究,主要是运用数学方法对水质超标风险进行计算。胡国华等提出了量化影响河流水质的随机不确定性与灰色不确定性的水质超标灰色-随机风险率概念,建立了水质超标灰色-随机风险率评价模型,并对嘉陵江的有机污染风险度和黄河花园口的重金属风险度做了评价。水质风险评价主要应用于河流或其他典型水体单元,从污染物的迁移转化角度,利用水质数学模型,进行水质超标的风险评价。评价中没有考虑水环境的水量和水生态两个方面,在应用到流域尺度时,无法真实反映流域水环境的综合风险状况。

2. 环境风险评价方法

(1)综合指数法

单因子(单一化合物)风险定量评价方法多采用商值法和暴露-效应法。单因子小尺度的评价方法在向大尺度多因子的外推过程中存在很多不确定性,已经不适于多风险源、多风险受体、复杂的流域尺度的风险评价。目前,许多研究均采用风险指数法来对风险进行分析和评价,该方法的不足是缺乏系统的、理论的指导,不便于推广。许多研究尝试建立综合指数的方法:付在毅、徐学工等针对黄河和辽河三角洲的主要生态风险源洪涝、干旱、风暴潮灾害、油田污染事故以及断流等概率进行了分级评价,提出了度量生态损失与生态风险的指标和公式,并结合 GIS 技术完成了区域生态风险综合评价。

(2)指标体系法

指标体系法在一定程度上可以满足大尺度风险评价,但指标的选取是关键问题,如何全面选取表达信息的指标有待进一步研究。衷平等建立了石羊河流域生态风险水资源短缺风险及土壤和植被破坏风险指标体系,采用主成分分析法和改进的灰色关联度法,确定出敏感性风险因子。

(3)统计模型法

1)概念模型

US EPA1998 年正式颁布了《生态风险评价指南》,提出生态风险评价"三步法",即问题形成、分析和风险表征(见图 6-2),同时要求在评价前制定总体规划以明确评价目的。随着风险评价尺度的扩大,传统的概念模型已经不能满足景观水平的涉及多风险源、多胁迫因子、多种风险影响的评价要求。

2)数学模型法

传统的数学模型方法用于大尺度评价的外推过程中存在很多问题,由于大规模实验的限制,通过小尺度实验所得的结论很难通过尺度推移而扩展到更大的范围上去。因而,基于小尺度实验数据的数学模型也很难解决流域尺度复杂的风险评价问题。

目前,大尺度的生态风险评价中应用最多的是基于因子权重法的相对风险评价方法。

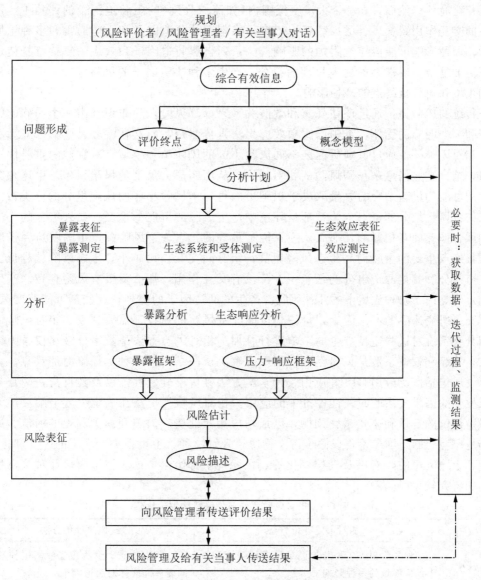

图6-2 美国生态风险评价流程(US EPA, 1998)

因子权重法被用于主观评价、定性评价和定量评价中，但多用于定性评价，定量评价较少。因子权重法的种类很多，包括综合定性法、专家打分法、公众打分法、半定量法打分、定性分级法等。因子权重法应用范围也很广，既可以单独用于回顾性评价、原因分析，也可以用于生态风险评价的整个过程。

3)相对风险模型

Landis等提出了大尺度相对风险评价模型框架。传统的风险评价方法主要是评估三种环境组分的交互作用：环境中的胁迫因子、生活在或使用这种环境的受体和受体对胁迫因子的响应。暴露和效应的测量和评估可以量化这些组分之间的交互作用程度。在单一污染地点，特别是只存在一个胁迫因子的情况下，暴露和效应评估与评价终点之间的

关系相对简单。然而，在一个大尺度范围内（如流域尺度）的多胁迫因子的评估中，可能存在的交互作用数量显著增加。产生于多种污染源的胁迫因子和受体通常和多种生境相联系，一种影响可能会导致附加的影响。一系列自然胁迫因子和效应的复杂背景使这一情况更加复杂。要求考虑更大尺度的组分：产生多种胁迫因子的风险源、生活着多种受体的生境和对评价终点的多种影响。

　　传统的风险评价通过评估暴露和效应关系来计算风险，除非识别出一个明确的胁迫因子和一个明确的受体，否则暴露和效应无法直接测定，而这在流域尺度上一般无法实现。相对风险评价通过识别研究区不同风险小区的风险源和生境，对它们的重要性进行分级，结合这些信息来预测风险的相对级别，从而实现大尺度的风险评价。由这种方法产生的可能的风险结合的数量取决于识别出的每一个风险小区的风险组分的分类数。识别出的各风险组分的每一个关系都是环境中产生风险的可能的途径。如果组分的一个特殊的联合彼此间互相影响，那么认为它们是重叠的。当一个风险源产生的胁迫因子影响对评价终点重要的生境时，生态风险就高；组分间交互作用越小，生态风险就越低。如果一个组分和其他两个组分的任意一个都没有交互作用，那么就没有风险存在。产生的影响可能是由于几种生境中的几种风险源产生的胁迫因子的叠加，这些都可能改变风险。为了充分研究风险的产生因素，每一个可能导致风险的途径都需要调查。相对风险评价利用分级系统对这些途径产生的影响进行叠加。相对风险方法是数字分级和权重因数的系统，等级和权重系数是无量纲的，该系统解决试图结合不同种类风险时的难点。它的主要发展包括广泛应用 GIS 和应用蒙特卡罗方法分析不确定性，以及其自身在确定某种结果发生的因果关系的回顾性评价中的应用。相对风险评价法在一定程度上解决了大尺度风险评价的定量和半定量化问题，已成功应用于北美、南美和澳大利亚的河流、海港和陆地环境。胁迫因子不再仅限于污染物质，入侵物种、生境损失、水流的改变和拦截、温度、土地利用的改变以及气候变化等，在评价中都给以考虑。在国内，针对该模型的应用和研究较少（见表 6-8）。

表 6-8　相对风险评价与传统风险评价比较

项目	相对风险评价方法	传统风险评价方法
组分	多种风险源、多种胁迫因子、多种生境和对评价终点的多种影响	单一污染物质、生活在或使用这种环境的受体和受体对胁迫因子的响应
形式	划分风险区域、划分不同风险源等级	暴露和效应的测量和评估
方法	数据收集和实验验证	小尺度实验
优点	考虑了大尺度上的空间差异性和胁迫因素的复杂性	直接单一
缺点	复杂关系定量化困难	无法真实反映复杂性

6.3.2　流域水环境风险评价理论基础与程序

　　流域水环境风险评价是对流域内多个风险因素的综合评价，得到流域水环境风险的综合风险值，并编制流域内的风险分布图，为流域水资源开发利用和制定安全法规提供科学依据。

6.3.2.1 流域水环境风险的理论基础

1. 流域水环境风险的概念和内涵

(1)水环境的概念

水环境是一个有机整体,包括水质、水量和水生态三个部分,它们之间相互联系、相互作用、相互影响。水质、水量和水生态可综合反映水环境状况,水环境与水质、水量紧密相关,水质的好坏,水量的多少,直接决定水生态系统的健康状况,水生态系统结构和功能的受损反过来影响水质,加剧水质的恶化。同时,水量与水质之间也存在着密切的相互影响关系,水量增加可提高水体的纳污能力和自净能力,从而有效维护水环境质量。

(2)流域水环境风险的概念和内涵

水环境风险是指河流、湖泊、河口、水库等各种水体环境质量遭受破坏的可能性。水环境风险可分为突发性和非突发性风险。突发性风险指环境中有毒有害物质突发性(或事故性)泄露排放至环境中导致环境质量超标。近年来,随着水环境污染的日趋严重,水环境风险问题也日益引起人们的关注。在水环境风险中,对突发性的水质风险问题的研究较早的引起了学者的重视。这类风险的发生往往是由于污染物质突发性或事故性泄露排放到水体所导致的水质超标现象,它具有突然性、巨大的破坏性以及难以预测性等特征。

非突发性风险是指基于环境中存在着大量的复杂因素,致使有毒有害物质即使是达标排放后仍然存在着对环境污染的可能性,其风险存在主要是由于人们在执行环境规划时,为了获得最佳的环境效益和经济效益,允许污染物排入水体。污染物与水体混合之后的浓度在一定程度上超过环境容量,只能通过充分利用水体环境的自净能力来减轻污染。而一旦水体受种种不确定性和非线性等复杂因素的影响时,其自净能力会发生变化,水体中污染物的浓度就有可能超过环境容量而造成污染的事故。因而非突发性风险具有潜伏性、长期性和复杂性等特征,同样也具有破坏性和难以预测性。

流域水环境风险是指在流域尺度上,综合考虑水质、水量和水生态三个方面,描述和评估环境污染、人为活动或自然灾害等引起的水环境变化对流域生态系统及其组分产生不利作用的可能性和大小的过程。水质风险是指各种工业污染废水的排放和生活污水的排放以及有毒有害物质的泄露等,各种污染物质的释放都存在着不确定性。水量风险是指对水资源的不合理开发,生产和生活用水挤占生态用水,资源型缺水更加无法满足生态需水量;水量是否短缺,短缺情况如何。简单来讲是受用水需求和供水两个因素影响决定的,由于径流、降雨等的随机性,供水和需水都存在不确定的因素。水生态风险是指水利工程的建设(水库大坝等)严重破坏了河流的连通性,造成河流改道、断流、渠道化,水生态系统结构和功能受损;生态用水的不足导致河口退化、湿地萎缩、生物多样性减少等。这三类风险最终作用于水生态系统,是水生态系统发生变化的诱因。

2. 流域水环境风险的特征

(1)复杂性和复合性

水环境风险往往是复合型的,单一的风险源、化学污染物的风险或局地风险,已无法用来表征整个流域的风险状态,要综合考虑研究区可能存在的、管理部门关注的多种

风险源、多种胁迫因子和多种评价终点，以及它们之间的相互作用关系。

(2)层次性和网络性

任何一个空间范围较大的水环境风险总可分解成若干空间范围较小的子系统，由此形成系统的层次结构。水环境风险是一个多层次的网络系统，由多级子系统组成。一个流域可以划分为许多小流域，小流域还可以划分城更小的流域，直到最小的支流或小溪为止，由此形成小流域的水环境风险系统，各支流水环境风险系统，上游、中游、下游水环境风险系统，全流域水环境风险系统等。

(3)累积效应

流域水环境风险的累积效应问题是累积效应问题的特殊类型，它是影响水环境风险的因子共同作用的结果，具有时间累积与空间累积的特征。流域水环境风险的变化是由流域开发的多个风险源的加和与交互，以及水环境系统本身的自因问题的累积方式而导致水环境的若干变化。它的累积影响源可以称为"外因源"和"内因源"。"外因源"就是区域开发的多个干扰源加和、交互、协同作用影响，或者说"外因源"就是指人类的开发活动的作用，如人类对水资源的开发利用以及人类的生产社会活动等。"内因源"是水环境系统本身由于环境、气候等问题累积与作用使自身出了问题，而造成水环境风险的累积效应。如水循环变异问题、酸雨问题等。在水环境风险累积效应的问题中，"外因源"和"内因源"是相互作用与相互影响的，一定程度上，"外因源"是"内因源"变化的根据。

(4)不确定性

流域水环境系统是一个充满不确定性因素的、变化复杂的大系统。首先，作为污染物载体的水流变化(水文过程)由于受气候、土壤、生物和人类活动的影响，是一个不确定性的随机过程；其次，进入水体的污染物成分和数量也是随时间和空间变化的不确定量；最后，由于水体的物理、化学、生物等不确定性因素的作用，导致污染物在水体中的稀释、扩散、分解和沉淀等活动既遵循固有的变化规律，又存在不确定性变异。其次，河流水环境系统中河水流量、流速、污染物浓度、污染物衰减系数等参量信息都存在着不确定性。因此，水环境系统是一个不确定的系统，需要采用不确定性方法来进行研究。

6.3.2.2 流域水环境风险评价程序

随着流域内社会经济的发展，人为活动干扰剧烈，复合型污染日趋严重，水质、水量和水生态之间相互联系、相互制约。本书将流域水环境风险评价过程具体分为九个步骤，即问题形成与描述、受体分析与评价终点的选取、风险源分析、风险小区划分、概念模型与分析计划、暴露-危害分析、风险表征、不确定性分析和风险管理。

1. 问题形成与描述

(1)研究区界定

首先，应界定流域水环境风险评价的研究区范围，研究区一般是在空间上伸展的非同质性的地理区。流域水环境风险评价一般指以流域单元整体为研究范围，研究流域内沿岸带和水体间的信息、能量、物质变动规律，可以从中、大尺度上对我国内陆水体及水生生物资源保护与合理利用决策提供依据，为流域社会经济可持续发展作贡献。在进行流域水环境风险评价之前，必须对研究区有所认识和了解。根据评价目的和可能的干扰及评价终点，恰当而准确地界定评价区域的边界范围和时间范围，并对流域中的自然、社会、经济和环境状况进行分析和研究。了解和掌握研究区的基本情况，是风险评价顺

利进行的基本保障，评价结果也才具有可信性。

(2)管理目标和风险分析目标

管理目标和风险分析目标的确定可以根据对研究区水环境状况的了解和政府部门管理需要而确定，但也受其他多种因素(如研究区自然、社会、经济条件)的限定和制约。流域水环境风险评价的目的在于对引起水环境风险的风险源及其所带来的风险充分识别与评价，划分不同的人类活动对于水生态系统的干扰程度与干扰方式，提高人类活动与流域水环境的相容性，并进行合理规划、整治与管理，以降低风险。

为了保障对流域水环境风险评价的科学性和有效性，在评价过程中，尽可能地吸收更多的利益团体如相关政府部门、专家以及研究区的公众参与，了解他们的要求和听取他们的建议，对诸多问题进行商讨。我们要充分了解流域内风险源、胁迫因子，以及研究区的水环境状况，研究途径主要包括：

①通过野外调查来增加对研究区的认识与了解；

②从各相关部门，以及网络和图书馆收集各种相关资料；

③使用数学方法来进行风险表征分析；

④定量分析研究区的水环境变化；

⑤通过风险分析，以及与当地居民、政府部门、企业、研究部门及其他关注本研究区的公众团体等进行相关讨论，形成一个综合风险管理计划。

2.受体分析与评价终点的选取

(1)受体分析

"受体"即风险承受者，在风险评价中指生态系统中可能受到来自风险源的不利作用的组成部分，它可以是生物体，也可以是非生物体。在进行流域尺度风险评价时，通常经过判断和分析，选取那些对风险因子的作用较为敏感或在生态系统中具有重要地位的生态系统类型或生境作为风险受体，用受体的风险来推断、分析或代替整个流域的风险。恰当地选取风险受体，可以在最大程度上反映整个流域的风险状况，又可达到简化分析和计算、便于理解和把握的目的。

(2)评价终点的选取

评价终点是与受体相关联的一个概念，指生态系统受危害和不确定性因素的作用而导致的结果，是需要保护的对象实际生态价值的外在表达。评价终点的选择对于风险评价结果的应用性和风险管理目标是否代表了生态系统的特征至关重要，评价终点亦即有价值资源和生态相关特征的综合。一般来说，评价终点的选择主要基于生态相关性，对胁迫因子(污染物)的易感性，以及与管理目标的相关性。评价终点在个体水平、种群水平、群落水平以及生态系统水平与景观水平确认。流域水环境风险评价中的评价终点是指在具有不确定性风险源的作用下，风险受体可能受到的损害，以及由此发生的水生态系统结构与功能的损伤。对于流域水环境风险评价，评价终点必须是具有生态学意义或社会意义的事件，它应具有清晰的、可操作的定义，便于预测和评价。这就要求评价终点是可以量度和观测的。

具体案例研究中，可根据管理目标和基础资料，经与流域管理者、相关专家、当地居民及其他利益群体进行讨论，确定研究区的评价终点。

3. 风险源分析

风险源分析是指对流域内可能对水生态系统或其组分产生不利作用的干扰进行识别、分析和度量。这一过程又可分为风险源识别和风险源描述两部分。根据评价的目的找出具有风险的因素，即进行风险识别。流域水环境风险评价所涉及的风险源主要是考虑人为干扰，当然也可以包括自然、社会、政治、文化等因素，只要它具有可能产生不利的生态影响并具有不确定性，即风险评价所应考虑的。流域尺度上的风险源通常作用于较大的范围，影响的时间尺度也较长。风险源分析还要对各种潜在风险源进行定性、定量和分布的分析，以便对各种风险源有更加深入的认识。这种分析一般根据流域已经完成或正在进行的项目监测资料和历史资料以及某一干扰发生的环境条件等因素进行。

结合研究区的水文、气象、环境污染等多方面的历史资料和统计数据，本研究主要选取人为风险源（不考虑突发事件和自然灾害），并分析其对受体的干扰和危害，根据实地考察和资料考证其发生的概率、强度及范围，忽略强度小、发生范围不大，对水生态系统影响较为轻微的次要风险源，从而进一步确定研究区的主要风险源（见表 6-9）。

表 6-9　流域水环境风险源与胁迫因子

胁迫因子	风险源
降低水质	
有毒的化学物质	灾难性的化学品泄漏、农业污染、城镇化、采矿业、点源污染、交通运输、大气沉降（湿沉降与降尘）
病原体	旅游业、城镇化、种植业、畜牧养殖业
营养物质	旅游业、城镇化、种植业、畜牧养殖业、大气沉降（湿沉降与降尘）
改变区域环境	
沉降	采矿业、水文变化、城镇化、种植业、交通运输、大气沉降（湿沉降与降尘）
区域内人为作用	旅游业、水文变化、城镇化、种植业、林业（采伐、垦复）、农林业新区域开发、采矿业
生物干扰	
外来生物入侵引发的竞争、传染	外来生物的自然入侵、人为引入（如景观改造、种植业、水产养殖、畜牧养殖业等）
对资源的过度利用	林业的过度采伐、农林业的开垦、过度的水产养殖、过度的捕获（野生动植物资源，含药材、观赏植物、野生鱼类、野生动物等）
突发性灾害	
洪水	洪水灾害
森林火灾	自然或人为、农业、林业、旅游业
突发事故	化学品泄漏

4. 风险小区划分

（1）划分原则

1）主导性原则

综合考虑影响流域水环境的各种因素，并找出主导因素，抓住问题的本质，以主导

因素作为分区的主要依据，其他因素作为辅助进行修正。

2）分异性

根据地形、地貌、植被等在空间上的差异及支流流域边界、土地利用类型、风险源区域及河流特征（过度筑坝或自由流动）等。

3）相似性

在一定尺度上，各种自然要素和人为活动表现出的区域内相似性和区际的差异性，根据其相似性和差异性进行概括和识别，进行区域的合并和分异。

4）可操作

分区结果应该能够充分利用原有的水文资料，并依据原有海河流域水资源分区。

（2）分区依据

根据不同的评价方法和数据的可获取性选择不同的分区依据。

1）行政区划

通常的评价考虑到数据来源的可靠性一般按行政分区划分。但从生态系统和流域的角度来看，行政分区并不是最理想的。

2）水资源分区

依据流域已有的水资源分区，数据获取性较高。

3）流域分区

充分考虑土地利用类型、生态系统类型及流域内各个支流的集水区进行分区。

5. 概念模型与分析计划

（1）概念模型

概念模型是描述人类活动（风险源）、胁迫因子（在自然界中，可能是物理的、化学的或生物的）与评价终点之间的关系。概念模型在基于生态学经验和丰富专业判断的基础上，能够对人类活动对有价值的生态资源（评价终点）进行预报或风险假设。概念模型揭示和描述大部分可能的风险源和胁迫因子以及这些风险源和胁迫因子产生的可能的生态影响（见图 6-3）。为方便研究也可以仅考虑对水环境影响关系最为密切和最重要的方面，这需要结合研究区水资源开发与利用的需要进行选择。概念模型在实际运用中简单明了，易于理解与掌握，并且容易推测未知的一些数据，便于风险分析。

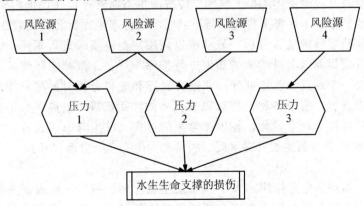

图 6-3　流域水环境风险评价的概念模型

（2）分析计划

风险分析的目的就是在基于可利用数据获取有效的统计学支持，利用收集的多年有关研究区的数据，按照概念模型中描述的关系形成最基本的假设。在流域开发活动过程中，必然伴随着人为活动对水生态环境产生各种不同的影响，正确认识、对待、处理这些问题是实现流域水环境可持续发展的重要前提和基本保证。本节将从影响水质、水量和水生态系统结构和功能变化的几个主要方面进行风险评价和预测。

由于流域内各水系所处环境的地貌结构、水文特征、气候条件、生物资源和人文活动等各方面因素往往较为复杂；同时，水环境存在很大的时空分异特征，在其演变过程中也必然会受到错综复杂的内外因素影响。总的分析框架是首先要明确各种压力，然后分析研究区内各种人类活动与水环境变化的联系，以便于揭示具体的风险源、各胁迫因子与评价终点之间的关系。

分析阶段的目的就是为了更好地了解以下两个方面的内容：①流域水环境暴露在一系列强人类活动下所面临的风险强度；②可能产生效应或结果。流域水环境风险评价的复杂性主要体现在多种风险源同时作用，并且影响评价终点作用的方式也不同，会导致更大的不确定性，可能会出现风险低估。更为困难的是，对于复杂的流域尺度的风险评价，还比较缺乏较好的数据支持，这一点在暴露-危害分析中要充分考虑。对于在这样大的一个范围内对多风险源、多胁迫因子及所观测到的生态效应的综合评价也存在技术上的问题，目前还没有完全可循的技术路线，尤其在我国更是如此。流域尺度的风险评价需要的数据量非常大，但很多数据无法获取到，这可能需要综合到生态系统或景观的层次上，我们要对这种复杂系统进行风险评价的方法与途径进行探索。

6. 暴露-危害分析

"暴露分析"是研究各风险源在评价区域中的分布、流动及其与风险受体之间的接触暴露关系。例如，在水生生态系统的风险评价中，暴露分析就是研究污染物进入水体后的迁移、转化过程，方法一般用数学或物理模型。流域水环境风险评价的暴露分析相对较难进行，因为风险源与受体都具有空间分异的特点，不同种类和级别的影响会复合叠加，从而使风险源与风险受体之间的关系更加复杂。

"危害分析"是和暴露分析相关联的，它是风险评价的重要部分，其目的是确定风险源对水生态系统及其风险受体的损害程度。传统的生态风险评价在评价污染物的排放时，多采用毒理实验外推技术，将实验结果与环境监测结合起来评价污染物对生物体的危害。而流域水环境风险评价的危害分析，显然难以只用实验室实验进行观测，而应结合长期的野外观测，并应用其他学科的相关知识进行推测与评估。流域水环境风险评价中的暴露和危害分析是一个难点和重点部分，在进行暴露和危害分析时要尽可能地利用一切有关的信息和数据资料，明晰各种干扰对风险受体的作用机理，提高评价的准确性。危害分析的结果要尽可能达到定量化，各种风险源的危害之间要具有可比性。流域水环境风险评价中，暴露-危害分析主要针对水质、水量和水生态三个方面展开。

7. 风险表征

风险表征，即评估危害作用的大小以及发生概率的过程。风险表征是前述各评价部分的综合阶段，它将暴露分析和危害分析的结果有机结合起来，并考虑综合效应，得出流域内不同主体的综合风险值的大小，从而为流域水环境风险管理提供理论依据。

目前，风险表征主要有两种分析模型：综合指标评价模型和相对风险模型（RRM）。RRM 在大尺度的风险分析上已得到多次应用。本书尝试将这两种模型应用到不同尺度的流域水环境风险评价中，具体方法和步骤在案例研究中详细论述。另外，在流域水环境风险评价的过程中，要充分发挥地理学空间分析的特长，运用遥感、地理信息系统等先进的技术手段，实现评价结果的定性、定量和可视化。

8. 不确定性分析

风险评价还应包括评价中的不确定性因素等方面的说明。不确定性是风险的重要特性，风险评价与其他生态影响评价的重要区别就是其在整个评价的过程中考虑了不确定性的存在及其影响。在风险评价中许多因素都存在着不确定性，对风险不确定性进行分析就是要知道风险产生的可能性有多大、是否会发生以及度量风险的大小，确定此风险危害程度的高低，进而预测未来生态环境演化规律，并做出抵御风险的准备，保证经济活动的安全和决策的有效、准确。在流域水环境风险评价中，最主要的不确定性是由于对水生态系统的功能缺乏了解，不能明确水生态系统中时空因子的相互关系等。通过分类技术得到的各类生境的面积、空间尺度和空间异质性都具有一定不确定性。此外，压力的响应和影响以及不同风险源的累积效应也是实际评价中不确定性的重要来源。对风险进行不确定性分析可用定量与定性分析法相结合进行，应用定量的分析工具并通过专家判断的定性法调整，能够快捷、准确地得到分析结果。当前应用较为广泛的定量分析方法应属蒙特卡罗模拟法。

蒙特卡罗模拟法又称随机模拟法，它是计算机模拟的基础。其名字来源于摩纳哥的蒙特卡罗，最早起源于法国科学家普丰在 1777 年提出的一种计算圆周率的方法——随机投针法，即著名的普丰随机投针问题。当系统中各个单元的可靠性特征量已知，但系统的可靠性过于复杂，难以建立可靠性预计的精确数学模型或模型太复杂而不便应用时，则可用随机模拟法近似计算出系统可靠性的预计值。该方法的基本思路是从不同变量的分布中随机抽样，由这些随机抽样的值产生模拟的系统值，重复上述过程成百上千甚至数万次就会产生一系统损耗值的分布，可以作为实际系统性能的指示，重复次数越多，模拟结果与实际情况越相近。蒙特卡罗模拟法的计算精度与抽样点数成正比，即需要较大的计算量才能达到较高的计算精度，通过计算机编程很容易实现。蒙特卡罗模拟是在确定的分布里提取随机变量，变量的随机提取考虑到了重复的计算，如现在把它应用到风险预测模型的重复计算，每一次产生的随机数输入风险预测模型中都有一个计算结果，然后可以把它们进行平均。这些随机变数的计算结果的平均数不仅考虑到了所用变量的平均值，而且也考虑了这些随机变量的分布和方差。成百上千次的蒙特卡罗模拟其计算结果往往会产生一个近似正态的分布，其均值往往接近于风险预测值。在用传统方法难以解决的问题中，有很大的一部分可以用概率模型进行描述。由于这类模型含有不确定的随机因素，分析起来通常比确定性的模型困难。有的模型难以作定量分析，得不到解析的结果，或者是虽有解析的结果，但计算代价太大以至不能使用。在这种情况下，采用蒙特卡罗方法是一个不错的选择。

9. 风险管理

风险管理是流域水环境风险评价的一个必要步骤，它是对风险评价的结果采取对策与行动，是一个决策过程。在具体的风险评价过程中，依据风险表征的结果，提出合理

的风险管理措施，通过风险管理，实现研究区风险的最小化。风险管理是风险评价的目标，风险管理者根据评价的结果，确定自己的管理目标和计划，对流域水环境系统中的风险问题加以控制，降低或消除各种风险带来的各种生态负效应。同时采取一系列积极、有效的措施对危害受体加以保护，使其最大可能地避免受风险源的危害(见图6-4)。

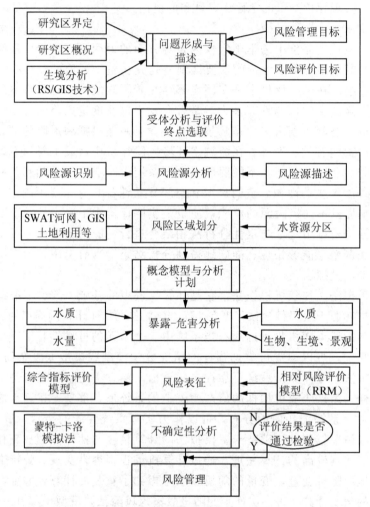

图 6-4　流域水环境风险评价程序

6.3.3　大尺度水环境风险评价模型

6.3.3.1　综合指标模型

1. 评价概念模型

以往的风险评价大多关注水环境的某一方面，主要是水质方面，缺乏对水环境系统整体的考虑，导致所建立的评价指标体系具有片面性，不能较好地反映水环境风险作用的因果关系机理。且这些研究大多是针对某种污染物或污染场地的风险进行评价，一般都是从中小尺度出发，大尺度的评价研究尚很缺乏，评价理论和方法也正处于探索阶段。

基于前面提出的流域水环境风险的概念，建立流域水环境风险理论概念模型，如

图 6-5 所示。

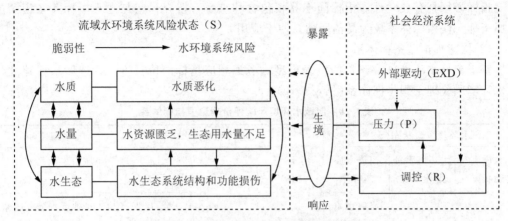

图 6-5　流域水环境风险理论概念模型

2. 理论型指标体系

决定采用哪些评价因素指标，如何从基础资料中提取这些评价指标数据，采用何种方式将这些定性或者半定量的指标数据转化为评价所需的量化数值，是进行风险评价必不可少的一项重要工作。在回顾和总结评价指标选取的意义和基本原则的基础上，阐述影响研究区水环境系统安全性和导致水环境风险发生的主要因素，提出流域水环境风险评价理论型指标体系。

（1）指标选取的原则

在确定流域尺度风险评价的指标体系时，应从生态评价学的角度出发，尽可能全面地考虑控制和影响风险发生的因素，同时尽量使各个因素之间相互独立，并分清主要因素和诱发因素，敏感性因子和先决性因子。具体地讲，在选取风险评价指标时应该尽量遵循以下几个基本原则。

①相关性

同被评价区存在的水生态环境问题、水环境管理与生态环节保护目标密切相关，一个指标是否适用在很大程度上取决于其使用目的；对不同流域的评价常需要采用不同的评价指标体系。

②完备性

指标体系要综合考虑影响流域水环境水质、水量和水生态的各方面因素，将评价指标和评价目标有机地联系起来，形成一个层次分明的整体。

③可获取性

指标数据容易通过环境监测、相关统计资料或者评价者统计分析获取，数据获取成本低，数据质量可靠。

④灵敏性

在空间上，指标能够分辨不同评价区的水环境某一特征上的差异；在时间上，能够给流域水环境风险某一方面的变化提供及时的预警及诊断，指标数据需要具备一定的变异性。

⑤独立性

指标必须具有独立性，指标间不互相包含和重叠，摒弃一些与主要指标关系密切的从属指标，使指标体系较为简洁明晰，便于应用。

(2)构建理论型指标体系

基于流域水环境风险评价的概念模型，考虑相应指标的统计方式，选取指标建立流域水环境风险理论型指标体系(见表6-10)。

表6-10 流域水环境风险评价理论型指标体系

水环境风险状态(S)			水环境压力(P)			水调控(R)
水质风险状态	水环境质量恶化状况	河流水质超标率	水环境污染	点源	工业废水排放量	城市生活污水集中处理率
		河口水质超标率			万元工业产值污水排放量	工业废水排放达标率 水污染治理投资
		地下水质超标率			城镇生活污水排放量	
					人均废污水排放量	
					入河排污量	
					废污水入河系数	
				面源污染强度	化肥施用量	
					畜禽养殖粪便排放量 农村生活污水排放量	
					面源污染COD\N\P\氨氮入河量	
水量风险状态	水资源短缺	人均水资源量紧缺程度	水资源不合理利用	水资源条件	人均水资源量	城市生活污水回用率
		生态需水量满足程度			天然年径流量	工业重复用水率
					降水入渗补给系数	农业节水灌溉面积比例
					地表水资源量	单位工业增加值用水量

续表

水环境风险状态（S）			水环境压力（P）			水调控（R）
水质风险状态	水环境质量恶化状况	河流水质超标率	水环境污染	点源	工业废水排放量	城市生活污水集中处理率
				供水潜力	地下水资源量	
					地下水可开采系数	
					产水模数	
					降水量	
					水资源开发利用程度	
					地下水开采量	
					地下水开采率	
					大型水库数量	
					蓄水工程供水比例	
					工业万元产值用水量	
					农业用水综合定额	
					人均用水量	
				用水能力	生态用水满足率	
					万元GDP用水量	
					人均用水量	
					亩均用水量	
水生态风险状态	水生态受干扰程度	河道断流长度和天数	水生态干扰和破坏	生境干扰	水土流失面积比例	生态恢复措施
		地下水漏斗区面积比例			易涝地面积比例	生境恢复
		湿地面积比例			湿地萎缩率	物种保护
		生物多样性指数		地质	地下漏斗中心水位埋深	
		濒危物种比例			超采面积比例	

水环境风险状态(S)			水环境压力(P)			水调控(R)
水质风险状态	水环境质量恶化状况	河流水质超标率	水环境污染	点源	工业废水排放量	城市生活污水集中处理率
				生物	浮游植物生物多样性 浮游动物生物多样性 底栖动物多样性	
				景观	景观破碎度	
社会经济系统	外部驱动	工业总产值、农业总产值、人均 GDP、人口密度、城市化水平				

3. 构建模糊综合评价模型

(1)模糊优选评价模型

设多目标决策问题的方案集为 $D=(D_1,D_2,\cdots,D_n)$，目标集为 $G=(G_1,G_2,\cdots,G_m)$，方案 D_i 对指标 G_j 的属性值记为 $X_{ij}(i=1,2,\cdots,n;j=1,2,\cdots,m)$，矩阵 $\boldsymbol{X}=(x_{ij})_{n\times m}$ 表示 m 个目标对 n 个决策评价的目标特征值矩阵：

$$\boldsymbol{X}=\begin{bmatrix} x_{11} & x_{12} & \cdots & x_{1n} \\ x_{21} & x_{22} & \cdots & x_{2n} \\ \vdots & \vdots & \cdots & \vdots \\ x_{m1} & x_{m2} & \cdots & x_{m3} \end{bmatrix}=x_{ij} \tag{6-1}$$

将矩阵(6-1)中的特征指标值转化为相应的指标相对隶属度。

对越大越优型指标，其隶属度构造为

$$r_{ij}=\frac{x_{ij}-x_i^{\min}}{x_i^{\max}-x_i^{\min}} \tag{6-2}$$

对越小越优型指标，其隶属度构造为

$$r_{ij}=\frac{x_i^{\max}-x_{ij}}{x_i^{\max}-x_i^{\min}} \tag{6-3}$$

于是，可以将矩阵(6-1)目标值转化为指标隶属度矩阵，即

$$\boldsymbol{R}=\begin{bmatrix} r_{11} & r_{12} & \cdots & r_{1n} \\ r_{21} & r_{22} & \cdots & r_{2n} \\ \vdots & \vdots & \cdots & \vdots \\ r_{m1} & r_{m2} & \cdots & r_{mn} \end{bmatrix} \tag{6-4}$$

若将矩阵(6-4)中每一行的最大值抽出，并称

$$r_g=(r_{g1},r_{g2},\cdots,r_{gm})=(\max r_{1i},\max r_{2i},\cdots,\max r_{mi})=(1,1,\cdots,1) \tag{6-5}$$

为理想的优等方案；若将矩阵(6-4)中每一行的最小值抽出，并称

$$r_b=(r_{b1},r_{b2},\cdots,r_{bm})=(\min r_{1i},\min r_{2i},\cdots,\min r_{mi})=(0,0,\cdots,0) \tag{6-6}$$

为理想的劣等方案。则任一方案 j 都以一定的隶属度 u_{gi}，u_{bj} 隶属于优等方案 r_g 和

劣等方案 r_b。称 u_{gi}，u_{bj} 是方案的优属度和劣属度，可以构成最优模糊划分矩阵：

$$U = \begin{bmatrix} u_{g1} & u_{g2} & \cdots & u_{gn} \\ u_{b1} & u_{b2} & \cdots & u_{bn} \end{bmatrix}_{2 \times n} \tag{6-7}$$

上式满足 $0 \leqslant u_{gi} \leqslant 1$，$0 \leqslant u_{bj} \leqslant 1$，$u_{gi} + u_{bj} = 1$，$j = 1, 2, \cdots, n$。

设评价指标的加权向量为 $\boldsymbol{\lambda} = (\lambda_1, \lambda_2, \cdots, \lambda_m)^{\mathrm{T}}$，$\sum \lambda_i = 1$。为了了解求解方案 j 对优等方案的相对隶属度 u_{gi} 的最优值，建立如下的优化准则：方案 j 的欧氏加权距优距离平方与欧氏加权距劣距离平方之总和为最小，即目标函数为

$$\min\left\{ F = u_{gi}^2 \sum [\lambda_i (r_{ij} - r_{gj})]^2 + (1 - u_{gj})^2 \sum [\lambda_i (r_{ij} - r_{bj})]^2 \right\} \tag{6-8}$$

其中，方案 j 的欧氏加权距优距离为

$$S_{gj} = u_{gj} \sqrt{\sum_{i=1}^{m} [\lambda_i (r_{gj} - r_{ij})]^2} \tag{6-9}$$

方案 j 的欧氏加权距劣距离为

$$S_{bj} = u_{bj} \sqrt{\sum_{i=1}^{m} [\lambda_i (r_{ij} - r_{bj})]^2}，\ 其中 u_{bj} = 1 - u_{gj} \tag{6-10}$$

求目标函数(6-8)的导数，且另导数为 0，得

$$
\begin{aligned}
u_{gj} &= \sum_{i=1}^{m} [\lambda_i (r_{ij} - r_{bj})]^2 \Big/ \left\{ \sum_{i=1}^{m} [\lambda_i (r_{ij} - r_{bj})]^2 + \sum_{i=1}^{m} [\lambda_i (r_{gj} - r_{ij})]^2 \right\} \\
&= \left\{ 1 + \left[\sum_{i=1}^{m} [\lambda_i (1 - r_{ij})]^2 \right] \Big/ \sum_{i=1}^{m} (\lambda_i r_{ij})^2 \right\}^{-1}
\end{aligned} \tag{6-11}
$$

上式便是多目标模糊优选模型，其中 u_{gj} 为决策优属度。

(2)多目标系统模糊优选方法

设系统共分解为 H 层，最高层为 H。若第一层(最底层)有 m 个并列单元系统，由于决策系统分为 m 个子系统，可根据式(6-11)得模糊矩阵：

$$\boldsymbol{U} = \begin{bmatrix} {}_1u_{g1} & {}_1u_{g2} & \cdots & {}_1u_{gn} \\ {}_2u_{g1} & {}_2u_{g2} & \cdots & {}_2u_{gn} \\ \vdots & \vdots & & \vdots \\ {}_mu_{g1} & {}_mu_{g2} & \cdots & {}_mu_{gn} \end{bmatrix} \tag{6-12}$$

显然，这一矩阵与矩阵(6-4)相当，令 ${}_iu_{gi} = r_{ij}$，便得到决策层次 1 的模糊矩阵，即

$$\boldsymbol{R} = \begin{bmatrix} r_{11} & r_{12} & \cdots & r_{1n} \\ r_{21} & r_{22} & \cdots & r_{2n} \\ \vdots & \vdots & & \vdots \\ r_{m1} & r_{m2} & \cdots & r_{mn} \end{bmatrix} \tag{6-13}$$

设 m 个子系统的全向量为 $\boldsymbol{\lambda} = (\lambda_1, \lambda_2, \cdots, \lambda_m)^{\mathrm{T}}$，根据式(6-11)可解得系统 n 个方案的决策优属度。上面求出的决策优属度可以作为层次 2 中单元系统的计算。如此从底层向高层进行模糊优选的计算，直至最高层次。由于最高层次中只有一个单元系统，可得到最高层 H 单元系统的输出——决策或方案 j 的优属度向量：

$$u_j = (u_1, u_2, \cdots, u_n) \tag{6-14}$$

求得式(6-12)后按方案优属度从大到小可以选择多层次系统的满意决策与决策的满意

排序。

通过比较分析各种评价方法的优缺点，结合所建立的流域水环境风险评价指标体系定量指标多的特点，提出利用多层次模糊优选模型的方法，建立流域水环境风险评价的模糊优选评价模型，对不同区域进行合理性评价，引入相对隶属度，在一定程度上减少了隶属函数的"主观任意性"，使各方案隶属于优等方案的隶属度的最优值在较大范围内变化，避免了模糊综合评判法导致的"最终排序优劣间的差异趋于均化"的缺陷。

6.3.3.2　相对风险模型(RRM 模型)

流域水环境风险由于所涉及的风险源数据广泛、风险暴露途径繁杂、压力指标不易量化，而使得其风险评价存在一定的难度。相对风险模型为解决这一问题提供了新的思路。

1. 模型构建

Landis 和 Wiegers 提出了大尺度风险评价的相对风险评价模型(RRM)框架，这是一种复合压力风险评价模型，RRM 采用分级系统对研究区内的各类风险源及生境进行等级评定，通过分析风险源、生境和评价终点的相互作用关系，实现了研究区风险的定量化。

RRM 模型得到的风险关系是一种相对风险关系，可用于研究区内不同评价小区间风险程度的比较。本书将 RRM 模型应用于流域水环境风险评价中，在表征水环境压力与评价终点之间的暴露和响应时，引入了风险源"相对强度""压力密度"和"生境丰度"的概念，以加强 RRM 模型的准确性，实现研究内不同评价小区间风险程度的比较，使原来离散的分段赋值变为连续的等级划分，使风险差异更接近实际情况，并加入"生境-终点"暴露系数，减少 RRM 模型评价的不确定性。

相对风险的一个主要优势就在于它本质简单，但需要一些前提假设；另一种优势在于其和基于规律形成的方法原理一致，这些规律源于实际的数据，而这些数据可能产生更为连贯和准确的预测。但就目前的研究实例来看，相对风险评价模型还存在不足，在这个模型中，风险结果本身并没有实际意义，除非将这个结果与其他风险进行比较；各类评价终点的相对风险是按照相对严重程度区分优先顺序的；而且目前相对风险评价模型对不确定性的分析还不够严密。另一个缺陷是在没有确定可能产生的风险的情况下完全依赖等级划分系统。

2. 评价假设

对于流域水环境风险评价，其风险分析阶段需要解决的问题是如何对各类风险源、胁迫因子、生境和评价终点的暴露和响应进行度量，以此为模型的进一步应用奠定基础。为此，采用相对风险模型思想，引入风险源"相对强度""压力密度"和"生境丰度"的概念。通过计算研究区各类压力源的相对压力强度和各类生境的相对丰度，实现水环境所面临的压力与评估的评价终点之间的暴露和响应的定量化。因为研究区太大，RRM 模型需要进行修正，风险表征阶段在已有的暴露和响应系数的基础上，加入"终点和生境"之间的暴露系数进行模型修正，以减少模型的不确定性。

风险表征阶段在 RRM 模型基础上提出以下 4 个基本假设：

①风险源强度与其释放胁迫因子的可能性呈正相关。

②暴露可能性大小和生境丰度呈正相关。

③就某类生境而言，其生境丰度越小，其潜在的风险就越大。

④为便于复合风险压力的累积，作用于评价终点的多个风险压力可以进行累加。

3. 基本公式

按照 RRM 模型的 4 个基本假设，对任意评价小区，RRM 模型通过综合计算区域风险源的压力密度和等级、生境丰度和等级、暴露系数和响应系数之积，累计计算区域的相对风险。故风险计算公式采用下式计算：

$$RS = \sum \left(RI_j \times R_{ij} \times \frac{1}{R_{il}} \times SSH_{ijl} \times EH_{iel} \times SE \right) \tag{6-15}$$

在上式基础上，针对不同主体的风险评价，计算公式可细化为如下。

(1)针对不同胁迫因子的相对风险评价

$$RS_s = \sum \left(RI_j \times R_{ij} \times \frac{1}{R_{il}} \times SSH_{ijl} \times EH_{iel} \times SE \right) \tag{6-16}$$

(2)针对不同风险源类型的相对风险评价

$$RS_j = \sum \left(RI_j \times R_{ij} \times \frac{1}{R_{il}} \times SSH_{ijl} \times EH_{iel} \times SE \right) \tag{6-17}$$

(3)针对不同生境的相对风险评价

$$RS_l = \sum \left(RI_j \times R_{ij} \times \frac{1}{R_{il}} \times SSH_{ijl} \times EH_{iel} \times SE \right) \tag{6-18}$$

(4)针对不同终点的相对风险评价

$$RS_e = \sum \left(RI_j \times R_{ij} \times \frac{1}{R_{il}} \times SSH_{ijl} \times EH_{iel} \times SE \right) \tag{6-19}$$

(5)针对不同风险小区的相对风险评价

$$RS_i = \sum \left(RI_j \times R_{ij} \times \frac{1}{R_{il}} \times SSH_{ijl} \times EH_{iel} \times SE \right) \tag{6-20}$$

在上述各式中，RS 表示相对风险值，i 是风险小区的标号，j 是风险源的标号，l 是生境的标号，e 是终点的标号，RI_j 为风险源的相对强度，R_{ij} 为风险源的等级，R_{il} 为生境的等级，SSH_{ijl} 为风险源-胁迫因子-生境的暴露系数，EH_{iel} 为终点-生境的暴露系数，SE 为胁迫因子-终点的响应系数。利用上述公式，对于不同的评价目的，应用不同的公式进行求和计算，就可以得到针对不同主体的风险评价结果。

6.4　案例研究——海河流域典型河口生态系统重金属污染特征和评价

6.4.1　研究区概况

海河流域包括滦河、海河北系、海河南系、徒骇马颊河四大水系，自南向北包括滦河河口、冀东沿海诸河河口、永定新河河口、海河河口、独流减河河口、子牙新河河口、漳卫新河河口、徒骇马颊河河口等 12 个河口。海河流域诸多水系、河流中，滦河流域相对受人类活动干扰较小，是北京、天津，乃至整个华北的生态屏障，同时也是大型城市天津与唐山的主要水源地。滦河于唐山市乐亭县入海，人为干扰较小，由于上游河流带来的泥沙不断在河口淤积，形成面积 69 km² 的河口湿地，主要特点是地势平坦，无岩礁，以砂和泥沙组成。海河于天津市入海，人口密度大，工业较为发达，污染严重，且

上建有防潮闸，使得海河干流在大多数时间起着河道式水库的作用，常年无基流，水资源短缺问题也非常严重。漳卫新河是海河南系重要的入海尾闾河道，负责漳河、卫河的行洪排涝，于山东省无棣县大口河入海，由于海水的潮汐作用，形成了一座贝壳堤岛，并且在2006年成为国家湿地系统自然保护区，但是根据海河流域2010年水资源质量公报，漳卫新河各监测点多为Ⅴ类或劣Ⅴ类水质，对其河口也有一定的影响。

6.4.2 样点布设及样品前处理方法

1. 样点布设

以滦河河口、海河河口、漳卫新河河口为海河流域典型河口，具体采样点见图6-6。

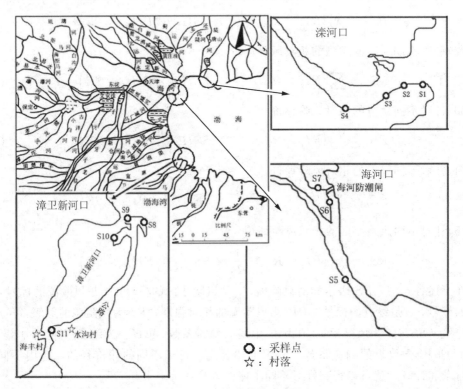

图6-6 研究区采样点分布图

2. 水体样品采集及各指标测定方法

溶解氧、pH、盐度均在采样现场测定。用有机玻璃采水器取得水样后现场经过0.45 μm玻璃纤维滤膜现场过滤，装入1 L聚四氟乙烯塑料瓶中，然后加入浓硝酸酸化，将pH调至2以下，密封保存，运回实验室后4℃保存，用于As、Cd、Co、Cr、Cu、Hg、Mn、Ni、Pb、Zn 10种重金属以及总氮（TN）、总磷（TP）、氨氮（NH_4^+）的测定。用采水器定量采集1L水样装入磨口玻璃瓶中，用于分析水中的石油类。

3. 沉积物样品采集及各指标测定方法

用不锈钢抓斗式采样器在每个采样点分别采取3份表层沉积物，混匀后装入已编码的聚乙烯自封袋中，带回实验室，常温晾干。除去枯枝碎石等杂物后用研钵研磨后过200目筛，装入聚四氟乙烯样品袋常温保存，用于检测As、Cd、Co、Cr、Cu、Hg、Mn、Ni、

Pb、Zn 10 种重金属以及总磷、总氮、硝酸盐、磷酸盐。

6.4.3 重金属生态风险评价方法

1. 水体重金属生态风险评价方法

应用综合污染指数法对水体中重金属污染做出评价。评价标准主要依据国家海水水质(GB 3097—1997)中的 1 类标准,但是标准中只有 Hg、Cd、Pb、Cr、As、Cu、Zn、Ni 8 种重金属的标准,根据各种重金属毒性系数间的关系推出 Co 的评价标准为 0.005 mg/L,Mn 的评价标准为 0.05 mg/L。

单种重金属污染指数小于 1 为低污染,1~3 为中度污染,3~6 为重度污染,大于 6 为高度污染;总污染指数小于 n(评价因子个数)为低污染水平,综合污染指数在 n 和 $2n$ 之间为中度污染,综合指数为 $2n$~$4n$ 为重度污染,大于 $4n$ 为高度污染。

2. 沉积物中重金属生态风险评价方法

应用综合污染指数法对各采样点沉积物中 As、Co、Cu、Mn、Ni、Pb、Cd、Cr、Hg、Zn 10 种重金属进行评价。沉积物重金属综合污染指数评价中的评价标准有多种,应用较多的是各种重金属在不同地区土壤背景值作为评价标准。由于研究区位于河口,因此选用河口地区与生物效应相关的标准进行评价。Long 等在对河口生态系统沉积物中重金属和生物效应浓度之间的关系进行广泛总数研究的基础上确定了 9 种重金属的低效应阈值浓度(Effects Rang Low,ERL)和中等效应阈值浓度(Effects Range Media,ERM),低于 ERL 表示重金属对生物的产生负面效应的概率小于 15%,低于 ERM 则表示重金属对生物产生负面效应的概率小于 50%。选择低效应浓度值作为评价标准,并根据各种重金属对生物的毒性效应推断出 Co 和 Mn 的 *ERL* 值,具体见表 6-11。沉积物中参加评价的重金属的评价因子为 10,因此,综合污染指数小于 10 表示低污染水平,10~20 表示中污染水平,20~40 表示重污染水平,大于 40 表示高污染水平。

表 6-11 河口沉积物中重金属污的低效应浓度 单位:μg/g

重金属	As	Cd	Co	Cr	Cu	Hg	Mn	Ni	Pb	Zn
ERL	8.2	1.2	33.9	81.0	34.0	0.15	81.0	20.9	46.7	150.0

6.4.4 结论

Cd、Cr、Hg 在 5 月、8 月、11 月所有采样点均未检出,5 月水体受 Pb 污染严重,8 月受 Zn 污染较重,10 种重金属在各采样点无明显的空间分布特征。综合污染指数评价结果显示,8 月、11 月各采样点均处于重金属低污染水平,5 月处于中度污染水平;具体分析污染因子认为各河口在春季均受到 Pb 的严重污染,海河河口在夏季 Zn 为中度污染。此外,S4 的 Mn 在 5 月、8 月、11 月均达到中度污染水平(见图 6-7)。

沉积物中 10 种重金属在各采样点均有检出,浓度与国内外其他的比较处于中等污染水平。从各河口的空间分布来看,10 种重金属均在海河河口污染最为严重,同时 As 和 Mn 在漳卫新河口的污染也比较突出。从各河口采样点相对上下游关系来看,各种重金属的浓度均在最下采样点最低,其中 As、Co、Cu、Hg、Ni、Pb、Zn 在滦河河口表现出自

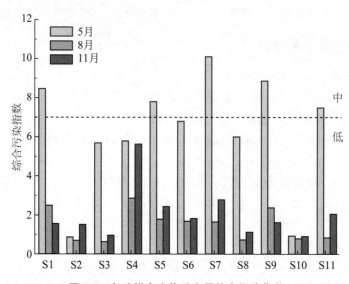

图 6-7　各采样点水体重金属综合污染指数

下而上浓度升高的趋势。从综合污染指数来看，人为干扰较少的河口（滦河河口与漳卫新河河口）表现为 5 月显著低于 8 月，对于强人为干扰的河口（海河河口）则在 5 月和 8 月无显著差异。5 月海河河口污染指数显著高于滦河河口与漳卫新河口，8 月则表现为滦河河口显著低于海河河口与漳卫新河口。各采样点沉积物普遍受到重金属 Mn 的重度或高度污染，同时海河河口与漳卫新河河口还受到 As 的中度污染，8 月海河河口同时受到 Cr、Cu、Hg、Mn、Ni、Pb、Zn 多种重金属的中度污染（见图 6-8、图 6-9、图 6-10）。

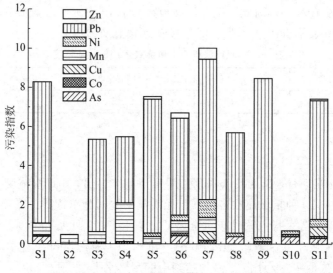

图 6-8　各采样点水体重金属综合污染指数组成

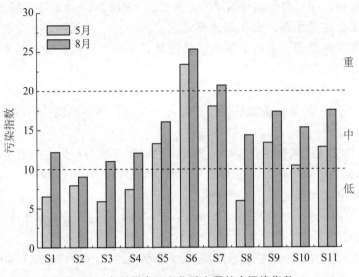

图 6-9 各采样点沉积物重金属综合污染指数

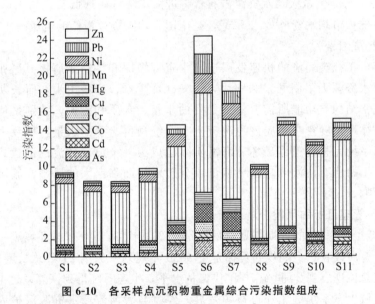

图 6-10 各采样点沉积物重金属综合污染指数组成

6.5 案例研究——海河流域水环境风险评价

6.5.1 研究背景及问题诊断

6.5.1.1 研究区界定与概况

海河流域地处我国北方，位于北纬 $35°\sim43°$，东经 $112°\sim120°$，东临渤海，西倚太行，南界黄河，北接内蒙古高原，地跨八省、自治区、直辖市，包括北京、天津、河北省大部分地区，山西的东部、东北部，山东、河南两省北部以及内蒙古自治区和辽宁省的一小部分地区。流域总面积 $31.82\times10^4 \mathrm{km}^2$，占全国总面积的 3.3%。海河流域包括海

河北系、海河南系、滦河和徒骇马颊河4大水系、7大河系、10条骨干河流。其中，海河南系和海河北系是主要水系，由北部的蓟运河、潮白河、北运河、永定河和南部的大清河、子牙河、漳卫河组成；滦河水系包括滦河及冀东沿海诸河；徒骇马颊河水系位于流域最南部，为单独入海的平原河道。

1. 海河流域环境现状

(1)水污染严重：污染物排放量大，复合污染加剧；污染范围广，程度重；水体自净能力差，环境容量小。

(2)水量极度匮乏：水资源量少；水资源开发利用程度高；生态用水量严重不足。

(3)水生态遭到严重破坏：河道断流与干涸；河口退化和泥沙淤积；湿地萎缩和生物多样性减少；地下水严重超采；水土流失。

2. 依据海河流域水环境风险驱动力分析，水环境风险的人为驱动因素

(1)人口因素

海河流域人口一直处于增长状态，从1952年的0.57亿增加到1998年的1.22亿，增长了一倍以上；城镇化率从16%增加到28%。预计到2030年，流域人口将达到1.5亿，城镇化率达到54%。流域人均水资源占有量将进一步降低，远低于人均1 000 m^3 的国际水资源紧缺标准；亩均水资源量225 m^3，是全国人均水资源最低的流域。

(2)社会经济因素

海河流域由于社会经济的快速发展造成水资源短缺和供需矛盾极其紧张，水环境状况极度恶化。水资源无限制开发和利用，优先保证生产、生活用水，而长期忽视河流生态系统维持正常结构与功能所需要保证必要的水量、水质和流速，特别是从生态环境功能维持和物质循环角度忽略了应该为河流生态系统预留必要的水量，导致生态用水的严重不足，生态系统完整性遭到破坏。海河实际已成为一个没有径流的河道式水库，上游基本无来水，下游建有防潮闸，水环境已十分脆弱且面临巨大的风险，流域的可持续发展受到直接影响。

6.5.1.2 管理目标和风险分析目标

《海河流域生态规划》的近期规划总目标是至2010年遏制生态与环境进一步恶化，努力使局部生态有所改善；中期规划目标是至2030年规划平原区21条总长度3 664 km的主要河道基流总体恢复到20世纪70年代偏枯水平，生态系统得到恢复；远期规划总目标是实现海河流域生态系统健康和可持续发展。经过与海河流域水资源保护局、引滦入津工程局、承德水文局、唐秦水文局等有关管理人员和专家进行座谈和研讨，并进行实地考察，访谈当地民众，结合规划的近期和中期目标，确定海河流域水环境的管理目标及风险分析目标。

1. 管理目标

(1)改善恶化的水环境；

(2)保证生态需水量等；

(3)恢复和保持本地鱼类和它们的生境；

(4)保持本地生物群落的多样性；

(5)恢复水生态系统结构和功能。

2. 风险分析目标

流域水环境风险评价的目的在于对引起水环境风险的风险源及其所带来的风险充分识别与评价，划分不同的人类活动对于水生态系统的干扰程度与干扰方式，提高人类活动与流域水环境的相容性，并进行合理规划、整治与管理，以达到最低限度的降低风险。具体包括：

(1)对海河流域内人类活动带来的风险充分识别，明晰风险源结构和关键胁迫因子；提供达到管理目标的科学信息；

(2)了解、认识、评价海河流域不同子流域的水环境风险空间分异情况；

(3)构建适合研究区风险评价的综合指标体系。

海河流域水环境风险评价按照本章所建立的评价程序的主要步骤进行。其中，风险表征通过建立综合指标体系，应用主成分分析、模糊优选模型及定性分析推理等多种方法合理确定风险等级。

6.5.2　风险受体和评价终点的选取

1. 受体的选取

依据海河流域水环境特征、管理和风险分析目标，将海河流域的湿地作为受体。湿地包括河流、湖泊、水库、河口等不同水体单元，它们既是各种生物的栖息地，又各具近似的植物群落和水土环境，在人类开发利用方向和影响程度上也各有特点。

2. 评价终点

以湿地为受体的评价终点主要考虑三个方面受到的危害，即水质、水量和水生态。评价终点选择取决于其与管理目标的相关性、对压力的敏感性和生态重要性。根据基础研究和管理目标，经过与当地居民、流域管理者、相关专家及其他利益群体进行讨论，确定研究区评价终点主要包括：

(1)水质下降，失去饮用或娱乐功能；

(2)生态用水量不足；

(3)生物种群数量的变化；

(4)主要经济鱼类种群数量和结构的变化；

(5)湿地功能退化及面积缩小；

(6)生态系统结构和功能的损伤。

综合指标评价模型的评价终点可以概括为强人类活动干扰活动所导致的水质恶化、水量不足和水生态系统受损三个方面，如表6-12所示。

表 6-12　海河流域水环境风险评价终点选取

评价终点	评价终点响应层
水质	水质恶化(污染等)、富营养化
水量	生态用水量不足、干旱
水生态系统	生物多样性减少、生态服务价值受损、景观破碎、湿地萎缩、河道断流

环境生态学研究方法引论

6.5.3　风险源分析

1. 工业

海河流域水污染状况严重。非汛期海河水质一般为四类或劣于四类，汛期海河水质一般为五类或劣于五类。从 20 世纪 80 年代初起，海河流域的城镇废污水排放量不断增大。1980 年废污水总量为 27.7×10^8 m^3，其中工业废水量为 20.4×10^8 m^3，占 74%；生活污水量为 7.3×10^8 m^3，占 26%。截至 1998 年全流域的废污水排放总量已达到 55.6×10^8 m^3，其中工业废水 38.3×10^8 m^3，占 69%；生活污水 17.3×10^8 m^3，占 31%。2006 年全流域废污水排放总量 48.3×10^8 m^3，其中工业和建筑业废污水排放量 28.1×10^8 m^3，占 58.3%；城镇居民生活污水排放量 11.3×10^8 m^3，占 23.3%；第三产业污水排放量 8.9×10^8 m^3，占 18.4%(见表 6-13)。

表 6-13　海河流域 2000 年工业污染源排放量

二级区	工业废水排放量/$\times10^8$ t	万元工业产值排放量/(t/a)	污染物排放量/$\times10^4$ t			
			化学需氧量	氨氮	总氮	总磷
滦河冀东	4.42	27.14	21.39	4.14		
海河北系	8.16	19.17	27.21	2.86	1.56	0.19
海河南系	18.57	19.99	82.40	5.46	2.89	0.27
徒骇马颊河	5.01	33.20	28.54	3.54	0.47	0.03
流域合计	36.16	21.68	159.54	15.99	4.91	0.48

2. 生活污水

海河流域 2000 年城镇生活污水排放量为 24.2×10^8 t，主要污染物 COD 排放量 61.34×10^4 t，平均浓度 254 mg/L；氨氮排放量 5.27×10^4 t，平均浓度 21.8 mg/L。流域人均生活污水排放量为 51 t/(人·a)(见表 6-14)。

表 6-14　海河流域 2000 年城镇生活污染源排放量

二级区	污水排放量/$\times10^8$ t	人均废污水排放量/(t/a)	污染物排放量/$\times10^4$ t			
			化学需氧量	氨氮	总氮	总磷
滦河冀东	2.21	36.16	3.47	0.49	0.01	
海河北系	9.18	61.51	19.38	1.35	3.04	0.35
海河南系	11.51	48.53	33.76	2.89	0.26	0.03
徒骇马颊河	1.25	47.46	4.74	0.53		
流域合计	24.15	50.96	61.34	5.27	3.31	0.38

3. 非点源污染源

根据海河流域水资源评价中的非点源调查情况，主要包括五个部分：城镇地表径流、化肥农业使用、农村生活污水及固体废弃物、水土流失、分散式饲养禽畜废水。海河流域 2000 年非点源污染物产生量 COD 737.75×10^4 t，氨氮 76.07×10^4 t，总氮 $216.65\times$

106

10^4 t，总磷 68.66×10^4 t（见表6-15）。

表6-15　海河流域非点源污染物产生量估算

二级区	COD/10^4 t	氨氮/10^4 t	总氮/10^4 t	总磷/10^4 t
滦河冀东	75.44	10.20	23.53	9.32
海河北系	127.05	13.37	36.84	12.09
海河南系	399.17	48.06	115.71	43.51
徒骇马颊河	136.10	4.44	40.40	3.74
流域合计	737.75	76.07	216.48	68.66

4. 城市化

20世纪90年代以来，海河流域人口数量不断增加，城镇化率不断提高，经济持续快速发展，灌溉面积保持缓慢增长，粮食产量稳步增加（见表6-16），进一步加剧了该地区水资源紧缺态势。如果按照维系流域良好生态环境的标准计算，海河流域当地水资源量加上引黄水量，只能满足实际用水量的三分之二，说明当前用水量中有三分之一（约 130×10^8 m^3）的水是靠过度开发地表水、超采地下水等牺牲生态环境措施获得的。

表6-16　1991—2004年海河流域经济社会发展指标

年份	总人口/亿人	城镇人口/亿人	城市化率/%	有效灌溉面积/亿亩	GDP总值/10^4 亿元	工业产值/10^4 亿元	粮食产量/10^4 t
1991	1.15	0.27	23	1.00	0.24	0.38	419 3
1992	1.16	0.28	24	1.01	0.29	0.47	427 8
1993	1.17	0.29	25	1.02	0.34	0.60	473 9
1994	1.18	0.30	25	1.03	0.43	0.74	490 3
1995	1.20	0.31	26	1.05	0.51	0.81	530 0
1996	1.21	0.32	26	1.06	0.62	0.95	511 7
1997	1.21	0.33	27	1.08	0.69	1.08	499 0
1998	1.22	0.34	28	1.08	0.75	1.29	539 0
2004	1.33	0.49	36	1.11	1.90	1.25	

5. 水利工程建设

（1）蓄水工程

大型水库是海河流域最主要的地表水供水工程，有34座。其中，大型（总库容大于 10×10^8 m^3）9座，流域内山区大型水库控制流域面积已达 15.82×10^4 km^2，占流域山区总面积的83.7%，用于调蓄地表径流的兴利库容为 118×10^8 m^3，占山区多年平均径流量的近60%。

（2）引提水工程

海河流域内引提水工程多数建于20世纪60—70年代，大部分用于向农业灌区供水。现有引水工程6 170处，其中大型引水（取水能力大于 30 m^3/s）工程636处，小型引水（取

水能力小于 10 m³/s)工程 12 439 处。此外，还有从大型水库向城市输水的引水工程，包括京密引水、引滦入津、引滦入唐、引青济秦等，其实质是水库供水工程的延伸。

（3）地下水开发工程

海河流域现有地下水井 136 万眼，其中井深小于 120 m 的浅层地下水井 122 万眼，井深大于 120 m 的深层水井 14 万眼。

水库大坝修建后，干扰了自然水生态过程，改变了河流的自然流势，使天然河流的生态环境发生了很大变化。大量人工减河的开挖，使中东部平原区的流域河道呈现明显的人工化趋势，水资源开发利用程度的不断增加（见表 6-17），经过水库闸坝拦截，下游河流基本断流，洼淀干涸，河道和河口淤积严重，入海水量急剧减少，流域生态系统向封闭式和内陆式转化。

表 6-17　海河流域水资源开发利用程度分析（1998—2000 年）

二级区	地表水开发利用程度			地下水开发利用程度			水资源总体开发程度		
	供水量 /10⁸ m³	水资源量 /10⁸ m³	开发率 /%	开采量 /10⁸ m³	水资源量 /10⁸ m³	开发率 /%	水资源总量 /10⁸ m³	供水量 /10⁸ m³	开发率 /%
滦河冀东	21.30	42.96	49.6	10.1	8.9	113.5	53.69	39.56	73.7
海河北系	35.62	41.34	86.2	32.28	28.84	119.9	78.29	83.51	105.4
海河南系	52.66	75.19	70.0	93.51	69.93	133.7	150.07	164.24	109.4
徒骇马颊河	5.35	11.07	48.5	19.72	33.22	59.4	34.45	25.39	73.7
流域平均	118.42	170.51	67.4	155.61	140.89	110.4	316.50	310.70	98.2

6.5.4　风险小区划分

划分利用综合指标评价模型进行流域水环境风险评价，根据模型建立的适用条件和范围，直接采用海河流域水资源二级分区。

6.5.5　概念模型与暴露-危害分析

综合指标模型要揭示和描述海河流域范围内绝大部分可能的风险源和胁迫因子，以及这些风险源和胁迫因子可能造成的生态影响。通过实地调研和勘测，收集大量第一手资料，据此将风险源归纳为 4 类：工业风险源、农业风险源、生活风险源和水利工程风险源（见图 6-11），并在此基础上建立水环境风险评价初级指标体系（见表 6-18）。

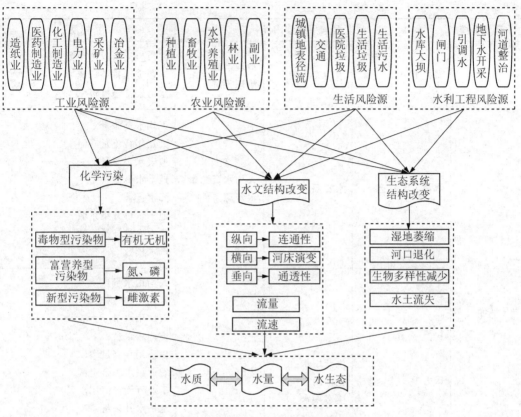

图 6-11　流域水环境风险评价的概念模型

表 6-18　海河流域水环境风险评价初级指标体系

水环境系统	风险要素层及其内涵		指标层
水质	水质风险状态 S_1	主要地表水水质超标所引起的风险	饮用水源区 保护区 保留区 缓冲区	超过三类水的河长 水质超标倍数
	压力 P_1	污染（主要水污染源的废水排放量及主要污染物排放量） 工业 农业 生活 畜牧养殖	工业废水排放量 万元工业产值污水排放量 城镇生活污水排放量 人均废污水排放量 点源污水排放量 点源入河排污量 城镇地表流 COD 入河量 化肥使用 COD 入河量 农村生活污水 COD 入河量 畜禽养殖污水 COD 入河量 非点源 COD 产生量 非点源 COD 入河量

续表

水环境系统	风险要素层及其内涵			指标层
	调控 R_1	水污染治理	治理措施 治理投资	城市生活污水集中处理率 工业废水排放达标率 水污染治理投资
水量	水量风险状态 S_2	水资源量短缺	人均水资源量 水资源条件	人均水资源量 天然年径流量 地表水资源量 地下水资源量 降水量 地下水可开采系数 降水入渗补给系数 产水模数
	压力 P_2	生产用水 生活用水 生态用水		人均用水量 万元 GDP 用水量 人均用水量 亩均用水量 生态用水满足率 农业用水综合定额 工业万元产值用水量 地下水开采量 地下水开采率 水资源开发利用程度 大型水库数量 蓄水工程供水比例
	调控 R_2	水资源管理	循环用水	工业重复用水率 污水回用率
水生态	水生态风险状态 S_3	水生态受干扰程度	河流连续性 湿地面积 生物多样性	河道断流长度和天数 地下水漏斗区面积比例 湿地面积比例 生物多样性指数 森林覆盖率
	压力 P_3	水生态干扰	水土流失 地下漏斗 景观破碎	水土流失面积比例 易涝地面积比例 湿地萎缩率 地下漏斗中心水位埋深 超采面积比例 景观破碎度

续表

水环境系统	风险要素层及其内涵		指标层
调控 R_3	生态恢复		退耕还林面积 水土流失治理面积

6.5.6 风险表征

1. 评价指标体系的建立

(1)初级指标体系的建立

结合定性和定量分析,针对性的对初级评价指标体系中的指标采用 SPSS13.0 的 Pearson 相关性分析工具进行指标的剔除,并通过主成分分析进行指标的归类和筛选风险敏感因子。

(2)敏感因子筛选和指标体系构建

使用 SPSS13.0 的 Pearson 相关性分析工具进行指标间相关关系分析,以剔除重复性指标。在相关性分析的基础上,利用主成分分析进行指标的归类。

表 6-19 水质风险压力 P_1 要素指标相关关系矩阵

指标	p1	p2	p3	p4	p5	p6	p7	p8	p9	p10	p11	p12	p13
p1	1	−0.685	0.864	0.245	0.974*	0.944	0.977*	0.974*	0.974*	0.980*	0.974*	0.975*	0.974*
p2		1	−0.926	−0.540	−0.802	−0.827	−0.482	−0.470	−0.470	−0.497	−0.470	−0.475	−0.470
p3			1	0.590	0.956*	0.976*	0.744	0.735	0.734	0.758	0.735	0.741	0.735
p4				1	0.410	0.522	0.142	0.131	0.127	0.162	0.131	0.145	0.131
p5					1	0.992**	0.906	0.900	0.900	0.914	0.900	0.904	0.900
p6						1	0.866	0.859	0.858	0.876	0.859	0.863	0.858
p7							1	1.000**	1.000**	1.000**	1.000**	1.000**	1.000**
p8								1	1.000**	0.999**	1.000**	1.000**	1.000**
p9									1	0.999**	1.000**	1.000**	1.000**
p10										1	0.999**	1.000**	0.999**
p11											1	1.000**	1.000**
p12												1	1.000**
p13													1

注:* 显著水平在 0.05 水平(双侧检验);** 显著性水平在 0.01 水平(双侧检验)。

表 6-20 水质风险压力 P_1 要素正交旋转后的主因子载荷矩阵

指标	p1	p2	p3	p4	p5	p6	p7	p8	p9	p10	p11	p12	p13
Z1	0.878	−0.218	0.536	−0.006	0.755	0.702	0.960	0.964	0.964	0.955	0.964	0.962	0.964
Z2	0.469	−0.948	0.768	0.342	0.620	0.630	0.273	0.262	0.262	0.287	0.262	0.264	0.262
Z3	0.096	−0.231	0.352	0.940	0.215	0.331	0.058	0.050	0.046	0.073	0.050	0.064	0.050

水质风险压力指标主成分分析结果:计算所得的前两个特征根 $\lambda_1 = 10.784$,$\lambda_2 =$

1.783，$\lambda_3 = 0.433$，$E = (10.784 + 1.783 + 0.433)/13 = 100.000\%$，取主成分个数为3。在获得特征值和特征向量后，计算正交旋转后的主因子载荷矩阵。结果表明，主成分1中主要因子包括农村生活污水 COD 入河量，非点源 COD 入河量，化肥使用 COD 入河量，畜禽养殖 COD 入河量，非点源 COD 产生量，城镇地表径流 COD 入河量和水土流失 COD 入河量，这些指标与区域内的面源污染有关，因此，主成分1可以被认为是区域内面源污染的代表。主成分2是万元工业产值排放量，主成分3是城镇人均废水排放量。主成分2和3代表点源污染。

表 6-21 水量风险压力 P_2 要素指标相关关系矩阵

指标	p14	p15	p16	p17	p18	p19	p20	p21
p14	1	0.938	0.811	0.503	0.696	0.379	−0.462	0.087
p15		1	0.649	0.288	0.420	0.662	−0.127	−0.184
p16			1	0.912	0.652	0.158	−0.704	0.628
p17				1	0.529	−0.092	−0.765	0.885
p18					1	−0.399	−0.888	0.407
p19						1	0.579	−0.467
p20							1	−0.774
p21								1

表 6-22 水量风险压力 P_2 要素正交旋转后的主因子载荷矩阵

指标	p14	p15	p16	p17	p18	p19	p20	p21
Z1	0.939	0.999	0.636	0.269	0.433	0.649	−0.129	−0.201
Z2	0.212	0.024	0.743	0.945	0.266	−0.133	−0.620	0.938
Z3	0.271	−0.022	0.208	0.187	0.861	−0.749	−0.774	0.283

表 6-23 水量风险状态 S_2 要素指标相关关系矩阵

指标	s3	s4	s5	s6	s7	s8	s9	s10	s11	s12
s3	1	−0.351	0.019	−0.067	0.399	0.046	−0.451	0.020	0.302	−0.841
s4		1	−0.376	−0.173	−0.988*	−0.062	−0.590	−0.214	0.075	0.734
s5			1	0.978*	0.235	0.937	−0.059	0.984*	0.787	0.048
s6				1	0.025	0.980*	−0.190	0.996**	0.850	0.222
s7					1	−0.078	0.600	0.071	−0.186	−0.798
s8						1	−0.378	0.985*	0.936	0.209
s9							1	−0.219	−0.661	−0.102
s10								1	0.873	0.143
s11									1	0.089
s12										1

注：* 显著水平在 0.05 水平（双侧检验）；** 显著性水平在 0.01 水平（双侧检验）。

表 6-24　水量风险状态 S_2 要素正交旋转后的主因子载荷矩阵

指标	s3	s	s5	s6	s7	s8	s9	s10	s11	s12
Z1	0.035	−0.169	0.972	0.994	0.027	0.993	−0.274	0.998	0.898	0.158
Z2	0.109	−0.955	0.232	0.032	0.955	−0.117	0.802	0.053	−0.315	−0.596
Z3	−0.933	0.243	0.041	0.107	−0.297	−0.023	0.532	0.022	−0.306	0.787

水量风险压力指标主成分分析结果：计算所得的前两个特征根 $\lambda_1 = 4.534$，$\lambda_2 = 2.522$，$\lambda_3 = 0.944$，$E = (4.534 + 2.522 + 0.944)/8 = 100\%$，取主成分个数为 3。在获得特征值和特征向量后，计算正交旋转后的主因子载荷矩阵。结果表明，主成分 1 中各因子载荷值最大的是农业用水量、工业用水量，其次是生活用水量。主成分 2 中各因子载荷值最大的分别是地表水开发利用程度和蓄水工程供水比例。主成分 3 最大的是地下水开发利用程度。可将原有指标归为 3 个新的指标，即上述 3 个主成分。每一个主成分根据相关因子的载荷，选择有代表性的指标表示。主成分 1 表示用水状况，可用工业、农业和生活用水量表示，主成分 2 表示地表水资源开发利用，主成分 3 表示地下水开发利用。

水量风险状态指标主成分分析结果：计算所得的前两个特征根 $\lambda_1 = 4.888$，$\lambda_2 = 3.269$，$\lambda_3 = 1.834$，$E = (4.888 + 3.269 + 1.834)/10 = 100\%$，取主成分个数为 3。在获得特征值和特征向量后，计算正交旋转后的主因子载荷矩阵。结果表明，主成分 1 中各因子载荷值最大的是降水量、地表水资源量、地下水资源量、天然年径流量、降雨入渗补给量。主成分 2 中各因子载荷值最大的分别是人均水资源量、地表水可利用率和地下水可开采模数。主成分 3 最大的是干旱指数。可将原有指标归为 3 个新的指标，即上述 3 个主成分。每一个主成分根据相关因子的载荷，并结合 Pearson 相关性分析结果，选择有代表性的指标表示。主成分 1 表示水资源量，可用地表水资源量、地下水资源量表示，主成分 2 表示人均水资源量，主成分 3 表示干旱指数。

基于前面所建立的初级评价指标体系和海河流域水环境问题分析的结果，并依照筛选原则，应用指标筛选的数学方法选取指标，建立海河流域水环境风险评价指标体系(表 6-25)。

表 6-25　海河流域水环境风险评价指标体系

水环境系统	风险要素层及其内涵		指标层
水质	水质风险状态 S_1	主要地表水水质超标所引起的风险	饮用水源区保护区、缓冲区	超过三类水的河长 水质超标倍数
	压力 P_1	污染(主要水污染源的废水排放量及主要污染物排放量)	工业 生活农业 畜牧养殖	万元工业产值污水排放量 城镇人均废污水排放量 非点源 COD 产生量
	调控 R_1	水污染治理		城市生活污水集中处理率
			治理措施、投资	工业废水排放达标率

续表

水环境系统	风险要素层及其内涵			指标层
水量	水量风险状态 S_2	水资源量短缺	人均水资源量 水资源条件	人均水资源量 地表水资源可利用率 地表水资源量 地下水资源量 干旱指数
水量	压力 P_2	生产用水 生活用水 生态用水		工业用水量 农业用水量 生活用水量 地表水开发程度 蓄水工程供水比例 地下水开发程度
	调控 R_2	水资源管理	循环用水	污水回用率
水生态	水生态风险状态 S_3	水生态受干扰程度	河流连续性 湿地面积 生物多样性	河道断流长度和天数 地下水漏斗区面积比例 湿地面积比例
水生态	压力 P_3	水生态干扰	水土流失 地下漏斗 景观破碎	水土流失面积比例 地下水超采面积比例 生态用水比例
	调控 R_3	生态恢复		水土流失治理面积

    根据上面建立的指标体系,结合主成分分析结果,建立海河流域分层指标体系,如表 6-26 所示。

表 6-26　海河流域水环境风险评价分层指标体系

第三层	第二层	第一层	指标层
水环境风险	水质风险	污染状况	超过三类水的河长(km)
		点源污染强度	万元工业产值污水排放量(t/a) 城镇人均废污水排放量(t/a)
		面源污染强度	非点源 COD 产生量(10^4 t/a)
		污染控制	工业废水处理排放达标率(%) 城市生活污水集中处理率(%)
	水量风险	水资源条件	人均水资源量(m^3) 地表水资源量(10^8 m^3) 地下水资源量(10^8 m^3) 干旱指数

续表

第三层	第二层	第一层	指标层
水环境风险	水量风险	用水状况	工业用水量(10^8 m³)
			农业用水量(10^8 m³)
			生活用水量(10^8 m³)
		开发利用状况	地表水开发程度(％)
			地下水开发程度(％)
		水量控制	污水回用率(％)
	水生态风险	水文结构	河道断流长度(km)
			河道断流天数(d)
			湿地面积比例(％)
		土壤地质	水土流失比例(％)
			超采面积比例(％)
			地下水漏斗面积比例(％)
		生态用水	生态用水比例(％)
		生态治理	水土流失治理面积(10^4 km²)

2. 指标权重确定

选取客观赋权法中计算比重权数的方法——熵值法对指标标准化数据进行赋权（表6-27）。

表 6-27　权数分类以及赋权方法分类的对应关系表

权数分类			赋权方法的归类	赋权方法分类
实质性权数			选择赋权法	
虚拟性权数	信息量权数	比重权数	熵值法	客观赋权法
		变异权数	变异系数法	
		排序权数	秩和比法、秩和法、等级相关法	
		距离权数	双级值距离法	
		独立性权数	简单相关系数法、复相关系数法、偏相关系数法	
		系统效应权数	主成分法、坎蒂雷法	
	估价权数		德尔菲法	主观赋权法
			比较评价法	
			先定性排序后定量赋权法	
	可靠性权数		移动平均法、指数平滑法、折扣最小平方法、三点法等	

结果见表 6-28。

表 6-28 海河流域水环境风险指标权重

项目		熵值法权重	指标	熵值法权重
水质风险	污染状况	0.015 2	超过三类水的河长(km)	0.015 2
0.192 8	点源污染强度	0.015 3	万元工业产值污水排放量(t/a)	0.009 2
			城镇人均废污水排放量(t/a)	0.006 1
	面源污染强度	0.073 3	非点源 COD 产生量(10^4 t/a)	0.073 3
	污染控制	0.089	工业废水处理排放达标率(%)	0.035 3
			城市生活污水集中处理率(%)	0.053 7
水量风险	水资源条件	0.104 1	人均水资源量(m^3)	0.011 6
0.440 9			地表水资源量(10^8 m^3)	0.047 0
			地下水资源量(10^8 m^3)	0.041 4
			干旱指数	0.004 1
	用水状况	0.245 7	工业用水量(10^8 m^3)	0.073 8
			农业用水量(10^8 m^3)	0.064 3
			生活用水量(10^8 m^3)	0.107 6
	开发利用状况	0.024 1	地表水开发程度(%)	0.010 6
			地下水开发程度(%)	0.013 5
	水量控制	0.067 0	污水回用率(%)	0.067 0
水生态风险	水文结构	0.019 5	河道断流长度(km)	0.012 7
0.366 3			河道断流天数(d)	0.004 7
			湿地面积比例(%)	0.002 1
	土壤地质	0.114 9	水土流失比例(%)	0.058 3
			超采面积比例(%)	0.056 6
			地下水漏斗面积比例(%)	0.101 9
	生态用水	0.048 4	生态用水比例(%)	0.048 4
	生态治理	0.081 6	水土流失治理面积(10^4 km^2)	0.081 6

6.5.7 结论

将不同子流域作为水环境风险评价的不同方案，可以对各子流域现状年的水环境风险状况进行评价。对海河流域的四大子流域滦冀沿海诸河、海河北系、海河南系和徒骇马颊河水系的水环境风险形势进行评估，以便说明模糊优选模型的应用，研究以2000—2004年数据为依据。

根据第一、二层次决策优属度（见表 6-29、表 6-30），最终得出海河流域水环境风险的总体评价，四大子流域的水环境风险形势由大到小的排序是：海河南系(0.873 7)、海河北系(0.503 2)、徒骇马颊河水系(0.387 7)、滦冀沿海诸河(0.266 2)。从水环境风险的三个主要组成部分水质风险、水量风险和水生态风险来看，各子流域的决策优属度排序为海河南系、海河北系、徒骇马颊河水系、滦冀沿海诸河，这与总体评价的排序保持一致，说明在海河南系，水质、水量和水生态三个方面的风险均达到最大，其余子流域相对小些，但均存在一定的风险，情况并不容乐观。从第一层次的决策优属度可以看出，滦冀沿海诸河水环境风险的主控因素主要是污染控制、水资源条件和水量控制；海河北系水环境风险的主控因素主要是水资源条件、开发利用状况和土壤地质状况；海河南系水环境风险的主要控制因素主要是污染状况、污染控制、用水状况、开发利用状况、水量控制、土壤地质状况和生态治理；徒骇马颊河水系水环境风险的主要控制因素是污染状况、污染控制、水资源条件、水量控制、生态用水和生态治理。

表 6-29　第一层次决策优属度

项目	滦冀沿海诸河	海河北系	海河南系	徒骇马颊河水系
污染状况	0	0.101 4	0.960 0	1
点源污染强度	0.339 6	0.306 0	0.098 0	0.889 3
面源污染强度	0	0.034 7	1	0.050 5
污染控制	0.970 7	0	0.906 2	0.990 8
水资源条件	0.983 1	0.961 0	0.011 4	0.956 2
用水状况	0	0.668 3	1	0.020 0
开发利用状况	0.450 7	0.927 9	0.914 3	0
水量控制	0.999 6	0	0.998 5	0.999 7
水文结构	0.038 4	0.997 7	0.725 9	0.544 8
土壤	0.208 2	0.889 3	0.994 8	0.039 5
生态用水	0	0.836 0	0.971 0	1
生态治理	0	0.038 5	0.200 0	1

表 6-30　第二层次决策优属度

项目	滦冀沿海诸河	海河北系	海河南系	徒骇马颊河水系
水质风险	0.357 9	0.722 6	0.954 7	0.542 8
水量风险	0.271 9	0.581 7	0.865 5	0.310 4
水生态风险	0.225 9	0.602 3	0.850 6	0.426 5

上述对水环境风险评价所采用的模糊优选模型及求解方法具有一定的可行性和实用性。在计算中采用的熵值法确定权重和具有层次结构的评价指标体系的结合，以及采用多层次多目标的模糊优选方法，使得对水环境风险的评价由表及里，逐层计算，这样获得的信息会更全面，便于对流域尺度的水环境风险状况作全面了解，并找到水环境风险所在的症结。

同时，由于熵值法的采用，在计算权重的过程中最大程度地利用了各子流域各指标的属性值，其对权重的计算更侧重于各地区的差别，所以对权重的计算结果有别于其他

主观的权重赋值方法。

利用上述多层次多目标的模糊优选模型对各子流域的水环境风险评价实际上很大程度上是各子流域在水环境风险方面的对比，而不是各个子流域的绝对值，可以对海河流域水环境风险状况有综合全面的了解，为海河流域水环境风险管理提供一定的科学依据。

6.5.8 风险管理对策

针对上述研究结果，提出以下管理对策。

1. 加强污染控制措施

点源污染控制方面主要是对流域内的产业结构进行调整，逐步取消高能耗、高污染排放的工业企业，采取清洁生产措施，并实现污染物总量控制。面源污染控制主要是降低单位面积农田化肥农药等的施肥量。

2. 加强生态治理

海河流域已经制定了《生态恢复规划》，应结合近期、中期和远期目标，切实实现流域生态系统的恢复。特别是对流域生态需水量要给予高度重视，至少能够保证流域内不同水体单元的最小生态需水量。

3. 提高节水意识

节水包括农业节水、工业节水和生活节水提高节水意识，需要改变人们用水的态度和行为方式，使他们建立起尊重水的循环规律、减少浪费水、保护水系统的新的发展观、价值观和自然观。公众参与意识的提高，有助于人们改变其对水安全不利的观念和生产生活方式，还可为推行水安全的政策和措施达成共识创造条件。

4. 合理的开发利用水资源

把"人、生态环境、水"看成一个整体，实现"人、生态环境、水"的协调发展。通过对水资源的合理开发利用，将人类活动对水环境的影响降到最低，或采取补偿措施，使这一整体持续、健康的发展。

5. 提高公众参与程度

高效的水资源行政管理离不开高效的监督机制。公众参与是对水资源行政管理实施监督的重要方式，应采取多种方式提高公众参与程度。将公众参与贯穿到流域决策制定的全过程。

推荐阅读

1. 刘静玲，冯成洪，张璐璐，等. 海河流域水环境演变机制与水污染防控技术[M]. 北京：科学出版社，2014.

2. 曾维华，杨志峰，刘静玲，等. 水代谢、水再生与水环境承载力[M]. 北京：科学出版社，2012.

方法学训练

1. 不同尺度水环境风险评估方法。

2. 环境风险源解析。

第7章　生态环境野外研究方法

　　野外调查与观测、实验方法及数学模型是进行生态学研究的重要方法。为研究人为干扰对当前生态环境质量所造成的各种问题，将生态学研究方法与环境科学研究方法相结合，本章重点介绍野外研究方法，主要包括生态调查法、生态学取样方法及现场围隔实验法。

7.1　生态调查

　　生态调查，是指对某一区域的生态环境资源、人口以及社会经济发展状况、各种生态现象与生态过程等进行全面了解、获取信息、核实验证的一种方法与手段。生态环境调查是进行生态环境相关研究的基础工作，生态系统的地域性特征决定了生态环境现场调查是必不可少的步骤。

7.1.1　调查内容

7.1.1.1　自然生态环境背景特征与自然资源状况调查

此方面的数据主要作为生态评价以及生态功能分区的依据。

1. 自然生态环境背景特征

自然生态环境主要是指区域的地质、地貌、土壤及自然灾害、生态环境的破坏和污染情况等，具体包括以下内容。

(1)地质岩石：包括地质年代、地质构造、岩石种类、分布面积、风化程度、风化层厚度等。

(2)地理、地貌：包括区域所在的地理位置、面积、地貌类型及其分布、海拔高度、地貌部位、坡面坡度、坡向、重力灾害等。

(3)土壤及地面组成物质：包括土壤类型、质地、土层厚度、土壤的沙砾含量、孔隙度、土壤容重(土壤密度)、土壤肥力、pH 等理化性质。

(4)水文调查：指水的各种现象的发生、发展及其相互关系和规律性，主要包括河流水情要素调查、湖泊和沼泽调查、地下水调查等。

(5)气候调查：气候是降水和温度的决定因素，是生态调查的重点，主要包括降水调查、风情调查、气温调查。

(6)自然灾害：包括地质灾害，如地震灾害、泥石流灾害、崩塌、滑坡；气象灾害，如洪涝、旱灾、风灾、冻灾等；生物灾害；火灾等。

(7)生态环境破坏：指水土流失、荒漠化及其他方面。

(8)环境污染：指三废的排放(点源污染)及其他方面的污染等。

2. 自然资源状况调查

自然资源指在生物圈中，与人类社会经济发展相联系的、有效用的各种自然客观要素的总称。自然资源包括以下资源。

(1)土地资源：是指具有经济价值的参与人类物质资料生产过程的土地。它包括现在正在被人们所利用以及尚未被开发利用的土地的总称，如可耕地资源、山坡地资源、草地资源、土地后备资源、为利用地资源、沙滩等。

(2)水资源：主要包括地表水储量、地下水储量、年径流量、过境水量、人均水资源占有量、水力资源、潮汐资源等。

(3)气候资源：主要包括光象景观、风象景观、雨雪景观、避暑型气候、避寒型气候、光热资源、风能资源、太阳能资源等。

(4)生物资源：生物资源作为自然资源的重要组成部分，直接或间接地为人类提供木材、食品、肉类、果品、油料、毛皮、药材等各种消费品和工业原料。生物资源包括森林、作物、草地及优势、特色与特有、珍稀等动植物资源、优良动植物种质资源、中草药资源等。

①森林资源：包括森林的起源、林种、树种、树龄、平均树高、平均胸径、林冠郁闭度、灌草的覆盖度、生长势、枯枝落叶层等；

②草地资源：包括草地的起源、类型、覆盖度、草种、生长势、高度、草地质量、利用方式、利用程度、规模和轮牧、轮作周期等；

③作物资源：包括作物种类、品种、产量、播种面积等；

④优势、特色与特有、珍稀等动植物资源：包括种类、数量、是否为国家级保护动物、用途、收购量等。此外，对一些野生的珍稀植物、工业用、药用、食用等植物产出进行相应的调查。

(5)矿产资源：是指由地质作用所形成的贮存于地表和地壳中能为国民经济所利用的资源。其主要包括矿产资源的类型、储量(包括地质储量、远景储量、设计储量和开采储量)、质量(包括矿产资源的品位、含有杂质状况和伴生情况)、开采利用条件(包括自然、经济和技术条件)等。

(6)旅游(景观)资源：一般是指足以构成吸引旅游者参观游览的各处自然景观和人文景观。旅游资源调查的内容包括旅游资源的类型、数量、质量、特点、开发利用条件及其价值等。

7.1.1.2 生态环境质量状况调查

生态环境质量状况调查主要包括大气质量、水环境质量、土壤质量以及农产品质量等内容。该方面的数据资料往往要通过实地观测获得相关数据或通过调阅相关部门开展的生态环境质量研究报告获取。这方面的数据主要用于规划区的生态环境现状质量的评价，为制定生态环境保护与综合整治方案提供依据。

7.1.1.3 土地利用现状调查

土地利用现状调查中一个首要的工作就是土地利用类型划分。土地利用分类是从土地利用现状出发，根据土地利用的地域分异特点、土地用途、土地利用方式等，按照一定的层次等级体系划分为若干不同的土地利用类别。在我国，《土地利用现状分类》国家标准采用一级、二级两个层次的分类体系。共分12个一级类、56个二级类。其中，一级类包括耕地、园地、林地、草地、商服用地、工矿仓储用地、住宅用地、公共管理与公共服务用地、特殊用地、交通运输用地、水域及水利设施用地和其他土地。

调查内容如下：对上述土地利用类型的面积、质量、分布、利用现状等进行调查。

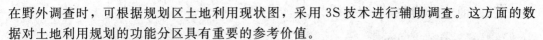

在野外调查时，可根据规划区土地利用现状图，采用 3S 技术进行辅助调查。这方面的数据对土地利用规划的功能分区具有重要的参考价值。

7.1.1.4 重点生态区调查

重点生态区可分为三类：

1. 需要特殊保护的区域

例如，饮用水源保护区、自然保护区、生态功能保护区、基本农田保护区等。

2. 生态敏感与脆弱区

例如，沙尘暴源区、荒漠中的绿洲、严重缺水地区、珍稀动植物栖息地等。

3. 社会关注区

例如，人口密集区、文教区、党政机关集中的办公地点、疗养地、医院以及具有历史文化、民族意义的保护地等。

重点生态区调查是生态调查中富有特色的内容。该方面的内容可为制定规划区生态建设与保护规划提供基础依据。

7.1.1.5 社会经济发展状况调查

1. 人口和劳动力

(1)户数：包括总户数、农业户数、非农户数；

(2)人口：包括总人口、男女人口，农业人口和非农业人口、城乡人口、年龄结构、民族构成、人口的出生率、死亡率及自然增长率等；

(3)劳动力：包括各行业劳动力人数、文化程度、技术职称、农村劳动力的构成情况及质量(包括智力、体力等因素)等。

2. 城镇基础产业设施情况

(1)交通：包括交通运输的方式，如铁路、公路、内河索道等；运输能力、交通运输工具的情况以及交通工程建设等；

(2)邮电通信：包括邮电站所及分布，邮电通信的线路、业务量、容量等；

(3)电力：包括发电站及发电量，各变电站所的分布、容量、输电线路等；

(4)科研：包括科研机、教育、文化等；

(5)商业服务：包括各种商业服务型机构的数量、分布、人员数目等；

(6)城市乡镇的分布情况、规模及其公共设施、公用事业，城镇建设等情况。

3. 社会经济情况及产业状况

(1)综合经济：包括国民生产总值，国民收入，居民生活消费情况，人口增长与计划生育等国民经济有关情况；

(2)第一产业：包括种植业、林业、畜牧业、淡水渔业、副业和农业现代化程度等内容；

(3)第二产业：包括采掘业、制造业和建筑业等内容；

(4)第三产业：包括旅游业、餐饮业、商业、金融等。

4. 社会环境和生态环境保护和治理

(1)区域的社会环境：包括对区域有明显影响和重大作用的政治、经济、文化等方面的因素。

(2)区域生态环境保护和治理：包括水土保护、荒漠化防治、自然保护区、"三废"处

理及"三废"的综合利用等。

7.1.2 调查程序与方法

7.1.2.1 生态调查的程序与步骤

1. 调查准备阶段

(1)组织准备。成立调查领导(协调)小组和调查小组。调查领导协调小组由相关主管部门的有关人员组成。调查小组(通常分为多个小组)由生态调查承担单位或部门有关工作人员组成,要求调查队员分别具有与资源、生态环境、经济、人文社会科学等相关的较为全面的专业素养,具有完成全部调查任务的实际能力。

(2)技术准备。技术准备包括制订调查实施方案、调查技术培训以及调查工具与资料准备。调查实施方案应包括调查区域、对象、调查方法、要求、人员配备、工作部署、进度安排、所需设备、器材和经费以及预期成果等内容。然后,根据调查实施方案对所有参加调查的队员进行技术培训,以统一思想、调查方法、技术标准等,确保调查结果的科学性与可比性。

2. 野外调查与信息获取阶段

野外调查的目的,是为了获取所需的资料,进一步补充新的资料。即通过对各种资源类型的基本特性数据进行获取、测量、记录、核实、验证,以对规划区及其周边地区的地形地貌、气候、水、土壤、生物环境及相关资源、农、工及第三产业、人口、社会经济发展、风土人情等获得一个正确、系统、及时的认识,获取第一手和第二手数据资料。

3. 资料编辑与信息处理阶段

调查资料的加工和处理流程,如图7-1所示。

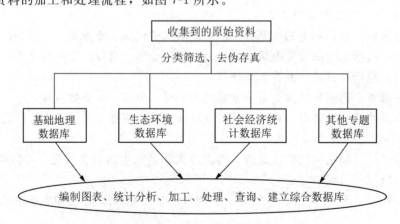

图7-1 调查资料的加工和处理流程示意图

4. 生态调查报告编写阶段

(1)生态调查的范围、对象、时间、组织、方法;

(2)生态环境资源的分布、类型、数量、特征、开发利用情况、保护情况、开发利用条件和简单的评价;

(3)建立生态、环境与自然资源档案或基础数据库或信息管理系统;

(4)生态调查结果分析：生态现象、生态问题、生态需求。

7.1.2.2 生态调查的方式

1. 概查或踏查

概查或踏查俗称"踩线"，全面大概的摸底调查，为进一步调查确定合理方法与线路。应尽可能利用有关部门的现有资料，以减少工作量。

2. 系统调查

对拟调查地区及相关地区进行系统调查，加密调查线、点，对生态资源的规模、质量等进行调查，将结果标在1∶25 000至1∶50 000图例上，并进行同类初步比较。

3. 重点详查

在以上两步完成后，对筛选和初步拟定的典型地区、关键地区和重点地区进行详细调查。详细调查一般包括地形地貌测量、小气候观测、动植物群落结构调查以及社会经济活动调查等。在此阶段调查资料多标绘在1∶5 000或1∶10 000图例上，并注意数据收集和对重点问题和地段进行专题研究和鉴定。

4. 专题调查

根据规划主题，对某一特定(特殊)生态环境要素进行专项调查，如动植物调查、大气质量调查、水质调查、土壤调查、环境质量综合调查；不同生态系统调查、生态现象调查等。对于专题调查的结果，通常需要编写专题调查报告。

5. 补充调查

补充调查即拾遗补缺式调查。

7.1.2.3 生态调查的方法

在生态资料收集过程中多采用网格法，即在筛选生态因子的基础上，按网格逐个进行生态状况的调查与登记，通过数据库和图形显示的方式将规划区域的社会、经济和生态环境各种要素空间分布直观地表示出来。其具体工作方法为，采用1∶10 000(较大区域为1∶50 000)地形图为底图，依据一定原则将规划区域划分为若干个网格(单元)，网格一般为1 km×1 km，有的也采用0.5 km×0.5 km(网格大小视具体情况而定)，每个网格即为生态调查与评价的基本单元。

据生态学和《环境影响评价技术导则——生态影响》等相关的研究成果，目前较为常用的生态环境现状调查方法主要有资料收集法、现场勘查法、专家和公众咨询法、生态环境监测法、遥感调查法等。各调查方法的优缺点及试用范围见表4-1。

1. 资料收集法

收集现有的能反映生态现状或生态背景的资料，从表现形式上分为文字资料和图形资料，从时间上可分为历史资料和现状资料，从收集行业类别上可分为农、林、牧、渔和环境保护部门，从资料性质上可分为环境影响报告书、有关污染源调查、生态保护规划、规定、生态功能区划、生态敏感目标的基本情况以及其他生态调查材料等。使用资料收集法时，应保证资料的现时性，引用资料必须建立在现场校验的基础上。可通过以下三种手段收集资料：

(1)查阅文献法：生态环境调查最常用的方法之一；

(2)座谈访问法：走访、开座谈会、专题报告会；

(3)问卷调查法：一种常用的调查手段，参与性强，能反映公众的看法与问题。

2. 现场勘查法

现场调查应遵循整体与重点相结合的原则,在综合考虑主导生态因子结构与功能的完整性的同时,突出重点区域和关键时段的调查,并通过对影响区域的实际踏勘,核实收集资料的准确性,以获取实际资料和数据。可通过以下两种方式进行:

(1)声像摄录法:这种记录手段不仅能够再现实地景观和生态过程的动态性,还可以增加调查结果的可视性;

(2)实地观测法:在野外考察中,通常需要对一些重点地区或重点项目进行实地观测、采样和调查,具体包括地形地貌的测量与绘制、小气候观测、水文观测与水样采集、大气质量测定与采样、动植物群落调查与采样等。

3. 遥感调查法

宏观信息的获取主要依靠遥感技术,当涉及区域范围较大或主导生态因子的空间等级尺度较大,通过人力踏勘较为困难或难以完成评价时,可采用遥感调查法。由于遥感技术具有观测范围广、获取信息快、信息量大,尤其是访问周期短等特点,遥感技术成为生态现状调查中最有力的技术手段。遥感调查过程中必须辅助必要的现场勘查工作。详细实施方法见第 2 章。

7.1.2.4 生态问卷调查的设计方法

1. 问卷的组成部分

(1)前言部分:前导介绍词,主要介绍调查员自己、调查目的、意义与重要性、希望合作的礼貌语、馈赠奖品等。

(2)正文部分:调查问卷的主体部分,主要包括被调查者信息和调查项目两大部分。被调查者信息主要是了解被调查者的相关资料,以便对被调查者进行分类。一般包括被调查者的姓名、性别、年龄、职业和受教育程度等;调查项目是调查问卷的核心内容,是调查者根据调研主题将所要调查了解的内容,具体化为一些问题和备选答案。

(3)作业记录:调查的时间、地点、调查员和被调查者的姓名或名称等,用于调查访问的管理与监督的需要。

2. 问卷设计的基本原则

(1)基本功效:能正确反映调查目的和具体问题,突出重点,能使被调查者乐意合作,协助达到调查目的;能正确记录和反映被调查者回答的事实,提供正确的信息;收回的问卷能便于资料的统计和整理。

(2)基本原则:问卷上所列问题应该都是必要的;所问问题是被调查者所了解的;在询问问题时不要转弯抹角;注意询问语句的措辞和语气。

3. 调查问卷的设计要求和编排技巧

(1)调查问卷设计要求:题量要适当;问题简单易懂,使被调查者能够并愿意作答;要有利于使被调查者做出真实的选择;不能使用过于专业的术语;问题的排列顺序要合理;将比较难回答的问题和涉及被调查者个人隐私的问题放在最后;提问不能有任何暗示,措辞要恰当,尽量采取中性态度提问;问题的答案应保持穷举与互斥,界限要明确,不能重叠;适当使用提示,问卷中的提示要全面而准确,特别是提示多选或单选的问题,对于整个问卷的提示应写在发问之前,而对某一问题的提示应写在该问题的开始;为了有利于数据统计和处理,调查问卷最好能直接被计算机读入,以节省时间,提高统计的准确性。

(2)调查问卷的编排技巧：先基本信息，后分类信息；先简后难；按时间顺序排列；按内容分组排列；顺序过滤；合理安排备选答案顺序；较难或较敏感的问题应后置。

4. 调查问卷的信息整理

(1)调查问卷的初检：制成频数表；统计均值、标准差、最大值、最小值；筛选合格问卷和不合格问卷，决定其舍去或重补。

(2)信息整理过程：整理初级资料、次级资料；对数据资料进行排序；对调查资料进行分组；对各单位的指标进程汇总或必要的加工分析编制出统计表和统计图。

7.2 生态环境取样方法

取样是群落生态研究的重要步骤，研究结果的好坏与取样方法有着较为密切的关系。

7.2.1 取样方法的分类

取样方法有两大类型——主观取样和客观取样。

7.2.1.1 主观取样

人为地选择代表性样地。样地的选择是凭主观判断，使它能够代表所研究的植物群落。该方法的优点是迅速、简便；缺点是该方法非统计学方法，因此不能进行显著性检验。

7.2.1.2 客观取样

通过某种统计学方法来设置样方，又叫作概率取样法。包括随机取样、系统取样、限定随机取样、分层取样、集群取样。

1. 随机取样(random sampling)

样方的设置是随机的。将研究地区放入一个垂直坐标中，用成对的随机数作为坐标值，来确定样方的位置(见图7-2)。优点是可以用于统计分析，从而检验样品的分布是否真正是随机的。缺点是由随机数决定样方位置，在实际研究中往往难以确切设置，尤其是在地形复杂、沟壑交错、裸岩纵横的地方更是如此，所以说随机取样很难达到真正随机。

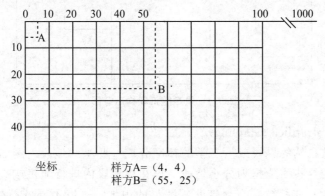

图7-2 随机取样示意图

2. 系统取样(systematic sampling)

系统取样是根据某一规则系统地设置样方，也叫规则取样。例如，从山麓到山顶沿西北方向，每隔海拔 50 m 设置一个样方。在大多数情况下，系统取样是先用地形等因素确定第一个样方位置，如山顶。但系统取样的具体规则变化很大，一般由使用者自行选择。例如，随机地选择第一个样方后，可以向两个方向规则地设置其他样方；也可以同时向四个方向规则地设置样方；还可以采用纵向和横向间距不等的样方构成样方网等，究竟用什么方式要根据所研究的植被类型及其分布特点和变异程度等来判断。该方法具有取样简单、样品分布普遍、代表性强，在植被变差较小的情况下效果很好的优点。其缺点是取样效果的好坏不能客观地评价，只能凭经验判断，其数据也不能进行统计分析。

3. 限定随机取样(strained random sampling)

限定随机取样，也称系统随机取样，它是系统取样和随机取样的结合，兼有二者的优点。限定随机取样是先用系统法将研究地段分成大小相等的区组，然后在每一小区内再随机地设置样方。优点为使用这种方法每个区组内每个样品被抽取的机会更大，而且这样抽取的数据可以进行统计分析；缺点为该方法在野外可能更费时间。如图 7-3 所示，将研究地段规则地分成 9 个小区，在每一个小区内随机地设置一个样方。

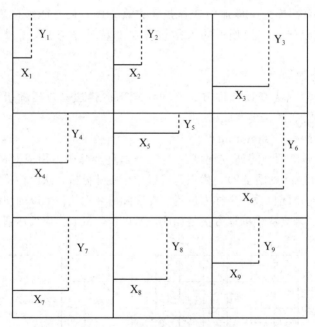

图 7-3   限定随机取样示意图

4. 分层取样(stratified sampling)

将研究地段按自然的界线或生态学的标准分成一些小的地段。例如，对于草地和灌丛，可以用群落的界线为依据划分小地段，再在小地段内进行随机或规则取样，分别代表草地和灌丛群落；在植被垂直地带非常明显的山地，可以不同的植被带作为小地段。即使同一植物群落也可进行分层取样，比如，森林植物群落的乔木层和草木层。分层取样的优点是简便易做，也是应用最广泛的方法。缺点为小地段的大小一般是很难知道且不等的，所以难以进行统计分析。

5. 集群取样（cluster sampling）

集群取样是一种二水平取样，即首先随机选取样点，在每一个样点取一些样方（而不是一个样方），较多的应用于特殊调查中。集群取样可有多种设计方案，因研究对象不同而不同。

示例如下（见图 7-4）：假定一位调查者在一块面积大约为 30 km×50 km 的森林中用 10 m×10 m 的样方计数蕨类植物。因森林面积大，调查者需较长的时间才能走到随机设的样方地点，但是在每一样方中计数蕨类植物所需的时间较短。如果在每一个样方点取一些样方——比如可能计数一个 40 m×40 m 的网格中的每一个 10 m×10 m 样方，这样可能工作效率更高。

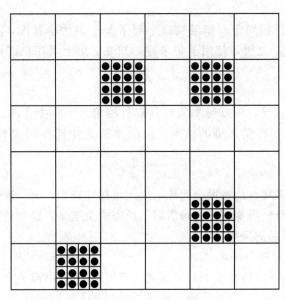

图 7-4 集群取样示意图

7.2.2 环境因子的取样

对于只与样方位置有关的环境因子，如海拔高度、坡度、坡向、小地形变化等，可以直接测量记录。但有些环境因子变化较大，还需在样方内进行再取样，才能使其具有较强的代表性。

7.2.2.1 土壤样品的采集

1. 取样点的布设

在调查研究的基础上，选择一定数量能代表被调查地区的地块作为采样单元（0.13～0.2 ha），在每个采样单元中，布设一定数量的采样点。同时，选择对照采样单元布设采样点。为减少土壤空间分布不均一性的影响，在一个采样单元内，应在不同方位上进行多点采样，并且均匀混合成具有代表性的土壤样品。常用的采样布点方法有对角线布点法、棋盘式布点法和蛇形布点法（见图 7-5）。一般地块面积小于 10 亩，取 5～10 个点；10～40 亩，取 10～15 个点；大于 40 亩取 15 个点以上。部级试点的样品，不能少于 7 个点。

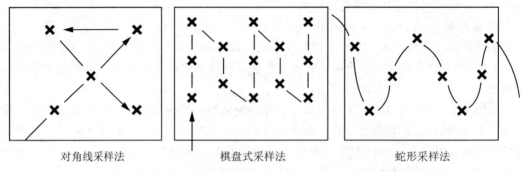

对角线采样法　　　　　棋盘式采样法　　　　　　蛇形采样法

图 7-5　土壤采样法(图中线条代表采样路线，×代表采样点)

2. 采样深度

采样深度视监测目的而定。如果只是一般了解土壤污染状况，只需取 0~15 cm 或 0~20 cm 表层(或耕层)土壤，使用土铲采样。如要了解土壤污染深度，则应按土壤剖面层次分层采样。

3. 采样时间

为了解土壤污染状况，可随时采集样品进行测定，一年中在同一地点采样两次进行对照。如需同时掌握作物受污染的情况，可依季节变化或作物生长、收获期采集作物样品。

4. 采样量

土壤样品一般是多样点均量混合而成，取土量往往较大，而一般只需要 1~2 kg 样品即可，因此常采用四分法反复缩分，最后留下所需的土壤量，经预处理后，保存备用。

7.2.2.2　空气样品的采集

1. 布设采样点的原则和要求

(1)采样点应设在污染物在整个监测区域的三种不同浓度(高、中、低)的地方。

(2)在污染源比较集中、主导风向比较明显的情况下，应将污染源的下风向作为监测的重点，布设较多的采样点；上风向布设少量点作为对照。

(3)工业较密集的城区和工矿区，人口密度及污染物超标地区，要适当增设采样点。

(4)采样点的周围应开阔，监测点周围无局地污染源。

(5)采样高度根据监测目的而定。研究大气污染对人体的危害，采样口应离地面 1.5~2 m。连续采样例行监测采样口高度应距地面 3~15 m。

(6)各采样点的设置条件要尽可能一致或标准化，使获得的监测数据具有可比性。

2. 采样点数目

在一个监测区域内，采样点设置数目与监测要求的精度和经济投资相关，应根据监测范围大小、污染物的空间分布特征、人口分布及密度、气象、地形及经济条件等因素综合考虑确定。世界卫生组织(WHO)和世界气象组织(WMO)提出按城市人口多少设置城市大气地面自动监测站(点)的数目。

3. 布点方法

(1)按功能区划分的布点方法：此方法多用于区域性常规监测。先将监测区域划分为工业区、商业区、居住区、工业和居住混合区、交通稠密区和清洁区等，再根据具体污染情况和人力、物力条件，在各功能区设置一定数量的采样点。

（2）按污染源分布的布点方法：对于有多个污染源，且污染源分布较均匀的地区，常采用网格布点法。对于有多个污染源构成污染群，且大污染源较集中的地区，常采用同心圆布点法。对于孤立的高架点源，且主导风向明显的地区，常采用扇形布点法。

7.2.2.3 水样的采集

1. 监测断面的设置

在对调查研究结果和有关资料进行综合分析的基础上，根据监测目的和监测项目，并考虑人力、物力等因素确定监测断面和采样点。

（1）监测断面的设置原则：在水域的下列位置应设置监测断面，且断面应尽可能与水文测量断面重合，并要求交通方便，有明显岸边标志。

1）有大量废水排入河流的主要居民区、工业区的上游和下游。

2）饮用水源区、水资源集中的水域、主要风景游览区、水上娱乐区及重大水利设施所在地等功能区。

3）较大支流汇合口上游和汇合后与干流充分混合处；入海河流的河口处；受潮汐影响的河段和严重水土流失区。

4）湖泊、水库、河口的主要入口和出口。

5）国际河流出入国境线的出入口处。

（2）河流监测断面的设置：对于江、河水系或某一河段，要求设置三种断面，即对照断面、控制断面和削减断面。

1）对照断面：为了解流入监测河段前的水体水质状况而设置。这种断面应设在河流进入城市或工业区以前的地方，避开各种污水流入或回流处。

2）控制断面：为评价两岸污染源对监测河段的水质影响而设置。控制断面的数目应根据城市的工业布局和排污口分布情况而定。断面的位置与排污口的距离应根据主要污染物的迁移、转化规律，河水流量和河道水力学特征确定，一般设在排污口下游500～1 000 m处。

3）削减断面：为监测河流受纳污水后水质的恢复情况而设置。污水排入河流后，经稀释扩散和自净作用，污染物浓度显著下降，削减断面通常设在城市或工业区最后一个排污口下游1 500 m以外的河段上。

有时为了取得水系和河流的背景监测值，还应设置背景断面。这种断面上的水质要求基本上未受人类活动的影响，应设在清洁河段上。

2. 采样点位的确定

设置监测断面后，应根据水面的宽度确定断面上的采样垂线，再根据采样垂线的深度确定采样点的位置和数目。对于江、河水系的每个监测断面，当水面宽小于50 m时，只设一条中泓垂线；水面宽50～100 m时，在左右近岸有明显水流处各设一条垂线；水面宽为100～1 000 m时，设左、中、右三条垂线；水面宽大于1 500 m时，至少要设置5条等距离采样垂线；较宽的河口应酌情增加垂线数。

在一条垂线上，当水深小于或等于5 m时，在水面下0.3～0.5 m处设一个采样点；水深5～10 m时，在水面下0.3～0.5 m处和河底以上约0.5 m处各设一个采样点；水深10～50 m时，设三个采样点，即水面下0.3～0.5 m处一点，河底以上约0.5 m处一点，

1/2 水深处一点；水深超过 50 m 时，应酌情增加采样点数。

对于湖泊、水库监测断面上采样点位置和数目的确定方法与河流不同。如果存在间温层，应先测定不同水深处的水温、溶解氧等参数，确定成层情况后再确定垂线上采样点的位置。

3. 采样时间和采样频率的确定

为使采集的水样具有代表性，能够反映水质在时间和空间上的变化规律，必须确定合理的采样时间和采样频率，一般原则如下。

(1)对于较大水系的干流和中、小河流全年采样不少于 6 次；采样时间为丰水期、枯水期和平水期，每期采样 2 次。

(2)流经城市、工矿企业等污染较重的河流、游览水域、饮用水源地全年采样不少于 12 次；采样时间为每月 1 次或视具体情况选定。

(3)潮汐河流全年在丰、枯、平水期采样，每期采样 2 d，分别在大潮期和小潮期进行，每次应采集当天涨、退潮水样分别测定。

(4)排污渠每年采样不少于 3 次。

(5)设有专门监测站的湖、库，每月采样 1 次，全年不少于 12 次。其他湖泊、水库全年采样两次，枯、丰水期各 1 次。有污水排入、污染较重的湖、库，应酌情增加采样次数。

(6)底泥每年在枯水期采样 1 次。

(7)背景断面每年采样 1 次。

要根据监测对象的性质、含量范围及测定要求等因素选择适宜的采样、监测方法和技术。水质监测所测得的化学、物理以及生物监测数据，是描述和评价水环境质量，进行环境管理的基本依据，必须进行科学的计算和处理，并按照规定的形式在监测报告中表达出来。为了保证水质监测数据正确可靠，要对环境监测的每一个步骤进行质量控制，使质量保证贯穿监测工作的全过程。

7.2.3　生物因子的取样

7.2.3.1　植物样品的采集

不同的分析目的，采样部位不同。测定植物的矿质营养、蒸腾、光合及荧光反应时选择成熟的功能叶；测定植物全株的营养元素时分别在根、茎、枝、叶、皮采样。植物样品用自来水冲洗干净，再用去离子水冲洗 3 次，放在滤纸上吸掉多余的水分；放置纸盒中，在鼓风烘箱中在 70℃下烘干 6~8 h，如果取样地方没有烘箱，也可将样品放在干燥空气流通处晾干，不要阳光照射。用玛瑙研钵研细，过 20~40 目孔筛。

7.2.3.2　植物群落的取样调查

1. 样方的形状和大小

(1)样方的形状

1)样方法

样方，即方形样地，是面积取样中最常用的形式，也是植被调查中使用最普遍的一种取样技术。但其他形式的样地也同样有效，有时效率更高，如样圆。野外做样方调查时，如果样方面积较大，多用样绳围起样方；如果样方面积较小，可用多个 1 m 的硬木条折叠尺，经固定摆放围起即可。

因工作性质不同，样方的种类很多：

①记名样方：主要是用来计算一定面积中植物的多度、个体数或茎蘖数。比较一定面积中各种植物的多少，就是精确地测定多度。

②面积样方：主要是测定群落所占生境面积的大小，或者各种植物所占整个群落面积的大小。这主要用在比较稀疏的群落里。一般是按照比例把样方中植物分类标记到坐标纸上，然后再用求积仪计算。有时根据需要，分别测定整个样方中全部植物所占的面积（面积样方），以及植物基部所占的面积（基面样方）。这些在认识群落的盖度、显著度中是不可缺少的。

③重量样方：主要是测定一定面积样方内群落的生物量。将样方中地上或地下部分进行收获称重，研究其中各类植物的地下或地上生物量。对于草本植物群落，该方法是适用的；对于森林群落，多采用体积测定法。

④永久样方：为了进行追踪研究，可以将样方外围明显的标记进行固定，从而便于以后再在该样方中进行调查。一般多采用较大的铁片或铁柱在样方的左上方和右下方打进土中深层位置，以防位置移动。

2）样带法

为研究环境变化较大的地方，以长方形作为样地面积，而且每个样地面积固定，宽度固定，几个样地按照一定的走向连接起来，就形成了样带。样带的宽度在不同群落中是不同的，在草原地区10~20 cm，灌木林1~5 m，森林10~30 m。有时，在一个环境异质性比较突出、群落也比较复杂多变的群落调查时，为了提高研究效率，可以沿一个方向、中间间隔一定的距离布设若干平行的样带，再在与此相垂直的方向，同样布设若干平行样带。在样带纵横交叉的地方设立样方，并进行深入地调查分析。在格局分析中，样带是最常用的方法，其中的样带是由连续的样方所组成。

3）样线法

用于灌丛和森林群落研究中。其方法是：用一条绳索系于所要调查的群落中，调查在绳索一边或两边的植物种类和个体数。样线法获得的数据在计算群落数量特征时，有其特有的计算方法。它往往根据被样线所截的植物个体数目、面积等进行估算。

4）无样地取样法

无样地法是不设立样方，而是建立中心轴线，标定距离，进行定点随机抽样。无样地法有很多具体的方法，比较常用的是中点象限法。

在一片森林地上设若干定距垂直线（借助地质罗盘用测绳拉好）。在此垂直线上定距（如15 m或30 m）设点。各点再设短平行线形成四分之象限，如图7-6所示。

2. 样方的大小

样方大小的选择需要考虑所研究的群落类型、优势种的生活型及植被的均匀性等。虽然面积小而数目多的样方与面积大数目少的样方可达到同样的精确度，但样方小时会致使取样工作量增加，统计分析过程也较为烦琐。因此，样方大小要适当，一般使用群落的最小面积作为样方的大小。群落最小面积是指：群落中大多数种类都能出现的最小样方面积，通常用种-面积曲线来确定，即种-面积曲线的转折点所对应的样方面积。

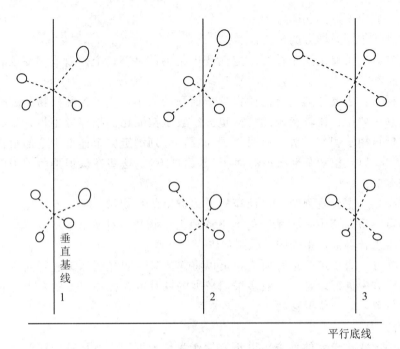

图 7-6　无样地取样法中的中点象限法

（1）一般说明

在拟研究群落中选择植物生长比较均匀的地方，用绳子圈定一块小的面积。对于草本群落，最初的面积为 10 cm×10 cm，对于森林群落则至少为 5 m×5 m。登记这一面积中所有植物的种类。然后，按照一定的顺序成倍扩大，每扩大一次，就登记新增加的植物种类。开始时植物种类数随着面积扩大而迅速增加，但随着面积的不断增加，植物种类增加的数目开始降低，最后面积扩大到一定程度时植物种类增加很少。

（2）样方面积扩大的方式

关于面积的扩大，法国的生态学工作者提出的巢式样方法。在研究草本植被类型的植物种类特征时，所用样方面积最初为 $1/64 \ m^2$，之后依次为 1/2、1、2、4、8、16、32、64、128、256、512 m^2，依次记录相应面积中物种的数量。把含样地总种数 84％ 的面积作为群落最小面积。将通过上述方法所获得的结果，在坐标纸以面积为横坐标、种类数目为纵坐标作图，可以获得群落的最小面积。

（3）群落类型与最小面积

一般环境条件越优越，群落的结构越复杂，组成群落的植物种类就越多，相应地最小面积就越大。例如，在我国西双版纳热带雨林群落，最小面积至少为 2 500 m^2，其中包含的主要高等植物多达 130 种；而在东北小兴安岭红松林群落，最小面积约 400 m^2，包含的主要高等植物有 40 余种；在戈壁草原，最小面积只要 1 m^2 左右，包含的主要高等植物可能在 10 种以内。不同群落类型最小面积经验值见表 7-1。

表 7-1 不同群落类型最小面积经验值

群落类型	群落最小面积/m^2
地衣群落	0.1～0.4
苔藓群落	1～4
沙丘草原	1～10
干草原	1～25
草　甸	1～50
高草地	5～50
灌　丛	10～50
温带森林	200～500
热带雨林	500～4 000

需要指出的是，由群落最小面积决定的样方大小适合于多元分析方法，但不适合于格局分析。在格局分析研究中，样方要适当减小，使得所研究的种在样方内不形成格局规模。低矮草地研究中一般用 $25～100\ cm^2$ 的样方；高草地用 $100～625\ cm^2$ 样方；灌丛用 $0.5～4\ m^2$ 样方；森林用 $2～25\ m^2$ 样方。

3. 样方的数目

当样方大小确定后，就需要考虑样方的数目。若选取的样方数目太多，费时费工；若样方数目太少，其代表性可能较差，会降低研究结果的准确性甚至得到错误的研究结果。因此，合理的设置样方数目是保证获取正确研究结果的前提，同时也能在最大程度上节省时间、金钱和劳动力。

样方数目的确定方法主要有平均数曲线法、方差法和面积比法三种。

(1)平均数曲线法

基于统计分析可知，每个样方中所调查的物种的平均数是随样方数目而变化的，当样方数较少时，平均数变化幅度较大，随着样方数目的增加，它的变化幅度逐渐减小，当达到某一样方数目时，它的变化幅度小于允许的范围(如 5% 变化幅度)，此时对应的样方数目可以认为是我们所需要取的样方数。在取样过程中只需逐步绘样方数——个体平均数曲线，如果平均数基本稳定，则可以停止取样，如果变幅尚大，取样继续进行。

如图 7-7 所示，当样方数为 25 时，平均值基本稳定；因此，应该取 25 个样方。

(2)方差法

根据所研究的总体的方差来决定取样数目，一般方差大，取样数目就要多；若方差小，取样数目则可以少。方差法要求取样不能少于 30，总体方差可以用前 30 个样方来估计。

在随机分布的情况下，取样数目 N 与总体方差 S^2 的关系为

$$N=\frac{t^2 S^2}{L^2} \tag{7-1}$$

式中：t 为显著性水准值，如 95% 置信区间 $t=1.96(\approx 2)$；L 为研究允许误差，为已知数。

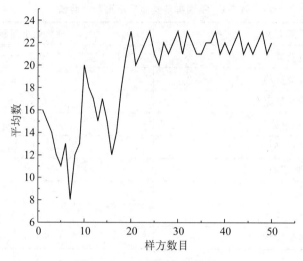

图 7-7　平均数曲线法示意图

$$S^2 = \frac{1}{n-1}\sum_{i=1}^{n}(x_i - \bar{x})^2 \tag{7-2}$$

（3）面积比法

面积比法是在知道研究地段总面积的情况下，事先决定要选择研究面积的百分之几作为样地，比如说 5% 或 10% 的研究面积作为样地。这样在样方大小已经确定的情况下，样方数目是不难算出来的。如研究地面积为 10 000 m²，样方大小为 5 m×5 m，要求抽取研究面积的 5% 作为样地，即样方总面积应为 500 m²，则样方数为 500 m²/25 m²/个=20。

7.2.3.3　动物样品的采集

1. 采集前的准备

采集用的刀、剪、镊子等用具煮沸 30 min，使用前用酒精擦拭、火焰消毒。装载的器皿经 103 kPa 高压 30 min 或 160℃ 干烤 2 h；使用一次性针头和注射器；采取一种病料，使用一套器械与容器；做好采样计划，如要采集足够的数量及采集的部位、种类等；还要准备采集后的用具等消毒、清洗用的消毒液及容器等用品。

2. 常见的不同动物样品采集方法

（1）血液

①部位：牛、羊常用颈静脉采血，猪用耳静脉（较大的猪）或前腔静脉（较小的猪）采血，禽用翅静脉采血，兔从耳静脉或颈静脉采血，鱼（活体样本）从尾鳍取样。

②操作：动物采血时，采血部位先将毛清洗干净，用 75% 的酒精消毒，待干燥后采血。牛、羊、猪、兔采血一般用一次性采血器或注射器，吸出后放试管内或直接用针头（一般用三棱针）穿刺静脉后，将血液滴到直径为 3～4 mm（可用人用的一次性输液管）塑料管内（长度一般为 5 cm），将口封好，竖立存放。

③保存：如用全血样品，样品中加抗凝剂（在采血前直接加入），并充分摇匀；如用血清样品，则血液不加抗凝剂，在室温下（不能曝晒）静置，待血清析出，经离心机离心分离出血清（与血凝块分开放置），若要长时间保存，则将血清置冰箱冷冻层保存（保存时间视冰箱的温度），但不可反复冻融。

(2)组织

①内脏：采集动物的内脏组织，如已死亡的动物应尽快采集，夏天应不超过 2 h，冬天不超过 6 h(还要视具体温度)。采集的动物病料必须新鲜，尽可能减少污染。用于微生物学检验的内脏组织块不必太大(1～2 cm²，如有少量污染或不能保证无污染，组织块取大些，切割后用)，存放在消毒过的容器内；若用于病理组织学检查，则要采集病灶及临近正常组织，并存放于 10%福尔马林溶液中(如作冷冻切片用，应将组织块放在冷藏容器中；如作冷冻切片用，应将组织块放在冷藏容器中，并尽快送实验室检验)。

②尿液：在动物排尿时，用一次性塑料杯接取。

③呼吸道：用灭菌的棉拭子采集鼻腔、咽喉内的分泌物，蘸后立即放入特定的保存液中(如灭菌肉汤、磷酸相加缓冲液、Hanks 液等)每支拭子需保存液 5 mL。

④皮肤：直接采集病变部位，如病变部位的水泡液、水泡皮等。

⑤肠内容物：选病变明显肠道的内容物，用吸管扎穿从中吸取内容物，放入 30%甘油盐水缓冲液保存送检，或将一段有内容物的肠管两端扎紧，剪下送检。

3. 送样

采集的样品最好能在 24 h 内专人送达实验室(夏天需 4℃左右冷藏)，如在不影响检测的情况下，又不能在 24 h 内送检，可把样品冷冻，并以此状态送检。送检过程要防止倾倒、破碎，避免样品泄露，要注意有的样品不能剧烈震荡，要注意缓冲放置，所有样品都要贴上能标示采样动物的详细标签。

7.3 原位试验方法

7.3.1 现场围隔方法

水生态系统具有结构复杂且生态过程涉及范围广、持续时间长的特点，因此在开展关于水生态系统的相关研究时，实际的生态观测具有很大困难，且室内实验室研究具有局限性。野外现场的围隔实验既能保持水体原始状态，也能人为控制因素，因此得到广泛应用。

1. 现场围隔

现场围隔是生态工程学中常用的一种人工设计组成的实验生态系统，其利用围隔将原地(现场)围圈一定体积的水体，通过人工设计生态结构或干预生态因子变化，从而模拟自然水域生态变化趋势，获得试验结果。由于围隔试验系统与周围水环境隔离开来，是一个相对独立的生态系统，所以能够基本维持围隔内的物质恒定，同时具有与自然状况相似的环境条件，可在此基础上进行自然变化和人为活动对生态系统影响的研究。围隔试验是一种简便、科学的试验方法，在水域生态学的研究中得到了广泛的应用。

现场围隔由固定支架、围隔幔支架、围隔幔和拉链所组成。固定支架是绑定围隔袋、桶等的支架，使围隔装置稳定牢固地安放在陆地、岸边、船甲板或者水中，保护围隔不被风浪破坏。该支架主要由钢材或毛竹制成，有些也使用 PVC 管等塑质材料。围隔如需固定在水中，则还要加以木(铁)桩打入底泥中，使其更加牢固。围隔幔支架是支撑帷幔的支架，一般由钢制材料牢固焊接而成，视围隔形状的不同分为圆柱形和方形。在一些研究中，有些学者在水泥池中设置围隔，这些水池一般设在岸边或潮间带，它们相比支架来说更为牢固些,更适用于陆地上的围隔试验。围隔幔一般采用透明或半透明的弹性薄膜材料,如聚乙烯、PVC、玻璃纤维等,这些材料都具有韧性好、不透水、耐腐蚀等特性。目前使用的围隔幔大多由聚乙烯布或帆布围绕支架一周热焊或缝合而成,与支架构成一个上方敞开、四周和底部封闭、不透水的半开放、半透明的系统。为保护围隔袋不被风浪破坏,有的学者也在围隔袋的外面另外套上一层保护袋,使其更加安全牢固。有些学者在围隔幔的外侧设置一处拉链用于排水,同时也能防止采取抽水法排水时围隔内生物的逃逸。

附属设备主要指根据不同围隔装置的需要添加到固定支架上的设备,使得围隔的设计更加完善、科学。比较常见的附属设备有:①浮力装置,一般为塑料材质的球形浮子,安放于围隔上口支架上,主要用于保持围隔上口露出水面,使整个围隔悬浮于水中;②搅水装置,主要由电动机、转动轴和叶轮等组成,用于充分搅拌水体,防止围隔内水分层;③防雨罩,由防雨材料制成的斗笠状或篷状的罩子,一般位于围隔的上方起到遮盖作用,能防止雨水打湿电力设备或滴入围隔内部,以保持试验水体的稳定。

现场围隔具有以下几点优势:

(1)自然生态系统简单,可在不同的环境下较容易地实施;

(2)它是生态系统水平的实验,不同于室内实验通常只能进行单种群或几个种群的研究,所获得的信息大不一样:围隔实验可以提供生态系统尺度的信息,而室内实验一般获得种群尺度的信息;

(3)围隔实验一般在现场进行,环境条件与自然状况相似,这是室内模拟难以达到的,所得结果能较好地反映自然生态系统的真实状况;

(4)对于研究生态系统整体对人为活动(如营养物质输入)的反应,围隔实验可以做到,室内实验难以做到。

2. 现场围隔研究进展

试验用围隔最早出现于20世纪60年代初。1961年,Strickland等首次使用球形塑料围隔模拟自然水体生态系,并对浮游植物的初级生产力进行了研究。60年代中期,海洋污染问题日趋严重,科学家们想到利用围隔装置探究污染物对海洋生态系的影响机制。1982年,美国学者利用可控生态系污染试验(Controlled Ecosystem Pollution Experiment,CEPEX)探讨了污染物的加入对围隔生态系结构以及功能的影响。此后,围隔试验又被用于探索浮游生物、鱼类、虾类、沉积物以及微生物等各种水体生态因子组成及其功能。在我国,围隔试验起初主要用于海洋生态学研究。在淡水水域中,史洪芳等首次将陆基围隔运用到养殖生态学研究,李德尚等在水库中使用浮式围隔对投饵网箱养鱼的负荷力进行了研究。最近20年,围隔试验在水域生态研究中得到了更加广泛的应用,主要用于污染生态学、养殖生态学方面的研究。1990年,Mazumder等利用围隔试验探讨了鱼类和浮游生物与湖水温度、混合深度(湖面到变温层的深度)的相互关系,进行了水生动物活动对水化学指标影响的研究;刘建康等利用围隔试验探讨了鲢鳙控制蓝藻水华暴发的机制;宋玉芝等探讨了围隔内的附着生物对富营养水体中氮磷元素的去除作用;陈开宁等使用大型围隔对五里湖南岸水域进行了生态重建;1997年,Meeren总结了围隔试验在海洋鱼类养殖生态学研究方面的应用情况,指出围隔系统具有成本低、稳定性高等特点,目前被广泛地应用于幼鱼饵料生产以及大西洋鲱、比目鱼等经济鱼类的养殖产业当中。

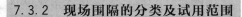

7.3.2 现场围隔的分类及试用范围

随着人类对自然生态系统关注程度的增加，现场围隔的应用也日趋广泛。在实际应用过程中，学者们根据不同的自然条件和研究需要对围隔的应用进行了拓展，经过半个世纪的发展，目前已设计出了许多不同形式和功能的现场围隔。

1. 依大小划分

目前已见报道的围隔，按其体积或规模，可分为大型围隔（macrocosm，$>100 \text{ m}^3$）、中型围隔（mesocosm，$10\sim100 \text{ m}^3$）和小型围隔（microcosm，$1\sim10 \text{ m}^3$）3 类。

大型围隔主要应用于大型水域的综合生态试验或生态环境的重建。由于大型围隔规模较大，生物多样性丰富，与自然水体的差异较小，因此研究所得的数据结果更为真实可靠，能更直观地反映和模拟实际水体的生态变化。但是，设置大型围隔一般要耗费大量的人力、物力，费用较高。1999 年，Tzaras 等在加拿大 Lac Croche 湖设置了 2 组大型围隔，容积分别为 150 m^3 和 600 m^3，均由不透水的尼龙-聚乙烯材料制成，围隔顶部周围设有浮球并挂设在木桩上，以保持水柱的垂直状态，该试验通过人为控制围隔系统内营养水平、滤食性鱼类种群密度以及水柱深度等条件，对影响微生物食物网组成的主要因素进行了研究分析，最终发现了水体营养水平的提高会直接导致异养型鞭毛虫数量的减少，而且微生物数量的增加也没有相应地引起该类鞭毛虫丰度相应的提高。2009 年，Chen 等在中国五里湖建造了一个面积 10 ha 的大型围隔系统，围隔由不透水的材料围成，底部不接触湖底，试验利用鱼类转移、增加肉食性鱼类、重建湖岸、种植大型水生植物以及养殖鲢和大型底栖动物等一系列方法来控制水体富营养化，降低蓝藻的生物量，经过一定时期后，围隔内大型植物的覆盖率从 0 增长到 45.7%，与围隔外相比总氮和总磷量分别减少了 22.2% 和 26%，透明度由原来的 0.4 m 增加至 0.75 m；同时还发现，浮游植物尤其是蓝藻数量的减少要滞后于水质的改善和大型水生植物的重现。

中小型围隔多用于一种或几种生态因子的人工模拟试验，以及水生生物基础性研究，具有可控性强，便于操作和管理，试验周期短，费用较低等特点，Heiskanen 等在 Baltic 海北部的近岸区设置了 5 个容积均为 30 m^3 的围隔，研究限制性因素（上行途径，如营养条件、资源竞争等）和控制性因素（下行效应，如摄食压力等）对夏末浮游生物群落的影响：通过对营养物质（氮和磷元素）富集的调控和滤食性鱼类数量的交叉试验来观察围隔中有机态的碳氮磷元素含量、叶绿素 a 水平，以及生物量和基质组成等的变化，分析发现，在水体富营养化的过程中，食物网结构、外源营养物质输入和浮游动物摄食选择等因素对水柱中营养物质的变化都起着至关重要的作用。为了检验总氮总磷比（TN：TP）和磷元素削减对蓝藻水华暴发的影响，Xie 等在中国东湖水深 2.5 m 的湖底泥层上设置了一系列 $2.5 \text{ m}\times2.5 \text{ m}\times3 \text{ m}$ 的围隔，在其他条件不变的情况下，通过注入含磷量不同的湖水和底泥，改变了水柱和沉积物中磷元素含量，结果发现蓝藻水华暴发的主要原因是底泥中磷元素的释放使得水柱中磷的含量过高，从而说明之前流行的"氮磷比"假说并非水华暴发的直接原因，而是因蓝藻促使底泥中结合态磷的释放到柱中使氮磷比下降。Hernandez 等运用一种小型围隔建立了季节性富营养化模型，用以研究生态系统中浮游植物量的调控机制及水体营养动力学：所用围隔是直径 1 m、深 5 m 的塑料管道，管道下方设一个活动阀门，目的是保证围隔内外水位相同，该围隔设计巧妙，能够较好地模拟自然状态下的水体生态环境，便于操控。Egge 和 Aksnens 使用一种浮式的围隔袋，探讨了硅酸盐对浮游植物群落的影响；该围隔袋容积为 11 m^3，主要由透明度接近 90% 塑料材料制成，透光性良好，基本不影响围隔内浮游植物的正常生长。

2. 依设置地点划分

现场围隔按设置地点分为船基围隔、陆基围隔 2 类。船基围隔是将围隔放置在船甲板上，可对远离岸基的水域生态系统进行模拟研究，是现代海洋生态系统现场研究的主要手段，在保持大部分海洋生态系特征的前提下，有针对性地进行较长时间的生态控制试验，有助于深入了解生态系统的结构和功能。李瑞香等通过船基围隔探讨了赤潮中 2 种优势藻对富营养化的响应程度以及这 2 种藻的竞争机制；围隔由聚乙烯-聚酯纤维布制成，材料柔韧结实且半透明，容积为 25 m^3，适宜进行大规模的模拟试验；围隔呈桶状，放置在船甲板的钢架内，周围系上具出水孔的帆布袋，并用潜水泵不断地向帆布袋中泵入海水以保持围隔内水温与海水一致。宋国栋等使用的船基围隔与前者结构类似，但容积较小，通过在围隔中一次性添加营养盐和铁研究了铁对浮游植物吸收营养盐的关系。

陆基围隔指的是固定在岸边或放置于陆地上的围隔装置，占用空间小，结构简单，便于操控，主要应用于中小型水域的生态研究。Jacobsen 等在开展肉食性鱼类、滤食性鱼类、浮游动物和沉水植物间相互关系的研究时，将围隔设置在 Stigsholm 湖的西南岸边，围隔由塑料材料制成并用木桩固定，使该生态系的环境条件与自然状态相同，也避免了湖水长期浸泡的损耗，提高了装置的使效率。Heath 等则用抛锚固定的方式将 4 个围隔固定在岸边，进行斑马贻贝（*Dreissena polymorpha*）的养殖生态学研究，对不同密度条件下斑马贻贝对水华、浮游植物群落、水体营养水平等的影响进行了讨论，证实了养殖斑马贻贝会使水质条件恶化；Fahnenstiel 等也通过 3 年（1990—1993 年）的取样观察得出了类似的结论。唐森铭等把容积约 1.7 m^3 的玻璃钢桶作为围隔装置，并把它们放置在陆基水池中进行生态环境模拟试验，研究了水体扰动影响赤潮浮游植物种类演替的机制，该装置透光性强，材料坚固耐用，适合用于海水等具腐蚀性水体的长期模拟试验。

7.4 案例研究

7.4.1 实例研究——海洋围隔生态系中疏浚物倾倒对养殖贝类的生态效应研究

7.4.1.1 研究背景

随着海洋开发利用的快速发展，疏浚物倾倒量日益增加。大量倾倒引起海水中悬浮物浓度增加，进而影响周围敏感区域特别是养殖区的生物质量状况。目前已有研究者借助室内试验对一些港口疏浚物溶出液对双壳类软体动物影响进行了研究，但对此的室外研究却开展较少。因此采用海上围隔试验技术研究疏浚物倾倒对养殖贝类的生态效应。海上围隔实验技术即受控生态系统污染实验，是目前国际公认的海洋污染实验研究的有效方法之一，它的优点在于：①比自然生态系统简单，比室内实验复杂；②是生态系统水平的实验，获得的信息量多；③在现场进行试验，环境条件与自然状况相似，所得结论能较好地反映自然真实的状况。

7.4.1.2 材料与方法

1. 实验设计

围隔实验共设置了 6 个围隔，编号为 DS01、DS02、DS03、DS04、DS05、QS03。围隔由聚乙烯袋和固定钢架构成，围隔高 2 m，开口直径 1 m，装入从周围海水次表层抽取的实验海水约 1.4 m³。实验中选用航道疏浚泥模拟倾倒过程，实验前，先将航道疏浚泥密封储存于低温环境下备用，实验期间以 80 目尼龙筛斗湿过筛后加入围隔，控制围隔内悬浮物浓度分别为 4 500 mg/L、1 500 mg/L、500 mg/L、250 mg/L、100 mg/L 五个浓度梯度，QS03 为对照围隔，只装实验海水。

受试生物采用养殖贝类，在围隔外暂养 48 h 后放入围隔内吊养。实验期间选用空压机充气以保证水体流动、供氧及悬浮物浓度；同时，定期投加饵料及更换海水，以保证围隔内贝类生长所需，饵料采用就近拖网采集浮游植物。实验周期为一个月。

2. 实验材料

实验贝类选用菲律宾蛤仔（*Ruditapes philippinarum*）、海湾扇贝（*Argopecten irradians*）、褶牡蛎（*Crassostrea virginica*）三种，采自海区内养殖场。疏浚物选用大连港港口疏浚泥，其总 Hg 含量为 $0.043×10^{-6}$，Cu 含量为 $19.5×10^{-6}$，Pb 含量为 $25.06×10^{-6}$，Cd 含量为 $0.15×10^{-6}$，油类含量为 $411.82×10^{-6}$，Zn 含量为 $26.46×10^{-6}$，有机碳含量为 $1.14×10^{-6}$，为较清洁沉积物。

3. 测定方法

试验期间对 DO、pH、水温、悬浮物浓度、叶绿素 a、贝类生长状况、贝类体内重金属（Hg、Cu、Pb、Zn、Cd）和油类含量进行了测定。采样和测定方法按照《海洋监测规范》的方法进行。实验结束后，对扇贝进行了组织切片镜检。

7.4.2 案例研究——新疆金山金矿矿区生态环境现状评价

新疆金山金矿位于伊犁州伊宁县西北约 60 km 的北天山西段，科古琴山南麓，匹里青河上游伊尔曼得至马依托背一带，地理坐标 81°29′～81°37′E，44°14′～44°20′N。调查区地貌属中低山带，地势北高南低，海拔高度 1 400～2 100 m，相对高差 350～500 m。调查区属温带半干旱大陆性气候区，春夏阵雨，冬季积雪丰厚，昼夜温差大，夏热少酷暑，冬冷少严寒，据气象观测数据，最高气温 33.2℃，最低气温 −26℃，平均气温 5.4℃，年均降水量 350 mm，最大积雪厚度 51 mm，年平均蒸发量 1 621 mm；年均风速 2.45 m/s，主导风向为 WNW～NNW。土壤类型主要有栗钙土、黑钙土。植被类型分为寒温性常绿针叶林、落叶阔叶林、灌丛、草原、草甸等，以草原、草甸为主，植被覆盖度较高。

7.4.2.1 背景分析

本项目占地约 386 ha，影响范围小于 2 000 ha，调查区有新疆维吾尔自治区重点保护野生动植物，属于重要生态敏感区，依据"导则"（HJ/T 19—2011），判断生态评价工作等级二级。调查范围为矿区向外扩展 2 km，总面积约 7 048 ha。根据导则要求，二级评价的生物量和物种多样性调查可依据已有资料推断，或实测一定数量的、具有代表性的样方予以验证。

139

7.4.2.2 研究内容

1. 宏观尺度调查内容

这主要调查区域的生态系统类型、结构、分布特征等；植被类型及分布特征；土壤类型及分布特征；土地利用类型及分布特征；土壤侵蚀类型及空间分布特征等。

2. 中观尺度调查内容

这主要调查区域的植物资源，包括主要乔木、灌木、草本植物的种类、物种数量；主要高等维管束植物中蕨类植物、裸子植物、被子植物的科、属、种的数量及分布特征；主要陆生动物、水生生物的种类、数量及分布特征等。

3. 微观尺度调查内容

这主要调查植物群落及特征（优势植物种类、数量、优势度、盖度，伴生植物种类、数量等）；昆虫类样方的种类、数量、密度、分布特征等；国家级或自治区级保护物种和地方特有物种的类型、分布、保护级别、分布状况等。

7.4.2.3 生态现状调查方法选择

1. 宏观尺度调查方法选择

（1）资料收集法

收集《中国植被》《全国植被类型图》以及各地方植被图，各区域或省市生态功能区划，区域或省市生态环境规划和区域或省市水、土、大气环境及功能规划，各省市县统计年鉴，省市县志和研究报告等一切与研究相关的资料。

（2）遥感调查法

以 IKONOS-2 卫星接收空间分辨率为 1 m 的全波段遥感图像数据为信息源。采用 ERMapper 7.1 及 ENVI 4.5 对影像进行数据融合、影像切割、色彩对比、波段合成等，制作 1 m 精度的卫星影像图。采用 MapInfo 10 软件制作各生态环境要素图件，并分类统计面积。

2. 中观尺度调查方法选择

（1）资料收集法

收集《金山金矿项目水土保持方案报告书》《金山金矿项目水资源论证报告书》《金山金矿矿山环境保护与综合治理方案》《金山金矿项目土地复垦方案报告书》等资料。

（2）专家和公众咨询法

通过走访当地政府和科研院所的专家，咨询当地牧民，了解调查区的植物资源、陆生动物资源、水生生物资源的种类、种群分布数量、分布面积等，重点掌握野生保护动植物的种类、保护级别、数量、分布、栖息地环境、保护状况等。

3. 微观尺度调查方法选择

（1）现场勘查法

通过采集植物标本、识别植物种类，记录土壤分布规律。选择不同代表性的生境地区作为考察点，考察途中，记录见到的脊椎动物种类以及栖息地类型。

在观察点用肉眼和低倍望远镜寻找环境中的鸟兽，用高倍望远镜判别种类；在地表裸地、石缝、草丛中寻找爬行类；在沼泽和水域利用翻动、驱赶等方法，寻找两栖类和鱼类。发现动物后拍照，并记录种类、多度和生境。

（2）生态环境监测法

①植物生态环境监测法

采用定点和随机方法设 19 个样地调查植被。乔木林样方为 10 m×10 m，灌木林为 5 m×5 m²，草本群落为 1 m×1 m。每种群落做 3～4 个样地，记录植物种类、盖度、多度、高度，林木测量胸径或基径，灌丛测量基径和分枝率。

②动物监测法

昆虫类：主要采取扫网网捕及翻动石块和在枯枝落叶下寻找的方法。记录捕捉到的昆虫，并采集标本拍照；为查明草原昆虫的优势种，测定了 23 个 1 m×1 m 的样方。

③水生生物监测法

调查区河段水生生物调查设着生藻类、浮游植物、浮游动物和水生无脊椎动物样点 9 个、鱼类样段 2 个。

推荐阅读

1. 董鸣. 生态学透视——种群生态学[M]. 北京：科学出版社，2017.
2. 李振基，陈圣宾. 群落生态学[M]. 北京：气象出版社，2011.
3. 蔡晓明. 生态系统生态学[M]. 北京：科学出版社，2000.

方法学训练

1. 结合生态环境考察制定原位试验方案。
2. 根据样方类型与设定原则，设计植物群落/底栖生物群落野外调查与分析表。

第8章 生态环境模拟实验方法

生态环境模拟实验室方法包括室内控制实验和模拟实验。控制实验以淡水生态毒理学研究方法为例,主要介绍微生物试验、淡水初级生产者试验、无脊椎动物试验、淡水鱼试验、沉积物试验和多物种试验等。模拟实验以微宇宙实验为例,系统梳理和挖掘微宇宙实验方法及其发展历程。本章的案例介绍了符合研究区水量特点,进行污染和流量双重胁迫对鱼类生理学指标影响的室内模拟实验。通过模拟实验明确流量和污染胁迫对鱼类生理学指标影响的规律以及研究基于鱼类生理指标的适宜生态流量。

8.1 控制实验

淡水生态毒理学研究方法是淡水生态毒理学的重要组成部分,根据研究目的和对象的不同,研究方法也各异。淡水生态系统中的生物测试是利用生物的反应测定化学污染物对水生生物的毒性、毒性程度及对水生生物的允许浓度,并为制定水环境标准提供毒理学依据。

本节介绍的淡水生态毒理学研究方法主要包括微生物试验、淡水初级生产者试验、无脊椎动物试验、淡水鱼试验、沉积物试验和多物种试验等。

8.1.1 微生物实验

微生物是生态系统中众多环节的重要组成部分,特别是在营养物质的循环、生产者、生物降解及生物转化过程中都起着重要的作用;微生物易于培养,繁殖迅速,可依据实验所需条件大批量培养;在生态系统中微生物所处的营养级较低,它们可以作为"早期预警"来指示污染物潜在的生态效应等。所以,在淡水生态毒理学研究中微生物被选择进行多种类型的生物测试。

8.1.1.1 通过微生物的生长速率或细胞存活率检测污染物的毒性

经药物处理后,微生物生长速率的改变可通过浊度仪、比重计、分光光度计、细胞计数系统、生化测试等方法来检测。其优点是测量迅速、易于分析、重复性好,只要实验设计合理、严格培养条件就可保证实验的精确度。当某种化学物质的浓度达到 EC_{50} 水平时,生长率(μ)将下降 50%。生长率 μ 的计算方程为

$$dB/dt = \mu B \tag{8-1}$$

式中:B 为细菌生物量;t 为时间;μ 为生活周期指数和对数阶段的瞬时生长速率常数。

g(世代时间)的计算公式为

$$g = t/3.3(\log B_t - \log B_0) \tag{8-2}$$

式中:B_t 为 t 时刻细菌的数目;B_0 为初始时刻细菌的数目。

微生物毒性试验中必须注意:为了试验的准确性和与其他实验室的研究结果有可比性,试验应采用完全标准化的菌种,且必须保证菌种的纯度。

8.1.1.2 利用微生物的生物化学特性检测污染物的毒性

1. 酶活性的测定

在体内及体外试验中进行酶活性的测定可用于评价毒物对该酶的影响。该生物化学指标也经常用于检测在土壤、沉积物和水体中微生物的数量及活性。

（1）ATP浓度与活性测定

三磷酸腺苷（adenosine triphosphate，ATP），是生物能量的主要载体，它存在于所有生物的活细胞内。ATP的量和细胞的活性、种类和数量呈一定的比例关系。荧光素酶法是典型的ATP测定方法。ATP可以和荧光素酶相互作用而发出生物光，光的强度和微生物的数量呈一定的比例关系。通过检测生物光的强度来反映出微生物的数量。除了直接测定ATP的浓度之外，Riedel和Christensen提出以ATP为底物测定ATP酶活性作为微生物测试的另一种方法。

（2）脱氢酶的活性

四唑盐被广泛用于活细胞的还原反应。毒性试验中应用最普遍的四唑盐类是氯化2，3，5-三苯基四氮唑（TTC）、氯化吲哚硝基四氮唑（INT）、氮蓝四唑（NBT）、四甲基偶氮唑盐（MTT）。TTC、INT、NBT和MTT被还原后的颜色分别是红色、橘红色、蓝色和蓝紫色。吸收峰分别是485 nm、490 nm、572 nm和550 nm。目前，TTC毒性试验已普遍用于活性污泥系统微生物数量的测定中。

2. 发光菌检测法

发光菌（Photobacterium）检测法是以一种非致病的明亮发光杆菌作指示生物，以其发光强度的变化为指标，测定环境中有毒有害物质毒性的一种方法，该方法具有重复性好、灵敏度高和精确度高的特点，已被广泛用于水体环境污染的监测。发光细菌易培养、增殖快、发光量易受环境因素影响。细菌的发光过程是菌体内的一种生理过程，即光呼吸过程，它属于呼吸链上的一个侧支。菌体活细胞内具有ATP、荧光素（FMN）和荧光素酶，它们之间在光呼吸过程中发生的生物化学反应导致生物光的产生。这个生物化学反应过程可以表示为

$$FMNH_2 + O_2 + RCHO \longrightarrow FMN + RCOOH + H_2O + h\nu$$

该光波长在490 nm左右，凡是干扰或损害发光菌呼吸或生理过程的任何因素都能使该细菌发光强度发生变化。随着毒物浓度的增加发光减弱，这种发光强度的变化，可用测光仪定量地测定。

8.1.1.3 分子生物学技术的应用

微生物多样性测序方法的广泛使用，使得人类了解微生物在环境胁迫下的种群和群落时空变化成为可能。以聚合酶链式反应（PCR）技术为主的分子生物学技术为从分子水平揭示微生物多样性提供了新的方法。DNA提取后通过PCR扩增及分子指纹技术，可快速地对微生物群落结构进行比较和监测。常见的方法有变性梯度凝胶电泳（DGGE）、温度梯度凝胶电泳（TGGE）、实时荧光定量PCR技术（Q-PCR）、限制性片段长度多态性（RFLP）分析、末端标记限制性片段长度多态性分析（T-RFLP）、单链构象多态性分析（SSCP）和随机扩增多态性（RAPD）分析等。PCR-DGGE技术自1993年被引入微生物生态学领域以来，已成为研究微生物多样性和种群差异的重要工具，是目前最普遍、最常用的微生物多样性分析手段。该技术可检出存在单碱基差异的突变个体；仅需很少的进

样量即达到清晰的电泳分离效果；可同时检测多个样品，并对不同样品进行比较，有利于细菌菌群多样性的动态观察。

高通量测序技术又称下一代测序技术（Next Generation Sequencing，NGS），已逐渐成为微生物生态学研究中最先进的测序手段。目前用于微生物群落多样性研究的高通量测序平台主要有来自罗氏公司的 454 法、Illumina 公司的 Solexa 法和 ABI 的 SOLiD 法。近年来，微生物多样性测序方法被广泛应用于生态环境监测和水生态系统安全预警。

8.1.2 淡水初级生产者

多年来，淡水藻类和维管植物（大型植物）多被用于监测污染物对池塘、河流和湖泊水体的影响。以前多认为水生植物对化学物质的敏感性不如水生动物，所以水生植物作为实验室实验物种的应用不如动物物种（如水蚤和鱼类）普遍。但目前研究表明，水生植物对多种毒物比无脊椎动物更加敏感。比如，浮萍对于重金属和废水，藻类对于阳离子表面活性剂、杀虫剂、合成染料等都表现得比无脊椎动物更加敏感。

8.1.2.1 淡水藻类毒性试验

藻类毒性试验开始于 19 世纪初，到 20 世纪 60 年代中期建立了标准方法。藻类增长潜力试验作为一种比较常用的淡水藻类试验，除了用于研究藻类的生长及淡水中富营养化问题，也可用于测定化学物质和废水的毒性。

1. 测定生物量

淡水藻类在旋转或振荡的器皿中培养 3～4 d，达到快速生长期就可以进行这项试验。试验常在恒光条件下进行，测定毒物暴露对藻类生长与繁殖的影响。分析剂量-效应曲线可以得知该毒物对藻类是刺激作用或是抑制作用。藻类毒性试验通常用于检测一种化学物质的毒性，但也可用于废水的毒性试验。实验一般持续 3～4 d，但依据实验目的的不同，有的实验只进行 5 min 而有的会持续 2～3 周，在实验过程中应根据不同的藻类控制适当的光、温度及 pH。根据检测目的的不同，需要每天或在试验结束时测定藻类生物量。通常使用间接法测量生物量，如采用显微技术进行细胞计数。用伊文思蓝染色后可鉴别出活藻和死藻。电子计数器和光电子计数器因为测量快速而精确，在藻类计数上使用较多。常用的藻类有绿藻中的 *Scenedesmus subspicatus* 或 *Selenastrum capricornutum*，硅藻中的 *Cyclotella*，*Nitzschia* 和 *Synedra*，蓝绿藻中的 *Anabaena flos-aquae* 和 *Microcystis aeruginos*。

2. 测定光合作用

与大多传统试验相比，测定光合作用所需时间较短，可缩短至 5 min。测量光合作用典型的方法是计算生成的氧气和 ^{14}C 吸收法。一些化学物质对藻类光合作用具有抑制作用，如除草剂、表面活性物质、一些石油产品等。也有一些化学物质则对藻类光合作用具有刺激作用，如油页岩副产物等。比较光合作用测定与传统的种群生长研究发现，多数情况下光合作用不如生长指标敏感。

8.1.2.2 淡水维管植物的毒性试验

维管植物（或大型植物）在淡水生态系统中发挥着重要作用，许多可作为野生动物食物的来源，并可为许多水生动物提供栖息地。一些有根的物种对于稳定湿地（wetlands）中的沉积物有着重要的作用。维管植物常被用作废水处理过程中的生物修复物及水体污染的生物指示物，在毒性试验中的应用相对要少。一些浮水植物（floating plant）及有根植物

可用于环境安全试验。

浮萍(浮萍科),是一种浮水维管植物,在世界范围内广泛分布,常见于池塘、湖泊、稻田等。它们具有体积较小、结构简单、易于培养的特点,是一种应用前景非常好的实验物种。另外,它们的繁殖速度较快,在实验室中培养的一些物种倍增时间仅为0.35～2.8 d。因此有人认为用浮萍作毒性试验,尤其是废水的毒性试验,比用其他藻类更经济、更高效、也更易进行。用浮萍进行毒性试验,所用的试验容器可有培养皿、试管、锥形瓶、烧杯等。同藻类试验一样,浮萍通常也是培养在液体培养基中,所用培养基中一般不含乙二胺四乙酸(EDTA)。毒性效应最常用观察指标是叶状体的数目、叶状体的直径、根的长度及叶绿素 a 等。

8.1.3 无脊椎动物

无脊椎动物在水生生态系统中起着关键的作用,甲壳类、轮虫类及一些昆虫幼虫通常是食物链中的初级消费者,因此基于无脊椎动物的各种测试方法均是从这些水生生物发展而来。大型溞作为国际公认的标准试验生物,其毒理试验被许多国家定为毒性测定必测项目。

水溞在淡水中分布广泛,是水生食物链的一个重要环节,它们以初级生产者为食,一些鱼类又以它们为食,它们的生命周期相对较短,易于在实验室培养,对大多数水环境污染物都很敏感。它们的体积较小,在测试时只要少量的水及较小的容积即可。水溞毒性试验用途十分广泛,可用于工业排放物急性致死性试验及评价新产品潜在风险的慢性试验。大型溞(*Daphnia magna*)和溞状溞(*Daphnia pulex*)在标准急性和慢性无脊椎动物毒性试验中最为常用。在急性试验中大型溞或溞状溞与毒物或废水接触24 h 或48 h 后计数死亡或存活的动物,以计算 LC_{50} 或 EC_{50},实验期间不换水、不喂食。

现在人们广泛采用的标准慢性毒性试验是网纹溞7日生存和繁殖试验及水溞21日繁殖试验。网纹溞7日生存和繁殖试验的第一天,将每只幼溞放入一个盛有15 mL 试液的容器中,每组设10个重复。每天给网纹溞喂食,并计数存活的成溞及新生的幼溞。第七天试验结束时统计新幼溞和存活网纹溞的数目,计算繁殖率、存活率及 LOEC 和 NOEC 等指标。由于网纹溞易于培养,实验周期短,所需技术要求不高,而且对环境污染物敏感性较高,7日网纹溞慢性试验是一种相对高效的毒性试验。

除上述标准试验外,原生动物特别是纤毛虫也被广泛用作测试外源化学物的实验物种。

8.1.4 淡水鱼类

早在生态毒理学成为一个独立的学科之前,就有了各种物理化学因素对鱼类影响的研究。在生态毒理学研究中淡水鱼类的试验一般是为了确定化学物质的急性致死毒性、建立水质标准及水质监测等。

1. 野外研究

野外研究对于确定污染源位置和环境污染物的特性有重要价值。采集污染地区及其周围区域的水样,并检测可能引起污染的环境污染物类型。受污染区域及其周围未污染区域的鱼都应进行采样,并进行生物积累和组织学检查,以便了解污染物的种类、受污

染的程度及范围。

采集受污染区域及周围区域有明显变化的水样进行卡特瓶实验（Carter bottle test）。方法是将一些小鱼放在密封容器中，将鱼放入待检测的水中，以干净水作对照。一段时间后鱼类会因为缺少溶解氧而死亡。对照组鱼会比生活在含有环境污染物的水体中的鱼死的晚。在一条河上进行连续取样，如果某个样品残留溶解氧浓度突然改变，表明此采样点离污染源很近。

野外研究除了研究环境污染物对鱼类的急性毒性效应外，还包括对鱼类生长、繁殖或行为变化的研究。

2. 实验室内研究

实验室所用的鱼一般是自行培养或从渔场、水族馆中购买。无论是野生的还是人工养殖的鱼，在实验前必须对它们隔离足够长的时间来观察是否有疾病。养鱼的容器必须体积足够、形状合理、水的流动、温度及硬度/碱度适宜等条件。理想条件下水的循环应既可以带来充足的氧气又可以将鱼类所产生的废弃物带走。

在静态系统中试验体积在研究中不会改变。如果待测物的量有限，可采用静态系统，但必须保证能在整个研究进程中溶液的浓度不变。静态试验的优点是成本低、仪器装置简单。缺点是试验过程中鱼类所产生的废弃物，如氨气和动物黏液都会积累在测试容器内。另一种方法是增加水的体积，从而减少负荷率。负荷率的公式为

$$Y = \frac{M}{V} \tag{8-3}$$

式中：Y 表示负荷率；M 为测试容器中鱼的总质量，单位 g；V 为试验液的体积，单位 L。

总之，只有当受试物的挥发、生物降解及鱼类的吸收均保持在一个相当低的水平，且负荷率也很低，不会因此而影响实验结果时，才能使用静态系统。一般在静态试验中推荐的 M/V 最大单位值为 1 g/L。

如果达不到上述要求就必须使用半静态试验或动态试验。半静态试验中，每隔 24 h 更换一次溶液。在静态试验和半静态试验中，不论是旧水还是新换的水，都应监测其中的溶解氧、温度、受试物、pH 等。动态试验要更复杂一些，又称流水式试验。

8.1.5 沉积物测试

许多环境污染物相对难溶于水，却可吸附在有机悬浮颗粒上，最终到达沉积底层，从而导致沉积物中的环境污染物含量（大多为金属和有机物）比上层的水体高得多。沉积物并非环境污染物的来源，而是环境污染物最终沉积的地方。一个全面的沉积物处理方案应包括四步——鉴定、评估、修复及监测，每一步都应进行严格的生态毒理学测试。这些测试可以在实验室或野外进行。

在实验室进行的试验包括沉积物的生物鉴定及污染物的毒性测试。这种方法优点是有标准化方法可用、可对沉积物分级、便于对比不同营养级的生物种群、可提供沉积物是产生毒性原因的直接证据及可以使用最敏感的物种等。缺点是不能检测其在野外条件下的情况，仅能应用于被测试物种。采用的实验生物有细菌、原生动物［如纤毛虫（Ciliophora）、弯豆形虫（*Colpidium compylum*）］、浮游植物（如藻类）、浮游动物［如

大型蚤（*Daphnia magna*）和网纹蚤（*Ceriodaphnia*）〕及底栖无脊椎动物〔如端足类（Amphipoda）、环虫类（Annelida）等〕。

野外测试可判断淡水生态系统最终的完整性，能为生态损害提供明确的证据。作为野外测试，用水生无脊椎动物进行水生生物群落结构和功能的原位检测研究有很多优点：无脊椎动物的分类比微生物相对简单，而且生命周期较长，可以确保种群与沉积物之间的统一。野外观测与物理化学分析联合进行，能够确定是哪些环境污染物造成的毒性。不足之处是，野外测试不能将单个影响因素分隔开来，因为生物会对其栖息地环境的所有因素做出反应。因此，野外测试应与实验室试验联合进行。

8.1.6 淡水多物种检测系统

单种生物毒性测试与现场实际情况存在较大差异，因此20世纪70—80年代以后，生态毒理学家大多开始对多物种检测系统毒性试验感兴趣，开始应用模型生态系统来研究和了解环境污染物在生态系统中的迁移、转化及整体生态效应。

多物种试验的复杂程度不同，简单的多物种试验只有两个组分：捕食者和猎物；复杂的多物种试验可采用微宇宙（microcosm）和中宇宙（mesocosm）实验。

1. 微宇宙

试验容器体积小于 $1 m^3$ 的称为微宇宙，试验容器常采用水族箱或玻璃钢水槽制成，试验条件控制比较严格。微宇宙是封闭的且与自然系统相隔绝。

2. 中宇宙

试验容器体积在 $1\sim1\ 000\ m^3$ 的称为中宇宙，一般用塑料薄膜围成实验场地，用于研究水域污染物的生态学过程和群落效应，一般不做细致的机理分析。中宇宙比较复杂，较接近于自然，在区域周围建立边界并且引入试验污染物并进行监测。中宇宙是实验室试验和野外研究之间的桥梁。已有报道采用人工河流系统测量铜、铬、铅、p-甲酚、汞、镉、芳香族化合物等的生态毒性作用；也有人用塑料板把湖泊分成几个部分进行中宇宙试验，用来检测湍流、除草剂和石油的影响。

8.1.7 人工生物膜群落法

目前为止，美国化学文摘登记的化学品数量已达7 000多万种，并以每年数百万至千余万种的增速在不断增加。据估计，已有10万种化学物质进入了生态系统。因此，淡水生态系统总是同时暴露于多种污染物共存的复杂体系，复合污染生态效应的风险评估的难点在于，多种化合物共存的毒性效应与生态系统中多种生物发生交互作用。

生物膜普遍存在于各种基质的表面上，代表了一种稳定微生物细胞组成的复杂混合物的微生态系统，可以反映各种污染物的效应，并对污染进行早期预警，不同基质会对生物膜的群落结构、功能产生显著的影响。湖泊和河流中天然基质上的生物膜由于藻类和微生物结构差异巨大而难以用于量化研究，而人工生物膜具有很好的可重复性，更适于用于生物监测，经过对玻璃、有机玻璃、玻璃纤维和活性炭纤维4种人工基质的比较筛选表明，人工基质活性炭纤维经过15 d左右的培养即可获得与天然基质附着生物膜较为相似的结构和功能属性，是理想的群落和生态系统水平水生态环境监测的方法。

1. 人工生物膜群落组成

在人工生物膜群落中，主要由两部分组成：作为生产者的固着藻类和作为分解者的微生物群落。固着的藻类：主要是硅藻、绿藻和蓝藻等；微生物群落：主要是细菌、真菌等。自然生物膜群落的丰富度和多样性一般高于人工生物膜群落。

2. 监测指标

生物膜群落空间上的显著差异可以反映流域污染状况、营养状态、景观格局和水文状况等人为干扰对淡水生态系统的影响。主要的监测指标如下：

(1) 生产者相关指标

这包括藻密度、硅藻比例、叶绿素 a、叶绿素 b、初级生产力、呼吸速率和净初级生产力等。

(2) 分解者相关指标

这包括细菌优势度指数、细菌丰富度指数、细菌均匀度指数和相关微生物多样性指标等。

(3) 水质指标

这包括水温 (T)、电导率 (EC)、pH、溶解氧 (DO)、高锰酸盐指数 (COD_{Mn})、化学需氧量 (COD_{Cr})、生化需氧量 (BOD)、氨氮 ($NH_4^+ - N$)、硝酸盐氮 ($NO_3^- - N$)、总氮 (TN)、总磷 (TP)、硫酸盐 (SO_4^{2-})、透明度 (Tran)、阴离子洗涤剂 (LAS)、粪大肠菌群 (Ecoli) 和重金属及典型污染物等。

3. 计算方法

生物膜群落对复合污染的响应：

采用 Stambuk-Giljanovic(2003) 提出的综合水质指数 (*WQI*) 计算方法对各监测断面水质状态进行评价，并进一步通过回归分析确定生物膜群落对水质变化的响应。

综合水质指数计算方法如下，首先确定各参数标准化分数和相对权重，C_i 范围的确定则参考了 GB 3838—2002 的分类。不考虑 k 值的变化，使用 $k=1$ 进行用式(8-4)计算得出综合水质指数值：

$$WQI_{Sub} = k \frac{\sum_{i=1}^{n} C_i P_i}{\sum_{i=1}^{n} P_i} \tag{8-4}$$

式中：n 表示水质参数个数；C_i 为标准化后 i 参数的分数；P_i 为 i 参数对应的权重，P_i 值范围在 1~4，将参数的重要性划分为 4 等，数值越大表示参数越重要；k 为常数，反映对水体污染的感官印象，值范围为 0.25~1，0.25 表示高污染、发黑、发臭，1 表示看起来澄清。

$$WQI = \frac{\sum_{i=1}^{n} C_i P_i}{\sum_{i=1}^{n} P_i} \tag{8-5}$$

将生物膜群落特征指标与水质综合指数进行 Person 相关性分析，结果显示所有的指标均与综合水质指数在 $\alpha = 0.01$ 的水平上显著相关。进一步通过回归分析确定相关性检验结果。

8.2　模拟实验

微宇宙(microcosm)，一般也包括中宇宙(mesocosm)，是指应用小生态系统或实验室模拟生态系统进行试验的技术。近年来，该技术在生态学研究领域得到越来越广泛的应用。应用微宇宙技术不仅可以研究一般生态系统，而且便于对那些人们难于到达的沙漠、远洋和火山口等特殊生态系统进行研究。人们甚至设计了包括人类在内的微宇宙系统，如 1992 年美国亚利桑那州的"第二生物圈(Biosphere 2)"，用来模拟研究地球生态系统，对于保护全球生态环境做出了重大贡献。由此可见，微宇宙的设计、研究和应用具有重要意义。

8.2.1　关于微宇宙理论

微宇宙概念起源于古希腊哲学界，其中心思想是：自然界一切单元，不论其大小，在结构和功能上均具有相似性，一种水平上的结构和功能与另一水平上的相似。这种相似推理的法则在哲学上叫作"微宇宙理论"。

19 世纪中叶，Warrington 发表了第一篇有关微宇宙的自然科学论文。他在 12 加仑的水族箱中放入两尾金鱼和一些苦草，又引入 5～6 只螺蛳，建立了与天然大鱼塘相似的简单的生态平衡系统，即微宇宙。他指出，根据微宇宙理论，即相似推理的原理，微宇宙试验结果可以推广到野外真实世界。

20 世纪初，微宇宙的思想逐渐从哲学界过渡到自然科学领域，特别是生态学领域。例如，Woodruff(1912)应用微宇宙成功地进行了经典的生物演替试验。到 20 世纪 40—50 年代，许多生态学家对于应用微宇宙技术研究生态系统中群落代谢及有关现象得到一些共识。例如，1957 年 Odum 等建立的一套实验程序，证明微宇宙的确是一个多生物的微小世界，它在许多方面与其代表的真实世界非常相似。

20 世纪 70 年代，随着生态毒理学的发展，微宇宙在生态毒理学领域受到重视。Metcalf 率先用微宇宙研究了农药在生态系统中的归宿。此后，有关微宇宙应用的学术讨论多有报道。于是，微宇宙也在数量、类型和研究项目等方面进入迅速发展阶段，1980 年，Giesy 等将微宇宙理论命名为微宇宙学(Microcosmology)。

随着生态毒理学的发展，微宇宙在生态毒理学中的应用也越来越广泛。早期的研究侧重于污染物在模拟生态系统系统中的迁移，转化和归宿。之后，微宇宙开始被用于研究有毒化学物质在生态系统内不同生物学组织水平的生物学效应。与单物种毒性试验相比，微宇宙系统能够预测污染物对生态系统的复杂影响。Taub 将这些影响归纳为以下五点：①营养级之间的间接作用，包括由竞争或捕食作用减弱和食物供给增多而导致的物种丰度上升；②同一营养层级上的补偿效应；③在生态因素变化的背景下，化学品所造成的物种出生或死亡率方面的效应；④化学品生物转化后的产物对其他生物的作用；⑤化学品亲体和代谢产物在环境中(效应)的持久性。

利用微宇宙进行农药环境生态效应研究较多，较系统的是荷兰瓦赫宁根大学的 Altera 研究中心。该研究中心利用室内外微宇宙系统研究了毒死蜱、多菌灵、莠去津等多种农药对水生态系统的生态影响。近年来，该中心的研究重点从侧重于单一农药水生态效应

向多种农药联合作用。研究中开发出多种适用于微宇宙研究的数据分析方法。在长期系统研究的基础上，根据系统受到的短期(群落结构变化)和长期(群落恢复能力)影响程度提出了描述生态效应的分级标准(见表 8-1)。

表 8-1   污染物生态效应分级标准(基于微宇宙实验)

效应级别	描述
Ⅰ 无效应	在处理组未观察到有统计学意义显著作用；或者处理组与对照组之间的差异没有明确的因果关系
Ⅱ 轻微效应或暂时效应	在处理组中个别地观察到短期作用
Ⅲ 可恢复效应	存在效应，但效应持续时间不超过 8 周；或效应在最后一次处理后 8 周内体系恢复
Ⅳ 明确效应	效应明确，但持续作用无法准确估计
Ⅴ 明确效应	效应明确，总效应期长于 8 周，且在最后一次处理后 8 周内体系未恢复

另外，微宇宙方面代表性研究小组还有葡萄牙的 Daam 小组，其微宇宙试验则侧重于研究利用在不同气候田间下得到的微宇宙数据进行外推和相互验证的可能性。美国的 Relyea 小组则利用体积为 1 000 L 的微宇宙体系，重点研究农药对两栖动物的影响，以及暴露于农药和天敌共同胁迫下两栖动物的行为和生存率。法国 Caquet 小组主要进行农药在大容积微宇宙(或称为中宇宙)系统的长期效应研究。美国 Fairchild 小组则通过大尺度池塘微宇宙系统(面积为 0.1 ha 的池塘)研究农药对生态系统结构的影响。

微宇宙试验体系都是根据具体试验要求设计。根据试验实施场景可分为室内微宇宙和室外微宇宙。根据系统容量可将多种水生生物试验系统分为三个级别：容积不大于 10 L 的模拟水生态系统(狭义上的微宇宙)，容积介于 10~1 000 L 的模拟水生态系统(又被称为中宇宙)和容积大于 1 000 L 的模拟水生态系统(又被称为大宇宙)。一般而言，室外微宇宙体系体积上远大于室内系统。同时随着体系规模增大，系统所能承载的物种数量和生物量增大，系统中能量层级增加，食物网复杂程度增加，体系的稳定性也随之增加，体系越接近实际的水生态系统。利用室外体系(包括水层微宇宙或称原位围栏，河流微宇宙以及真实池塘系统)得到的研究结果更加接近实际情况。但是室外体系更容易受到地域和环境因素的影响，因而其研究往往存在地域局限性、试验结果重现性差等问题。另外，室外体系还存在准备周期长、工作量大以及成本高等问题。室内微宇宙在体积较小，生物承载量小，可承载的生态位少，一般不能支持鱼类、蛙类等水生脊椎动物或者较大的捕食性无脊椎动物。室内微宇宙的优势在于，可控性高、重现性好、人力和时间成本较低。基于室内外不同微宇宙系统的优点和局限，在欧盟标准的水生态风险评估体系中，室内微宇宙系统被设定为第三级评价层次。即当实验室标准毒性测试(第一级评价层次)和毒性敏感性曲线分布(SSD，第二级评价层次)均显示存在风险时展开室内微宇宙评估。而室外微宇宙系统一般被作为第四层次评估体系(见表 8-2)，即只有当前三个体系评估显示均存在生态风险时才开展室外体系实验。因此，从生态风险评价角度考虑室内微宇宙系统的使用频率高于室外微宇宙系统。

表 8-2　欧美水生生态风险评估的四个层次

层次	欧盟	美国
1	实验室标准毒性测试,若环境预测暴露浓度大于毒性数据乘以安全系数,则进入下层次	在毒性数据和简单模型估算的基础上得到风险商值,并与关注标准比较,决定是否进行下一层次的评估-筛选
2	进行更多生物物种的实验室标准毒性测试(SSD方法),若显示仍有风险,则进入下一层次	采用较复杂的模型预测潜在风险发生概率,确认层次 1 中所预测的风险是否仍旧存在基本的风险表征
3	进行水生微宇宙/中宇宙(microcosm/mesocosm)试验,进一步评价风险	使用更多的数据和精密复杂的模型,更为细致和精确地评价风险,精确估计风险和不确定性
4	通过更大规模的野外模拟试验(池塘中宇宙)得到更接近实际情况的评价结果	进行多方面的试验和监测、更精确的流域评价、动态模型评价、更复杂的微宇宙或中宇宙系统模拟试验

8.2.2　微宇宙的主要类型

微宇宙总体可分为三大类,即陆生微宇宙、水生微宇宙及水陆生(湿地)微宇宙。

1. 陆生微宇宙(terrestrial microcosm)

陆生微宇宙通常是在容器内装入土壤,移植(殖)陆生植物和动物。系统中含有空气,能与外界交换,O_2 和 CO_2 水平保持与外界相通。比较完善的陆生微宇宙是 Metcalf 的 "farm pond",用于农药、食品添加剂和工业化学品的毒性试验。1985 年,DeCatanzaro 建立了 30 个林地微宇宙,模拟镍冶炼厂污水排放对林地生态系统的影响。近几年中国科学院植物所设置了包含 6 个 2 m×2 m×1.1 m 培植池陆生中宇宙,研究农药对陆生生态系统各组分的影响。陆生微宇宙不乏是研究有毒污染物环境归宿和效应的好方法。但是,总的来说,很严密的典型的陆生微宇宙研究较少。由于陆生微宇宙的试验生物数量有限和生物对污染物暴露历史的差异性,较难获得有效的具有统计意义的毒性数据,如半致死计量 LC_{50} 值。陆生微宇宙平衡稳定期较长,在几年的研究期间,很难得出具有代表性的生态系统变化过程。应用陆生微宇宙还需仔细了解边界条件对系统的影响。

2. 湿地微宇宙(wetland microcosm)

湿地微宇宙即人工沼泽系统。早先主要用于研究农药在农业湿地环境中的持久性,近年来利用湿地微宇宙研究污染物的迁移和转化,并研究湿地系统用于处理污染物的可能性与条件。同时,对于了解地表径流对水域生态系统的影响也有重要意义。

3. 水生微宇宙(aquatic microcosm)

水生微宇宙包括模拟河流、湖泊、河口及海洋生态系统的各种类型。

(1)水族箱系统(aquaria)

水族箱系统是模拟水生生态系统的最早应用的微宇宙。Warrington(1857)最早建立的水族箱系统,曾用于放射性物质、农药等毒物的降解性研究和大气中重金属粒子进入水体表面微层的规律性研究。水族箱系统的设计和操作简单，在全世界的数量多得惊人。然而，也许正因为它过于简单，真实性差，严格进行研究的并不多。

（2）溪流微宇宙（stream microcosm）

溪流微宇宙是用来模拟河流生态系统的微宇宙。主要有水渠系统和循环水系统。循环水系统，结构紧凑，占地面积小，可作为化学品危险性评价的有用试验设施，能满足建立有毒物质控制法规的要求。现在，美国、德国、加拿大、日本等国家广泛采用这类微宇宙研究化学污染物慢性暴露的行为及其生态学效应。循环式溪流微宇宙比较经济，但真实性较差。

（3）池塘与水池式微宇宙（pond and pool microcosms）

池塘与水池式微宇宙的特点是其直径远远大于深度，多用于模拟湖泊、水库和河口等生态系统，以了解它们的自组织过程、系统特征、富营养化过程以及污染物的生态效应等。这类微宇宙结构简单，规模小，条件易于控制，因此而得到较多的研究和较广泛的应用。中国科学院动物所曾用含多种水生生物种子、孢子、卵子的干河泥和自来水组成池塘微宇宙来研究单甲脒农药的生态效应。普遍认为这类微宇宙可用作化学品危险性评价中的中间或较高层次的试验与研究的模拟系统。

（4）围隔水柱微宇宙（enclosed column microcosm）

在海洋中的围隔水柱即所谓"大袋子"，也称远洋微宇宙（pelagic marine microcosm），一般不含沉积物，水柱体积与上表面积的比例不少于 $2\sim4\ m^3/m^2$。最有名的大袋子是加拿大的 CEPEX 和苏格兰的 Loch Ewe。两者的结构很相似，但规模大小不同，CEPEX 的容积为 68 000 L，而 Loch Ewe 达 100 000～300 000 L，两者均获得满意的试验结果。这类微宇宙真实性强，但耗费大，难于维持很长时间。

在湖泊中的围隔水柱微宇宙，最简单的例子是测定浮游植物光合生产力的"黑白瓶"，也有较大的围隔水柱，用于研究湖泊"水华"控制等问题。这种围隔系统也同样具有真实性强而耗费大的特点。

（5）陆基海洋微宇宙（land-based marine microcosm）

陆基海洋微宇宙是指在陆地上构建的模拟海洋生态系统的微宇宙，它较"大袋子"系统费用低，条件相对容易控制，运行时间长，当然真实性差一些。最有名的是美国罗德岛海洋实验室的 MERL 微宇宙，由 14 个圆柱体水槽组成，水槽中水深 5 m，底部沉积物厚 0.37 m，总体积 13.1 m^3。该实验室对 MERL 微宇宙进行过多年的研究，也用这类微宇宙作过多种模拟试验。他们的结论是微宇宙的体积越大，达到稳态所需要的时间越长，如上述 MERL 微宇宙运行 3 a 才达稳态。但是，一旦大系统形成稳态，它可以向别的微宇宙转接而使其在较短的时间内达到相同的稳态条件。

（6）珊瑚礁和底栖生物微宇宙（reef and benthic microcosms）

海洋珊瑚礁和湖泊、河口沉积物是多种水生生物栖息的地方，构建珊瑚礁和底栖生物微宇宙对于研究生物多样性、保护生物多样性具有重要意义。

微宇宙系统与野外试验和通过进行数据模拟进行的研究相比较，具有一些不可代替的优势：

①真实性。微宇宙可以真实地反映出自然环境系统中特有的营养循环结构以及生物学组成，可以在实验控制的前提下观测到各个组分的相互作用，能提供将实验结果进行

合理外推到复杂的自然生态系统中的可能。

②重复性。微宇宙实验中的条件都是可控的，具有很高的重复再现能力。

③灵活性。通过微宇宙实验可以灵活的选择营养级甚至单种的指示生物进行研究。

④高效性。对比草地实验，微宇宙实验可以进行小成本高效率的科学研究。

8.2.3　室内标准化微宇宙

室内微宇宙系统根据水生微宇宙的组成和性质，一般可以分混合培养微宇宙和人工组合微宇宙。混合培养微宇宙是通过将天然水生系统中的沉积物、水和生物群落转移至容器内经演化而成。在较为理想的情况下，一般可有多种藻类和多种原生动物、线虫、轮虫、寡毛类、甲壳类以及其他微型动物。当系统体积足够大时，甚至还可以在一定范围内支持小型鱼类存在。这种构建微宇宙的方法简单且一般均能形成稳定的具有天然水生态系统特性的模拟系统，不仅在结构上和功能上近似天然生态系统，甚至在特点生物的生长率和繁殖率，水化学以及其他特征的定性、定量方面都较为一致。因此，具有良好的真实性，其试验结果也较容易外推至天然生态系统。但是由于其生物群落直接来源于特定的自然体系，较适宜于研究与特定生物群落有关的生态学问题，尤其是适宜于不同生物群落对化学污染因素的反应的比较研究。

实验室人工组合微宇宙，首先是由 Taub 和 Crow 建立，他们将人工培养液和人工沉积物置于玻璃容器内，在接种多种纯培养生物后，经培养、演化而成。这种水生微宇宙可以应用于生态系统水平参数，如生产力、呼吸和营养状态的测定。其优点在于，最初的生物种群大小和群落可以控制，从而可获得重复性较好的试验结果。他们认为人工组合微宇宙技术有希望成为不依赖与本地生物、水和沉积物的实验室多营养级检测方法。然而，微宇宙一般是特定的生态系统的模拟。由于天然系统的复杂程度和时空的不同，往往微宇宙试验结果难以重复验证和外推至天然生态系统。此外，在新化学品开发的早期难以确定这种化学物质的释放场所，因而也不能确定可能受到其影响的天然生态系统类型。微宇宙的标准化可以在一定程度上满足这些需求。

微宇宙的标准化是指应用相同的生物组合、生物培养介质、起始条件以及试验设计。包含多个营养等级的标准化微宇宙能够经济高效地为农药风险评估及管理提供生态学数据。标准化微宇宙能够实现更多的平行重复使得研究结果具有良好的统计学价值。同时，也便于在实验室内和不同实验室之间进行重复验证。人工组合微宇宙技术是实现微宇宙标准化较为适合的手段。美国华盛顿大学 Taub 等在人工组合水生微宇宙研究的基础上，研究一种不依赖室外现场的标准化水生微宇宙试验方法。他们对微宇宙的组合和方法做了规定，包括供水和培养液、生物组成、物质装备、数据处理与统计方法等。他们的研究显示标准化微宇宙能够获得可重复和可再现的试验结果。

8.3　案例研究——鱼类生理学指标对流量和污染胁迫的响应及适宜生态流量研究

河流为鱼类生存提供了栖息的空间，同时还提供了满足鱼类生存和生长的环境因子，如流速、水质、底质和水温等。鱼类是河流生态系统的顶级群落，其种群结构和栖息地特征能够直接反映水生态系统健康的总体状况。因此，鱼类通常被认为是河流生态恢复的重要保护目标。鱼类生存与河流流量、河水水质有直接的关系。河流流量是鱼类栖息

地环境和生理生态行为的重要影响因子，河道流量、频率、持续时间、变化率等水文学参数对鱼类栖息地环境有重要的影响。同时也在一定程度上影响着鱼类代谢等生理过程。河流的水环境质量对鱼类生理生态行为意义重大。水体污染物对鱼类生理学过程有重要影响，污染严重时甚至威胁鱼类生存。在水资源总量匮乏和水体污染重双重压力下，以鱼类为代表的水生生物的对污染和流量的响应关系以及基于鱼类生理指标的适宜生态流量研究，可以为水系生态恢复提供科学依据。基于鱼类保护目标的适宜生态流量的研究方法大多建立在大量的野外调查和长序列水文数据基础上，且以水体污染较轻为基础，在污染严重的区域并不适用。例如，海河流域存在水资源短缺和水体质量恶化的双重问题，水生态环境较为恶劣，长序列的水文和生态数据较为缺乏。为解决上述问题，设计了一种符合研究区水量特点的实验装置，进行污染和流量双重胁迫对鱼类生理学指标影响的室内控制试验，依据室内实验结论，以鱼类生理学指标对流量的响应规律为依据可计算水系生态恢复的适宜生态流量。本实验装置可进行静水式的暴露实验，也可进行流水式的暴露实验。还可将多组实验装置并联使用，可同时进行不同流速下的鱼类暴露实验，或同时进行不同鱼类暴露实验，或同时进行同种不同生活史阶段的鱼类的暴露实验。

实验装置由三部分构成，即鱼缸部分、流量控制装置和流量观测装置。图 8-1 是实验装置示意图，用水管将三部分连接，实现流速控制和用水的循环。图 8-2 是装置俯视图，鱼缸部分采用有机玻璃(7 mm)为材料，大小为 1 140 mm×200 mm×200 mm(均指内径尺寸)。鱼缸正中间沿纵向添加有机玻璃隔板，将缸内隔成两个水槽部分，以进行平行实验。每个水槽都有一个进水口，并用阀门控制每个水槽中的流量。鱼缸出水口和入水口(鱼缸两端 70 mm)处放置可自由拆卸的塑料材质的防护网，一方面实现布水作用，使水经过防护网后流速均匀分布，另一方面保护实验中鱼类不会进入水管。当其中一个水槽

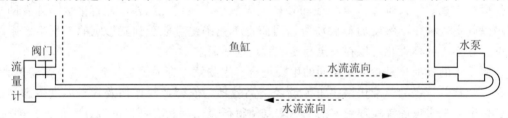

图 8-1　装置示意图

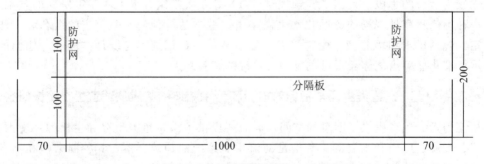

图 8-2　鱼缸俯视图(单位：mm)

进行静水实验时，出水口处的防护网可更换成同等大小的玻璃隔板。图 8-3 是多组装置并联示意图，将两组或两组以上实验装置并联使用，可同时进行不同流速下的鱼类暴露实验，或同时进行不同鱼类的暴露实验，或同时进行同种但不同生活史阶段鱼类的暴露实验。表 8-3 是实验装置主要参数。设计流量为 12 L/min、24 L/min、36 L/min、48 L/min(0.000 2 m³/s、0.000 4 m³/s、0.000 6 m³/s、0.000 8 m³/s)，当设计流量<24 L/min 时采用 2 400 W 功率的水泵，设计流量≥24 L/min 时采用 3 600 W 功率的水泵。

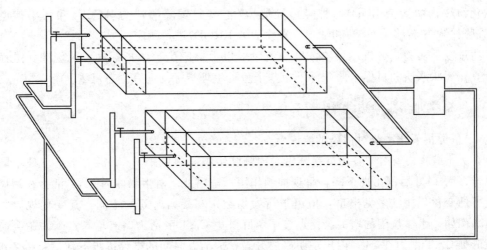

图 8-3 多组装置并联示意图

表 8-3 装置主要参数

组别	流速/ (m/s)	设计流量/ (L/min)	水泵功率/ W	流量计量程/ (L/min)
1	0	0	无	无
2	0.01	12	2 400	18
3	0.02	24	3 600	36
4	0.03	36	3 600	72
5	0.04	48	3 600	72

以海河流域子牙河水系为研究区域，选取牛尾河和海河闸为采样点采集水样，以锦鲤为暴露鱼类，进行原位水样鱼类暴露的室内模拟试验。暴露的过程依次包含以下环节：

(1)暴露浓度：在实验中水样设置两个浓度组，高浓度组使用未经稀释的水样，低浓度组依据污染物浓度分析结果进行稀释。

(2)流量梯度：在实验中设置实验流量梯度为 12 L/min(A)、24 L/min(B)、36 L/min(C)、48 L/min(D)L/min(0.000 2 m³/s、0.000 4 m³/s、0.000 6 m³/s、0.000 8 m³/s)。过水断面面积为 0.001 m²，因此流速梯度分别为 0.01 m/s、0.02 m/s、0.03 m/s、0.04 m/s。

(3)对照实验：在实验中对照实验包括流量对照和浓度对照两组。浓度对照组采用事先准备的自来水(无污染，阳光下放置 48 h 以达到除氯的效果)于 12、24、36、48 L/min

流量下进行暴露；流量对照组即静水试验(0 L/min)(对应编号 0)。

(4)鱼类暴露：在实验中所有锦鲤在实验室环境下驯养一周，选择正常生活的作为实验样品。将各缸依据暴露浓度加入水样至水深 10 cm，打开水泵调节流量。为保持鱼缸中全过程使用小型氧气泵进行暴氧，将缸内溶解氧控制在 5.00～7.00 mg/L。每组 10 条锦鲤样品，于暴露前测定每条锦鲤的体长和体重。于暴露 7 d 结束时统计全部样品体长和体重，随机捞取 4 条制备脑组织和内脏组织匀浆待测，剩余样品继续暴露。暴露 14 d 完成后，统计剩余体长和体重，制备脑和内脏组织，对锦鲤抗氧化系统(过氧化氢酶 CAT 和超氧化物歧化酶活力 SOD)、神经传导能力(乙酰胆碱酯酶活力 AChE)和污染代谢能力(谷胱甘肽-S-转移酶 GST 和细胞色素酶活力 EROD)进行测定。

通过以上实验，分析污染物浓度和流量对以上锦鲤生理学指标的影响规律，进而可以计算在现状水质和目标水质条件下，基于鱼类生理指标的适宜生态流量。

8.3.1 鱼类对污染胁迫的响应

(1)鱼类抗氧化系统对污染的响应

在 7 d 暴露结束后，各污染暴露组对锦鲤脑组织和内脏中 CAT 活力水平出现不同程度诱导，而 14 d 后都出现下降，呈现抑制作用。国内外，对生物体内 CAT 活力在污染物影响下的变化规律已多见报道，但由于污染物类别和暴露时间的不同，其变化规律并不一致。例如，水体盐度的增高会使点篮子鱼肝脏内 CAT 酶活力略有增高；苯并芘会使罗非鱼肝脏 CAT 活力在 24 h 内出现明显的升高，但随着时间的推移逐步下降，暴露 7 d 后低于对照水平；重金属镉(Cd)在 24 h 内会造成金头鲷体内 CAT 活力的上升，而根据刘伟成等的实验结果，低浓度 Cd 使得大弹涂鱼体内 CAT 活力在 12 h 内显著下降，然后上升至正常水平，高浓度 Cd 则使得这一时间延长至 7 d；除此之外，PCDPSs，1，2，4-三氯苯等持久性有机污染物在 7 d 内会造成鱼类体内 CAT 活力的上升，暴露 14 d 后显著下降(见表 8-4)。

表 8-4 脑组织及内脏中 CAT 活力   单位：U/mgprot

组别	脑组织		内脏	
	7 d	14 d	7 d	14 d
对照组	1.08[a]	1.10[a]	37.56[a]	39.97[a]
牛尾河高浓度组	1.15[ab]	0.37[b]	43.95[ab]	30.19[b]
牛尾河低浓度组	1.22[ab]	0.51[b]	48.20[b]	31.88[b]
海河闸高浓度组	1.26[ab]	0.69[c]	49.55[b]	32.52[b]
海河闸低浓度组	1.37[b]	0.86[d]	51.82[b]	35.78[ab]

注：每列中上标 abc 一致表示无显著性差异，abc 不一致表示存在显著性差异($p<0.05$)。

在 7 d 暴露结束后，牛尾河低流量组和海河闸两组对脑组织 SOD 活力存在诱导作用，污染物浓度相对较高的牛尾河高浓度组则表现为抑制作用，但都不显著。牛尾河低浓度组和海河闸低浓度组锦鲤内脏中 SOD 活力则表现出一定的升高，其他各组变化均不显著。14 d 后各组对 SOD 活力均表现出抑制作用，且对大脑中 SOD 的作用更为显著。

SOD 作为生物体内抗氧化系统内重要的组成部分，可以作为污染的生物标志物。点篮子鱼体内 SOD 会随着盐度的上升而下降。苯并芘则会造成罗非鱼体内 SOD 活力在暴露 7 d 时显著上升，然后下降，这种特征在污染物浓度较高时更为明显。短时间内 7 μg/L 的铜(Cu)则会使克林雷氏鲶体内 SOD 活力发生明显的下降。而无论高浓度或是低浓度的 Cd 则会使大弹涂鱼体内 SOD 活力显著上升，在 10 d 时达到最大值(见表 8-5)。

表 8-5　脑组织及内脏中 SOD 活力　　　　单位：U/mgprot

组别	脑组织		内脏	
	7 d	14 d	7 d	14 d
对照组	136.78[a]	136.37[a]	274.49[a]	275.25[a]
牛尾河高浓度组	124.19[a]	79.61[b]	269.99[a]	214.53[c]
牛尾河低浓度组	154.72[a]	89.04[b]	310.35[b]	264.79[ab]
海河闸高浓度组	139.71[a]	81.87[b]	276.12[a]	222.61[c]
海河闸低浓度组	148.96[a]	86.19[b]	284.63[c]	238.56[bc]

注：每列中上标 abc 一致表示无显著性差异，abc 不一致表示存在显著性差异($p<0.05$)。

(2)鱼类神经系统对污染的响应(AChE)

在 7 d 暴露结束后，各污染暴露组对锦鲤脑组织和内脏中 AChE 活力水平出现不同程度抑制，抑制程度随污染物浓度的上升而增强。在 14 d 暴露结束后 AChE 活力较 7 d 均有下降，污染物的抑制程度进一步增强。研究表明，农药等含磷有机化合物对生物大脑、肌肉中 AChE 有明显的抑制作用，这与本实验的结果一致。但在 0.1 μg/L 暴露水平下，三唑磷可以诱导麦穗鱼脑组织中乙酰胆碱酯酶的合成(见表 8-6)。

表 8-6　脑组织及内脏中 AChE 活力　　　　单位：U/mgprot

组别	脑组织		内脏	
	7 d	14 d	7 d	14 d
对照组	3.94[a]	3.85[a]	2.20[a]	2.17[a]
牛尾河高浓度组	2.73[b]	2.43[b]	1.56[b]	1.25[b]
牛尾河低浓度组	3.17[bc]	2.86[bc]	1.64[b]	1.43[b]
海河闸高浓度组	3.44[ac]	3.06[c]	1.70[b]	1.55[b]
海河闸低浓度组	3.54[ac]	3.30[c]	1.92[ab]	1.62[b]

注：每列中上标 abc 一致表示无显著性差异，abc 不一致表示存在显著性差异($p<0.05$)。

(3)锦鲤污染代谢指标对污染的响应

在 7 d 暴露结束后，各污染暴露组对锦鲤脑组织中 GST 活力水平出现不同程度诱导，牛尾河低浓度组诱导作用最显著。而在内脏中，牛尾河低浓度组和海河闸两组的诱导作用均强于牛尾河高浓度组。在 14 d 暴露结束后 GST 活力较 7 d 均有下降。但无论暴露时间长短，与对照组相比，污染都造成了 GST 活力的上升(见表 8-7)。有研究表明，铅、镉、铜、锌四种重金属污染物在低浓度条件下会对鲫鱼体内 GST 活力产生诱导，而高浓度则产生抑制作用。而 PAHs 类化合物对鱼类肝脏内 GST 活力的抑制或诱导作用都有报

道。不同营养水平的水体中饲养的奥尼罗非鱼体内 GST 活力也由不同，富营养水平下 GST 活力显著高于中营养和贫营养水体。

表 8-7　脑组织及内脏中 GST 活力　　　　　　　　　　　　　　　　单位：U/mgprot

组别	脑组织		内脏	
	7 d	14 d	7 d	14 d
对照组	26.36[a]	26.58[a]	30.48[a]	30.33[a]
牛尾河高浓度组	36.09[ab]	28.38[ab]	39.73[ab]	36.11[a]
牛尾河低浓度组	47.42[b]	39.35[b]	50.22[ab]	44.05[a]
海河闸高浓度组	41.81[b]	35.24[b]	50.33[ab]	43.46[a]
海河闸低浓度组	36.90[ab]	34.26[b]	50.88[b]	47.79[a]

注：每列中上标 abc 一致表示无显著性差异，abc 不一致表示存在显著性差异（$p < 0.05$）。

在 7 d 暴露结束后，各污染暴露组对锦鲤脑组织和内脏中 EROD 活力水平的诱导显著，且随着污染物浓度的增加而上升。14 d 后各组 EROD 活力均出现下降，但仍然显著高于对照组（见表 8-8）。因此，污染物对锦鲤脑组织和内脏中 EROD 活力存在显著的诱导作用。苯并芘和萘在较低浓度条件下对黑鲈鱼肝脏 EROD 有显著诱导作用。低浓度的石油污染也可以诱导海洋鱼类肝脏 EROD 活性。鲫鱼肝脏内 EROD 活性在短时间内也会显著被 PCBs 诱导。这些鱼本实验结果表现出的规律一致。

表 8-8　脑组织及内脏中 EROD 活力　　　　　　　　　　　　　　　　单位：U/mgprot

组别	脑组织		内脏	
	7 d	14 d	7 d	14 d
对照组	5.81[a]	5.37[a]	16.67[a]	16.34[a]
牛尾河高浓度组	11.52[b]	10.69[b]	24.38[b]	23.85[b]
牛尾河低浓度组	12.73[b]	11.98[b]	26.49[b]	25.97[b]
海河闸高浓度组	12.82[b]	12.12[b]	28.68[b]	28.21[b]
海河闸低浓度组	13.92[b]	13.33[b]	29.34[b]	28.53[b]

注：每列中上标 abc 一致表示无显著性差异，abc 不一致表示存在显著性差异（$p < 0.05$）。

8.3.2　鱼类对流量胁迫的响应

（1）鱼类抗氧化系统对流量的响应

从各浓度组变化规律可以发现，7 d 暴露结束后锦鲤脑组织 CAT 活力随流量增大呈现先增后降的规律，24 L/min 时达到最高值，流量更大的 C 和 D 两组低于静水水平。相似的规律发生在内脏组织中，但最高值出现在 12 L/min 流量条件下，C 组下降至静水水平。14 d 暴露结束后 CAT 活力均有下降。24 L/min 组的脑组织和内脏拥有最高的 CAT 活力水平，其他有流速组均高于静水水平。与 7 d 相比静水组下降最多，下降程度随流量增大而减小（见表 8-9）。

表 8-9　各流量 7 d 暴露和 14 d 暴露 CAT 平均活力及诱导率

组别	脑组织 7 d		脑组织 14 d		内脏 7 d		内脏 14 d	
	活力/ (U/mgprot)	诱导率/ %	活力/ (U/mgprot)	诱导率/ %	活力/ (U/mgprot)	诱导率/ %	活力/ (U/mgprot)	诱导率/ %
静水	1.21^{ab}	—	0.60^{a}	—	44.65^{ab}	—	28.36^{a}	—
A	1.33^{ab}	10.1	0.70^{a}	16.4	51.99^{b}	16.4	35.91^{b}	26.6
B	1.41^{a}	16.6	0.86^{a}	43.1	50.40^{b}	12.9	37.98^{b}	33.9
C	1.13^{bc}	−7.1	0.78^{a}	29.6	44.77^{ab}	0.3	35.72^{b}	26.0
D	0.99^{c}	−18.7	0.61^{a}	1.4	39.28^{a}	−12.0	32.36^{ab}	14.1

注：每列中上标 abc 一致表示无显著性差异，abc 不一致表示存在显著性差异（$p<0.05$）。

　　流量对锦鲤脑组织和内脏中 SOD 活力表现出一定程度的抑制作用，且随流量增大而增强。时间上来看，无论何种流速条件下，污染程度较高的水体对脑组织 SOD 活力在 7 d 和 14 d 时均呈现一定抑制作用，污染物浓度较低的情况下在前 7 d 表现出较小程度的诱导，但 14 d 时则呈现明显的抑制作用。然而内脏中 SOD 活力在前 7 d 与对照组没有明显区别，14 d 时则略有下降（见表 8-10）。综合各浓度组变化规律可以发现，在 7 d 暴露结束后锦鲤脑组织 SOD 活力随流量增大呈现下降规律，48 L/min 时显著低于其他流量组。相似的规律发生在内脏组织中，但下降程度不显著。14 d 暴露结束后 SOD 活力均有下降，无论在脑和内脏中均显著低于静水组和 12 L/min 组。与 7 d 相比，静水组下降最多，下降程度在不同浓度组和流量下变化规律并不统一。

表 8-10　各流量 7 d 暴露和 14 d 暴露 SOD 平均活力及抑制率

组别	脑组织 7 d		脑组织 14 d		内脏 7 d		内脏 14 d	
	活力/ (U/mgprot)	诱导率/ %	活力/ (U/mgprot)	诱导率/ %	活力/ (U/mgprot)	诱导率/ %	活力/ (U/mgprot)	诱导率/ %
静水	164.04^{a}	—	114.10^{a}	—	306.06^{a}	—	265.00^{a}	—
A	160.88^{a}	1.9	104.63^{a}	8.3	296.32^{a}	3.2	250.68^{a}	5.4
B	146.50^{ab}	10.7	94.86^{ab}	16.9	286.41^{a}	6.4	247.34^{ab}	6.7
C	130.22^{b}	20.6	90.17^{ab}	21.0	275.81^{a}	9.9	241.39^{ab}	8.9
D	102.74^{c}	37.4	69.31^{b}	39.3	250.98^{a}	18.0	211.33^{b}	20.3

注：每列中上标 abc 一致表示无显著性差异，abc 不一致表示存在显著性差异（$p<0.05$）。

　　（2）鱼类神经系统对流量的响应（AChE）

　　综合各浓度组变化规律可以发现，在 7 d 暴露结束后锦鲤脑组织 AChE 活力随流量增大呈现上升的规律，至 48 L/min 时达到最高值，显著高于静水、12 L/min 和 24 L/min 流量组。相似的规律发生在内脏组织中，最高值出现在 48 L/min 流量条件下，显著高于静水、12 L/min 和 24 L/min 流量组。14 d 暴露结束后 AChE 活力均有下降，但下降程度随污染程度和流量条件呈现不同变化趋势。脑和内脏组织中 AChE 活力在各流量条件下的分布规律与 7 d 暴露组相同（见表 8-11）。

表 8-11　各流量 7 d 暴露和 14 d 暴露 AChE 平均活力及诱导率

组别	脑组织 7 d		脑组织 14 d		内脏 7 d		内脏 14 d	
	活力/(U/mgprot)	诱导率/%	活力/(U/mgprot)	诱导率/%	活力/(U/mgprot)	诱导率/%	活力/(U/mgprot)	诱导率/%
静水	2.87ᵃ	—	2.71ᵃ	—	1.43ᵃ	—	1.31ᵃ	—
A	3.08ᵃᵇ	7.4	2.89ᵃᵇ	6.6	1.60ᵃ	12.0	1.38ᵃ	5.5
B	3.30ᵃᵇ	15.2	3.04ᵃᵇ	12.1	1.77ᵃᵇ	24.3	1.57ᵃᵇ	19.8
C	3.59ᵇᶜ	25.0	3.29ᵃᵇ	21.3	1.97ᵇᶜ	38.1	1.77ᵃᵇ	35.5
D	3.98ᶜ	38.6	3.56ᵇ	31.3	2.25ᶜ	57.6	1.99ᵇ	52.3

注：每列中上标 abc 一致表示无显著性差异，abc 不一致表示存在显著性差异（$p<0.05$）。

（3）锦鲤污染代谢指标对流量的响应

流量对 GST 活力表现为诱导作用，36 L/min 流量下诱导程度最高；EROD 活力随流量增大呈现先增后降的规律，48 L/min 略有抑制。流量对污染代谢酶活性有诱导作用；依据统计分析，GST 活力对流量的响应更为敏感，因此在劣五类水质下选择 GST 活力为依据计算适宜流量（见表 8-12）。

表 8-12　各流量 7 d 暴露和 14 d 暴露 GST 平均活力及诱导率

组别	脑组织 7 d		脑组织 14 d		内脏 7 d		内脏 14 d	
	活力/(U/mgprot)	诱导率/%	活力/(U/mgprot)	诱导率/%	活力/(U/mgprot)	诱导率/%	活力/(U/mgprot)	诱导率/%
静水	25.91ᵃ	—	21.80ᵃ	—	28.34ᵃ	—	24.17ᵃ	—
A	32.90ᵃᵇ	27.0	28.91ᵃᵇ	32.6	41.20ᵃᵇ	45.3	36.33ᵇ	50.3
B	42.92ᵇᶜ	65.6	38.90ᶜᵈ	78.4	51.19ᵇᶜ	80.6	47.06ᵇᶜ	94.7
C	49.76ᶜ	92.0	42.49ᵈ	94.9	58.28ᶜ	105.6	56.72ᶜ	134.7
D	37.09ᵃᵇ	43.1	31.71ᵇᶜ	45.5	42.62ᵇ	50.4	37.45ᵇ	54.9

注：每列中上标 abc 一致表示无显著性差异，abc 不一致表示存在显著性差异（$p<0.05$）。

综合各浓度组变化规律可以发现，在 7 d 暴露结束后锦鲤脑组织 EROD 活力随流量增大呈现先增后降的规律，至 24 L/min 时达到最高值，D 组下降至静水水平以下。相似的规律发生在内脏组织中，但最高值出现在 24 L/min 流量条件下，D 组下降至静水水平以下。14 d 暴露结束后 EROD 活力均有下降，下降程度变化规律并不统一。24 L/min 组的脑组织和内脏拥有最高的 EROD 活力水平，且 D 组仍然低于静水水平（见表 8-13）。

表 8-13　各流量 7 d 暴露和 14 d 暴露 EROD 平均活力及诱导率

组别	脑组织 7 d		脑组织 14 d		内脏 7 d		内脏 14 d	
	活力/(U/mgprot)	诱导率/%	活力/(U/mgprot)	诱导率/%	活力/(U/mgprot)	诱导率/%	活力/(U/mgprot)	诱导率/%
静水	9.07ᵃ	—	8.54ᵃ	—	21.46ᵃ	—	21.13ᵃ	—

续表

组别	脑组织 7 d		脑组织 14 d		内脏 7 d		内脏 14 d	
	活力/(U/mgprot)	诱导率/%	活力/(U/mgprot)	诱导率/%	活力/(U/mgprot)	诱导率/%	活力/(U/mgprot)	诱导率/%
A	11.47^{ab}	26.4	10.83^{ab}	26.9	26.79^{ab}	24.8	26.19^{ab}	23.9
B	15.38^{b}	69.5	14.60^{b}	71.1	31.85^{b}	48.4	31.11^{b}	47.3
C	12.66^{ab}	39.5	11.76^{ab}	37.8	25.61^{ab}	19.3	25.03^{ab}	18.5
D	8.23^{a}	−9.4	7.76^{a}	−9.1	19.85^{a}	−7.5	19.44^{a}	−8.0

注：每列中上标 abc 一致表示无显著性差异，abc 不一致表示存在显著性差异（$p < 0.05$）。

8.3.3　适宜生态流量

将实验结果应用于子牙河水系鱼类适宜生态流量计算，首先依据实验装置断面面积计算不同流量的对应流速，然后依据不同流速计算适宜生态流量。计算公式如下：

$$Q = V \times S \tag{8-6}$$

式中：Q 为断面最佳流量，单位 m^3/s，V 为适宜流速，单位 m/s，S 为断面面积，单位 m^2。

（1）劣 V 类水质条件下适宜生态流量

依据暴露实验结果可知，鱼类体内各类酶活性水平随流量变化规律并不一致。比较可知（谷胱甘肽-S-转移酶）GST 活力随流量变化敏感，36 L/min（0.03 m/s）流量下鱼的脑组织和内脏中 GST 活力水平显著高于与静水等流量条件下。且鱼类体内的 GST 具有解毒作用，对重金属、多环芳烃、农业等多种有毒污染物均有显著作用。因此，当水质污染等级为劣 V 类时，选择 GST 活力水平最高的 36 L/min 流量作为基于鱼类污染代谢能力的适宜生态流量计算标准。计算结果如表 8-14 所示。

表 8-14　基于鱼类污染代谢能力的适宜断面流量

项目		适宜流量/(m³/s)	全年总水量/m³	年径流总量/m³
牛尾河	牛尾河	0.131	4.13×10⁶	7.38×10⁶
北澧河	邢家湾	0.033	1.04×10⁶	1.13×10⁷
滏阳河	莲花口	0.175	5.51×10⁶	1.16×10⁸
	艾辛庄	2.229	7.03×10⁷	6.49×10⁶
	衡水	0.109	3.43×10⁶	5.08×10⁷
滏阳新河	艾辛庄	0.561	1.77×10⁷	3.08×10⁷
滹沱河	北中山	0.015	4.73×10⁵	3.00×10⁶
子牙河	献县	1.509	4.76×10⁷	9.91×10⁷
	杨柳青	1.218	3.84×10⁷	1.14×10⁸
子牙新河	献县	0.162	5.10×10⁶	1.95×10⁸
	周官屯	0.051	1.62×10⁶	5.07×10⁷
海河	海河闸	12.576	3.97×10⁸	2.15×10⁷

（2）Ⅲ类水质条件下适宜生态流量

依据暴露实验结果，乙酰胆碱酯酶（AChE）活性随流量的增加而上升，48 L/min（0.04 m/s）流量下锦鲤脑组织中 AChE 活性显著高于静水条件下。因此，当水质达到Ⅲ类等级时，选择反应鱼类神经传导能力的脑组织 AChE 活性最高的 0.04 m/s 流速作为基于鱼类神经传导能力的适宜生态流量计算标准。计算结果如表 8-15 所示。

表 8-15　基于鱼类神经传导能力的适宜断面流量

项目		适宜流量/(m^3/s)	全年总水量/m^3	年径流总量/m^3
牛尾河	牛尾河	0.175	5.51×10^6	7.38×10^6
北澧河	邢家湾	0.044	1.39×10^6	1.13×10^7
滏阳河	莲花口	0.233	7.34×10^6	1.16×10^8
	艾辛庄	2.972	9.37×10^7	6.49×10^6
	衡水	0.145	4.58×10^6	5.08×10^7
滏阳新河	艾辛庄	0.748	2.36×10^7	3.08×10^7
滹沱河	北中山	0.020	6.31×10^5	3.00×10^6
子牙河	献县	2.012	6.35×10^7	9.91×10^7
	杨柳青	1.624	5.12×10^7	1.14×10^8
子牙新河	献县	0.216	6.80×10^6	1.95×10^8
	周官屯	0.068	2.16×10^6	5.07×10^7
海河	海河闸	16.768	5.29×10^8	2.15×10^7

依据实验结果，以鱼类生理学指标对污染物浓度和流量的响应规律为依据，可明确鱼类在污染和流量双重胁迫下的生长和生理学变化规律，并以此为依据可研究基于鱼类保护目标的适宜生态流量，对流域或河流生态管理和恢复具有重要意义。

推荐阅读

1. Suter. 生态风险评价[M]. 2 版. 北京：高等教育出版社，2011.
2. 联合国. 生物多样性和生态系统服务全球评估报告[R]. 2019.
3. 联合国生物多样性公约秘书处. 全球生物多样性展望[R]. 5 版. 2020.

方法学训练

1. 生态环境模拟实验方法类型及设计。
2. 生态风险评估方法优化。

第 9 章　生态环境模型研究方法

在生态环境的研究中，当需要进行定量研究时，应引入相应的模型。模型的选取十分重要，不仅要考虑科学性，还需要考虑可行性。生态模型是研究生态系统结构、功能及其时空演变规律以及环境过程对生态系统影响及其反馈机制的重要手段，它是自然生态环境系统的一种简化，这种简化取决于对生态系统充分了解的基础上，突出系统的特征及关注的问题。本章主要介绍了生态模型的结构组成、分类以及构建的方法。

9.1　生态模型概述

9.1.1　生态模型的组成

一个生态模型在它的数学公式中包含五个部分。

(1)强制函数或外部变量。它们是影响生态系统状态的外部变量或函数。就管理内容来说，要解决的问题常常可以重新阐述如下：如果某些强制函数发生变化，它们对生态系统的状态将有什么影响？换句话说，可用模型来预测强制函数随时间而改变时生态系统所发生的变化。输入生态系统的污染物质、矿物燃料的消耗、捕鱼方针等都是强制函数的一些例子，而温度、太阳辐射和雨量也是强制函数(不过我们目前不能处理它们)，可以由人类控制的强制函数通称为控制函数。

(2)状态变量是描述生态系统状态的变量。状态变量的选择对于模型结构极为重要，不过在大多数情况下这种选择还是比较明显的。例如，我们想建立一个湖泊的富营养化模型，那么很自然，状态变量中将会包括浮游植物的浓度和营养物的浓度。当模型应用于管理方面时，由于模型中包含着强制函数和状态变量的关系，所以可通过改变强制函数来预测状态变量的值，这可以看作是模型的结果。大多数模型所包含的状态变量的数目多于管理直接需要的数目，因为关系是如此复杂，以至必须引入一些附加的状态变量。例如，在许多富营养化模型中，把营养物输入与浮游植物浓度联系起来就够了，但是，由于该变量受多个营养物的影响(它将受到其他营养物浓度、温度、水体的水文学、浮游动物浓度、太阳辐射、水的透明度等的影响)，因此，富营养化模型往往包括许多状态变量。

(3)在模型中用数学方程表示生态系统中的生物、化学、物理过程。这些方程表示强制函数与状态变量之间的关系。在许多生态系统中可以发现相同类型的过程，就是说在不同的模型中可以用相同的方程。然而，在生态学方面目前还不可能用一个方程式代表一个特定过程，或者因为过程太复杂目前不能被详尽地理解，或者由于某些指定的情况允许我们进行简化，所以大多数过程可以有几种数学表示式，它们都是同样有效的。

(4)生态系统中过程的数学表达式含有系数或参数。对一个特定的生态系统或生态系统的某一部分，参数可以看作常数。在因果模型中，参数具有科学的确定意义。例如，浮游植物的最大生长率，许多参数只知道其值所处的一个范围，只有少量的参数知道其

确切数值，所以有必要对其余的参数进行校正。

所谓校正是根据一组参数的变化情况试图寻找计算出的状态变量和观测到的状态变量之间最好的一致。执行校正可以用尝试法，也可以用寻找最优拟合的参数的现成软件。

有许多静态模型，其中过程率都是给定时间间隔中的平均值，还有许多简单模型，它只包括少量确切定义的参数或直接测定的参数。对这类情况就不需要校正。在模拟生态过程动态的模型中，校正是模型质量的关键，其理由可以概括如下。

①大多数情况下只知道参数所处的一个范围。

②不同种的动物和植物有着不同的参数。然而，大多数生态模型并不区别不同种的浮游植物，仅把它们看作一个状态变量。在这种情况下，有可能找出浮游植物参数的一个范围，但由于浮游植物的种类组成在全年都有变化，不可能找出正确的平均值。

③对所考虑的状态变量来说，重要性较小的因而未包括在模型中的生态学过程的影响，在某种程度上可以通过校正予以考虑。校正是把模型的结果与生态系统的观测结果加以比较，这也可以解释为什么同样的模型应用于不同的生态系统时，其参数有不同的值。换句话说，校正可以获得地点差别并考虑次要的生态过程，但很明显，应减少校正的这种用途。校正决不能用来迫使模型去拟合观测结果，这意味着将获得一些不可靠的参数，如果用真实的参数不能获得合理的拟合，那么整个模型必然存在着问题。因此，所有的参数，或者至少是最敏感的参数，具有真实的范围是极其重要的。这就是说必须执行灵敏度分析以便找出在子模型、参数或强制函数中的变化对最关键状态变量的影响。

(5)多数模型还包括一些通用的常数，如气体常数、分子量等，显然这些常数不是校正对象。模型可以定义为用物理或数学的术语对一个问题基本成分的规范表达。问题的最初认识常常并且很可能是用词语来表达的。这可认为是建模过程的必要初级阶段，但规范表达这一术语意味着在我们建立模型之前必须翻译成物理或数学的语言。

词语模型难于具体化，但可以方便地转换成一个概念图，它包括状态变化、强制函数以及这些组分之间如何用过程相互联系的情况。概念图可看作为一个模型，称为概念模型。由于缺少关于过程数学公式化的知识，生态学文献中有大量模型还停留在概念模型这一阶段，但是它们能用来定性地解释关系。

9.1.2 生态模型的分类

从生态模型的描述方法来看，可将其分为概念模型和数学模型。概念模型是采用定性的图表或文字等形式来描述模型各组分之间的关系，阐述最符合模型目标的组织层次。数学模型是根据系统内物质或能量流动特点而建立的数学方程或计算机程序，并采用一定的数值方法求解。数学模型可以更进一步分为统计模型和机理模型。统计模型最初是从经验数据建立起来的，仅仅是描述性的，各变量之间的关系不一定有因果关系，统计模型的实例包括初级生产力的简单模型、生物种群动力学模型、复杂的流域和生态模型。机理模型包括系统内的因果关系，是基于过程的模型，在理解生态系统运作的基础上建立，并描述各种物理、化学、生物过程，如模拟水动力模型、生物地球化学循环、种群动力学。依据模型的复杂性，可分为四种类型：简单的回归模型、简单的营养物平衡模型、复杂的水动力、水质、生态综合模型以及复杂的生态结构动力学模型。前两者不能反映水生生态系统变化，仅能对影响生态系统生源要素的变化进行模拟。从相对关系来看，生态模型亦可分为如下几种：稳态模型-动态模型；确定性模型-随机模型；线性模型-非线性模型；集总模型-分散模型；简化模型-整体模型；管理型模型-研究型模型。

按照模拟对象来划分，生态模型主要包括种群动力学模型、生物地球化学模型和生物能量学模型。这三类模型是最初环境管理中应用最广泛的模型。20 世纪 70 年代末期，为了解决一些特定生态问题的需要，发展了诸如结构动力学模型、模糊生态模型、基于个体的生态模型和生态毒理学模型等。各类模型优缺点见表 9-1，各类模型的特点、功能、发展历程和应用范围如下所述。

表 9-1　各类模型优缺点

模型类型	优点	缺点
生物地球化学和生物能量动力学模型	①基于因果关系构建；②基于质量和能量守恒原理；③易于理解、解释和开发；④有现成的软件，如 Stella；⑤便于预测	①无法使用不均匀的数据；②需要相对完备的数据库；③模型复杂，参数数量多时难以率定；④没有考虑物种构成的适应性和变化特征
稳态生物地球化学模型	①比其他模型类型需要较少的数据集；②尤其适用于平均或极值条件；③结果易于率定和验证	①无法得到动力学过程和随时间变化的信息；②无法预测随时间变化的独立变量；③仅能得到平均或最不利条件下的结果
种群动力学模型	①能够遵循种群发展过程；②易于考虑年龄结构和影响因子；③大部分基于因果关系	①有时不采用守恒原理；②应用领域局限于种群动力学过程；③需要相对完备和均匀的数据库；④某些情况下难以率定
结构动力学模型	①具有较强的适应性；②能够考虑物种构成的变化；③可用于模拟生物多样性和生态位；④参数由目标函数确定；⑤相对容易开发和解释	①需要选择目标函数或使用人工智能；②计算耗时；③需要知道结构变化信息用于准确率定和验证；④没有可用的软件，需要编程
模糊模型	①可以采用模糊数据集；②可以采用半定量化信息；③适用于半定量化模型开发	①无法用于复杂的模型方程；②无法用于需要数值标识的模型；③没有可用的软件
人工神经网络	①在其他模型不适用的情况下可以采用；②易于应用；③可以应用于均匀数据集	①没有因果关系；②无法取代基于守恒原理的生物化学模型；③预测精度受限
空间模型	①涉及空间分布；②结果可以用很多方式展现，如 GIS	①需要大量数据；②难以率定和验证；③计算耗时；④描述空间模式需要非常复杂的模型
个体模型	①可以考虑个体特征；②可以考虑属性范围内的适应性；③有可用的软件；④不考虑空间分布	①当考虑个体的众多特征时，模型变得十分复杂；②无法考虑基于守恒原理的质量和能量传输；③需要大量数据对模型率定和验证

模型类型	优点	缺点
生态毒理学模型	①解决生态毒理学问题；②容易使用；③通常包含一个有效的或能够解释和量化影响的模块	①有毒物质种类繁多，所需信息量很大，因此模型结果具有较高的不确定性；②对于生态毒理机理的认识还很有限
随机模型	①可以考虑强迫函数和过程的随机性；②模型结果的不确定性易于获得	①必须知道随机模型变量的分布；②高度复杂性，需要较长的模拟时间

（1）种群动力学模型

以生命循环为基础，基于基因守恒原理，研究生物体在环境中的变化过程。种群动态模型是动态模型的先驱，早在20世纪20年代Lotka和Volterra构建了第一个种群模型，随后不少学者针对特定的问题对模型进行修正，以适应所研究的案例。种群动力学模型可以是模拟单个种群增长，而将其与其他种群的相互作用采用特定的参数来表示；另一种是考虑种群间的相互作用，并将其作为模型的状态变量。矩阵模型的应用在带年龄结构的种群动力模型中具有重要作用。

（2）生物地球化学模型

遵守物质守恒原理，关注系统中生物化学和地球化学循环动态，考虑污染物和自然化合物的归趋和分布。水动力模型可以看作是该类模型，因其描述了系统中重要的成分——水，其输出往往作为生态模型的强制函数。将水动力、水质、浮游植物生长耦合的富营养化模型是该类模型的代表。模型维数、变量数量、环境介质种类和模拟范围等多种因素决定了模型的复杂性，其又反过来决定了率定和验证所需的数据数量和质量。

（3）生物能量学模型

以能量守恒为原则，模拟太阳能通过初级生产者固定并经由食物链或食物网逐级递减式流动。1955年，有学者从能量收支角度估算了河流生态系统中群落的能量流动，采用独创的能流框图描述群落的能流过程和模式，阐述能量在各级营养级之间的流动。1983年，Odum对能流机理进行了分析，提出了较完整的能流基本模型。熵流理论基于能流理论发展而来，熵流可作为生态系统发展的目标函数，预测物种组成或系统结构的改变，以及外界因子作用下优势种特性的变化。由此，能量动力学模型由静态模型发展为动态结构模型，在生态学领域有着更广阔的应用。

（4）生态毒理学模型

模拟有毒化学物质对生物个体、种群、群落、生态系统乃至整个生物圈的影响，可分为分布模型、迁移模型、效应模型，分别描述有毒物质在环境分室中的浓度、有毒物质在环境及不同营养级生物中的输运、有毒物质对生物体从细胞到生态系统不同生物学水平的影响。一个完整的生态毒理学模型应该是分布-迁移-效应模型的合理整合。当模拟有毒物质在食物网中迁移时，毒理学模型与生物地球化学模型类似，有时可作为复杂生物地球化学模型的子模型。系统中各个营养级对某一特定物质的敏感性不一，重点关注对毒物特别敏感的营养级，可以简化模型，如零营养级（水、土壤等）重金属模型，或者计算鱼类体内DDT浓度。生态毒理学模型可以用来解决某注册化学物质的环境污染问

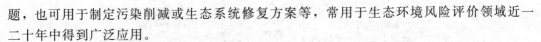

题，也可用于制定污染削减或生态系统修复方案等，常用于生态环境风险评价领域近一二十年中得到广泛应用。

(5)静态模型

仅描述生态系统中各组分之间的物质或能量流动，不出现变量的动态过程，通常关注系统在一个季节或一个完整生物周期内的平均状态。静态模型模拟有机体之间或有机体与环境之间的复杂关系以及系统受外力影响时的响应，存在众多变量，采用微分方程描述各种变量与强制函数的响应关系作为经典的建模方法，无法应用到错综复杂的食物网多维生态关系。开展生态网络分析进行分室模拟并采用矩阵计算（食物矩阵、伴生流矩阵、影响矩阵等）方法对营养级网络进行数学描述具有较好的优势，常用软件包括NETWRK、WAND、NEA、EcoNet、ENA 和 Ecopath 等。

(6)结构动力学模型

生物地化模型等诸多生态模型有着严格的结构和固定参数，仅在所描述或验证时间段有效。然而，生态系统在不断发展的过程中能够因自然或人为外力而发生结构的调整或改变，有着严格结构的模型却无法描述这一趋势。结构动力学模型使用连续变化的参数和目标函数来反映生物成分对外界环境变化的适应能力，描述物种组分的改变以及生物对生境变化的响应。例如，外部条件的改变导致生物物种特性的变化，一个物种被另一个物种取代，以适应新的外部环境。Exergy 是目前结构动力学模型中应用最广的目标函数，可表示为生态系统在热平衡状态熵与非热平衡状态熵的差值。

(7)概念模型

概念模型根据采用的工具不同主要包括以下几类：①箱式框图，采用框格、箭头以及数字来指示系统内物质循环和能量流动的方向和量级；②矩阵概念化，可以形容各分室间的因果关系和输入输出量；③反馈动态框图，采用矩形、圆圈、云状图、箭头等描述系统内各组分的关系及过程信息；④能量回路图，Odum 通过热力学约束条件、反馈机制和能量流动等信息构建而成，模型中的符号有固定的数学含义。概念模型可以作为建立数学模型的第一步，用于明晰状态变量与强制函数的关系。同时也可视为一种独立的生态模型类型，常用于生态系统评价、工程生态效应评估等领域。以食物网为例，食物网是生态系统中多种生物及其营养关系的网络，描述了系统中的摄食关系，反映了群落的种间关系。它可以让我们深入理解生态系统中物质循环和能量流动的格局，了解系统的功能。有机碎屑是水生态系统食物网中的重要组成部分，直接或间接地来自生物有机体。有关有机碎屑的定义，Odum(1971)提出有机碎屑是指死亡的生物在分解过程中所形成的所有有机物，包括微生物。在食物网模型中，有机碎屑包括内源有机碳、外源有机碳和细菌。其中内源有机碳指由任何营养级通过食物链以外的途径而释放到生态系统里去的有机碳（包括排粪、排泄和分泌物中的有机碳），外源有机碳指从外界进入生态系统并在系统中循环的有机碳(Wetzel，2000)。因此，食物网概念模型主要由三部分组成，即生产者、消费者和有机碎屑。其食物网概念模型见图 9-1。通过该模型，我们可以了解食物网中种群通过摄食作用对初级生产力的影响，以及水质水量变化对水生态系统净生产力的影响。

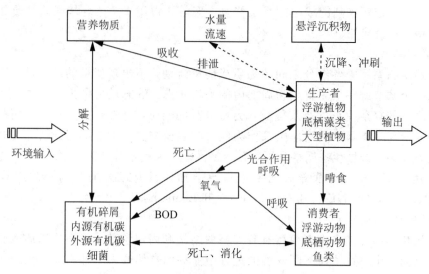

图 9-1 食物网概念模型

（8）空间模型

空间模型是基于状态变量、外部函数及作用过程的空间分布来模拟生态系统在各空间尺度上的特点。对于水生生态系统空间模型，通常将三维水动力模型与描述生物过程的模型耦合，以阐述生境、生物的空间异质。在景观生态学领域，空间模型可以为构造最优的生态斑块、廊道提供技术支撑。相对而言，空间模型的尺度较大，需要较全面的数据信息用于模型的建立、率定、验证等，可结合 3S 技术来实现基础资料的获取和模型的构件。

（9）个体模型

某个物种的个体间差异在生物地球化学模型或者种群动力学模型中往往被忽略，然而个体差异对于生态行为及系统发展却意义重大。建立基于个体的模型有两种方法：①状态分布法，主要依靠 Leslie 矩阵模型和偏微分方程等分析工具来处理种群的特征分布；②状态结构方法，基于对为数众多的相互作用的有机体个体的模拟，依靠高速计算机进行计算，以综合的形式提供结果。

（10）模糊模型

当数据不够丰富，或者半定量描述生态系统的时候，可以采用模糊数学语言构建模糊生态模型。具体包括模糊综合评价模型、模糊模式识别模型、模糊决策模型和模糊竞争模型等。

（11）随机模型

随机模型中的随机性体现在外部强制函数或者模型参数的随机性，比如当水文、气象条件作为输入因子用于生态系统的演变预测时。可见，上述的生物地球化学模型、生物能量学模型、空间模型、结构动力学模型和种群动力学模型等均可能属于随机模型。

（12）人工神经网络模型

人工神经网络技术应用于生态学建模始于 20 世纪 80 年代，它是通过不同数据库建立的黑箱模型，来描述状态变量与外部强制函数之间的关系，并用于生态系统未来状态的

预测。

(13)混合模型

以上所列两个或以上的模型组合而成,比如将生物地球化学模型结合人工神经网络技术,来获得生态系统中更多的有用信息。

9.2 理论模型构建

生态系统模型的构建(modeling)通常有六个逻辑步骤,如图 9-2 所示。

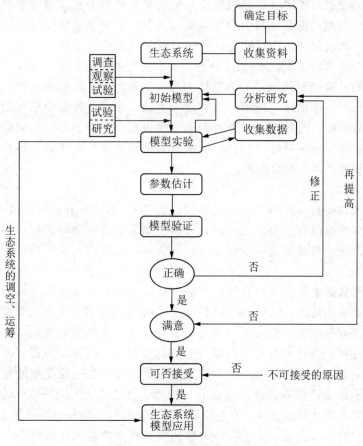

图 9-2 生态系统建模流程图

1. 明确目标、对象

一个生态系统很复杂,首先应明确要解决什么问题。选定目标、并划定它在系统中空间时间上的界限与范围。对系统进行仔细的分析,提炼主要因素,即系统的识别(system identification)。

2. 确定系统结构,进行总体设计

调查实际生态系统的情况,收集有关的书面资料、信息。这就要根据研究的目的和系统本身特点,确定适当的变量以及它们之间的相互关系。就是保留那些相对重要的亚系统,舍去一些次要的。

3. 建立数学模型

用一系列数学方程将系统的各组分之间的相互关系定量性描述。用什么类型的数学模型，是微分方程还是矩阵模型，是确定性模型还是随机模型，都须对比分析，加以考虑。只有在深刻了解该生态系统的基础上，才有可能抓住其本质。尽量选择较为简单的模型，使之能科学地反映出关键的生态过程。

任何一个模型都是由各种变量构成的，研究某个生态系统主要是分析其中的自变量对因变量的影响。对于生态模型来说，关键是研究周围的环境因子对随时空变化的变量的预测。而状态变量的描述以及影响这个变量的主要因素分析是建立模型的第一步。对于生物地球化学模型，模型变量为物质浓度或总量；生物能量学模型中，变量可以是各种形式的能量，如太阳能、表现能等；生态毒理学模型中，变量为各种有毒物质；结构动力学模型的变量可以是 Exergy、优势度、熵、生物量和利润等。通常将人类活动的扰动概化为模型的外部强制函数，如海平面上升、流量汇入、污染物排放、太阳辐射和气象条件等。然而，一个生态系统中的物种成千上万，在一个模型中不可能对每一个物种的生命过程进行模拟，因此选择一个或若干个代表物种非常必要。水域底栖生物经常被选作生态指示物种，能够对物化过程以及水动力过程的微小变化做出反应，同时在食物网中连接着初级生产者与高级生物。

4. 模型的检验

模型的有效性检验(validation)，又称模型的验证(verification)。在数学模型建立之后，需要对模型在模拟对象上的效应进行分析。如果发现模型的模拟效果很差，就要对模型方程重新改进。有时要进一步收集、分析资料，反复定义系统的范围、关系，从而使模型合理化。

用多套观察数据来验证模型有效性，根据结果的满意程度来更改模型参数，即重新进行模型参数识别和估值。Flndeise 等(1979)给出验证的下述定义：如果模型运转符合建模者的要求，那就称模型已被验证。这定义意指：有一个模型要验证，这意味着不仅已建立了模型的方程，而且也给出了参数的合理的实际值。因而，验证、灵敏度分析和校准的序列不一定是逐步过程，而是作为重复的运算过程。最初给模型的是来自文献的实际参数值，然后粗略地校准，最后可以验证模型，继之以灵敏度分析和较仔细的校准。模型建立者必须多次重复该过程，直至验证和校准阶段的模型输出满意为止。

在这一期间的某些阶段，几乎不可避免地要对模型中理想化噪声序列的统计性质作出假设。为要符合白噪声性质，任何误差序列应该大致地满足下述约束：它的平均值为零，且不与其他任何误差序列相关，也不与测出的输入强制函数的序列相关。因此，这种方式的误差序列的评价实质上提供了一种核对，最后的模型是否使模型固有的某些假设无效。若误差序列与它们的期望性质不相符，那么模型并没有充分地刻画出所观察到的动态行为的所有较决定性的特征。因此，应该修改模型结构以容纳附加助关系。

验证部分可按括如下。

(1)误差(模型输出与观察的比较)必须具有近似于零的均值；

(2)误差不是交互相关的；

(3)误差与测出的输入强制函数不相关。

此外，与上面提到的三点同样重要的是，验证还需要对模型的内部逻辑作检验：模

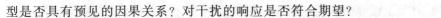

型是否具有预见的因果关系？对干扰的响应是否符合期望？

验证的这个部分在一定程度上是以主观标准为依据的。一般，模型建立者将模型的反应立成几个问题。他们使强制函数或初始条件产生变化，并且利用模型对这些变化的响应来模拟。如果响应不是所期望的，那么必须改变模型结构或方程，只要参数空间许可。典型问题的一些例子会说明这一操作：在河流模型中 BOD_5 负荷的增加是否意味着氧浓度的降低？在同样的模型中温度升高是否意味着氧浓度的降低？当模型中包括光合作用时，氧浓度是否在太阳升起时最低？在被捕食者-捕食者模型中，捕食者密度的减少最初是否意味着被捕食者密度的增加？在一个富营养化模型中，营养物负荷的增加是否使浮游植物的浓度增加？

最后，在验证阶段还应检查模型的长期稳定性。用强制函数波动的某种格局长期运转模型应该期望状态变量也呈现出波动的某种格局。

验证似乎是非常麻烦的，但是对建模者来说是非常必要的执行步骤。通过验证可以从模型的反应来了解自己的模型，同时验证是在建立切实可行模型中的一个重要的检验点。这也强调了具有良好的生态学知识对生态系统建模的重要性，没有这一点，就不可能提出关于模型内部逻辑的正确问题。

5. 敏感性分析

即研究输入变量与参数的变化对模型行为的影响，对模型行为敏感的参数应仔细加以研究和调查以及对敏感性（sensitivity）高的参数的校正（calibration）。

敏感性分析（sensitivity analysis），也可称为灵敏度分析，就是假设模型表示为 $y = f(x_1, x_2, \cdots, x_i)$（$x_i$ 为模型的第 i 个属性值），令每个属性在可能的取值范围内变动，研究和预测这些属性的变动对模型输出值的影响程度。我们将影响程度的大小称为该属性的敏感性系数。敏感性系数越大，说明该属性对模型输出的影响越大。敏感性分析的核心目的就是通过对模型的属性进行分析，得到各属性敏感性系数的大小，然后在实际应用中根据经验去掉敏感性系数很小的属性，重点考虑敏感性系数较大的属性。这样就可以大大降低模型的复杂度，减少数据分析处理的工作量，在很大程度上提高了模型的精度，同时研究人员可利用各属性敏感性系数的排序结果，解决相应的问题。简而言之，敏感性分析就是一种定量描述模型输入变量对输出变量的重要性程度的方法。

根据敏感性分析的作用范围，我们可以将其分为局部敏感性分析（local sensitivity analysis）和全局敏感性分析（global sensitivity analysis）。局部敏感性分析只检验单个参数的变化对模型结果的影响程度，其他参数只取其中心值；而全局敏感性分析检验多个参数的变化对模型结果产生的总的影响，并分析每一个参数及参数之间的相互作用对模型结果的影响。全局敏感性分析与局部敏感性分析的区别在于：①每一个参数在一个有限大甚至无限的范围内变化；②由某个参数变化引起的模型结果的变化是全局的，即模型结果的变化是在所有参数变化的共同作用下产生的。全局敏感性分析又可分为定性全局敏感性分析和定量全局敏感性分析。定性全局敏感性分析只是定性地分析模型各参数的不确定性对模型结果影响的相对大小，也称因子筛选敏感性分析，其目的是以较低的计算代价获取模型各个输入参数敏感性大小的排序。定量全局敏感性分析则定量地给出各参数的不确定性对模型输出结果不确定性的贡献率。

由于敏感性分析方法是在模型的基础上进行操作的，所以也可以根据建模方法的不

同将其分为有模型的和无模型的两类。对于待解决的数据分析问题，若十分清楚它的内部机理，能够准确得到模型表示 $y=f(x)$，那我们就可以在此基础上直接进行敏感性分析；但是在实际问题中，这种情况十分少见。在大部分情况下，面对庞大的数据，人们无法清楚地了解其内部规律，无法进行机理建模。于是在早期的研究中，人们借助统计知识来建立模型，最常见的模型就是多元线性回归模型。在此基础上，学者提出了很多方法：由 Conover(1975)提出，并由 McKay 等(1979)正式发表的基于拉丁几何取样的多元回归方法；20 世纪 70 年代提出的傅立叶敏感性检验法；Saltelli 和 Marivoet(1990)提出的利用非参数统计方法进行敏感性分析的方法；Morris(1991)提出的 Morris 法；Sobol(1993)提出的方差分解法等。随着各个研究领域内各种问题的涌现，利用统计方法建模逐渐显示出它的局限性：当模型属性太多或者得到的结果与属性之间是一种非线性关系时，采用统计方法处理得到的结果不理想，精度达不到要求。而后人们开始采用人工神经网络的方法来建立模型。对于神经网络模型来说，只需要知道输入变量数据和输出数据，并不需要先验知识的辅助，它自身能够对训练数据集进行训练和学习，用大量简单的人工神经元模拟数据间的非线性关系，并且能自适应调节神经元之间的连接权重，以此建立能够较好反映数据真实情况的网络结构。许多研究者在这个方面作出了杰出的贡献，如 Garson(1991)提出的 Garson 算法；Olden 等(2002)提出的随机化检验方法；Muriel Gevery(2005)提出的 PaD2 方法等。

6. 使用和实施

一旦建成一个生态系统的有效模型，就可以用于真实的生态系统。在使用中不断加以修改和调整，可以改变某些参数来预测系统的发展。

以上建模步骤可归纳为建模的三大环节，即识别(identification)、估计(estimation)和检验(validation)。

9.3 生态模型的不确定性分析

在生态模型研究中，常常需要对所建立的模型进行不确定性分析。不确定性分析是指对所建立的模型受到各种事前无法控制的外部因素变化与影响所进行的研究和估计。它是决策分析中常用的一种方法。通过该分析可以尽量弄清和减少不确定性因素对模型和结果的影响，从而证明模型的可靠性和稳定性。模型模拟不确定性按照其来源可以分为参数不确定性、模型不确定性和资料不确定性三类。不确定分析已经广泛应用于环境科学、水利学、水文地质学等研究领域。

敏感性分析是检验参数变化对模型结果的影响程度，即在其他参数不变情况下变动某一参数，检查函数的相应变化。如果函数值变化大，说明这个参数值灵敏度高。在分析测试和计算中，应对这个参数严格控制，以保证模型的精确性。对于特别不敏感参数可以去掉。

在生态学模拟研究中，只有通过不断地定量分析和评估模型模拟的不确定性，才能加深对模型的认识，进而找到有效减少模型模拟不确定性的对策措施。生态模型的不确定性来自于模型结构的选择、参数取值、目标函数、外部强制函数等。自然界是一个非常复杂的系统，每一个生态过程都受各种各样的不确定因素影响，某些因素的不确定性是无法降低的。不确定性分析方法按照其求解原理可以分为蒙特卡罗法、矩方程法和贝叶斯法，另外还有其他一些方法，如条件模拟、敏感度分析、一次二阶矩法等。

1. 蒙特卡罗法

蒙特卡罗(Monte Carlo)法是一种被广泛采用的分析复杂数值模型不确定性的方法。它假定随机变量的概率分布函数和协方差函数已知，用伪随机数生成技术产生出多组随机变量，然后把随机变量代入模型求解未知变量(如地下水模拟中的水头或溶质浓度)的统计值。该方法回避了随机分析中的数学困难，不管模型是否非线性、随机变量是否非正态，只要模拟的次数足够多，就可得到一个比较精确的概率分布，并且具有收敛速度与问题的维数无关、程序结构简单等优点。但蒙特卡罗法的一些缺点也不容忽视，主要是收敛速度慢，以及计算误差难于估计并控制。因此，目前蒙特卡罗法一般用于计算比较简单的模型或用来验证其他不确定性分析方法。

2. 矩方程法

矩方程法通过随机偏微分方程直接求解模拟结果的各阶统计矩，效率比蒙特卡罗法高得多。建立随机有限元方程的方法主要有摄动法、Neumann 展开法和混沌多项式展开法。摄动方法把随机变量分成确定部分(期望值)和由摄动引起的随机部分，进行展开后代入方程进行求解。摄动法简单易行，但要求摄动量非常小(一般小于均值的 20%)，而且计算高阶矩很困难。

3. 贝叶斯法

贝叶斯(Bayes)理论是联系前验知识和后验知识的纽带，主要用于处理不确定性信息中的随机信息，与经典统计分析的最大区别在于将参数视为可融入主观解释(先验分布)的随机变量。贝叶斯方法的一般模式为：前验分布加样本信息得到后验分布。前验分布反映了在获得实际观测数据以前关于未知参数的知识；后验分布集中了样本与先验中有关随机变量的一切信息，比先验分布更接近实际情况，可以看作是人们用抽样信息对先验分布作调整的结果。

9.4 案例研究：APRFW 模型应用研究——白洋淀净生产力时间变化

9.4.1 白洋淀研究区

白洋淀是海河流域最大的湖泊，位于河北省中部，地处北纬 $38°43'\sim39°02'$，东经 $115°38'\sim116°07'$ (见图 9-3)。现有大小湖泊 143 个，百亩以上大淀 99 个，其中以白洋淀最为显著。白洋淀总面积 366 km²，平均蓄水量 13.2×10^8 m³。年均气温 7.3~12.8℃，日照 2 638.3 h，年均降水量 524.9 mm，平均水深 2~4 m。具有芦苇、白花菜等丰富的植物资源和鱼虾、鸟类等丰富动物资源，是我国北方典型的湖泊和草本沼泽型湿地，对维护湿地生态系统平衡、调节当地气候、补充地下水及保护生物多样性等方面发挥着重要作用。白洋淀从北、西、南三面接纳漕河、府河、唐河、潴龙河等河流，各河流经白洋淀蓄调后由枣林庄枢纽控制下泄经东淀或独流减河入海。但自 20 世纪 80 年代以来，受上游河道径流量拦截、淀区地下水过度开采等因素影响，入淀水量锐减，上游入淀的河流除了府河常年有水以外，其他河流均季节性断流。特别是进入 21 世纪以来，由于气候、降雨以及流域水资源开发利用等多种因素的综合作用和影响，干淀频繁。白洋淀流域的总面积不断减少，1974—2007年，白洋淀湿地面积从 249.4 km² 下降到 182.6 km²。同时，随着经济的发展，白洋淀水体逐渐恶化，富营养化污染严重。水量减少和水质污染对区域生态安全和水环境安全构成了严重威胁。

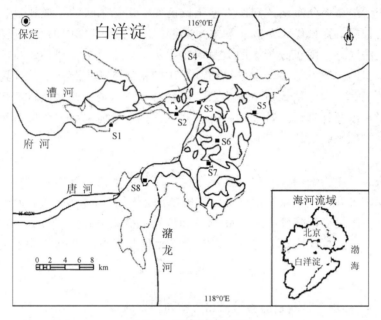

图 9-3　白洋淀采样点图

(S1—府河入口；S2—南刘庄；S3—王家寨；S4—烧车淀；
S5 枣林庄；S6—圈头；S7—采蒲台；S8—端村)

9.4.2　PRFW 概念模型

水生态系统净生产力(net ecosystem production，NCP 或 P_n)是总初级生产力(gross primary production，GPP 或 P_g)与生态系统呼吸速率(ecosystem respiration，CR 或 R_e)之差值，即

$$P_n = P_g - R_e \tag{9-1}$$

式中：生态系统呼吸为自养呼吸(autotrophic respiration，R_a)与异养呼吸(heterotrophic respiration，R_h)之和，即

$$R_e = R_a + R_h \tag{9-2}$$

净初级生产力(net primary production，NPP)为总初级生产力与自养呼吸之差值，即

$$NPP = P_g - R_a \tag{9-3}$$

水生态系统净生产力还可以碳输入及碳输出进行计算，即

$$P_n = \Delta C_{storage} + C_{export} - C_{import} \tag{9-4}$$

式中：$\Delta C_{storage}$ 指贮存在生物量和沉积物中的有机碳；C_{export} 指外来输入的有机碳；C_{import} 指输出的有机碳。

水生态系统食物网各组分(生产者、消费者和有机碎屑)与净生产力关系见图9-4，即

初级生产力(primary production)-呼吸速率(respiration)-食物网(food web)概念模型,简称 PRFW 模型。在 PRFW 概念模型中,白洋淀湿地初级生产者主要指浮游植物、底栖藻类和大型水生植物;消费者主要指浮游动物、底栖动物和鱼类;有机碎屑指内源有机碳、外源有机碳和细菌。该模型详细描述了水生态系统内部各组分与初级生产力、群落呼吸速率相互作用关系,以及生态系统净生产力与外界物质输入、输出的相互作用关系。水生态系统净生产力是影响氧气和二氧化碳交换、输出的重要影响因子。如果 $P_n>0$,即总初级生产力大于生态系统呼吸速率($P_g>R_e$),则水生态系统呈现自养状态,成为二氧化碳的汇和氧气的源。相反,如果 $P_n<0$,则水生态系统呈现异养状态,成为二氧化碳的源和氧气的汇,外来碳的输入对于维持水生态系统极其重要。自养生态系统是一种健康的生态系统,该系统中群落呼吸不需要外来有机物输入的维持。异养水生态系统被认为是一种机能失调的生态系统,较高的外来有机物质的输入才能维持异养生物的代谢活动。基于 PRFW 概念模型,能全面、系统的了解生态系统内部作用(如生产者竞争、消费者摄食作用等)、外界有机物质的输入和人为干扰(如水量的增减、水质的变化等)对生态系统净生产力的影响。

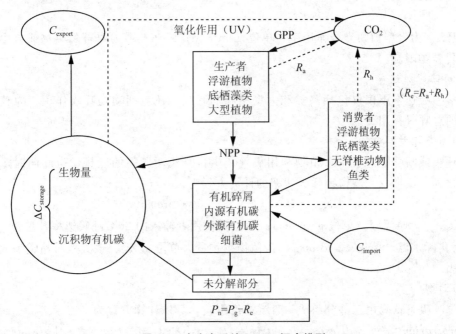

图 9-4 水生态系统 PRFW 概念模型

9.4.3 APRFW 湿地净生产力模型

AQUATOX-PRFW 模型(APRFW)植物库模拟藻类和大型植物。藻类包括浮游藻类和附着藻类,大型植物包括沉水植物、漂浮植物、根生漂浮植物和苔藓类植物。植物初级生产力受温度、可透过光线、营养物质、栖息地类型等条件影响。水生植物总初级生产力为藻类初级生产力与大型植物初级生产力之和。藻类、大型植物的初级生产力计算方程如下。

1. 总初级生产力

(1)藻类

$$P_{algae} = P_{max} \cdot PProd_{limit} \cdot Biomass_{algae} \cdot Habitat_{limit} \cdot Salt_{effect} \tag{9-5}$$

$$PProd_{limit-photo} = Lt_{limit} \cdot Nutri_{imit} \cdot T_{corr} \cdot Frac_{Photo}$$

$$PProd_{limit-peri} = Lt_{limit} \cdot Nutri_{limit} \cdot V_{limit} \cdot (Frac_{littoral} + SurfArea_{Conv} \cdot Biomass_{macro}) T_{corr} \cdot Frac_{Photo}$$

式中：P_{algae} 为浮游藻类与附着藻类的光合作用率，单位 $g/m^2 \cdot d$；P_{max} 为最大光合作用率，单位 $1/d$；$Biomass_{algae}$ 为浮游藻类与附着藻类的生物量，单位 g/m^2；$Habitat_{limit}$ 为由于植物喜好的栖息地限制作用，无单位；$Salt_{effect}$ 为盐度对光合作用影响，无单位；Lt_{limit} 为光的限制作用，无单位；$Nutri_{limit}$ 为营养物的限制作用，无单位；T_{corr} 不适宜温度限制作用，无单位；$Frac_{Photo}$ 为有毒物质对光合作用影响，无单位；V_{limit} 为流速对底栖藻类限制，无单位；$Frac_{littoral}$ 为透光层面积的比例，无单位；$SurfArea_{Conv}$ 为单位底栖藻类转变为大型植物的面积，单位 m^2/g；$Biomass_{macro}$ 为大型水生植物在系统中总生物量，单位 g/m^2。

(2)大型植物

$$P_{macro} = P_{max} \cdot Lt_{limit} \cdot T_{corr} \cdot Biomass_{macro} \cdot Frac_{littoral} \cdot Nutri_{limit} \cdot Frac_{Photo} \cdot Habitat_{limit}$$
$$\tag{9-6}$$

式中：P_{macro} 为大型植物光合作用率，单位 $g/m^2 \cdot d$；$Nutri_{limit}$ 为对苔藓植物或自由漂浮植物的营养物限制。

2. 群落呼吸速率

群落呼吸速率不仅仅包括藻类和大型植物的呼吸，还包括动物呼吸作用，为整个生态系统的总呼吸作用。

(1)藻类和大型植物

内呼吸或暗呼吸过程中，植物利用氧气产生自身代谢所需的能量，与此同时，释放出二氧化碳。藻类及大型植物呼吸速率的计算方程为：

$$Re_{plant} = Re_{20} \cdot 1.045^{(T-20)} \cdot Biomass \tag{9-7}$$

式中：Re_{plant} 为暗呼吸，单位 $g/m^3 \cdot d$；Re_{20} 为使用者输入的 20℃ 呼吸速率，单位 $g/g \cdot d$；T 为实际水温，单位℃；$Biomass$ 为植物生物量，单位 g/m^3。该方程对藻类和大型植物均适用。

(2)动物

动物呼吸可认为由三部分组成，且受盐度影响，具体计算方程为

$$Respiration_{pred} = (StdResp_{pred} + ActiveResp_{pred} + SpecDynAction_{pred}) \cdot Salteffect$$
$$\tag{9-8}$$

式中：$Respiration_{pred}$ 为捕食者的呼吸损失，单位 $g/m^3 \cdot d$；$StdResp_{pred}$ 为温度修正后的基础呼吸损失，单位 $g/m^3 \cdot d$；$ActiveResp_{pred}$ 为游泳损耗的呼吸损失，单位 $g/m^3 \cdot d$；$SpecDynAction_{pred}$ 为自身代谢的呼吸损失，单位 $g/m^3 \cdot d$；$Salteffect$ 为盐度对呼吸损失的影响，无单位。

根据生物量、光的限制作用及营养物限制作用等方程(详见 http://water.epa.gov/scitech/datait/models/aquatox/upload/Technical-Documentation-3-1.pdf)，可以计算出藻类和大型植物总初级生产力，藻类、大型植物和动物的群落呼吸速率，进而求出水生

态系统净生产力。由于海河流域河流、湖泊、河口各生态单元混浊度、营养盐、盐度、光强、水扰动等环境条件差异，其初级生产力、群落呼吸速率及净生产力特征存在较大的差别，因此，基于APRFW模型，需要在不同的生态单元进行应用研究。

9.4.4 模型验证与敏感性分析

1. 模型验证

浮游植物、底栖藻类和大型水生植物初级生产力是基于其生物量进行计算的。因此，在控制（control）条件下运用野外调查所获得的种群生物量数据，对所建立的APRFW模型进行校正。模型校准通过一致修正指数（the Modified Index of Agreement，d_i）和有效修正系数（the Modified Coefficient of Efficiency，E_i）来进行拟合优度指数评价。校正结果根据五个等级进行分类（见表9-2），d_i 和 E_i 计算公式为

$$d_i = 1 - \frac{\sum_{i=1}^{n} |O_i - P_i|}{\sum_{i=1}^{n} |P_i - \bar{O}| + |O_i - O|} \tag{9-9}$$

$$E_i = 1 - \frac{\sum_{i=1}^{n} |O_i - P_i|}{\sum_{i=1}^{n} |O_i - \bar{O}|} \tag{9-10}$$

式中：O_i 为第 i 时间实测值；P_i 为第 i 时间模拟值；$\bar{O}$ 为观测平均值；n 为实测值次数。

表 9-2　模型校正结果分类

指数值	<0.2	0.20~0.50	0.50~0.65	0.65~0.85	>0.85
分类	非常差	差	好	很好	极好

此外，绝对误差通过均方根误差（$RMSE$）和平均绝对误差（MAE）进行估算。

$$RMSE = \sqrt{\frac{1}{n} \sum_{i=1}^{n} (O_i - P_i)^2} \tag{9-11}$$

$$MAE = \frac{1}{n} \sum_{i=1}^{n} |O_i - P_i| \tag{9-12}$$

绝对误差是评价模拟值与实测值是否一致的有效方法。如果 $RMSE$ 或 MAE 为零，说明模拟值与实测值相同，$RMSE$ 或 MAE 值越小，模拟值与实测值越接近。

2. 敏感性分析

敏感性是指输入数值变化而引起的模型输出结果的变化。敏感性分析提供了对于模型输出结果变化或不确定性的相对贡献的假设输入排序。

为了减少输入参数的不确定性，降低输出结果误差，需要识别出模型中最敏感的参数。敏感性分析方法是通过拉丁超立方体抽样方法，参数敏感性的计算公式为

$$S_{\mathrm{Ii}}^2 = \delta_{0,\mathrm{Ii}}^2 / \delta_{\mathrm{Ii}}^2 \tag{9-13}$$

式中：S_{Ii}^2 为输出对输入变化的敏感性；$\delta_{0,\mathrm{Ii}}^2$ 输入参数 i 的不确定性引起输出结果的变化；δ_{Ii}^2 是输入参数 i 对数正态分布变化。

9.4.5 建模与数据

白洋淀湖泊的水质、水文特征数据如表9-3、表9-4所示。由于白洋淀是浅水湖泊且水力流速较慢，垂向混合比较均匀，因此将整个湖泊作为一个整体考虑，不进行分层模拟。模型中生产者、消费者的主要特征参数见表9-5和表9-6。

表 9-3　白洋淀主要水质数据

pH	DO /(mg/L)	Trans /cm	COD_{Mn} /(mg/L)	BOD_5 /(mg/L)	TN /(mg/L)	NH_3-N /(mg/L)	TP /(mg/L)	PO_4^{3-} /(mg/L)
8.08	6.97	93.13	8.51	6.12	2.91	3.52	0.19	0.092
7.7~8.7	9.5~29.5	34~185	4.8~16.9	1.2~19.8	0.25~14.8	0.1~24.7	0.01~0.46	0.01~1.19

表 9-4　白洋淀主要水文特征数据

水域面积/km^2	最大长度/m	最大宽度/m	平均水深/m	最大水深/m	初始水量/$\times 10^8\ m^3$	纬度/(°)	平均光强/(Ly/d)	平均气温/℃	平均蒸发量/(in/a)
154	39.5	28.5	1.6	3.1	0.3	38.5	357.5	12.7	53.8

表 9-5　白洋淀生产者种类及主要参数

种类	浮游藻类			底栖藻类			大型水生植物	
	硅藻	绿藻	蓝藻	硅藻	绿藻	蓝藻	狐尾藻	浮萍
B_0	0.09	0.06	2.21	0.08	0.1	0.08	9.46	11.2
L_S/(Ly/d)	18	50	45	25	60	75	225	215
K_P/(mg/L)	0.055	0.01	0.05	0.05	0.1	0.03	0	0.72
K_N/(mg/L)	0.117	0.8	0.4	0.02	0.8	0.4	0	0.45
T_0/℃	15	26	25	20	25	30	30	22
P_m/d^{-1}	1.17	1.6	1.26	3.46	3.15	2.4	1.8	1.71
R_{resp}/d^{-1}	0.1	0.01	0.02	0.015	0.023	0.24	0.048	0.128
M_c/d^{-1}	0.001	0.05	0.05	0.001	0.008	0.001	0.09	0.15
L_e/m^{-1}	0.14	0.24	0.099	0.14	0.05	0.15	0.05	0.50
R_{sink}/(m/d)	0.16	0.14	0.01					
W/D	5	5	5	5	5	5	5	5

注：B_0为初始生物量，浮游藻类单位为 mg/L，底栖藻类和大型植物单位为 g/m^2；L_S为光合作用时光饱和度；K_P为磷半饱和常数；K_N为氮半饱和常数；T_0，最适宜温度；P_m为最大光合作用率；R_{resp}为呼吸速率；M_c为死亡系数；L_e为消光系数；R_{sink}为沉降率；W/D为湿重与干重比值。

表 9-6　白洋淀消费者种类及主要参数

种类	浮游动物		底栖昆虫	大型底栖无脊椎动物			鱼类	
	轮虫	水蚤	摇蚊幼虫	蚌类	虾	蟹	鲤鱼	鲇鱼
B_0	0.05	0.29	0.14	2.02	0.06	0.048	5.96	1.81

续表

种类	浮游动物		底栖昆虫	大型底栖无脊椎动物			鱼类	
	轮虫	水蚤	摇蚊幼虫	蚌类	虾	蟹	鲤鱼	鲇鱼
H_s	25	50	60	65	70	45	235	55
$C_m/(g/g \cdot d)$	1.9	1.1	0.6	0.4	0.177	0.6	0.008 6	0.049 5
$P_{min}/(mg/L)$	0.1	0.01	0.2	0.01	0.05	0.01	0.03	0.6
$T_0/℃$	25	26	25	22	28	34	22	25
$R_{resp}(d^{-1})$	0.05	0.05	0.085	0.065	0.03	0.15	0.002 6	0.006 2
C_c	0.1	0.05	0.004	0.01	20	10	0.015	0.01
M_c/d^{-1}	0.25	0.001	0.15	0.15	0.002	0.008 5	0.15	0.12
L_f	0.016	0.05	0.05	0.01	0.05	0.05	0.1	0.1
W/D	5		5		5		5	5

注：B_0 为初始生物量，浮游动物和鱼类单位为 mg/L，底栖动物单位为 g/m^2；H_s 为半饱和喂养，浮游动物和鱼类单位为 mg/L，底栖动物单位为 g/m^2；C_m 为最大消耗率；P_{min} 为捕食喂养；T_0，最适宜温度；R_{resp} 为内呼吸速率；C_c 为承载能力，浮游动物和鱼类单位为 mg/L，底栖动物单位为 g/m^2；M_c 为死亡系数；L_f 初始脂质比例；W/D 为湿重与干重比值。

1. 模型校正与验证

白洋淀 7 个典型生物群落生物量模拟值与野外监测值的比较见图 9-5。可以看出，模型模拟的结果与实际监测结果吻合较好，APRFW 模型能够较为合理的模拟白洋淀优势种群的生物量年内变化趋势，基于食物网，能够较为合理的模拟白洋淀水生态系统生产力。模型校正一致修正指数 d_1 和有效修正系数 E_1 见表 9-7。可以看出，d_1 范围为 0.70～0.91，E_1 范围为 0.51～0.70，证明模拟拟合很好，模型预测值与实测值分布趋势相同。同时，模型模拟均方根误差（$RMSE$）和平均绝对误差（MAE）很小。因此，我们判断模型校正充分，预测结果合理可信。

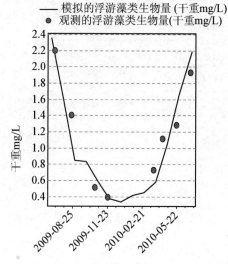

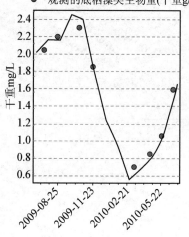

（a）浮游藻类生物量

（b）底栖藻类生物量

白洋淀 (控制组)运行于2015-04-17 12:06
(湖上层)

—— 模拟的浮游动物生物量 (干重mg/L)
● 观测的浮游动物生物量(干重mg/L)

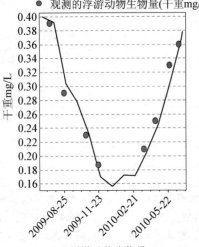

（c）浮游动物生物量

白洋淀 (控制组)运行于2015-04-17 12:06
(湖上层)

—— 模拟的底栖无脊椎生物量 (干重g/m²)
● 观测的底栖无脊椎生物量(干重g/m²)

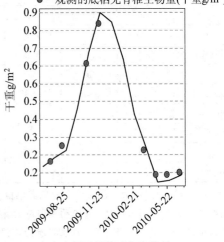

（d）底栖无脊椎动物生物量

白洋淀 (控制组)运行于2015-04-17 12:06
(湖上层)

—— 模拟的狐尾藻生物量 (干重g/m²)
● 观测的狐尾藻生物量(干重g/m²)

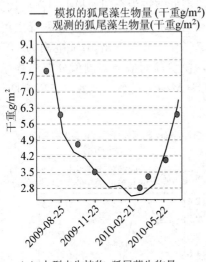

（e）大型水生植物-狐尾藻生物量

白洋淀 (控制组)运行于2015-04-17 12:06

—— 模拟的浮藻生物量 (干重g/m²)
● 观测的浮藻生物量(干重g/m²)

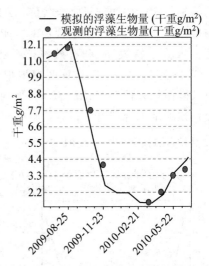

（f）大型水生植物-浮萍生物量

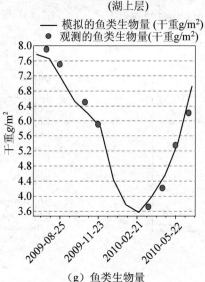

白洋淀 (控制组)运行于2015-04-17 12:06
(湖上层)

—— 模拟的鱼类生物量 (干重g/m²)
● 观测的鱼类生物量(干重g/m²)

（g）鱼类生物量

图 9-5   白洋淀典型生物群落生物量模拟值(实线)与野外监测值(圆点)

表 9-7   模型验证拟合优度指数

群落	d_1	E_1	RMSE	MAE
浮游藻类	0.91	0.70	0.08	0.05
底栖藻类	0.72	0.65	0.026	0.018
大型水生植物	0.80	0.66	0.046	0.021
浮游动物	0.70	0.51	0.029	0.020
底栖动物	0.84	0.58	0.061	0.031
鱼类	0.87	0.63	0.002	0.001

2. 生物量季节变化规律

模型校正和验证后输出结果见图 9-6。在白洋淀浮游植物中，生物量最高的是耐污性较好的蓝藻和绿藻，并且其生物量呈现明显的季节变化规律。蓝藻生物量为夏季最高，春季次之，秋季、冬季最低，绿藻生物量也为夏季最高，但总生物量低于蓝藻生物量，硅藻生物量为秋季明显高于其他季节。底栖绿藻生物量为秋季＞夏季＞春季＞冬季，蓝藻和硅藻季节变化不大。与浮游藻类相比，底栖藻类生物量存在一定滞后效应。白洋淀大型水生植物狐尾藻、浮萍生物量季节规律与浮游植物类似，均为夏季＞秋季＞春季＞冬季。

白洋淀浮游动物生物量季节变化规律呈现与浮游植物相似的规律。桡足类生物量为夏季＞春季＞秋季＞冬季，轮虫类生物量为夏季＞春季、秋季＞冬季。大型无脊椎动物虾类和蟹类生物量均为秋季最高，明显高于其他季节。白洋淀鱼类(鲤鱼和鲶鱼)生物量呈现相似的季节规律与浮游动物，均为夏季＞春季、秋季＞冬季。底栖昆虫则为秋季、冬季高于夏季、春季。

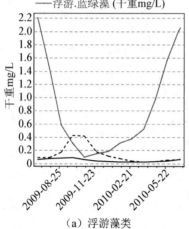

（a）浮游藻类

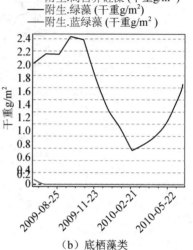

（b）底栖藻类

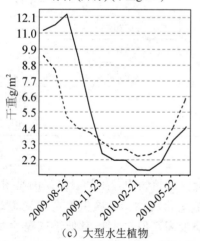

（c）大型水生植物

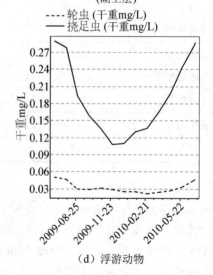

（d）浮游动物

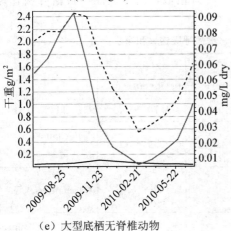

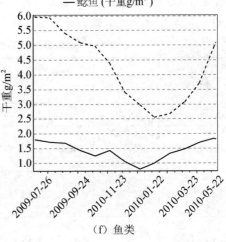

（e）大型底栖无脊椎动物　　　　　　　　（f）鱼类

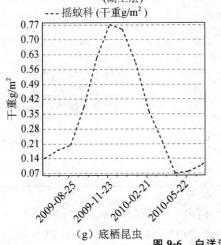

（g）底栖昆虫

图 9-6　白洋淀不同群落生物量季节变化

3. 白洋淀 GPP、R_{24} 和 P_n 季节变化规律

采用校正后 APRFW 模型模拟白洋淀 GPP 和 R_{24}，并将值导出，计算 P_n，结果见图 9-7。可以看出，白洋淀湖泊初级生产力模拟值为 $592 \sim 8\,012\ \text{mg O}_2 \cdot \text{m}^{-2} \cdot \text{d}^{-1}$，高于浮游植物和底栖藻类初级生产力总和（实测值）$(818 \sim 6\,101\ \text{mg} \cdot \text{O}_2\ \text{m}^{-2} \cdot \text{d}^{-1})$。白洋淀湖泊初级生产力季节变化规律较为明显，夏季＞秋季＞春季＞冬季。白洋淀湖泊初级生产力高于美国 Muskegon 湖泊、非洲中部 Kivu 湖泊、埃塞俄比亚 Ziway 湖泊及中国淀山湖初级生产力，与埃塞俄比亚 Chamo 湖泊、国内双龙湖、巢湖初级生产力值相近，低于埃塞俄比亚 Awassa 湖泊和墨西哥 Valle de Bravo 水库初级生产力（见表 9-8）。

白洋淀湖泊群落呼吸速率较高，为 $2\,789 \sim 7\,057\ \text{mg O}_2 \cdot \text{m}^{-2} \cdot \text{d}^{-1}$，显著高于浮游

植物和底栖藻类呼吸速率总和（$1\,810\sim4\,420$ mg $O_2 \cdot m^{-2} \cdot d^{-1}$）。根据 1995 年 Guasch 等对地中海河流的研究，初级生产力和呼吸速率随着营养物质的增加而增加，且高温会促进初级生产力和呼吸速率的增长。白洋淀群落呼吸速率显著高于美国 Muskegon 湖泊呼吸速率，与中国太湖呼吸速率值接近。与初级生产力相似，白洋淀湖泊群落呼吸速率呈现明显的季节变化，主要为夏季＞春季＞秋季＞冬季。

表 9-8　不同地区湖泊初级生产力、群落呼吸速率和净生产力

湖泊	地区	$GPP/$ ($g\,O_2 \cdot m^{-2} \cdot d^{-1}$)	$R_{24}/$ ($g\,O_2 \cdot m^{-2} \cdot d^{-1}$)	$P_n/$ ($g\,O_2 \cdot m^{-2} \cdot d^{-1}$)	参考文献
Muskegon lake	美国	3.80 ± 0.32	2.20 ± 0.19	1.70 ± 0.19	Ogdahl 等，2010
Valle de Bravo	墨西哥	$3.60\sim20.3$	$4.56\sim41.52$	$-29.04\sim12.84$	Valdespino-Castillo 等，2014
Kivu Lake	非洲东部	$1.12\sim2.18$	——	——	Darchambeau 等，2014
Ziway Lake	埃塞俄比亚裂谷	$1.91\sim5.14$	——	——	Tilahun & Ahlgren，2010
Chamo Lake	埃塞俄比亚裂谷	$2.86\sim7.42$	——	——	Tilahun & Ahlgren，2010
Awassa Lake	埃塞俄比亚裂谷	$5.14\sim13.14$	——	——	Tilahun & Ahlgren，2010
白洋淀	中国	$0.59\sim8.01$	$2.79\sim7.06$	$-3.24\sim1.24$	本书
淀山湖	中国	$0.48\sim1.53$	——	——	汪益嫄等，2011
双龙湖	中国重庆	$1.55\sim9.49$	——	——	刘亚丽等，2008
太湖	中国江苏	——	$0.34\sim8.87$	——	钱奎梅等，2012
巢湖	中国安徽	$1.364\sim7.35$	——	——	金鑫等，2011

很明显，在夏季，浮游藻类、底栖藻类及大型水生植物生物量最高，白洋淀初级生产力达到最高值，其值大于水生态系统群落呼吸速率，净生产力（P_n）最高达 1 242 mg $O_2 \cdot m^{-2} \cdot d^{-1}$，$P_n>0$，白洋淀水生态系统净生产力为正值，呈自养状态。但在秋季、冬季及次年春季，白洋淀水生态系统净生产力为负值，即 $P_n<0$，白洋淀水生态系统呈现异养状态，外来碳的输入对于维持水生态系统极其重要。Odum 指出，在污水带，呼吸作用远超过初级生产力。白洋淀人为干扰强烈，上游的工业污水、生活废水大量进入淀区。保定市每天排入白洋淀的生活污水及处理后的工业废水达到 26.9×10^4 t；上游农业使用的化肥农药大量随径流进入淀区；另外，淀区内的大量生活污水未经任何处理直排入水，每天排入的污水量为 $320\sim800$ t。这些人为干扰将直接导致水生态系统呼吸速率的量和结构发生变化，甚至出现根本性的改变。

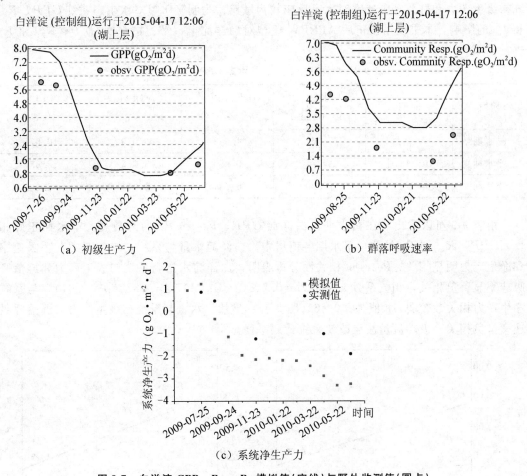

图 9-7　白洋淀 GPP、R_{24}、P_n 模拟值(实线)与野外监测值(圆点)

图 9-7 中,实线为修正后 APRFW 模型模拟值,圆点为实测值。白洋淀总初级生产力测定采用黑白瓶法和密闭小室法,其值为浮游藻类和底栖藻类的总和。由图 9-7(a)可以看出,在夏季,湖泊总初级生产力模型模拟值大于实测值。因为白洋淀为浅水湖泊,平均水深 1.6 m,浮游藻类、底栖藻类和大型水生植物的初级生产都很旺盛,如果忽略了大型水生植物的固碳作用,将会造成对该水域初级生产力的严重低估。在秋冬季节,由于植物凋零,白洋淀浮游藻类、底栖藻类和大型水生植物的初级生产力大大降低,其模拟值和实测值非常接近。而由图 9-7(b)可以看出,白洋淀群落呼吸速率模拟值显著大于实测值。因为实测值仅考虑浮游藻类和底栖藻类,而 APRFW 模型考虑了整个生态系统,不仅包括浮游藻类和底栖藻类呼吸速率,还考虑了大型水生植物、浮游动物、底栖动物和鱼类的呼吸速率,该值为湖泊生态系统总呼吸速率。APRFW 模型还充分考虑了种群竞争和通过食物链相互作用而产生的间接效应,克服了瓶内模拟现场培养的误差,使模拟结果更为准确,见图 9-7(c)。

4. 水量对白洋淀 GPP、R_{24} 和 P_n 影响

白洋淀水量有明显的季节特征,分为丰水期、平水期、枯水期三个阶段。水生态系

统初级生产力和群落呼吸速率对水量反应较为敏感。为明确水量对水生态系统 GPP、R_{24} 和 P_n 的影响，本书使用校正后 APRFW 模型对白洋淀丰、平、枯水期 GPP、R_{24} 和 P_n 进行模拟。

表 9-9　白洋淀丰、平、枯水期 GPP、R_{24} 和 P_n

阶段	时间	水量 ($1 \times 10^9 m^3$)	GPP/(g O_2/ $m^{-2} \cdot d^{-1}$)	R_{24}/(g $O_2 \cdot$ $m^{-2} \cdot d^{-1}$)	P_n/(g $O_2 \cdot$ $m^{-2} \cdot d^{-1}$)
枯水期	7—9 月	0.964	4.948	5.019	−0.071
平水期	10—12 月	1.271	0.980	3.037	−2.057
丰水期	次年 1—3 月	1.520	0.681	2.948	−2.267

由表 9-9 可以看出，在枯水期，白洋淀 GPP、R_{24} 和 P_n 均为最高。丰水期正好相反，GPP、R_{24} 和 P_n 最低，平水期各值居中。白洋淀水量与系统初级生产力、呼吸速率和净生产力明显相关。Pearson 相关性分析表明，白洋淀水量与系统初级生产力和群落呼吸速率显著负相关，相关系数 r 分别为 $-0.748(p<0.01)$ 和 $-0.822(p<0.01)$，与系统净生产力相关性较弱，r 值为 -0.461（图 9-8）。显然，水量与系统初级生产力、群落呼吸速率呈负相关，极端流量甚至改变系统代谢平衡。

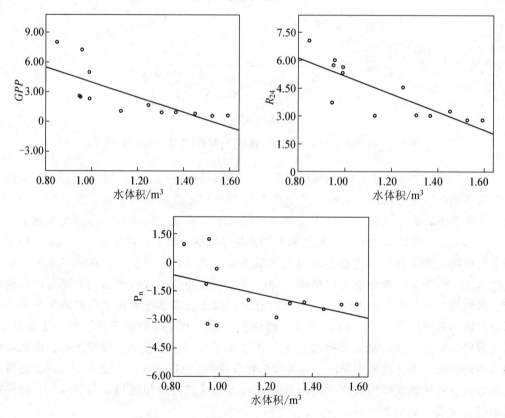

图 9-8　白洋淀 GPP、R_{24}、P_n 与水量回归分析

对 APRFW 模型模拟结果分析后发现，当水温无显著差异时，如 9 月与次年 4 月水温均为 19℃左右，光照强度也相当（约 398 Ly/d），但水量为 9 月＜次年 4 月，其对应的初级生产力和呼吸速率见图 9-9。可以看出，9 月湖泊初级生产力和群落呼吸速率明显高于 4 月，均与水量呈负相关。从而说明，水量的多少影响白洋淀湖泊初级生产力和群落呼吸速率。该结论与多数研究结论一致，即水量与水生态系统初级生产力和呼吸速率呈负相关。因此，合理调控水量可以调节水生态系统初级生产力和呼吸速率，从而保证湖泊生态系统良性循环和功能效益正常发挥。

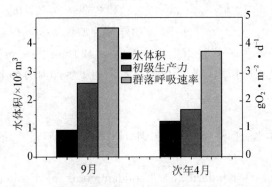

图 9-9　不同水量时白洋淀初级生产力和群落呼吸速率

5. 白洋淀初级生产力和呼吸速率敏感性分析

APRFW 模型敏感性分析结果见表 9-10。表中列出了模型中初级生产力和群落呼吸速率的主要影响因子，第一列列出了白洋淀初级生产力和群落呼吸速率，后面三列列举了初级生产力和群落呼吸速率最敏感的四个因子。模型的敏感性指数越大，模型参数对初级生产力或群落呼吸速率的变化贡献越大。根据敏感性分析结果，白洋淀初级生产力对狐尾藻（*Myriophyllum*）最适宜温度最敏感，其次分别为浮萍（Duckweed）最适宜温度、初始水量和浮萍（Duckweed）最大光合速率。白洋淀群落呼吸速率对初始水量最敏感，其他依次为 *Myriophyllum* 最适宜温度、Duckweed 初始温度和 Duckweed 呼吸速率。结果表明，白洋淀初级生产力、群落呼吸速率对水量、大型水生植物 *Myriophyllum*、Duckweed 的最适宜温度较为敏感，说明水量、大型水生植物对白洋淀初级生产力、群落呼吸速率贡献较大。

表 9-10　APRFW 模型敏感性分析

指标	控制生理参数的因子排序（敏感性指数）			
	1	2	3	4
GPP	*Myriophyllum* T_0(22.5)	*Duckweed* T_0(20.1)	V_0(15.3)	*Duckweed* P_m(12.8)
R_{24}	V_0(32.5)	*Myriophyllum* T_0(22.7)	*Duckweed* T_0(18.5)	*Duckweed* R(10.9)

注：T_0 为最适宜温度；V_0 为初始水量；P_m 为最大光合速率；R 为呼吸速率。

9.4.6　研究结论

初级生产过程、呼吸作用是湖泊生态系统能量流、物质流的重要环节，影响到湖泊

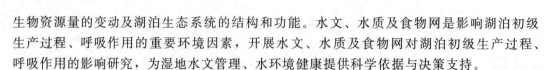

生物资源量的变动及湖泊生态系统的结构和功能。水文、水质及食物网是影响湖泊初级生产过程、呼吸作用的重要环境因素，开展水文、水质及食物网对湖泊初级生产过程、呼吸作用的影响研究，为湿地水文管理、水环境健康提供科学依据与决策支持。

APRFW 模型验证后模拟了水质、水量、生物综合作用下白洋淀湖泊 GPP、R_{24} 和 P_n。结果表明，白洋淀 GPP、R_{24} 和 P_n 呈现显著季节变化。GPP 和 R_{24} 夏季最高，秋季、春季次之，冬季最低。P_n 也在夏季达到最高值且 $P_n > 0$，生态系统呈自养状态；但在秋季、冬季及次年春季，白洋淀净生产力为负值，即 $P_n < 0$，生态系统呈异养状态。白洋淀 GPP 和 R_{24} 模拟值分别为 592～8 012 mg $O_2 \cdot m^{-2} \cdot d^{-1}$ 和 2 789～7 057 mg $O_2 \cdot m^{-2} \cdot d^{-1}$，净生产力为 $-3\ 241～1\ 242$ mg $\cdot O_2\ m^{-2} \cdot d^{-1}$。白洋淀浮游藻类和底栖藻类 GPP 实际测定值为 818～6 101 mg $O_2 \cdot m^{-2} \cdot d^{-1}$，$R_{24}$ 值 1 810～4 420 mg $O_2 \cdot m^{-2} \cdot d^{-1}$，说明忽略湿地大型水生植物的初级生产作用，会造成生态系统初级生产力的严重低估。

推荐阅读

1. S. Jorgensen. 生态建模原理：在环境管理和研究中的应用［M］. 4 版. Elsevier，1988.

2. S. E. Jørgensen，G. Bendoricchio. Fundamentals of Ecological Modelling［M］. 3th. Oxford：Elsevier，1988.

方法学训练

1. 针对小组研究选题进行理论模型构建。
2. 模型关键参数的不确定与敏感性分析。

第 10 章 物质循环研究方法

物质既是人类生存和发展的重要基础，又是当今环境问题的重要表现形式，特别是资源短缺、环境质量恶化较多地表现为某些特定物质资源的匮乏以及某些特定物质在环境中的浓度超标。开展物质循环流动研究，有助于弄清人类活动与环境质量间的关系，进而更有效地改善环境，造福人类。

10.1 物质循环流动的概述

任何物质都有其存在的场所，但不同的场所物质的数量不同，物质滞留的时间也不同。根据物质数量和滞留时间的长短，将物质数量较多、滞留时间较长的场所称为物质的"存储空间"，又称"库"，如水库、粮库。另外，所有物质也都在不断地运动，而运动又是有规律的，将物质按照特定规律发生的随时间在不同存储空间上转移的运动过程，称为物质的流动。物质从某一个存储空间出发，经过若干个其他空间后又返回到起点存储空间称为物质的一个循环。物质在不同存储空间之间循环运转称为物质的循环流动。

不同学科对物质流动有不同的分类。在应对环境挑战方面，较多的研究关注人类活动如何干扰了环境，因此可根据物质流动过程是否受到人类活动的干扰来进行分类，并将没有经过人类任何干扰情况下的物质流动称为物质的自然流动，而将在人类活动干扰下，特别是为了满足人类需要而形成的物质流动称为物质的人为流动（anthropogenic flow）。不难看出，物质人为流动是物质自然流动的一部分，不仅将影响到自然流动，也势必受到物质自然流动的制约。

10.2 物质的自然流动回顾

为更好地理解物质的人为流动，这里先回顾一下物质的自然流动，着重理解自然流动的概念、基本特征和生态学意义。

10.2.1 物质自然流动的概念

物质自然循环有多种分类方法，受学科、研究目标等的影响。在生态学中，人们比较关心生物个体、群落、生态系统与外部环境间的物质联系，因此，物质自然循环是指物质在生物圈中的生物部分与非生命环境之间的转移、转化等往返过程，在地球化学中，人们关注地球物质组分、形态结构的变化，这时物质自然循环多指物质在地球表面系统的大气圈、岩石圈、水圈、生物圈、土壤圈各不同圈层之间循环运转。也可将其联系在一起，将生态系统从大气、水和土壤等环境中获得的营养物质，通过绿色植物吸收，进入生态系统，被其他生物重复利用，最后通过分解者再归还于环境的过程称作物质的生物地球化学循环（biogeochemical cycle, biogeochemical cycles, biogeochemical cycling）。可见，不同学科具有不同的研究对象和服务目标，对物质自然循环的定义也有所不同。但都是指物质在自然力驱动下所形成的流动。

10.2.2 物质自然循环分类

在本课程中，我们将特别关注那些对人类生存、生产和生活具有重要意义的一些物质，如矿产资源中的化石燃料和作为基础材料的金属物质等，并根据物质对人类所起的作用，分成水循环、营养物质的循环、有毒有害物质的循环三种类型。这里仅以几种典型物质为例，帮助同学们理解物质的自然循环。

1. 水的循环

水是生命体的重要组成物质，获得并维持稳定、充足的水含量是人类和生态系统存活的必要条件，而这些所需要的水分则来自水循环。

水循环中，物质的主要储存库是海洋。海水在太阳能的作用下汽化为水蒸气，进入大气，再以大气降水的形式降落到海洋和陆地。到达地面的降水，一部分渗入地下成为土壤水或地下水，一部分又通过地下径流流回海洋；一部分落在植物中，经植物吸收后通过植物的蒸腾作用又进入大气；一部分从地面直接蒸发回到大气层；一部分通过地表径流回归海洋。进入海洋的水又经水面蒸发进入大气，如此循环往复，形成了水的自然循环。

除此之外，水循环对人类还有以下作用：①输送营养物质。由于水可溶解许多营养物质，因此，伴随水循环，可将诸多营养物质运送到生态系统各个部分，包括人体各个器官，这对生态系统获得营养物质起到至关重要的作用。②调节气候。常温下水的比热容 $4.18\ kJ/(kg \cdot ℃)$，意味着单位温差下循环每吨水将带走约 $4\ 180\ kJ$ 的热量，工程中常用水作为热能载体来实现换热过程，如室内供暖系统、冷却塔等。同时常压下水的蒸发热约 $6\ 300\ kJ/kg$，意味着每蒸发 $1\ t$ 水，将带走 $6.3\ GJ$ 热量。因此，水的自然循环对调节温度、增加湿度、改善气候条件等起到重要作用。③维持生态系统稳定。生态系统的主要组分就是水，水的自然循环是生态系统稳定的重要保障，进而支持和保障了人类生命系统的健康与稳定。

2. 营养物质——碳的自然循环

碳是生命系统营养元素。近年来的全球变暖环境问题，又将碳的循环问题提升为全球热点科研议题。

生态系统中的碳循环起始于生产者的光合作用，生产者通过光合作用，将大气中的二氧化碳固定在有机物中，通过食物链传递给其他生物，在这个过程中，有一部分碳转化为生物的组分，生物的排泄物或生物残体中的碳通过分解者又转化为二氧化碳返回大气，或是转化为化石燃料，通过燃烧释放出二氧化碳；另一部分碳则通过各种动植物的呼吸作用释放到大气中，形成碳从大气出发又返回到大气的循环过程。同时，二氧化碳又通过扩散作用而在大气圈和水圈的界面上相互交换，这样就使碳在生态系统中的含量能够得到自我调节修复，不会过多也不会过少，据统计大气中每年大约有 $1 \times 10^{11}\ t$ 的二氧化碳进入水体，同时水中每年也有相同数量的二氧化碳进入大气。

3. 有毒有害物质——铅的循环

环境中铅污染物达到一定浓度时会对人、其他生物或环境带来危害，属于有毒有害物质(hazardous chemicals)，长期以来被环境地学等领域关注。

地壳中的岩石圈是铅的最大储存库。铅的自然循环起始于岩石风化、火山喷发，以浮尘散失到大气中，约占大气圈中铅的 85％，是大气圈中铅的自然排放主要来源。另外的铅则来自植物渗出液(约占 10％)及森林火灾(约占 3％)等。在大气中，铅及其化合物主要以粉尘和气溶胶状态存在，并会随降雨、降尘等过程进入水体或返回地面。在水中，铅元素主要以 $PbOH^+$、Pb^{2+} 和 $PbSO_4$ 的形式存在，并易与 CO_3^{2-}、SO_4^{2-} 反应，形成 $PbCO_3$、$PbSO_4$ 等难溶化合物。在受铅污染的水中，铅的浓度一般不会超过 20 mg/L。铅主要随悬浮物被流水搬运迁移。伴随水的流动，铅的浓度将迅速降低到每升几微克或十分之几微克，并有大部分铅沉积到底泥中。土壤中，可溶性铅的含量极低，铅主要以 $Pb(OH)_2$ 和 $PbCO_3$ 的固体形式存在，并会缓慢地沉积下来。植物可以吸收土壤中的铅离子 Pb^{2+}，并较多地积累在植物根部。从而完成铅在大气、水体、土壤和生物体中的迁移和循环流动过程，称为铅的生物地球化学循环，又称为铅的自然循环流动，如图 10-1 所示。铅的自然循环速率通常以自然状态下的大气排放量表示，约为 2.8 万 t/a。

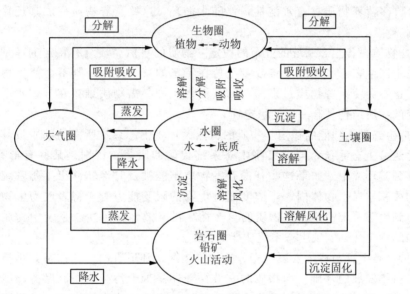

图 10-1　铅的地球化学循环示意(刘奇，2005)

10.2.3　物质自然流动的基本特征

物质的自然流动具有以下特征。

(1)物质在特定生态系统中或自然圈层间做循环式运动。在生态系统中，物质沿生物营养级传递，一种生物体产生的废物，是另一种生物体的食物，物质流动在不同生物体之间交互形成复杂的网状结构，形成了物质在生态系统中的封闭循环流动。

(2)物质自然流动的驱动力是自然力，发生场所是自然系统。尽管物质在自然流动过程中将发生诸多空间迁移与物质形态的转变，但这些变化的动力都来自自然力，包括物质内部和物质与外部环境介质中其他物质间结合时的各类分子间、原子间化学关系，以及物质扩散、沉降过程中所可能受到的浓度差、压力差、重力或热力等。同时，这些变化发生的场所是自然场所，如大气、水体中。

(3)物质按特定的流率(flux rate)在不同库(pool)间流动。物质在某些场所中的数量

明显地多于其他场所，称为物质的储存库(pool，reservoir，reserve)。例如，水圈是水的库，而岩石圈则是大多数金属物质的库。物质的自然流动主要表现为物质在各储存库之间的流动，其中，单位时间内物质在各储存库间的流通数量称为物质的流率，用来衡量各库间的物质交换水平。在物质库存量不变的前提下，流率越大，物质周转越快。但对于存量随物质流动不断降低的储存库，则物质流率越快，库存就越快耗尽。

10.2.4　物质自然循环的生态学意义

物质的自然循环是生态系统的新陈代谢的基础，对维持生态系统的持续稳定具有重要意义。表现为以下几个方面。

(1)输送生态系统必需的物质元素：物质是生态系统的基础，生态系统的发育离不开构成生命的基本物质。例如，通过水循环可为陆地生物、淡水生物和人类提供淡水来源。与此同时，许多营养物质具有水溶性，伴随水循环，这些营养物质完成其迁移过程，并被生物利用。

(2)维持物质在各生态系统的分布的稳定：物质的自然循环具有特定的速率，从而保证了物质在不同生态子系统的分布数量维持在特定的某一范围，既不会使生物体内某些物质缺乏，也不会使某些物质过多滞留，从而使生命必需物质维持在合理水平，因而可维持各系统的物质结构具有一定的稳定性。

(3)维持生态系统功能的稳定：物质的自然循环将生态系统所需的物质按其所需的数量和质量运送给生态系统，同时又将生态系统代谢的废物，特别是某些有毒有害物质，及时地转移到其环境中。如果这些有毒有害物质不能被及时地转移出生态系统，就可能有过多的物质积累在生物体内，当浓度超过生物的耐受能力时，将表现为生物体的中毒症状，威胁到生态系统的健康。物质的自然循环可有效地保障生态系统中物质的有序性和物质结构的稳定性，实现生态系统功能的稳定。

(4)维持人类生存与持续发展：充分的物质储存量和适宜的消耗速率是维持资源满足人类生存和持续发展的基础，而物质的有效循环还是带走污染物质、保持环境系统中各类物质组分维持在适宜水平的重要条件。比如，如果北京水资源充足，空气湿润，大气中的颗粒物就有可能会被水吸附，降落到地面，最后随着地表径流流走，从而大气环境质量将可得到改善。反之，在干燥的情况下，大气颗粒物难以及时降落地面，滞留于大气中，致使大气质量恶化。

总之，物质的自然循环运转是人类和地球得以存在的基础，也是持续发展的重要机制。这部分内容主要涉及生态学、地理学、地质学等一级学科，以及这些学科所衍生的相关二级学科、分支学科，如地球化学、环境化学等。参见本章推荐阅读文献。

10.3　物质的人为循环

10.3.1　物质的人为流动的概念

如前所述，物质的人为流动(anthropogenic flow)是相对于物质的自然循环流动而言的。它是为了满足人类需要，在人类进行各种生产生活活动过程中所产生的物质流动过程。当物质从某一人类活动部门出发，经由若干其他社会经济部门，又能返回到原来的部门时，就称为物质的人为循环流动。

由于物质人为流动是为了满足人类需要而产生的流动，因此，循环经济中将关注对人类生产生活所发挥重要作用的一类物质。这里以金属物质为例，说明物质的人为循环过程。

首先，岩石圈是金属物质的储存库，为了满足人类生产和生存中对金属材料的需求，就要将金属物质从金属矿产资源中开采出来，此时金属物质离开其自然循环，进入人类社会经济复合系统中，也开始了物质的人为流动，如图 10-2 所示。其次，金属物质经过采选、冶炼等金属生产过程，形成金属材料，如钢材、铝材等；再进一步经过加工，形成具有特定使用功能的金属制品，如汽车、道桥等。此后，经过市场交易，进入社会系统，履行其产品的服务功能。一定时期后，产品完成其服务寿命，产品报废形成废物，一部分经过废物回收形成废物资源，返回到物质生产环节进行废物再生；另一部分以废物、污染物的形式被排放进入自然环境，由此完成物质的人为流动，返回自然生态系统，进入物质的自然循环。在物质的人为循环过程中，在每一个生产环节，由于技术的有限性，不可能将进入生产环节的每一个物质分子完全带入所生产的产品中，从而形成了废物、污染物，其中部分会以废物、污染物的形式进入自然环境，另一部分经回收过程形成废物资源，返回到物质生产环节进行废物再生，形成物质的人为循环流动。

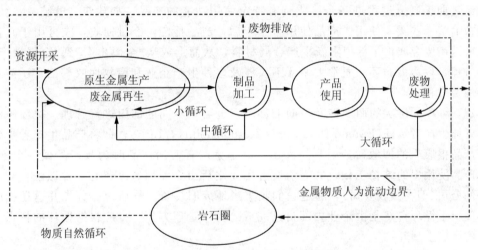

图 10-2 金属物质人为循环与自然循环关系的概念框架(Mao et al.，2014)

10.3.2 物质人为流动分类

物质人为流动分类，既可按照物质的种类进行分类，也可按物质的流通途径分类。

按照物质的组成结构，可分为单质物质的人为循环和复合物质的人为循环。其中单质物质主要是指大部分金属物质(如铁、铜、铝、铅等)和生态系统的营养物质(如氮、磷等)；而复合物质又可分为简单化合物(如 H_2O)和复杂化合物，特别是大部分的人工合成工程材料物质(如塑料、纸张)和人工合成化学药剂(如多氯联苯、有机氯等)。

按照物质对人类的可用性，可分为资源流(如图 10-2 中"资源开采"所示的从资源进入人为系统的流动)、废物流(如图 10-2 中从人为系统排向环境"废物排放"的流动)、产品生

命周期各阶段间的流动等。按照物质是否能返回原来某一生命周期阶段，可分为物质循环流动和非循环流动。其中，物质的人为循环流动又按其在人类社会经济系统中流经的不同生产与使用部门的多少或生命周期的长短分成大循环、中循环、小循环三类。

(1)小循环：指物质在企业内部的物质循环，例如，下游工序的废物返回上游工序，作为原料重新利用，如企业需要一大块钢板做船舶的底板，但加工中形成大块的边角料，再做船舶底板或侧板不够用，但做船舶某个侧板的小门足够，或做轻艇的地板还有余，从而返回其他车间使用。像这样物质在企业内部进行的循环，一般称作小循环。小循环的例子还有水在企业内的循环，以及其他消耗品、副产品等在企业内的循环。小循环只涉及生产企业。

(2)中循环：企业之间的物质循环，如某下游工业的废物返回上游工业，作为原料重新利用；或者某一工业的废物、余能，送往其他工业去加以利用。中循环指的是生产过程中回收加工时产生的切削废料，收集后返回至原料生产部门进行循环再生形成新的工业材料。例如，将生产企业小循环后剩余的细碎废料收集起来，返回生产部门进行物质再生。通常中循环涉及多家生产企业，也会涉及废物回收部门。

(3)大循环：产品经使用报废后，其中部分物质返回原材料生产部门，作为原料重新利用。以金属为例，金属物质的冶炼生产过程可看作物质人为循环流动的起点，形成金属后经过加工制造过程进一步形成具有特定使用功能的产品，如建筑、电脑、水杯等，继而被消费者购买、使用。产品使用若干年后，产品报废，经过回收，或再用于其他用途，或送还废金属再生部门重新生产金属材料，从而形成从"金属生产"到"金属生产"的循环过程，称为大循环。通常大循环不仅涉及多种生产企业和废物回收部门，还涉及了社会消费过程。

这三种不同层次的循环涉及不同的部门，也需要不同的部门进行管理。循环经济中提倡延伸生产者责任(Extend Producer's Responsibility，EPR)，即将产品生产者责任延伸到产品报废后的回收阶段，具体来说，就是生产者卖出产品时为其产品做一个标签，保障产品使用中的维护工作，并等消费者用完之后由企业回收。还有一种做法，即成立专门的公司(旧物回收公司)，通过它们收集当地废旧物资，然后统一分类并返送相应生产部门。小循环自然是由企业内部自己完成。所以管理方面，也应根据循环的特点，在不同的区域上展开。

此外，不同循环类型所历经的时间也不同。小循环通常几天，而中循环可能几个月。但大循环则可能长达几年甚至上百年，因为大多数产品可具有几年、几十年甚至上百年的使用寿命，如普通家用电器约10年，建筑设计寿命70年，再加上材料生产、产品制造时间、物流贸易运输时间，就使得大循环历经的时间长达几年甚至上百年。

应用中，也常根据物质类型、研究目的、时空范围等，来研究特定物质、特定区域在不同层面上的物质人为循环流动。

10.3.3　物质人为流动基本特征

物质人为流动具有以下特点。

(1)物质人为流动的驱动力是人类需求，发生场所是人类社会经济复合系统。满足人类特定需求是物质人为流动的原始动力，而实现这一目标，物质在人类社会经济复合系

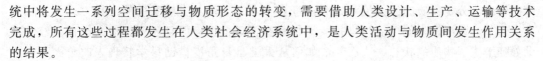

统中将发生一系列空间迁移与物质形态的转变，需要借助人类设计、生产、运输等技术完成，所有这些过程都发生在人类社会经济系统中，是人类活动与物质间发生作用关系的结果。

（2）物质人为循环流动是人为流动的特殊形式，是人类面向环境改善对人为流动进行优化管理的结果。物质的人为流动的基本过程是从"自然资源"转变为"产品（或服务）"再到"废物"，还有未能转成"产品"的一部分物质将形成产业废物，这两部分废物借助"环境排放"过程返回自然系统。而"循环流动"则是将"废物"作为"二次资源"，用"二次资源"替代部分"自然资源"，从而封闭了"废物"与"资源"之间的联系，既形成了物质的"循环"，也实现了节资减排目标。

（3）人为流率和物质循环率是反映物质人为流动的重要指标。物质人为速率（anthropogenic flow rate）是指单位时间内物质人为流动的数量，包括自然资源消耗的数量和向环境排放废弃物的数量。比如，某年某物质资源的开采量，或某年某污染物质的环境排放数量。这些指标反映了人类活动对自然系统的干扰强度。将这些指标与自然承载力或自然循环速率进行对比，可分析资源持续利用状况或环境质量变化状况。物质循环率（recycling rate）反映物质人为流动中循环部分所占的比例，可采用返回到资源再生阶段的二次资源占总资源投入量的比值进行估算，可反映资源节约状况或废物利用水平。也可有其他表示方法。详见第5章。

（4）物质人为流动可形成物质使用库（in-use stock）。处于使用状态的物质的存在场所称为物质的使用库。该库中的物质总量称为物质使用库存量。伴随人类需求数量的增长，在同一统计期内，当投入"使用"的物质量大于离开"使用"的物质数量时，将使"使用"中的物质数量增加。当该情景持续一定历史时期后，将形成物质的使用累积。物质使用蓄积库中物质的数量是人类活动迁移自然系统物质数量的多少，是人类干扰自然系统的结果。人均使用蓄积量还反映区域社会消费模式和物质消费水平。详见第6章。

10.3.4　物质的人为流动与其自然循环间的关系

物质的人为流动与物质自然循环的根本差异在于物质流动的驱动力，物质的人为流动受人类活动的驱动，而物质自然循环的驱动力是自然力。物质的人为流动中的物质循环部分是开展循环经济的主要依据，但却受到人类管理水平、技术水平以及物质自然循环的制约，反映着人类社会经济系统与自然间复杂、交互作用关系。

对比物质的人为流动和物质的自然循环，不难看出，一方面，物质的人为流动可看作物质自然循环的一个重要环节；另一方面，它又是人类活动对自然系统的干扰，表现为人类活动向自然环境索取了自然资源，与此同时，还向环境排放了大量的废、污染物质，如图10-3所示，不同的人类生产过程产生对物质的不同影响，引起物质沿不同路径在人类活动圈及自然圈层间迁移，造成物质在地球表面系统的重新分布。不难理解，处于自然资源中的物质和作为废物、污染物中的物质在存在形态、品位、浓度、空间位置等方面截然不同。因此，物质的人为流动产生了对自然地表系统的不利影响，特别是当物质的人为流动速率超出物质的自然循环速率的时候，物质的人为流动将干扰物质的自然循环，同时自然循环所不能带走的那部分物质将不断地在环境中积累，当环境中某种物质的浓度超过生态系统中某生物的耐受能力时，这种物质将会威胁到生态系统的健

康。因此，分析物质的人为流动，不仅可辨识人类活动对自然系统的干扰方式和干扰强度，为节约资源和降低环境污染排放提供重要管理依据；而且还可弄清人类社会经济活动如何干扰了物质的状态，从而弄清如何从人类自身角度借助科学管理来改善人类社会经济活动，实现人类与环境协调发展。因此，对有效推动可持续发展具有非常重要的意义。

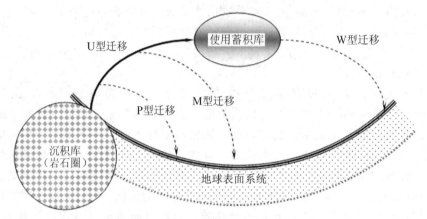

图 10-3　金属物质人为循环与自然循环关系的概念框架（Mao et al. ，2012）

（U——使用；P——生产；M——制造；W——废物）

10.4　物质人为流动研究方法

如前所述，物质人为流动是满足人类需要所发生的流动，因此开展物质人为流动将有助于弄清人类活动与环境间基本关系，进而更科学有效地指导人类与环境协调发展。本节将针对物质人为流动，阐述其物质流动的研究方法。

10.4.1　选择研究物质的原则

开展物质人为流动研究，首先需要确定以哪种物质作为研究对象？这将受到学科、研究目标等因素的影响。比如，20 世纪中叶为了治理莱茵河水体污染，结合莱茵河水体质量监测，找出了典型污染物质重金属镉作为研究的物质。我国物质循环流动奠基人陆钟武院士为了弄清 21 世纪初我国钢铁业曾遇到的废钢资源短缺问题，开展了铁的物质流动分析。毛建素为了弄清人类社会服务与环境间的基本关系，选择了铅作为研究物质人为流动的典型物质。

在 2006 年耶鲁大学产业生态研究中心举行的 STAF(Stock and Flow，STAF)小组研讨会中，T. E. Graedel 院士分享了该研究小组筛选物质的几个原则。

（1）自然中不能循环的物质：该小组定量审核了元素周期表中每一种物质的自然循环水平和人为干扰程度，从中选择人为干扰程度远大于其自然循环水平的一类物质作为重点关注的物质类型。

（2）使用速率较高的物质：使用速率是指物质的年使用量。使用速率越高，意味着对人类越重要，同时，越容易造成这类物质资源短缺，因此，应予以关注。

(3)使用速率变化较快的物质：使用速率变化速度反映单位统计期内物质使用量变化的多少。该指标反映人类活动与外部资源环境间的相对关系。该指标变化越快，越容易改变人类与环境关系现状。比如，当使用速率上升越快，该物质资源越加速枯竭。

(4)高毒高害物质：指物质对所处环境中生态系统的毒害风险水平。特别更应重点关注对人体健康有毒有害的物质。

(5)与科学或技术相关的物质：指科研中或技术方面具特殊意义的一类物质，比如，目前可能面临耗竭的一类物质，科研中需要加大循环再生水平，或需要尽快找到合适的替代物质等，如铜、铂、锌等；又如物质使用量加速增加的一类物质，如近年来由于许多场合开始采用铝替代铜导致铝的用量逐年快速增长；还有一些与其他物质循环过程密切相关的一类物质，如黄铜、焊料、不锈钢等产品中都含有铁、锡、镍等多种不同的物质。

(6)能获得科研资助的物质：指其他部门也对某物质感兴趣，并愿意提供资金支持相关研究。如国家自然基金、某些专业技术协会或某特定组织机构咨询项目。

不难设想，支撑人类社会经济发展、用途最广的物质将是开展物质人为流动最为重要的一类物质，如现代工业中常用的金属物质、农业增产用营养物质等。科研实践证明，耶鲁大学、雷登大学、东北大学等国际重要先驱机构也都是选择了这类物质开展研究。

10.4.2 物质流动分析

为了有针对性地有效解决资源短缺与环境问题，通常采用物质流动分析方法来解析人类与环境间的内在物质联系。针对某种物质，分析其在人类社会经济复合系统中的循环流动过程中各个环节（或生命周期阶段）的流动数量、方向，包括从自然资源开采，到产品（或服务）的报废处置的整个产品生命周期所有环节，称为物质流动分析（Substance Flow Analysis，SFA；Material Flow Analysis，MFA）。它为揭示资源耗竭原因、追溯环境污染物的源头状况，以及梳理并提升物质在人类社会经济系统中的流动水平提供了重要方法。

开展物质流动分析，将关注物质在人类社会经济系统中经过了哪些环节？先后顺序怎样？物质数量在各环节、各股流动之间如何分配？流动的方向如何？需要通过大量调研，分析物质从自然资源开采为起点的整个人为流动过程，辨识物质所经历的各个环节、先后顺序以及各股流动的方向。而物质数量的确定，则需要按照物质守恒定律，分别针对每一环节，建立物质流入量、流出量和环节内部物质增减量之间的物质平衡方程，借助一部分可得数据，如区域行业统计数据、实地调研的实测数据等，再根据相应阶段对应的生产过程或工艺的物理化学过程进行理论分析，或者企业生产技术参数来计算推知其他不可得数据的流动。

在诸多物质流动分析方法中，最为经典的是以下两种：①由我国东北大学陆钟武院士创建的以追踪物质流动过程，并考虑了产品生产与报废之间的"时间差"的"追踪法"；②由耶鲁大学 T. E. Graedel 院士创建的针对特定区域开展物质流动分析的"定点法"。下面分别针对这两种方法进行阐述。

10.4.3 "追踪法"物质流动分析

"追踪法"物质流动分析是通过最终特定物质的整个人为流动过程，分析物质在历经各个产品生命周期阶段间的来龙去脉和分配关系。试图建立起物质人类服务与资源、环境间的定量关系，并弄清怎样才能优化物质的人为流动，以便减少人类活动对环境的影响。

"追踪法"物质流动分析主要包括以下基本步骤。

1. 设定研究目标、选择系统

为了定量地体现人类服务与资源、环境间关系的表征，选择现代工业中的金属物质作为代表物质，分析金属的人为流动过程。

不难设想，金属物质归根结底来源于金属矿产资源。从金属矿产资源的开采到满足人类最终需求将经历采矿、选矿、冶炼、金属材料制备、元器配件加工、组装、运输等一系列环节，而人类使用过程中还会经历保养、维修件等过程，若干年后产品报废，将通过废物回收或其他处理过程，整个过程十分复杂。通常需要通过调研弄清楚物质的整个流动过程，并以由各个流动环节组成的整个流动系统作为开展该金属物质流动分析的研究对象。

2. 提出假设，构建模型

由于整个物质流动过程十分复杂，为了更加有效地获得有价值的结论，采用科学抽象的办法，重点观察其中的重要环节，而忽略其中不重要的环节。将金属人为流动系统简化为金属的生产、金属产品制造、金属制品使用、制品电池报废与回收几个基本过程，称为产品的生命周期阶段。在物质流经上述各个阶段时，有的需要的时间较长，而有些阶段则时间较短。按照抓住主要问题的原则，假设：①忽略各生产过程所经历的时间；②研究涉及的时间尺度内，金属产品的平均使用寿命不变；③金属制品在其生产年份 $\Delta\tau$ 年以后全部报废，其中一部分形成折旧废金属，并在报废当年返回金属生产系统，进行再生处理；④研究中不考虑某阶段的库存问题。这种情况下，这时原来的金属物质的人为流动系统就简化成为金属物质的产品系统。

若设定第 τ 年金属制品的产量为 P_τ，则按照物质依次流过以上各生命周期阶段的时间顺序，且在数量上遵从物质守恒定律，可根据各生命周期阶段金属物质的流入量等于流出量，便可绘制出反映该年物质的流动方向和数量的物质流动图，如图 10-4 所示。

其中须注意以下几点。

(1) 考虑到原生金属的生产和再生金属的生产同属于金属生产过程，将它们合并在一起，并用符号 I 表示。

(2) 设定金属制品的年产量处于不断的变化之中，第 $\tau - \Delta\tau$ 年金属制品产量为 $P_{\tau-\Delta\tau}$。

(3) 金属制品的使用寿命是 $\Delta\tau$，第 τ 年生产的金属制品将在第 $\tau + \Delta\tau$ 年报废，而在第 τ 年投入的废金属是来自第 $\tau - \Delta\tau$ 年生产的金属制品。

(4) 定义金属制品产量中，报废后返回到金属冶炼阶段的金属所占的比例为金属的大循环率，并用符号 α 表示，单位是 t/t。这种情况下，在第 $\tau + \Delta\tau$ 年，将有 $\alpha_{\tau+\Delta\tau} P_\tau$ 的金属物质返回到金属产品系统的金属冶炼阶段。而在第 τ 年将有 $\alpha_\tau P_{\tau-\Delta\tau}$ 的金属物质返回到金属冶炼阶段。为简便起见，图中第 τ 年投入的废金属量中省略了大循环率的下标符号 τ。

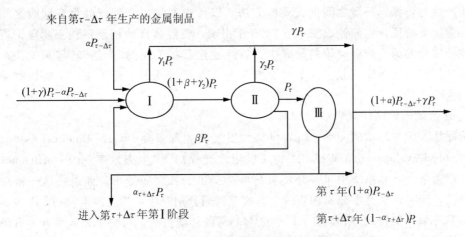

图 10-4　金属制品生命周期物质流动图

注：第 I 阶段——金属的采选、冶炼
第 II 阶段——金属制品的加工
第 III 阶段——金属制品的使用

(5)定义从金属制品制造阶段的加工切屑废料中回收的金属量占该年金属制品产量的比例为金属物质的中循环率，并用符号 β 表示，单位是 t/t。

(6)分别定义第 I、II 生命周期阶段排向环境的金属量与该年金属制品产量的比值为相应生命周期阶段的金属的排放率，并分别用符号 γ_1、γ_2 表示，单位是 t/t；为便于应用，定义这两个排放率之和为生产阶段的物质总排放率，简称排放率，用符号 γ 表示，即 $\gamma = \gamma_1 + \gamma_2$。

3. 选择参数，定量表征

为了建立人类社会服务与环境间的定量关系，分别选择环境负荷和社会服务量分别作为该金属产品系统的环境影响和人类服务的表征指标。并对环境负荷和社会服务量分别限定如下。

环境负荷特指金属产品系统对资源与环境系统所造成的影响，分成资源负荷和排放负荷两种类型。其中，资源负荷定义为金属产品系统每年消耗的金属矿物资源数量，用符号 R 表示；排放负荷定义为金属产品系统每年向环境中排放的废物、污染物的数量，用符号 Q 表示。两种环境负荷都以其中的金属含量计算，单位 t。由图 10-4 可见，第 τ 年的资源负荷和排放负荷分别为：

$$R = (1 + \gamma)P_\tau - \alpha P_{\tau - \Delta\tau} \tag{10-1}$$

$$Q = \gamma P_\tau + (1 + \alpha)P_{\tau - \Delta\tau} \tag{10-2}$$

如前所述，我们曾设定第 τ 年金属制品的产量为 P_τ，以此表征金属物质在第 τ 年投入社会服务的数量：

$$S = P_\tau \tag{10-3}$$

式中：P_τ 为金属制品的年产量，按金属含量计算，单位 t；$\Delta\tau$ 为金属制品的使用寿命，单位 a。

这种通过追踪产品中的某一种元素，同时考虑从产品生产到报废之间的"时间差"，

来分析产品与资源、环境之间的关系的方法，以考虑产品生产到产品报废回收之间的时间差异为显著特征，由陆钟武院士于 2000 年提出，曾经多次地用于钢铁工业废钢资源问题和铁排放量的源头指标问题的研究中。后经毛建素将关注的"产品"转移到关注产品所提供的"服务"，从而建立起了人类社会服务与资源环境间的定量关系，是解析物质流动分析的重要方法。

4. 评估流动，演绎规律

为评估人类与环境间关系，世界可持续发展商业理事会（World Business Council for Sustainable Development，WBCSD）曾于世纪之交提出了"生态效率（eco－efficiency）"的概念，泛指某一产品系统中单位环境负荷所能提供的社会服务量。如果将这一概念引入金属产品系统并评估其中金属物质的生态效率，则分别对应矿物资源消耗（用 R 表示，单位 t/a）和环境污染排放（用 Q 表示，单位 t/a）两种环境负荷，可将生态效率分为资源效率和环境效率两种，并分别用 r、q 表示，单位（kW·h）·a/t，即

$$r = \frac{S}{R} \tag{10-4}$$

$$q = \frac{S}{Q} \tag{10-5}$$

式中：S 表示该系统提供的服务量，单位 t/a。可见，生态效率越高，意味着获得同等的服务，将消耗较少的矿产资源，或者排放更少的环境废物、污染物。反过来说，意味着同样的环境负荷下，将实现更多的服务。

若分别将式（10-1）、式（10-2）与式（10-3）代入式（10-4）和式（10-5），则可分别获得资源效率、环境效率随各参数间变化的变化关系式。

资源效率：

$$r = \frac{1}{1 + \gamma - \alpha p} \tag{10-6}$$

环境效率：

$$q = \frac{1}{\gamma + (1 - \alpha) p} \tag{10-7}$$

以上两式中的 p 是 $\Delta\tau$ 年以前的产品产量 $P_{\tau - \Delta\tau}$ 与当前年份的产品产量 P_{τ} 的比值，称为产品产量变化比，即

$$p = \frac{P_{\tau - \Delta\tau}}{P_{\tau}} \tag{10-8}$$

由式（10-7）和式（10-8）可见，产品系统中物质的资源效率是排放率 γ、循环率 α、产品使用寿命 $\Delta\tau$ 和产品产量变化比 p 的函数。进一步数学分析可知如下。

（1）循环率 α 对资源（或环境）效率的影响：当其他参数不变的情况下，资源（或环境）效率随循环率的提高而不断提高；

（2）资源（或环境）效率与循环率的关系将受到其他几个参数的影响。分别表现为：①产量变化比 p 将影响资源（或环境）效率随循环率变化的快慢以及可能达到的最高数值。与产量不变的情况相比，在产量持续增长的情况下，r 随 α 的增长较为缓慢，生态效率所能达到的最高数值较小；而且，产量增长越快，这一效果越明显。与此相反，在产量下

降的情况下，生态效率的变化也正好相反。②使用寿命 $\Delta\tau$ 主要影响生态效率的数值大小，在其他参数不变的情况下，使用寿命越长，生态效率就越高。③排放率 γ 将影响生态效率的起止数值以及生态效率随循环率变化的快慢，排放率越低，生态效率的起止数值也越大，并且生态效率随 α 的增长也越快。

由于资源效率和环境效率具有相同的影响参数，因此可求解这两种效率之间的关系。将式(10-6)与式(10-7)联立，可解得环境效率与资源效率的关系：

$$\frac{1}{q}-\frac{1}{\gamma}=p-1 \tag{10-9}$$

由式(10-9)可知，在产量不变的情况下，资源效率将恒等于环境效率；而在产量增长的情况下，资源效率恒小于环境效率；反之，在产量下降的情况下，资源效率恒大于环境效率。这主要是由于产品产量的变化引起了产品系统的涨缩：产量增长，系统扩张，资源索取量大而排放量较小，因而，资源效率小于环境效率；反之，产量下降，系统收缩，资源索取量小而排放量较大，使得资源效率大于环境效率。

10.4.4 "定点法"物质流动分析

"定点法"物质流动分析关注研究的特定区域，通常是全球、一个国家或其他特定区域，分析物质在该区域内各产品生命周期阶段间以及系统与外部环境间的物质联系。这种方法由耶鲁大学 T. E. Graedel 于 2005 年创建，基于该方法的着眼点与陆钟武院士所提方法的显著差异，被陆钟武院士称为"定点法"物质流动分析。

1. "定点法"物质流动分析框架

"定点法"物质流动分析仍以金属物质作为目标物质。其物质流动分析基本框架如图 10-5 所示。其中，物质流动过程主要包括四个阶段：金属材料生产、金属制品加工与制造、金属制品使用以及产品完成其使用寿命后的废物回收与管理。地壳的岩石圈作为金属元素最初的源，而人类外部环境，如垃圾填埋场、沉淀池、道路及其构筑物等，成为废物、污染物中金属元素的排泄场所，是金属元素环境废弃物的最终的汇。在金属制品使用过程中，金属元素将蓄积在人类社会系统中，形成金属元素的使用蓄积库(in-use stock)。对每一生命周期阶段，物质元素流入量、流出量和库存量的变化量之间遵守物质守恒定律。由物质流动的连续性构成了各阶段之间的物质元素的流动。这种既分析物质的流动又分析物质的使用蓄积的研究框架称为 STAF(Stock and Flow)流动框架。

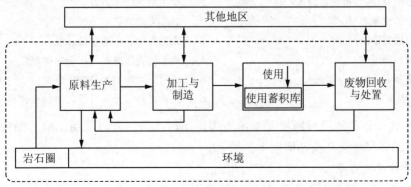

图 10-5 物质流动 STAF 基本框架 (Mao et al. , 2008a)

　　与图 10-4 相比不难看出，图 10-5 中新增了以下几项：①不同区域间的物质交换流动，这是因为"定点法"关注特定区域，使得区域边界成了研究对象的系统边界，物质跨越不同区域时的流动就显化为区域之间的物质流动。②废物回收与处置阶段被显化为一个产品系统重要组分。③在产品"使用"阶段新增了"使用蓄积库"，来反映物质在人类社会经济系统中的积累程度，详见下一小节。

　　应用中，图 10-5 物流 STAF 框架还可因金属种类、数据可得性、研究目的等因素而发生变化，需要基于特定物质的人为流动过程调研对该框架进一步细化。例如，该模型框架用于研究铅金属元素的循环流动时，考虑到含铅污染物可能威胁到环境生态系统，特别是人体的健康，需要特别关注含铅污染物的排放问题。为此，在原框架（见图 10-5）基础上，补充了加工制造阶段和使用阶段含铅污染物的排放。同时，由于不同来源的含铅废物具有不同的环境风险，因此，用下标符号来区别铅污染物的来源。如图 10-6 所示。

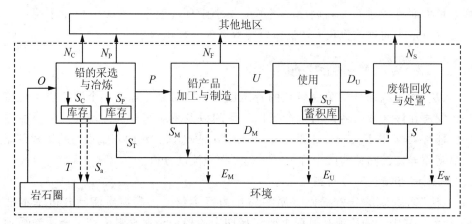

图 10-6　耶鲁大学 STAF"定点法"铅元素的人为流动框架（Mao et al.，2008a）

注：

O	矿铅资源	S_a	含铅矿渣
P	精炼铅	S_P	精炼铅库存
U	投入使用的铅制品	S_C	精炼矿石库存
D_U	进入废铅回收与处置阶段的折旧废铅	S_U	铅使用蓄积流入量
D_M	进入废铅回收与处置阶段的加工废铅	S	经废铅回收与处置获得的废铅资源量
N	净出口（出口量−进口量）	S_T	投入冶炼的废铅量
N_P	精炼铅净进口	S_M	加工废铅量
N_C	铅矿石净进口	E	含铅废物、污染物排放量
N_S	废铅净进口	E_M	加工制造阶段的铅污染物排放量
N_F	铅制品及半成品净进口	E_U	使用阶段的铅污染物排放量
T	铅尾矿	E_W	废铅回收与处置阶段的铅污染物排放量

　　应用图 10-5 框架来分析物质元素的人为流动的方法，曾广泛用于铜、钢铁、锌等多种金属物质的多尺度循环流动研究中。

　　2. 物质的使用存量

　　如前所述，在 STAF 物质流动框架（见图 10-5）中有一个物质使用蓄积库。在该库中物质的数量可称为物质的使用存量。这里依次阐述其概念、形成过程和估算方法。

（1）物质存量的概念与形成过程

物质的在用库存量（in-use stock）是指当前正在向人类提供各类服务的所有物质的总和，简称为物质"在用量"。当某一时期投入"使用"的物质数量大于离开"使用"的物质数量时，其差额部分将积累在物质"使用"阶段，使得物质"在用量"库存增加。物质在用量的持续增加，将形成物质在人类社会服务系统中的积累，形成一个存放物质的人为的（anthropogenic）、再生的（secondary）新场所，它是处于服务于满足人类需求、处于人类使用状态的物质储存库，简称物质的使用储存库（in-use stock）。因此"in-use stock"既可指处于使用状态的物质数量，又可指处于使用状态的物质的存放场所的统称。

一个国家或地区物质在用量的大小可反映该国家或地区的特定技术下的生活水平，因此，可作为欠发达国家或地区获得与发达国家相同生活水平时所需要的定量物质数量指标。同时，目前物质的在用量将在未来某特定时期产品报废时离开物质的使用储存库，因此，物质在用量可反映未来的废物数量，是废物管理和循环再生的重要信息数据。

（2）物质存量的估算

借助物质流动分析可以估算物质的使用存量。主要可经过两个步骤：第一步借助物质流动分析，计算某一特定时段投入"使用"和离开"使用"的物质数量的差值，得到该时段的物质净存量；第二步针对研究选定的历史时期进行逐年累积计算该时期的物质存量。

应用中，由于一种物质常常用于生产多种不同的产品，因此通常按照以下的方法进行估算。

首先，计算单一制品系统的在用量。对于某一种制品而言，第 τ 年物质"在用存量"的净增量是该年投入使用的物质数量 U_τ 减去该年离开使用的物质数量，而该年离开使用的物质数量包括两股流动，一股是由于产品寿命终结而报废离开使用的折旧废物 D_U，另一股是在产品使用过程中因腐蚀、磨损等原因陆续消散到环境中的废物、污染物 E_U，同时这两股流出的物质量也正是 $\Delta\tau$ 年以前投入"使用"的物质量，因此该年净流入"使用蓄积库"的物质量可表达为：

$$S_{U\tau}=U_\tau-D_{U\tau}-E_{U\tau}=U_\tau-U_{\tau-\Delta\tau} \tag{10-10}$$

式中：$S_{U\tau}$ 为某种制品系统第 τ 年净流入"使用储存库"的物质量，或称第 τ 年物质存量的净增量。可见，对于单一产品系统而言，某年物质在用量的年净增量是该年投入使用的物质量与一个生命周期以前年份投入使用的物质量的差值。

这种情况下，若选定某特定时期 T，物质在用量的净增量将是该时期内各年份物质在用净增量的累积结果。表达为：

$$\sigma \equiv \int_0^T S_U \mathrm{d}t \equiv \sum_{\tau=0}^T S_{U\tau} \tag{10-11}$$

其次，考虑具有多种用途的复杂系统。对于含有多种不同产品系统的复合系统而言，可用下标 i 来区分不同的制品种类，这种情况下，某年投入使用铅量将是该年投入使用的各类铅制品的含铅量的和。即：

$$U = \sum_{i=1}^N U_i \tag{10-12}$$

将式(10-12)代入式(10-10)得到多种不同制品下某年的在用量净增量：

$$S_{U\tau} \equiv \sum_{i=1}^{N} S_{U\tau i} = \sum_{i=1}^{N} (U_\tau - U_{\tau-\Delta\tau_i})_i \tag{10-13}$$

将式(10-12)代入式(10-11)，则得到多种制品下某特定时期内物质在用累积总量：

$$\sigma \equiv \sum_{\tau=0}^{T} \sum_{i=1}^{N} (U_\tau - U_{\tau-\Delta\tau_i})_i \tag{10-14}$$

式(10-12)～式(10-14)中 N 是涉及产品的类型数量。

从上面分析可见，估算物质在用量将涉及物质的消费结构（或制品类型）、各类制品的使用寿命、制品年产量的增减、考察的历史时段等因素。

除了借助物质流动分析来估算物质存量（Top-down 方法）外，还有一种借助特定区域内产品数量、物质含量来计算该区域物质存量的方法（Bottom-up）方法。感兴趣的同学可进一步参考相关文献。

10.5 案例研究——铅元素人为流动分析与管理

10.5.1 案例物质的选择

众所周知，人类社会经济系统中的铅最初来自不可再生资源铅矿石，而全球范围内的现有铅矿资源仅可保证使用 20 余年，而中国仅可保证 10 余年，铅矿资源明显短缺；同时，各种生产过程中以及铅制品报废后所产生的环境废物、污染物，具有较高的环境风险，甚至可能威胁到人体的健康。有研究表明，受人类扰动所产生的铅的人为循环速率已经超出其自然循环速率的 12.9 倍，许多地区频频出现铅中毒事件。铅在长期以来是资源环境领域关注的重点物质。而另一方面，铅金属又是现代工业的重要材料，广泛用于机械、电子、化工等多个领域。因此选择铅作为物质循环研究的案例物质。

10.5.2 铅酸电池系统"追踪法"铅流分析应用

据统计，约有 80% 的铅用于生产铅酸电池。因此这里以铅酸电池产品系统为例，示例应用"追踪法"来进行铅流分析的过程。

以中国 1999 年铅酸电池系统为研究背景。该年中国国内消费精炼铅 52.5×10^4 t。其中 66.8%（相当于 350.70 kt）用于生产铅酸电池。根据当时的生产技术水平，在铅酸电池生产中，平均每投入 1 t 铅金属，将有 0.92 t 进入铅酸电池中，另有 0.035 6 t 以加工废铅的方式得到回收利用，其余 0.044 4 t 以含铅废物、污染物的形式散失到环境中。铅酸电池的平均寿命估算为 3 年。

在废铅回收与再生方面，根据 1999 年中国有色金属再生协会所掌握的数据，估计有 9.09×10^4 t 废铅酸电池和 1.25×10^4 t 加工废铅投入铅的再生。铅的再生收率估计为 80%～88%，本书取 86.37% 进行计算，共可获得 8.93×10^4 t 再生铅，其余 1.41×10^4 t 铅以含铅废物、污染物的形式散失到环境之中。用于铅酸电池生产其余部分为 26.14×10^4 t，按原生铅计算。

在原生铅的生产中，涉及选矿、冶炼等过程，据中国有色金属工业统计，1999 年选矿收率为 83.8%，冶炼综合收率为 92.78%，因此，为获得 26.14×10^4 t 原生铅，将需要

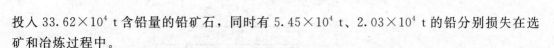

投入 33.62×10^4 t 含铅量的铅矿石，同时有 5.45×10^4 t、2.03×10^4 t 的铅分别损失在选矿和冶炼过程中。

另外，由于铅酸电池的平均寿命估计为 3 年，因此，1999 年回收的废铅酸电池是 1996 年生产的。进一步追随铅酸电池产量的历史数据，并经专家调研咨询得知，铅酸电池产量的统计数据约占全国总产量的 75%～85%，若 1996 年、1999 年分别按 77%、78% 计算，则可估算出 1996 年铅酸电池的产量为 29.17×10^4 t。由于 1999 年回收废铅酸电池 9.09×10^4 t，因此，有 200.77 kt 废铅酸电池未能得以回收。或者说，没有能够进入统计数据。

根据以上分析数据，整理得到中国 1999 年铅酸电池生命周期铅流图，如图 10-7 所示。

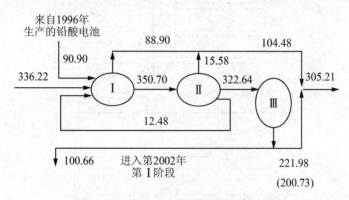

图 10-7 中国 1999 年铅酸电池生命周期铅流图(单位: kt)

由图 10-7 可看出铅酸电池产品系统中各股流动的数量分配和流动方向。

10.5.3 "定点法"铅流分析

类似地，也可应用"定点法"开展铅流分析。由于铅金属可用于生产多种铅制品，不同铅制品的加工制造和报废回收过程也因制品不同而复杂多变，因此，将铅流框架图 10-5 和图 10-6 进一步细化并体现在铅制品生命周期各阶段中，如图 10-8 所示。

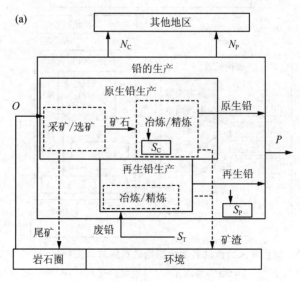

205

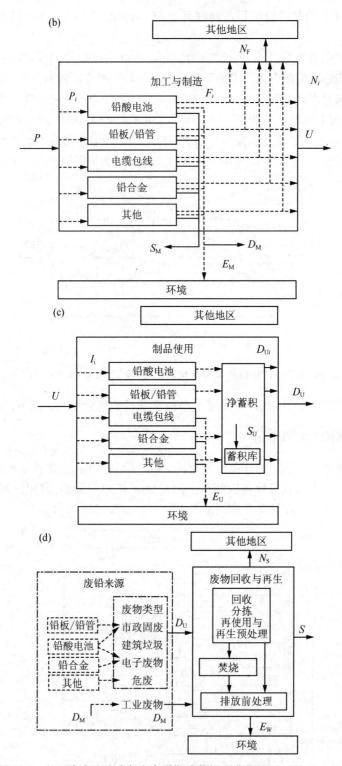

图 10-8 铅元素人为流动各生命周期阶段铅流详图（Mao et al.，2008）

（a）铅金属生产；（b）铅制品加工；（c）铅制品使用；（d）废铅回收与再生

根据统计数据和生产技术数据，可将不同尺度的铅流情况按照图 10-8 的方式整理出来，并汇总到一张图中，得到特定区域某一年份的铅流图。图 10-9 是北美洲 2000 年的铅流详图。

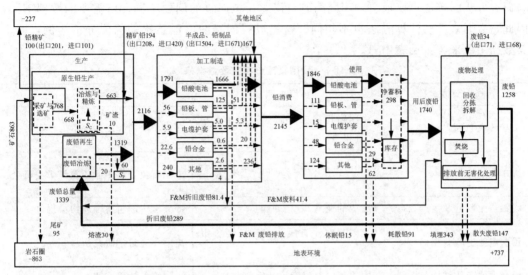

图 10-9 2000 年北美铅元素人为流动详图（单位：Gg/a）（Mao et al.，2008b）

应用中，也可将某特定区域的铅流绘制成图 10-6 的形式。图 10-10 是 2000 年中国铅流简图。从中可看出 2000 年中国层面人为铅流对自然系统的干扰强度。

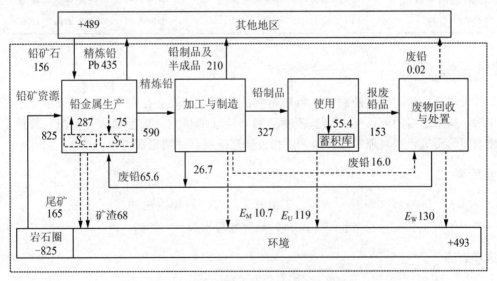

图 10-10 2000 年中国铅元素人为流动简图（单位：Gg/a）（Mao et al.，2008b）

也可将图 10-10 与"追踪法"铅流分析结果图 10-7 进行对比，了解不同研究方法、系统选择、年份等因素所带来的铅流结果差异。这些数据信息可作为制定特定区域铅矿资源保护政策、源头治理铅污染以及实施废铅循环经济的重要依据。

10.5.4　物质流动分析数据来源示例

有效、充足的数据是获得有效研究结果的前提条件和工作基础，在科学研究中拥有与研究方法同等的重要地位。不同的研究议题，拟回答的问题不同，所需要的数据不同，因此，数据来源和计算方法也不相同。这里以我国铅酸电池系统的物流分析为例，展示其数据主要来源，见表 10-1。

表 10-1　我国铅流分析主要数据来源

数据类型或名称	数据来源	编写单位
采矿收率	《中国铅锌矿产资源开发利用水平调查报告》	北京矿冶研究总院
选矿与冶炼收率	《中国有色金属工业年鉴 1990—2001》	中国有色金属工业年鉴编辑委员会
废铅再生数量及生产数据	《出版的文献》	部分由中国再生金属协会提供
铅酸电池生产数据	《沈阳蓄电池有限公司环境评价报告》	沈阳环境科学研究所
铅酸电池产品结构与性能	《中国蓄电池年度统计报告》	沈阳蓄电池研究所
铅酸电池产量数据	《中国机械工业年鉴》中国电器工业年鉴	《中国机械工业年鉴编辑委员会》
铅酸电池进出口数据	《中国对外经济贸易年鉴》	中国对外经济贸易年鉴编辑委员会
废铅进出口数据	《中国对外经济年鉴》	中国对外经济年鉴编辑委员会

10.5.5　展望

物质作为能量、价值的载体，伴随物质的流动，也势必存在能量、价值的流动。近些年来，越来越多的人已经开始基于物质循环流动的研究，着手物质与能量、价值等复合流动间的研究，感兴趣的同学请关注相关研究进展，并期望获得卓越成果。

推荐阅读

1. https://www.footprintnetwork.org/our－work/ecological－footprint/.
2. 马春东. 生态·设计[M]. 北京：高等教育出版社，2007.

方法学训练

1. 举例说明物质流分析的重要作用。
2. 物质流分析的数据获取的途径分析与选择策略。

第11章　城市生态规划研究方法

城市生态规划以城市生态系统为研究对象，关注其空间结构和功能的动态变化并进行科学的再组织和再设计，注重为城市规划合理适用的生态功能分区和生态景观布局。城市生态规划的最终目标是营造一个符合生态学原理，适合人类生活、健康、安全、充满活力、可持续发展的生态城市，这需要引入大量先进的生态规划方法作为支撑。本章重点介绍城市生态系统现状评价方法、规划指标筛选和权重确定方法、生态功能区划方法以及规划方案评估等城市生态规划过程中所涉及的核心方法。

11.1　方法框架

城市生态规划的一般程序包括城市生态规划大纲编写与评审、现状调查与数据获取、城市生态系统现状评价、规划目标和指标确定、城市生态功能区划、规划重点领域确定、规划方案与评估，并最终按市人民政府或人大评审通过的城市生态规划政府文本实施。不同的步骤与城市生态规划的关键技术方法是紧密结合的，全面了解城市生态规划的方法框架，有助于在实践中进行科学的应用(见图 11-1)。

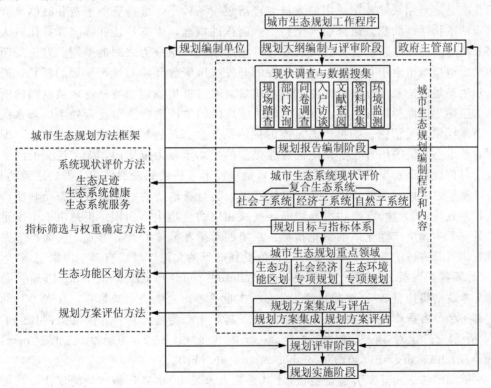

图 11-1　城市生态规划程序与方法框架图

11.2　核心方法

在城市生态规划方法框架中，其核心方法主要包括城市生态系统现状评价方法、规划指标筛选和权重确定方法、生态功能区划方法以及规划方案评估方法这四大类，贯穿于城市生态规划的全过程。

11.2.1　城市生态系统现状评价方法

城市是地区或国家社会经济发展、人类进步的中心，在城市规模不断扩张的同时，也伴生着一系列生态环境问题，合理评价城市生态系统现状，在为城市生态规划提供坚实基础的同时，进一步实现改善城市生态环境质量、保证城市经济和环境可持续发展的规划目标，在生态规划的过程中地位显著。

城市千差万别，根据城市的具体情况选择合适的评价方法是进行城市生态系统现状分析的有效前提。城市生态系统现状评价一般分为两个层次，即城市生态系统结构、功能的综合分析与评价，城市生态系统分要素的现状评价。系统层次的现状评价方法包括城市生态足迹与承载力评价、城市生态系统健康评价、城市生态系统服务功能价值评估等。要素层次的现状评价主要包括社会经济现状评价和资源环境现状评价，其一般在各专项规划中完成，本部分不做重点介绍。

生态足迹是用来计算在一定的人口和经济规模条件下，维持资源消费和吸纳废弃物所必需的生物生产面积。通过引入生物生产面积的概念，生态足迹能够测算并比较人类经济系统对自然生态系统服务的需求和自然生态系统的承载力之间的差距。对于资源型城市和山地型城市由于其对不可再生资源的开发或因资源环境对城市发展的制约，通常可采用生态足迹法来评价城市的生态环境质量。通过将生态足迹与一定地域范围内所能提供的生物生产面积进行比较，就能为判断该地区的生产消费活动是否处于生态系统承载力范围提供定量依据。如果生态足迹的供给低于生态足迹需求，表示生态盈余，即人类对自然生态系统的压力处于该地区所能提供的生态承载力范围内，人类社会的经济发展处于可持续状态；反之则表明生态赤字，是一种不可持续的发展模式。需要注意的是，该方法基于以下两项前提条件：①可以核算出人类自身消费的绝大多数资源及其所产生废弃物的数量；②这些资源和废弃物能转换成相应的生物生产面积。正是由于生态足迹方法是基于生物生产性土地的量化指标、系统的考量和简便的计算方式、较为科学完善的理论体系及方法的普适性，生态足迹评价受到广泛的关注。目前有多个国家利用"生态足迹"计算各类承载力问题，WWF(World Wildlife Fund)和 RP(Redefining Progress)世界两大非政府机构自 2000 年起每两年公布一次世界各国之生态足迹数据。在 WWF 的主页上有一个具有操作性的生态足迹网络评价工具，生态足迹计算器，能够帮助我们了解不同消费行为对地球施加的生态影响（见图 11-2）（网站链接：http://www.wwfchina.org/site/2013/overshoot/footprint.php）。

对资源的掠夺式开发引起了城市（尤其是超大型城市）生态环境质量的变化，在加重城市自身生态足迹的同时，也制约着城市的可持续发展，对城市生态系统的健康状况带来威胁。因此，采用城市生态系统健康评价方法探讨城市生态系统的健康与稳定也尤为重要。学术界普遍认同"健康"是生态系统的最佳状态，因而生态城市要具有健康的生态

图 11-2　WWF 个人年生态足迹计算器

系统。也就是说，城市生态系统健康不仅要从生态学角度强调生态系统结构合理、功能高效与完整，而且更加强调生态系统能维持对人类的服务功能以及人类自身健康及社会健康不受损害(郭秀锐等，2002；李锋等，2003)。由于健康是一个相对概念，生态系统健康状况的好坏是相对于标准值而言的，否则很难对某生态系统是健康的还是不健康的作出明确的结论。因此，城市生态系统健康可以作为一个模糊问题来处理。目前，常用的城市生态系统健康评价方法均是基于指标体系法，所选用的城市生态系统健康评价指标体系主要包括活力、组织结构、恢复力、生态系统服务功能和人群健康的状况五个评价要素，每个评价要素下设有具体评价指标。考虑到健康状态的相对性，可利用模糊数学的方法构建城市生态系统健康评价模型，将健康状态划分为五个级别，分别设置不同级别的指标标准值。通过计算每个评价指标的现状值对应于不同状态评价标准的隶属度，并根据每个评价指标对应于五个评价要素的重要性将各隶属度进行赋权累加，从而获得五个评价要素对应于不同健康状态的隶属度。最后，根据五个评价要素对应于城市生态系统健康的重要性，再次进行赋权累加，获得城市生态系统对应于不同健康状态的隶属度。根据最大隶属度原则，判断城市生态系统健康状态，根据计算结果进行分析评价，为城市生态规划服务。

城市生态系统服务功能的正常发挥必须有健康的城市生态系统作支持，因此，城市生态系统健康是保障城市生态系统功能正常运转的最基本条件。对于旅游资源丰富的地区及其不同的生态功能单元，可结合森林、湖泊、湿地等来研究某省某种类型或者某市某种类型生态系统的服务功能价值。目前，普遍认可的生态系统服务（ecosystem services)定义是 Daily(1997)提出的：自然生态系统及其物种所提供的能够满足和维持人类生活需要的条件和过程。欧阳志云等对生态系统服务功能概念作出如下概括：生态系统服务是指生态系统与生态过程中形成及维持人类赖以生存的自然环境条件与效用。它不仅为人类提供了食品、医药及其他生活原料，还创造和维持了地球生命支持系统，形成了人类生存所必需的环境条件(欧阳志云等，1999)。生态系统所提供的服务种类多样，

相互之间又存在错综复杂的关系。对于其功能分类，至今还没有全面、系统、科学的分类理论。Costanza 等(1997)、Daily 等(1997)、欧阳志云等(1999)都提出了不同的分类方法，尽管分类不同，但都包括了生态系统为人类提供服务的主要方面。具体说来，生态系统服务主要包括：①净化服务，进行空气和水的净化，废弃物降解转化等；②调节服务，控制洪水和干旱，调节气候，中和极端气温等；③为生命提供支持系统，土壤形成以及肥力的保持更新，农作物及自然植被的传粉，控制农业害虫，种子传播及营养循环等；④维持生态平衡，保护生物多样性；⑤为人类发展提供支持，支撑文化的形成发展，创造美并激发灵感等。不同学者对生态系统服务价值的分类问题存在着不同意见，相应的，生态系统服务价值评估的方法也多种多样，目前较为常用的评估方法可分为三类：直接市场法，包括费用支出法、市场价值法、机会成本法、恢复和防护费用法、影子工程法、人力资本法等；替代市场法，包括旅行费用法和享乐价格法等；模拟市场价值法，包括条件价值法等。

总而言之，不同类型城市在进行生态环境现状评价时可根据城市特点有针对性的选用系统层面评价方法。本部分介绍的城市生态足迹与承载力评价、城市生态系统健康评价、城市生态系统服务功能价值评估的详细方法可参考《城市生态规划学》(第二版)第 5 章城市生态规划关键技术与方法的相关内容。

11.2.2 规划指标筛选与权重确定方法

根据城市生态系统现状评价结果，结合对城市发展战略和发展实力的分析，制定城市生态规划的总体目标及阶段性目标。一般而言，规划目标以定性描述为主，对规划目标进行量化可通过建立规划指标体系来完成。规划指标体系是对规划目标的具化，指标体系的设计是一项兼具科学性和系统性的重要工作，不仅要描述拟规划城市的方方面面，还要突出重点和特点。

11.2.2.1 规划指标筛选

规划指标体系作为描述和评价规划过程中某种事物的可量度参数，应具备以下特点。

(1)综合性：以城市复合生态系统的观点为基础，在单项指标的基础上，构建能直接且全面地反映城市的功能、结构及其协调度特征的指标；

(2)代表性：城市生态系统结构复杂、庞大，具有多种综合功能，要求选用的指标最能反映主要特点；

(3)层次性：根据不同评价需要和详尽程度分层分级；

(4)阶段性：充分考虑城市发展的阶段性和环境问题的不断变化，使确定的指标既具有社会经济发展的阶段性，又具有纵向可比性；

(5)可操作性：有关数据有案可查，在较长时期和较大范围内都能适用，能为城市的发展和城市的生态规划提供依据。

按照规划指标类型的不同，可将其分为表征性指标、结构性指标、过程性指标和功能性指标。不同类型的指标体系表征了城市生态规划的不同方面，实现规划过程中定性描述与定量分析、复合结构与特定功能相结合，是将城市生态建设目标转化为可操作标准的具体方式。

(1)表征性指标：是指用于反映对象(如城市)的某种状况，反映城市生态规划过程和结果的描述性指标，这通常是最容易让人理解的一类指标。例如，世界卫生组织根据世界各国开展健康城市活动的经验，公布了健康城市的 10 项标准(见表 11-1)，认为一个城市只有满足这些表征性指标，才能认为其是健康的(普蕾米拉·韦伯斯特等，2016)。这类指标简明易懂，但大多数以定性表征为主，难以量化。

表 11-1 健康城市标准

序号	指标内容
1	为市民提供清洁安全的环境
2	为市民提供可靠和持久的食品、饮水、能源供应，具有有效的清除垃圾系统
3	通过富有活力和创造性的各种手段，保证市民在营养\饮水\住房、收入和工作方面的基本要求
4	拥有强有力的相互帮助的市民群体，其中各种不同的组织能够为了改善城市健康而协调工作
5	能使其市民一道参与制定涉及他们口常生活、特别是健康和福利的各种政策
6	提供各种娱乐和休闲活动场所，以方便市民之间的沟通和联系
7	保护文化遗产并尊重所有居民(不分具种族或宗教信仰)的各种文化和生活特征
8	把保护健康视为公众决策的组成部分，赋予市民选择有利于健康行为的权力
9	作出不懈努力争取改善健康服务质量，并能使更多市民享受健康服务
10	能使人们更健康、长久地生活和少患疾病

(2)结构性指标：是从城市生态系统这个自然-社会-经济复合结构的角度出发所构建的一套生态规划指标，这是目前使用较多的一类指标体系。例如，李海龙等(2011)设计了生态城市的自然、社会和经济指标。其中，自然指标涉及资源环境，主要包括水资源、能源、土地资源、空气质量等；社会指标涉及社会和谐与创新引领，主要包括科技教育、文体设施、绿色技术发展水平、公众环境质量和生活质量观念等；经济指标包括区域经济发展水平、产业结构等。结构性指标相对于表征性指标而言更容易量化，具有可操作性。

(3)过程性指标：描述城市生态系统受外界驱动和胁迫所做出反应的全过程。20 世纪 80 年代末，在加拿大政府组织力量研究的基础上，经济合作和开发组织(OECD)与联合国环境规划署(UNEP)共同提出环境指标的 P-S-R 概念模型，即压力(pressure)-状态(state)-响应(response)模型(Tong C，2000)。在 P-S-R 框架内，某一类环境问题，可以由三个不同但又紧密联系的指标类型来表达：压力指标反映人类活动给环境造成的负荷；状态指标表征环境质量、自然资源与生态系统的状况；响应指标表征人类面临环境问题所采取的对策与措施，阐述了城市发展的全过程。车晓翠等人(2016)基于驱动力-压力-状态-影响-响应 5 方面构建了长春市低碳城市发展的 DPSIR 概念模型，挖掘长春市发展过程中存在的问题，并提出针对性解决措施。

(4)功能性指标：侧重于考量城市生态系统所具有的功能，即承载力、支持力、吸引力、延续力和发展力。健康的城市生态系统是保证其各项生态系统功能得以实现的前提，

城市生态系统只有拥有完整的功能，并具有抵抗干扰和自我恢复的能力，才能长期为人们提供服务(郁亚娟，2008)。

城市生态规划指标体系作为衡量城市生态规划和把控城市可持续发展的指示器，选择合理的定性与定量评价指标，能从根本上决定城市可持续发展规划实施的成功与否。同时，对城市生态规划指标体系的深入研究，有利于加强人们对城市资源、环境和经济社会相互关系的认识，其一方面可以描述和反映特定时间内城市生态系统各方面可持续发展的水平或状况；另一方面也可以综合衡量可持续发展整体的各领域之间的协调度。另外，指标体系的提出还为城市可持续发展的调控提供了基础，可以重点调控系统的某些指标，使其在不影响城市发展整体利益的状况下向好的方向发展。

11.2.2.2　指标权重确定

评价模型中指标权重可以采用层次分析、专家打分、德尔菲法、灰色关联度法等方法确定，这里主要介绍层次分析法。

层次分析法(Analysis Hierarchy Process，AHP)是20世纪70年代由美国匹兹堡大学T. L. Saaty 教授首先提出的，它用一定标度把人的主观判断进行客观量化，是一种将定量和定性分析相结合的系统多目标决策方法。它的主要途径是通过把问题层次化，根据问题的性质和达到的总目标，将问题分解成不同的组成因素，并按照因素间的相互关联影响以及隶属关系将因素按不同层次聚集组合，形成一个多层次的分析结构模型。最终把系统分析归结为最低层相对于最高层的相对重要性权值的确定或相对优劣次序的排序问题。

一般来说，它大体可分为五个步骤：①建立层次结构模型；②构造判断矩阵；③层次单排序及其一致性检验；④层次总排序；⑤层次总排序的一致性检验。上述步骤简单说明如下。

(1)建立层次结构模型

在深入分析所面临的问题之后，将问题中所包含的因素划分为不同层次，如目标层、准则层、指标层、方案层、措施层等，某一层次的因素对其下一层次的某些因素起支配作用，同时它又受其上一层次因素的支配，形成了一个自上而下的递阶层次(见图11-3)。从心理学的角度考虑，当一层中包含数目过多的元素，会给通过人的大脑对每对元素进行两两比较判断带来困难，因此一般每一层次中的元素最好不要超过五个，但也不能少于三个。

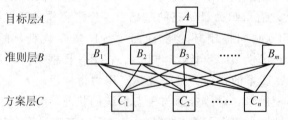

图 11-3　递阶层次结构示意图

(2)构造判断矩阵

在建立了层次结构后，针对某一层的某个元素，将下一层的各元素按照上一层的准则进行两两比较，用评分的方法判断出它们相对的优劣程度或重要程度，将判断的结果构成一个判断矩阵。判断矩阵元素的值反映了人们对各因素相对重要性(或优劣、偏好、强度等)认识,一般采用 1~9 及其倒数的标度方法(见表 11-2)。

表 11-2　比较标度及其含义

标度	含义
1	两个因素同等重要
3	两个因素相比,一个比另一个稍微重要
5	两个因素相比,一个比另一个明显重要
7	两个因素相比,一个比另一个强烈重要
9	两个因素相比,一个比另一个极端重要
2,4,6,8	上述两相邻判断的中值
以上数值的倒数	因素 i 与 y 比较得判断矩阵的元素 b_{ij},则因素 j 与 i 比较的判断 $b_{ji} = 1/b_{ij}$

这种比较通过引入适度的标度,可用数值表示出来,写成判断矩阵。先从最底层开始,如针对准则层 B_k,对 C_1,C_2,C_3,C_4 四个方案两两进行优劣性评比(见表 11-3),如 C_i 比 C_j 明显重要,它们的比较标度取 5,那么 $a_{ij} = C_i/C_j = 5$,C_j 与 C_i 的比较标度 $a_{ji} = 1/a_{ij} = 1/5$,评比结果构成判断矩阵 A。

$$A = (a_{ij})_{n \times n}$$

表 11-3　判断矩阵示例

准则层 B_k	C_1	C_2	C_3	C_4
C_1	a_{11}	a_{12}	a_{13}	a_{14}
C_2	$a_{21} = 1/a_{12}$	a_{22}	a_{23}	a_{24}
C_3	$a_{31} = 1/a_{13}$	$a_{32} = 1/a_{23}$	a_{33}	a_{34}
C_4	$a_{41} = 1/a_{14}$	$a_{42} = 1/a_{24}$	$a_{43} = 1/a_{34}$	a_{44}

(3)层次单排序及其一致性检验

构造判断矩阵后,判断矩阵 A 的最大特征根对应的特征向量,即 $AW = \lambda_{max}W$ 的解 W,经归一化后即为同一层次相应因素对于上一层次某因素相对重要性的排序权值,也就是权重,这一过程称为层次单排序。其计算步骤如下。

1)计算判断矩阵每行所有元素的几何平均值

$$\begin{cases} W_i = \sqrt[n]{\prod_{j=1}^{n} a_{ij}} \quad (i = 1, 2, \cdots, n) \\ W = (W_1 W_2 \cdots W_n)^T \end{cases}$$

2)将 W 归一化

$$\overline{W}_l = \frac{W_i}{\sum_{i=1}^{n} W_i} \quad (i = 1, 2, \cdots, n)$$

$\overline{W} = (\overline{W}_1, \overline{W}_2, \cdots, \overline{W}_n)^T$ 即所求的特征向量近似值,也是各元素的权重。

在判断矩阵的构造中，并不要求矩阵具有绝对一致性，这是由客观事物的复杂性与人的认识多样性所决定的，但要求矩阵有大体的一致性却是应该的，出现甲比乙极端重要、乙比丙极端重要、而丙比甲极端重要的情况一般是违反常识的。因此在得到 λmax 后，需要进行一致性检验。一致性检验的计算步骤如下。

1）计算矩阵的最大特征值 λ_{max}

$$\lambda_{\max} = \sum_{i=1}^{n} \frac{A\overline{W}_i}{n\overline{W}_i} (i = 1, 2, \cdots, n)$$

式中：$(A\overline{W}_i)$ 表示 $A\overline{W}$ 的第 i 个元素。

2）计算一致性指标 CI

$$CI = \frac{\lambda_{\max} - n}{n - 1}$$

3）计算平均随机一致性比率 CR

$$CR = \frac{CI}{RI}$$

其中，RI 的确定如表 11-4 所示。当 $CR < 0.10$ 时，认为层次单排序的结果有满意的一致性，否则需要调整判断矩阵的元素取值。

表 11-4　平均一致性指标

阶数	1	2	3	4	5	6	7	8	9
RI	0.00	0.00	0.58	0.90	1.12	1.24	1.32	1.41	1.45

（4）层次总排序

为了得到递阶层次结构中每一层次中所有元素相对总目标的相对权重，需要把第三步的计算结果进行适当的组合，即层次总排序。这一过程是最高层次到最低层次逐层进行的。若上一层次 B 包含 m 个因素 B_1, B_2, $\cdots$, B_m，其层次总排序权值分别为 b_1, b_2, $\cdots$, b_m，下一层次 C 包含 n 个因素 C_1, C_2, $\cdots$, C_n，它们对于因素 B_j 的层次单排序权值分别为 c_{1j}, c_{2j}, $\cdots$, c_{nj}（当 C_k 与 B_j 无联系时，$C_{kj} = 0$），此时 C 层次总排序权值由表 11-5 给出。

表 11-5　层次总排序

层次 B / 层次 C	B_1 b_1	B_2 b_2	$\cdots$	B_m b_m	C 层次总排序权值
C_1	C_{11}	C_{12}	$\cdots$	C_{1m}	$\sum_{j=1}^{m} b_j c_{1j}$
C_2	C_{21}	C_{22}	$\cdots$	C_{2m}	$\sum_{j=1}^{m} b_j c_{2j}$
$\vdots$	$\vdots$	$\vdots$	$\vdots$	$\vdots$	$\vdots$
C_n	C_{n1}	C_{n2}	$\cdots$	C_{nm}	$\sum_{j=1}^{m} b_j c_{nj}$

（5）层次总排序的一致性检验

这一步骤也是从高到低逐层进行的。如果 C 层次某些因素对于 B_j 单排序的一致性指标为 CI_j，相应的平均随机一致性指标为 RI，则 C 层次总排序随机一致性比率为：

$$CR = \sum_{j=1}^{m} b_j CI_j / \sum_{j=1}^{m} b_j RI$$

类似的，当 $CR < 0.10$ 时，认为层次总排序结果具有满意的一致性，否则需要重新调整判断矩阵的元素取值。

11.2.3 城市生态功能区划方法

城市生态功能区划既是城市生态规划的重要内容之一，也可以说是一个相对完整的狭义的城市生态规划。区划结果在一定程度上决定了城市发展布局与生态保护的空间特征，也是各专项规划的基础。城市生态功能区划涉及很多技术方法，包括生态适宜性分析、生态敏感性分析等，这些也是城市生态规划的关键技术与方法。

生态功能是指自然生态系统支持人类社会和经济发展的功能。《生态功能区划暂行规程》中将生态功能区划定义为根据区域生态环境要素、生态环境敏感性和生态服务空间分异规律，将区域划分为不同生态功能区的过程。其目的是为制定区域生态环境保护与建设规划、维护区域生态安全以及资源合理利用与工农业生产布局、保育区域生态环境提供科学依据，并为环境管理部门和决策部门提供管理信息与管理手段。生态功能区划不同于自然区划，它既要考虑自然环境特征和过程，也要考虑人类活动的影响，是特征区划和功能区划的统一。

《生态功能区划暂行规程》在其适用范围中说明了其主要适用于省域生态服务功能和生态敏感性评价及生态功能分区，对于非省域地区可以参考本规程执行。因此，在城市生态功能区划时可参考此规程的相关理论与方法，但不必完全照搬。

城市生态功能区划的主要作用是为区域生态环境管理和生态资源配置提供一个地理空间上的框架，为管理者和决策者提供以下服务：①对比区域间各生态系统服务功能的相似性和差异性，明确各区域生态环境保护与管理的主要内容；②以生态敏感性评价为基础，建立切合实际的环境评价标准，以反映区域尺度上生态环境对人类活动影响的阈值或恢复能力；③根据生态功能区内人类活动的规律以及生态环境的演变过程和恢复技术的发展，预测区域内未来生态环境的演变趋势；④根据各生态功能区内的资源和环境特点，对工农业生产布局进行合理规划，使区域内的资源得到充分利用，又不对生态环境造成很大影响，持续发挥区域生态环境对人类社会发展的服务支持功能。

11.2.3.1 生态功能区划程序

城市生态功能区划以土地生态学、城市生态学、景观生态学和可持续发展理论为指导，以 RS 和 GIS 技术为支撑，以城市发展与城市土地生态系统相互作用机制为研究主线，以生态适宜性分析、生态敏感性分析、生态服务功能重要性分析等为重点，参考城市土地利用规划和城市经济社会发展规划，以实现城市土地可持续利用为目标。生态功能区划的具体程序如图 11-4 所示。

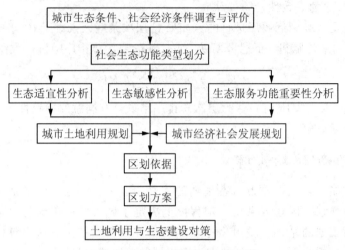

图 11-4　生态功能区划程序示意

11.2.3.2　生态功能区划方法

生态功能区划按照工作程序特点可分为"顺序划分法"和"合并法"两种。其中前者又称"自上而下"的区划方法，是以空间异质性为基础，按区域内差异最小、区域间差异最大的原则以及区域共轭性划分最高级区划单元，再依此逐级向下划分，一般大范围的区划和一级单元的划分多采用这一方法。后者又称"自下而上"的区划方法，它是以相似性为基础，按相似相容性原则和整体性原则依次向上合并，多用于小范围区划和低级单元的划分。目前多采用自下而上、自上而下综合协调的方法。

在具体区划中，常用的基础评价方法包括城市主要用地的生态适宜性分析、生态敏感性分析和生态服务功能价值评估等，并形成相应的图件用于叠加，为最终的分区服务。在形成分区时，则主要基于 RS 和 GIS 技术手段，可采用网格叠加空间分析法、模糊聚类分析法和生态综合评价法等。本章中生态适宜性分析、生态敏感性分析和生态服务功能价值评估方法与《生态功能区划暂行规程》中的方法相比略有不同，《生态功能区划暂行规程》中的方法更多注重系统的自然特征，而这里的方法则更多考虑城市的社会经济特征。

1. 生态适宜性分析法

生态适宜性分析的目的在于寻求主要用地的最佳利用方式，使其符合生态要求，合理地利用环境容量，创造一个清洁、舒适、安静、优美的环境。城市土地的生态适宜性分析的一般步骤：①确定城市土地利用类型；②建立生态适宜性评价指标体系；③确定适宜性评价分级标准及权重，应用直接叠加法或加权叠加法等计算方法得出规划区不同土地利用类型的生态适宜性分析图。

用地性质不同，生态适宜性评价指标与评价方法有所不同。城市居住用地的生态适宜性分析方法如下。

(1)评价指标与因子分级

城市居住用地要求"安静、舒适、健康、优美"，选择的评价因子分级标准和权重如表 11-6 所示。

表 11-6 城市居住用地生态适宜性评价因子分级标准及权重

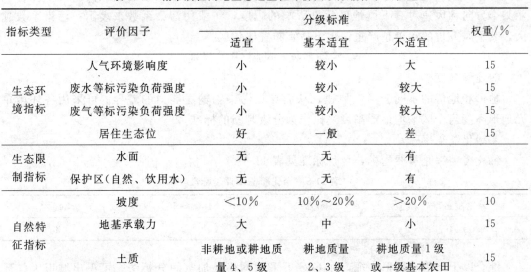

指标类型	评价因子	分级标准			权重/%
		适宜	基本适宜	不适宜	
生态环境指标	人气环境影响度	小	较小	大	15
	废水等标污染负荷强度	小	较小	较大	15
	废气等标污染负荷强度	小	较小	较大	15
	居住生态位	好	一般	差	15
生态限制指标	水面	无	无	有	
	保护区(自然、饮用水)	无	无	有	
自然特征指标	坡度	<10%	10%~20%	>20%	10
	地基承载力	大	中	小	15
	土质	非耕地或耕地质量4、5级	耕地质量2、3级	耕地质量1级或一级基本农田	15

（2）评价因子分析

1）大气环境敏感度

大气环境敏感度是描述居住用地及混合区等用地对大气污染敏感程度的生态环境因子，其值越大，表示越敏感，越不适于用作居住用地。主要因子分级指标如表11-7所示。

表 11-7 生态城市大气环境敏感度评价因子分级指标

描述	权重/%	不适宜	基本适宜	适宜
评分值		1	2	3
建设密度	20	大	较小	小
污染系数	40	下方位	中间	上方位
地形高度	20	低	较高	高
绿化覆盖率	20	大	较大	小

①建设密度

就城市自身而言，下垫面多由水泥地面、柏油马路等反射较大的物质组成，因而大气湍流特性主要取决于下垫面性质。建设密度（道路密度、建筑密度）越大，下垫面越容易形成"反气旋"，造成热岛效应，容易导致大气污染物的光化学反应，因此越不宜作居住区。由于城市的发展适度存在空间分布不均匀，各行政单元的社会经济实力不同，基础设施状况也不同，因此采用生态城市中各行政单位的建筑密度和道路密度与全区平均建筑密度的比值作为分级判断标准。

②污染系数

气象条件对大气的污染输送扩散有很大的影响。以往在考虑气象条件对于居住区布局的影响时，只简单地用城市主导方向的原则，即居住区布置在主导风向的上风向，这种布局对于区域全年只有单一风向是适宜的，但对于全年有两个盛行风向且方向相反的

情况，布局应该遵循最小风频原则，即居住区位于城市最小风频的上风向。为了综合表示某个方向和风速对其下风地区污染影响的程度，一般用污染系数来表示；污染系数越大，其下风方位的污染越严重，越不适宜布置居住区。

$$污染系数＝风频/平均风速$$

③地形高度

地形和地势的不同会影响风速，从而导致污染物输送能力的差异。可采用各环境单元地形高度与全区平均地形高度之比作为分级判断的标准。

④绿化覆盖率

绿化覆盖率是重要指标，评价标准见表 11-8。

表 11-8　绿化覆盖率评价标准

绿化覆盖率	＞50％	40％～50％	＜40％
分值	1	2	3

综合以上单因子数值表征，在 GIS 下采用网格叠加空间分析法，可得出城市大气环境敏感度评价结果。

2）居住生态位

居住生态位是指影响居住条件的一切因素的总和。影响居住条件的因素很多，根据具体情况，可选择人口密度、噪声扰民度、居住生态环境协调性等指标（见表 11-9）。

表 11-9　生态城市居住生态位评价因子分级指标

描述	权重/％	适宜	基本适宜	不适宜
评分值	1	2	3	
人口密度	40	＞860 人/km²	300～860 人/km²	＜300 人/km²
噪声扰民度	30	小	较大	大
居住生态环境协调性	30	好	较好	较差

①人口密度

人口密度是一个城市发展水平的标志，人口密度越大的地方，土地利用程度也越高。

②噪声扰民度

噪声扰民度表示居住用地受噪声干扰的程度，其值由某单元的噪声值确定；分值越小，噪声扰民度越小，越适合用作居住用地。

③居住生态环境协调性

该因子主要表征居住环境和生活条件（如交通、商场、学校、医院、水电等城镇配套设施）的方便程度以及与周边环境功能的协调性。

（3）综合分析

综合以上因子可得出生态城市居住用地生态位等级结果。

在 GIS 下，通过网格叠加空间分析，将以上单因子进行综合，可得出居住用地的生态适宜性分析结果。

2. 生态敏感性分析法

生态敏感性是指生态系统对人类活动反应的敏感程度，用来反映产生生态失衡与生态环境问题的可能性大小。也可以说，生态敏感性是指在不损失或不降低环境质量的情况下，生态因子抗外界压力或外界干扰的能力，学者将其用于城市研究后，将城市中的社会生态、人文生态等都纳入研究的范畴。城市生态敏感性就是指城市中不同的生态要素对人类活动的承载能力。

生态环境敏感性分析是针对区域可能发生的生态环境问题，评价生态系统对人类活动干扰的敏感程度，即发生生态失衡与生态环境问题的可能性大小，如土壤沙漠化、盐渍化、生境退化、酸雨等可能发生的地区范围与程度，以及是否导致形成生态环境脆弱区。相对适宜性分析而言，生态敏感性分析是从另一个侧面分析用地选择的稳定性，确定生态环境影响最敏感的地区和最具保护价值的地区，为生态功能区划提供依据。

城市生态敏感性分析的一般步骤：①确定规划可能发生的生态环境问题类型；②建立生态环境敏感性评价指标体系；③确定敏感性评价标准并划分敏感性等级后，应用直接叠加法或加权叠加法等计算方法得出规划区生态环境敏感性分析图。

(1)评价指标体系的建立

根据城市的实际情况，通常可确定洪涝灾害、酸沉降、环境污染等可能发生的生态破坏。生态敏感性一方面受生态系统自身的特征影响，另一方面受人类活动对生态环境系统的影响。因此，生态敏感性评价指标体系分为反映区域自然环境现状指标和反映人类活动强度指标两个方面(见表 11-10)。自然环境现状指标可选择洪涝灾害、酸沉降、自然保护区等指标。其中洪涝灾害指标可由地势高程、植被类型两个因子表示；酸沉降可由土壤类型、植被类型、降雨量和岩石类型四个因子表示；自然保护区主要指湿地、涵养水源等。人类活动强度指标包括大气污染程度、水环境质量等级、废水排放强度、废气排放强度、烟尘排放强度和人口密度等因子。

表 11-10　生态城市生态敏感性评价因子

一级指标	权重	二级指标	权重	三级指标	分级标准			
					极敏感	敏感	较敏感	弱敏感
区域自然环境现状		洪灾	0.1	0.6 地势高程	<10 m	10~50 m	50~100 m	>100 m
				0.4 植被类型	无植被，荒地	灌丛、草地	耕地	针、阔叶林
	0.2	酸沉降		0.2 土壤类型	赤红壤	红壤、潮土	水稻土	菜园土
				0.3 植被与土地利用	针叶林	灌丛	阔叶林	耕地、园地
				0.2 降雨量/mm	>1 900	1 800~1 900	1 700~1 800	<1 700
				0.3 岩石类型	花岗岩、片麻岩、砂岩	砂岩、砾岩	泥石炭、泥灰岩	石灰岩、白云岩
	0.3	保护区		主要湿地等	√			

续表

一级指标	权重	二级指标	权重	三级指标	分级标准			
					极敏感	敏感	较敏感	弱敏感
人类活动强度	0.3	环境污染程度	0.3	人气污染程度	>3	2~3	1~2	<1
			0.3	水环境质量等级	V	Ⅳ	Ⅲ	Ⅱ，Ⅰ
			0.2	废水排放强度/[t/(m²·a)]	>0.30	0.20~0.30	0.10~0.20	<0.10
			0.1	废气排放强度/[m³/(m²·a)]	>0.012	0.008~0.012	0.004~0.008	<0.004
			0.1	烟尘排放强度/[kg/(m²·a)]	>0.30	0.20~0.30	0.10~0.20	<0.10
	0.1	人口		人口密度/(人/m²)	>0.0030	0.0021~0.0030	0.0012~0.0021	<0.0012

(2)评价因子分析

1)区域自然环境现状指标

区域自然环境现状的差异极大地影响着区域生态系统对人类活动的反应能力。自然条件较好的地区，生态系统的结构较复杂，系统的自调控能力较强，能较好地适应外界条件的变化，生态环境敏感性较弱；自然条件较差的地区，生态系统对外来影响的适应能力弱，生态敏感性较强。这里针对影响区域生态环境质量的主要因子包括酸沉降、洪涝灾害和重要的自然人文环境保护进行具体分析。

①酸沉降

影响酸沉降的因子主要包括降雨量、基岩、土壤类型、植被与土地利用类型。

a. 降雨量

降雨量增加，土壤中水流量增加，盐基阳离子、铝离子和其他酸性离子的淋溶速率也增加。在雨量充沛的地区，更多的水通过土壤表层流动，降低了矿物土壤中和酸的能力，导致较多的酸排放到地表水中，降雨量越大的地区，其生态敏感性越高。

b. 岩石类型

根据岩石缓冲酸输入的能力，风化速率较低的岩石中和酸的能力也较低，对酸沉降敏感性强；相反地，风化速率较高的岩石对酸沉降的敏感性弱。表 11-11 为基于酸沉降的岩石分类。

表 11-11　基于酸沉降的岩石分类

酸中和能力	岩石类型	敏感性
无、低	花岗岩、片麻岩、砂岩	敏感
低、中等	砂岩、砾岩	较敏感
中等、高	泥石炭、泥灰岩	较不敏感
无限	石灰岩、白云岩	不敏感

c. 土壤类型

当土壤的 pH 较小时，土壤中的活化铝容易被淋溶到地表水中，那么这类土壤对酸沉降的敏感性就高。

d. 植被类型与土地利用方式

不同的植被类型与土地利用方式对酸沉降的敏感性存在较大的差异，针叶林对空气的过滤作用强于阔叶林，酸性物质的干沉降较大；同时，针叶林还会产生酸性的粗腐殖质，营养物质的循环速率低，增加了土壤的酸度输入，使土壤对酸度的缓冲能力下降。对于农田，由于受耕作、施肥、灌溉等措施的影响较为频繁，对酸沉降不很敏感。表 11-12 为不同的植被类型与土地利用对酸沉降的敏感性。

表 11-12 不同植被类型与土地利用分类对酸沉降的敏感性

植被类型与土地利用	敏感性
针叶林、针阔混交林	敏感
落叶灌木	较敏感
常绿阔叶林、灌木林地	较不敏感
荒地、耕地、种植园(甘蔗、水果等)和苗圃	不敏感

②洪涝灾害

影响洪涝灾害的因素主要包括地势高程、植被类型。地势高程低、植被稀疏的区域易受洪涝灾害的影响。

③重要的自然和人文保护区

重要的自然和人文保护区主要包括：对人民生活、生产起到关键作用的各种资源，对保护生物多样性具有特别意义的珍稀物种和资源，对传统人类优秀文化遗产有重要贡献的自然人文景观。其敏感性级别为敏感。

2)人类活动强度指标

人类活动对生态系统的影响可通过人类活动强度来表示。人类活动强度是指一定面积的区域受人类活动的影响而产生的扰动程度或是人类社会经济活动造成该区域自然过程发生改变的程度，简单地说，就是人类行为对生态环境的破坏程度。人类活动强度大的地方，环境污染严重，生态环境敏感性强。人类活动强度主要通过环境污染程度、人口压力指标来反映。

①环境污染程度

环境污染程度主要从环境质量和环境污染状况两个方面考虑，其中反映环境质量的指标主要包括大气环境质量和水环境质量；反映环境污染状况的主要指标是废水排放强度、废气排放强度、烟尘排放强度。排放强度指的是单位面积上污染物的排放总量，它反映了人类对生态环境的影响以及潜在的威胁程度。

②人口压力

人口压力主要通过人口密度来反映。人口密度较大的地区，经济活动频繁，对自然资源的索取相对较多，对生态环境的影响相对较大。

(3)综合分析

在 GIS 支持下，采用网格叠加空间分析法进行生态敏感性分析。首先对单因子进行

评价，得到单因子分级图；然后根据因子权重的不同，在 Model builder 模型支持下，通过权重分析方法，得出综合因子的生态环境敏感性分析图，评价分级分为敏感、较敏感、较不敏感和不敏感四级。由于部分因子是点状数据，可采用等值内插的原理进行分级。

2. 图形叠置法

图形叠置法是一种传统的区划方法，常在较大尺度的区划工作中使用，该方法在一定程度上可以克服专家集成在确定区划界线时的主观臆断性。其基本做法是将若干自然要素、社会经济要素和生态环境要素的分布图和区划图叠置在一起得出一定的网格，然后选择其中重叠最多的线条作为区划依据。

3. 聚类分析法

聚类分析又称群分析，它是研究如何将一组样品（对象、指标、属性等）类内相近、类间有别的若干类群进行分类的一种多元统计分析方法。它的基本思想是认为研究的样本或指标（变量）之间存在着不同程度的相似性（亲疏关系），把一些相似程度较大的样本聚合为一类，把另外一些彼此之间相似程度较大的样品聚合为另一类。

4. 生态融合法

在模糊聚类定性分析的基础上，根据当地的实际生态状况对聚类结果进行适当的调整。当区域行政边界与模糊聚类的生态边界存在一定程度的差异时，可进行生态融合，使生态功能区域边界与行政边界尽量保持一致，同时对细碎的斑块按照主体生态组分的特征进行融合，使区域划结果更符合生态系统的完整性和管理的需求。

11.2.3.3 生态功能分区

依据生态适宜性评价、生态敏感性评价和生态服务功能评价的结果，可利用图形叠置法或聚类分析法与生态融合法进行城市生态功能分区。

城市生态功能分区可在上一级（省级或直辖市）生态功能区的基础上，进一步划分两三个等级。不同层次的生态功能区划单位，其划分依据不同，如下。

一级区划分：以《生态功能区划暂行规程》中的生态环境综合区划为依据，再根据各地区的管理要求及生态环境特点，作适当调整。此级有时也直接采用上一级（省级或直辖市）生态功能区划结果。

二级区划分：以主要生态系统类型和生态服务功能类型为依据。

三级区划分：以生态服务功能的重要性、生态环境敏感性等指标为依据。

11.2.4 方案决策/评估方法

在完成了城市生态系统评估、城市生态功能区划等环节后，需要总结各部分规划内容，给出一套规划方案，并对其成本、效益进行评估，从而将规划落实到位。一般而言，城市生态规划方案结构如表 11-13 所示。

表 11-13 城市生态规划方案

项目分类（规划体系）	项目名称	主要内容	完成时间/a	投资金额/万元	生态环境效益	实施单位	项目类型
体系 A							

续表

项目分类 （规划体系）	项目名称	主要内容	完成时间 /a	投资金额 /万元	生态环境 效益	实施单位	项目类型
体系 B							
……							

其中，项目分类指工程方案所属的规划类别体系，如是属于生态产业规划（生态经济体系），还是生态人居规划（生态文化与人居体系）；项目还可以根据具体情况再细分，例如，生态产业规划下可以再区分生态农业规划、生态工业规划、生态服务业规划等。"项目名称"就是具体的工程名称，如某工业园区创建等。"主要内容"一项要详细给出工程所包括的举措，如园区内引进什么项目、项目的规模有多大等。项目如果是分期进行的，一定要在"完成时间"一栏详细说明，对应地，"投资金额"也要分阶段给出。关于"生态环境效益"，要作详细说明，如园区创造多大产值、减排多少废物，以为后面进行效益评估提供依据。"实施单位"是指项目的具体执行、监督、协调部门，只有明确各项目的实施单位，才能保证项目的有效实施。"项目类型"是指项目是属于已建设（包括建设中）、已规划，还是在城市生态规划中新提出的项目。

11.2.4.1 城市生态规划方案特征分析

除了对规划方案进行简单汇总外，还应对规划方案的基本特征进行分析，既让规划者心中有数，也给城市管理者一个更为清晰的概念。一般而言，主要从方案所属的规划体系、方案类型、规划阶段来分析方案的数量特征。

（1）按所属规划体系划分的方案数量特征

根据城市发展面临的突出问题，以社会、经济、环境的协调同步发展为目标，城市生态规划会系统、全面地从几大体系来开展规划，如生态经济体系、生态空间体系、生态文化与人居体系等。将规划方案按所属体系进行分类，得出各体系下方案的数量（包括总数量和各规划阶段数量）及比例，既可以给规划者本身一个清晰明了的印象，也提供给当地管理者一个直观结果，让他们明白各体系方案所占的比例，从而能大致了解各部门所需要负责的项目分配情况。

（2）按所属类型划分的方案数量特征

项目类型就是前面提及的已建设（包括建设中）、已规划和城市生态规划中新提出的项目。按这种方式分析方案数量特征，可以让规划者和城市管理者明了城市生态规划中新提出的方案与原有的城市规划方案的相对比例状况，再加上一定的分析说理，就可以让当地管理者易于判断是否应接受规划方案。

（3）按规划阶段划分的方案数量特征

以规划的不同阶段作为划分依据，总结出规划方案的数量特征，让城市管理者明确方案在各个时期的分配情况。

11.2.4.2 城市生态规划方案费用分析

综合各工程方案的投资金额，估算出生态建设投入规模。一般地，将工程类别和规划阶段结合起来分析投资情况（见表 11-14）。

表 11-14　规划方案费用估算

工程类别	费用估算				监督实施单位
	阶段 1	阶段 2	……	小计	
体系 A					
体系 B					
体系 C					
……					
总计					

除了以表 11-14 为模板总结出各体系方案在各阶段的投资情况外，还应计算一下各阶段投资占当时 GDP 的比例：这一来可判断生态建设投入是否在城市经济承受范围内；二来也可为城市管理者提供定量依据，便于安排后期的筹资工作。

11.2.4.3　城市生态规划方案效益分析

进行了方案费用估算后，就要对规划方案进行效益分析，这是方案评估的关键和核心所在。因为一方面可通过方案实施产生的效益来反映城市生态规划的有效性、合理性；另一方面也可使当地政府看到规划的巨大综合利益所在，从而使他们愿意投资来实施生态规划方案。

采用一定的评估方法（如生态系统服务功能价值评估），计算出规划方案的效益（价值），可以是综合效益，也可以分别计算社会、经济和环境效益，这主要视采用的效益评估方法的特征而定。具体操作时，可以像方案费用分析一样，以规划阶段和方案所属规划体系作为划分依据来计算效益。表 11-15 给出了一种效益评估的基本模板。

表 11-15　规划方案效益分析　　　　　　　　　　单位：万元

	阶段 1	阶段 2	……	小计
体系 A				
体系 B				
……				
总计				

在计算出规划方案效益后，还应与方案投资相结合，计算出方案的净效益，相当于利润，这可能是大家更为关注的问题。以表 11-15 的模板为基础，表 11-16 描述了净效益评估的内容。

表 11-16　规划方案净效益　　　　　　　　　　单位：万元

	阶段 1			阶段 2			……	小计		
	费用	效益	净效益	费用	效益	净效益		费用	效益	净效益
体系 A										
体系 B										

续表

	阶段 1			阶段 2		……	小计		
	费用	效益	净效益	费用	效益	净效益		费用	效益	净效益
……										
总计										

　　某些时候，当采用的评估方法不能将规划方案的效益直接转换为货币价值时，我们也可以根据方案所引起的评估指标值的变化来反映方案的效果(见表 11-17)，相当于是没有货币化的原始效益。

表 11-17　规划方案效果

指数名称	现状	阶段 1	阶段 2	……
指标 A				
指标 B				
……				

　　城市生态规划方案评估方法主要指进行效益(或效果)分析时所用到的方法。其中规划方案效益分析可采用生态系统服务功能价值评估的方法，将规划方案实施后，城市生态系统服务功能价值的增加值以货币的方式计算出来，与规划方案的成本进行比较。由于采用的是相同的单位(货币)，因此两者具有可比性，且评估结果直观。当无法对规划方案产生的效益进行货币化时，可进行规划方案效果分析。在选择效果分析的方法时，主要根据城市生态规划现状评估时使用的方法，如可采用生态系统健康评价、生态足迹分析等方法，对比规划方案实施前后，生态系统健康或生态足迹等的变化情况，来表现规划效果。一般为便于城市管理者或城市生态规划方案的实施者比较城市生态规划方案投资的力度与取得的效果，可采用敏感性分析方法，即给出在不同投资力度下，规划方案实施前后效果变化的大小，以便制定决策。

　　实际上，城市生态规划方案评估就如对个人发展计划作评价。个人计划是否可行，为了完成它需要作出什么努力，计划实施之后将对自我发展产生什么影响，这些都是评价个人发展计划时需要考虑的问题。对城市生态规划方案进行费用与效益分析其实就如同这些个人层面的直观思考，只不过需要运用更多科学手段，要有更具体、更明确的量化指标。

　　在方案评估中要用到的科学评价方法并不是固定不变的，要根据具体情况来确定。我们需要了解尽可能多的评价方法，如生态系统健康评价、生态安全分析、生态承载力分析、生态足迹计算、生态系统服务功能价值评估、绿色 GDP 核算、生态价值核算、能值理论等，以便根据规划方案特点和规划城市的特征来选择合适的评估方法。

11.3　案例分析

　　在众多科研院所的许多城市生态规划实践中，产生了各具特色、各有所长的城市生态规划案例，所采取的规划方法与规划内容博采众长，均有可借鉴之处。本节将介绍由

北京师范大学环境学院承担的某城市生态规划案例。本案例规划注重层次评价、城市生态空间调控、GIS & RS 技术集成等方面，其研究成果为城市生态规划工作作出了重要贡献，具有很强的参考价值。

11.3.1 规划理念与思路

11.3.1.1 规划理念
该城市生态规划遵循"健康、安全、活力、发展"的基本理念(见图 11-5)。

图 11-5 城市生态规划理念示意图

11.3.1.2 规划思路
宏观上遵循"自上而下"，微观上遵循"自下而上"的规划思路。首先从生态足迹估算、生态系统承载力评价和城市生态系统健康分析出发，辨析城市发展的制约因子和有利条件，提出城市生态可持续发展适宜目标；通过生态支持系统研究，明确重要资源环境要素的质、量和时空分异特征；通过城市发展与资源环境供需互动研究，确定适度城市发展规模和发展方向；以构建市域生态安全格局为基础，从宏观、中观和微观不同空间尺度，结合不同规划目标年情景，进行景观生态空间布局规划和生态分区规划；通过城市生态系统建设、管理和维育，激发城市生态系统活力，提高城市生态系统承载能力，促进城市生态系统健康、可持续地发展；通过生态规划信息集成，实现可视化管理和生态规划方案滚动更新。重视规划成果的实际应用和可操作性，力图使规划方案对于该市未来一段时期内的生态环境建设具有实质性的指导意义。

11.3.2 城市生态可持续发展态势分析

11.3.2.1 复合生态系统状况分析
复合生态系统状况分析主要引入生态足迹分析、生态系统承载力、生态系统健康评价来探讨该城市生态系统现状。

(1)根据生态足迹分析结果，该市总体上经济发展的资源利用方式在逐步由粗放型、消耗型转为集约型、节约型。按照以往国际城市的发展经验，该城市正处于发展中国家城市的转变阶段。未来要保持现在的生活水准，很大程度上依赖于外部输入，需要通过国际贸易从区外输入生态足迹，生产活动中应进一步注重提高资源转化效率。人们生活消费也还没有迈入生态节约型的消费模式，需要进行广泛的生态文化宣传，在全社会提倡生态消费。

(2)根据生态系统承载力评价结果，该城市生态系统承载力处于上升趋势，而生态系

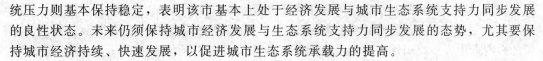

统压力则基本保持稳定，表明该市基本上处于经济发展与城市生态系统支持力同步发展的良性状态。未来仍须保持城市经济发展与生态系统支持力同步发展的态势，尤其要保持城市经济持续、快速发展，以促进城市生态系统承载力的提高。

（3）根据生态系统健康评价结果，其生态系统组织结构特征和生态系统活力使该城市生态系统具有较大的发展潜力，而生态系统的恢复力又使其处于发展的劣势，因此要在继续保持发展潜力的同时要尽量弥补不足。

11.3.2.2 生态支持系统瓶颈分析

采用城市生态支持系统瓶颈要素评价方法，计算出该市生态支持系统瓶颈指数，结果表明，水资源、能源、水环境质量、能源结构为主要瓶颈因子。

11.3.2.3 城市发展与生态支持系统互动

基于复合生态系统状况分析及生态支持系统瓶颈分析，根据城市发展规模与生态支持系统的互动关系，采用双向寻优方法探讨了该市适度经济规模、人口规模和建成区规模，以及城市发展的空间策略。

（1）从资源条件及适度经济规模与人口规模的关系分析，认为该城市生态规划所提出的近期 1 130 万人，中期 1 266 万人，远期 1 543 万人的人口规模控制目标是适宜的。

（2）各规划目标年该城市、县级市中心镇用地规模分别控制在大约 479、608、780 km^2 的规模。

（3）对城市建成区各拓展方向的区位条件和资源/环境条件进行分析，结果表明，"东进、南拓、西联、北优"的空间发展策略是合理的。

（4）未来该城市东部和南部的人口密度将有明显提高，而市中心高密度人口也将向新区疏散。

（5）产业布局则在东进南拓的基础上，强调遵循循环经济原则，工业入园原则可对该市未来产业布局作调整。

11.3.3 城市生态规划目标

根据"某城市生态可持续发展"项目任务书、生态可持续发展建设要求以及城市生态可持续发展态势分析，该规划坚持生态优先的城市发展战略，以建设适宜创业发展和居住生活的生态城市为战略目标，紧扣生态可持续发展主题，围绕"提高生态系统健康水平，奠定生态安全格局，激发城市生态活力，实现城市可持续发展"的总目标，并将这一思想落实到规划的各个层面——包括资源环境要素分析、生态空间布局等方面。

在此基础上划分了近期目标、中期目标和远期目标三个阶段加以实现。

11.3.4 城市生态安全格局

紧扣城市生态可持续发展规划的总体目标，依据城市可持续发展态势，基于生态安全格局的思想，进行城市生态空间布局规划。通过对市域生态系统空间结构特征，如自然地理特征、生态环境脆弱性、各类型生态系统生态服务功能价值以及生态活度进行评价，进而从宏观、中观、微观各层次进行城市生态空间格局划分，构建保障城市快速、可持续发展的生态安全空间格局，为制定生态系统管育措施，拟定生态调控单元调控导则提供依据。

11.3.4.1 城市生态系统空间分异特征辨析

城市生态系统五种脆弱性类型均有表现：全球气候变化影响下的海平面上升对海岸带的影响产生界面脆弱性；自然及人为干扰作用引起生态系统脆弱表现为自然灾害以及人类活动造成的自然生态系统的退化和部分区域生态环境质量的下降；城乡交错带具有显著的波动脆弱性；分布在城区西北和南部地区岩溶地质区以及地质活动断裂带的存在是基质脆弱性的表现；此外，大气酸沉降造成土壤酸化，由于高度和坡度的原因，水土流失潜在风险较大的北部山地以及对生物多样性保护、人类文化遗产传承具有特别意义的区域则是特殊脆弱生态系统。

城市自然生态系统服务功能价值评估结果表明，不同类型生态系统具有不同的服务功能价值。只考虑系统的生态服务功能价值（即不考虑直接物质产品价值），各生态系统类型的价值排序为湿地＞林地＞草地＞农田。

基于生态活度生态位概念及评价，获得市域自然生态活度和社会经济生态活度空间分布状况，市域内以自然生态活度为主的区域主要集中在城市北部地区，以社会经济生态活度为主的区域，主要分布在现有建成区、城市南部等地区。

11.3.4.2 市域潜在景观生态安全格局识别

基于景观生态安全格局理论，识别城市潜在景观生态安全格局，包括源、缓冲区、辐射道、源间连接和战略点。重要的源主要分布在城市北部地区；森林覆盖区周边的果园和农田地带，即城乡交错区成为重要的缓冲区；由源通过山脊线向外围辐射的带状部分组成了辐射道；源间连接促成生态走廊的形成，是生态流的高效通道和联系途径；万亩果园的植被对打通南北源之间的联系起"跳板"作用。

11.3.4.3 城市生态空间布局及生态分区规划

根据上述分析及城市空间发展战略，该市的生态空间布局规划主要包括：构建北部三道绿色走廊，打通纵贯南北的生态大通道，建立各组团间的多组生态隔离带，重点保护城市绿心（万亩果园）和南部水网地带植被。

通过生态分区规划实现不同空间尺度（宏观、中观、微观）的生态单元调控管理，将市域生态系统划分为生态管护区、生态控制区和生态重建区，并进一步划分为22个生态亚区和66个生态调控单元。

11.3.5 城市生态系统管育及规划方案评估

11.3.5.1 城市生态系统管育

针对该市的实际及生态规划的要求，依据城市生态安全格局，制订城市生态系统管育措施。

（1）从宏观考虑，建立生态安全保障机构，进行城市土地开发强度控制，按环境功能区进行目标管理，实行污染物总量控制，采用生态环境建设的经济激励措施等。

（2）从微观尺度，基于生态调控单元的调控与管理，分析了其资源优势、生态问题和生态隐患，从资源利用、环境质量控制、污染治理、人口控制、开发强度控制、生态建设、产业控制等方面，制定生态控制导则，使规划成果具有可操作性并落到实处。

（3）从时间尺度，基于不同规划年情景目标，制定了生态环境建设、污染控制以及市政建设和社会生活等城市生态建设措施。

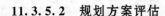

11.3.5.2　规划方案评估

进行可持续发展生态规划的最后一个阶段是规划方案的评估。评估采用费用－效果法，将规划方案具体化到项目层次，以便估算为完成规划内容、实现规划目标所需的投入力度。而规划的效果则利用城市生态系统健康分析的结果加以表征。规划方案评估的结果表明，在实现规划目标情景下，近期该城市生态系统呈现健康状态，到远期该城市生态系统将达到很健康水平。

由于本规划方案以发展为终极目的，以生态服务于提高城市生态活力，注重使规划方案的实施能够切实促进城市生态系统健康地发展。因此，该方案是一个具有合理性、可达性、发展性的规划。

11.4　小结

城市生态规划是探索优化城市生态系统和土地利用空间结构，实现城市经济、社会、资源、环境的协调持续发展，达到社会、经济、生态效益统一的有效途径。本章依托城市生态规划的编制程序，重点介绍城市生态规划过程中所涉及的关键技术与核心方法，可望实现对城市各类生态环境要素的动态监测和综合评估，更加深入地了解城市要素的流动、耦合及各类功能空间的相互作用，从系统层面进行城市可持续发展能力评估，有助于拓展生态规划内容，进一步发挥城市生态规划在城市空间资源配置、城市发展质量提升中的作用。

总之，城市生态规划的理论与方法均在不断发展与完善之中，同时生态城市建设的有效途径，城市生态规划力图引入相关学科的理论与方法，着重解决与人类生产和生活最密切相关的城市生态环境问题，可望为优化现代人类的生存与发展模式提供科学指导。

推荐阅读

1. 杨志峰，徐琳瑜. 城市生态规划学［M］. 2版. 北京：北京师范大学出版社，2019.
2. 王祥荣. 城市生态学［M］. 上海：复旦大学出版社，2011.

方法学训练

1. 城市生态系统的特点与功能。
2. 举例说明城市生态规划的基本原则。
3. 以小组为单位尝试进行校园的生态规划。

第 12 章　方法筛选与优化的实用工具

自可持续发展的概念提出以来，定量测度可持续发展便成为重要的研究内容之一。国际上先后出现了一些直观的、易于操作的可持续指标体系及其定量评价方法。生态足迹分析方法（ecological footprint analysis）就是近年来发展的测度生态可持续发展的定量方法，它同时也是度量人类活动对生态系统的压力和影响的一条新途径。对于任何与生态过程相协调，尽量使其对环境的破坏影响达到最小的设计形式都称为生态设计，这种协调意味着设计尊重物种多样性，减少对资源的掠夺，保持营养和水循环，维持环境质量，改善人居环境及生态系统的健康。生态设计为我们提供一个统一的框架，帮助我们重新审视对产品、生产过程、景观、城市建筑的设计以及人们的日常生活方式和行为。随着大数据技术发展，这类问题的解决有了新方向。大数据技术是信息技术产业的一次重要技术变革，在数据库系统存储管理和分析处理能力上具有很大的优势。因此，将大数据技术引入生态环境领域，把分散在不同行业领域的生态环境数据进行有效集成，并对集成数据进行存储管理及信息挖掘，才能更加高效地解决生态环境问题。

12.1　生态足迹—— 一种度量系统可持续发展状态的方法

12.1.1　生态足迹的概念及其原理

12.1.1.1　基本概念

1. 生态足迹（ecological footprint）

William Rees 曾将生态足迹形象地比喻为"一只负载着人类与人类所创造的城市、工厂……的巨脚踏在地球上留下的脚印"（见图 12-1），如果当地球所能提供的土地面积容不下这只"巨脚"时，其上的城市、工厂就会失去平衡；而这种情况长久下去，最终会导致人类文明的坠落和崩溃。

图 12-1　生态脚印

生态足迹的设计思路：人类要维持生存，必须消费各种产品、资源和服务，人类的每一项最终消费的量都可以追溯到提供生产该消费所需的原始物质和能量的生态生产性土地的面积上。因此，人类系统所有消费理论上都可以折算成相应的生态生产性土地的面积，即人类的生态足迹。可以这样理解生态足迹的概念：任何已知人口(个人、城市、国家、社区)的生态足迹是生产相应人口所消费的所有资源和消纳所产生的废物所需要的生态生产性土地面积(包括陆地和水域)(见图 12-2)。

图 12-2 生态足迹的描述示意图

它形象化地反映了人类对地球环境的影响，又包含了可持续性机制。其内涵表现在：它测量了人类对自然生态环境的需求与自然所能提供这种物质流所必需的生态生产性土地面积，并同国家或区域范围所能提供的这种生态生产性土地面积进行比较，为分析一个国家或区域的生产消费活动是否处于当地生态环境承载力范围内提供了定量的判断依据。

2. 生态生产性土地(ecological productive land)

生态足迹的定义中提到了生态生产性土地这一概念。所谓生态生产也称生物生产，是指生态系统中的生物从外界环境中吸收生命过程所必需的物质和能量转化为新的物质，从而实现物质和能量的积累；在生态足迹理论中，自然环境消纳污染物的作用也被当作为生态生产的一种。生态生产性土地就是指具有生态生产能力的土地或水体(见表 12-1)，它是生态足迹分析法中各类自然资本的统一度量基础。与各种繁杂的自然资本项目相比，各类土地之间更容易建立等价关系，因此利用土地面积衡量自然资本简化了对自然资本的统计，使其计算更具可操作性。这些生态生产性土地可以分为六大类，即耕地、草地、森林、化石能源用地、建设用地和水域。

表 12-1 地球上具有生态生产力的土地和海洋

分类	总面积/($\times 10^9$ ha)	人均面积/(ha/人)
1. 可耕地(占陆地面积10%)	1.45	0.24
2. 建筑用地(占陆地面积2%)	0.30	0.06

续表

分类	总面积/(×10⁹ ha)	人均面积/(ha/人)
3. 牧地(占陆地面积23%)	3.36	0.56
4. 林地(占陆地面积33%)	5.12	0.85
5. 具有生态生产力的海洋(占海域8%)	2.90	0.40

（1）耕地（cropland）

种植农作物用作食物、动物饲料、纺织品和油料都需要可耕地。从生态角度来看，可耕地是所有生态生产性土地中生产力最大的一类，聚积着人类可利用的大部分生物量。其生态生产力用单位面积产量表示。

（2）草地（pasture）

草地对人类的贡献主要是提供放牧。其生态生产力可以通过单位面积承载的牛羊数及相应的奶、肉产量计算得到。

（3）森林（forest）

森林是可产出林产品的人造林或天然林。目前全球共有约 39×10^8 ha 的可用林地。目前，除了少数偏远的、难以进入的密林地区未统计计算外，大多数森林的生态生产力并不高。其生态生产力主要是提供木材及相关林副产品的量。

（4）化石能源用地（fossil fuel land）

化石能源用地的计算方法有：①替代法，计算提供化石燃料替代物甲醇和乙醇所占用的土地面积来获得化石能源地；②CO_2 吸收法，计算吸收化石燃料燃烧排放的 CO_2 所需要的森林面积；③计算以化石燃料枯竭的速率重建资源资产替代的形式所需要的土地面积。由于方法②较为简便，目前多采用该方法来计算化石能源地，即计算吸收化石燃料燃烧排放的 CO_2 所需要的森林面积。

（5）建设用地（built-up area）

建设用地包括各类人居设施及道路等所占用的土地。由于人类主要聚居在土壤最肥沃的土地上，建设用地的挤占造成了全球生态能力无法挽回的损失。

（6）水域（water area）

水域包括非淡水（海洋、盐水湖泊等）和淡水（河流、淡水湖泊等）。水域主要为人类提供鱼类等水产品，因此其生态生产力主要是指鱼类等水产品的单位面积产量。

3. 生态赤字（ecological deficit）与生态盈余（ecological reserve）

生态赤字与生态盈余是生态足迹分析方法中衡量可持续发展的重要指标。在生态足迹分析中，我们将一个地区所能提供的人类生态生产性土地面积定义为该地区的生态承载力（biocapacity），以"全球公顷"（gha）来表示，表征在当前的管理水平和开采技术条件下，生态系统生产可利用自然资本、消纳人类排放的废物的能力，即该地区为当地人口提供生物产品和消纳废弃物的能力。

将生态足迹与生态承载力相减，以其差值判断生态系统的状态和其可持续发展状况。生态赤字即差值为正，表示该地区人均占用资源量超过了生态承载力；生态盈余即差值为负，表示人均占用资源量仍在生态承载力允许的范围内。1997 年，Mathis

Wackernagel 的研究结果显示，全球绝大部分国家处于生态赤字状态，人类远离了可持续发展（见表12-2）。

表 12-2　全球生态足迹　　　　　　　　　　　　　　单位：ha/人

年份	人均生态足迹	人均生态承载力	人均生态赤字
1993	2.8	2.1	0.7
1995	1.8	1.5	0.3
1997	2.3	1.8	0.5

12.1.1.2　基本假设

生态足迹理论的基本假设是理论构建和应用的基础。Wackernagel 将生态足迹理论的基本假设归纳为六项。

（1）人们消费的资源和排放的废物大部分都是可追踪的；

（2）大部分资源和废物流（resource and waste flows）可以折算成相应的生态生产性土地面积；不能折算的资源和废物流不纳入计算范围；

（3）不同类型的土地可根据其生态生产力按一定比例折算成通用的单位面积——全球公顷（gha），即 1 公顷具有世界平均生态生产力的土地；

（4）由于等价因子的调整，不同年份的全球公顷都表示一定量的生态生产力，因此可对不同年份的生态足迹和生态承载力进行求和；

（5）人类对自然资本的需求（生态足迹）和自然资本的供给（生态承载力）都以全球公顷为计量单位，因此可直接比较；

（6）当自然资本需求大于生态系统的再生能力时，生态生产性土地需求大于供给，从而出现生态赤字。

也有学者将生态足迹理论的基本假设简化为两个基本事实：

（1）人类消费的资源和排放的废物是可被追踪的；

（2）大多数资源流和废物流能转化为相应的生态生产性土地面积。

12.1.2　生态足迹理论的起源与发展

生态足迹的研究源于 20 世纪 70 年代生态经济学背景的研究者们的研究成果：1975年，Odum 探讨了一个城市在能量意义上的额外的"影子面积"（shadow areas）；1986 年，Vitousek 等测算了人类利用自然系统的净初级生产力（net primary productivity）；1978年，Jasson 等分析了波罗的海哥特兰岛海岸渔业的海洋生态系统面积；1990 年，Hartwick 提出了"绿色净国家产品"（green net national product）概念。

在前人研究的基础上，加拿大生态经济学家 William Rees 于 1992 年提出了"生态足迹"的概念。William Rees 和 Mathis Wackernagel 将生态足迹定义为"生产一定人口或一定技术水平下经济活动所需资源或生态服务的土地或水域面积的总和"。之后，Mathis Wackernagel 等提出了生态足迹计算的初步框架：将人类对自然资本的消费折算成相应的生态生产性土地面积（耕地、林地、草地、水域、建成地、化石能源用地）；通过产量调整和等量化处理，得到人类的生态足迹，并与生态承载力比较，根据生态赤字/盈余的情

况评价发展的可持续状态。这一框架沿用至今，使生态足迹模型成为一种衡量人类对自然资源利用程度以及自然界为人类提供生命支持服务功能的方法。1999 年，程国栋、徐中民、张志强等首次将生态足迹作为可持续发展的定量研究方法引入中国。

由于生态足迹的概念新颖，模型直观、综合、可操作性好，计算简明，结果明了，适用范围广，并有效地把人类社会经济活动与自然相互作用这个复杂问题简单化、定量化。因此，世界自然基金会(World Wildlife Fund，WWF)和国际发展定义组织(Redefining Progress，RP)两大世界非政府机构决定自 2000 年起每两年公布一次世界各国的生态足迹数据；主要工业国家已把生态足迹指标纳入考核指标体系；近年来，国内外许多学者在不同尺度和不同地区开展了大量的案例研究，目前已有 20 多个国家利用"生态足迹"指标计算其可持续发展和承载力问题；这些研究动态大大促进了生态足迹方法在可持续发展中的迅速传播和广泛关注。

同时，围绕生态足迹分析尚存的一些不足，许多学者展开了相关改进的研究，如 Zhao Sheng 等在 2005 年最先将能值理论用于生态足迹核算，构建了基于能值法的生态足迹计算模型，并以甘肃省为例进行了实证研究：他们将能值分析方法与生态足迹理论框架相结合，首先把各种不同类型、不同等级的能量流通过能值转换率，换算成可直接加减的太阳能值，然后引入能值密度，将各消费项目的太阳能值换算成相应的生态生产性土地面积，从而计算研究区的生态足迹和生态承载力。

针对生态足迹理论在用于区域可持续发展评价时遇到的困难，有的研究者将生态足迹区分为消费性生态足迹和生产性生态足迹，对传统理论进行改进，并以生产性生态足迹作为评价区域可持续发展的指标，通过比较全球生态赤字和区域人均消费性生态赤字评价区域发展的公平性。韦静、曾维华提出了虚拟生态足迹的概念，即在当前的技术与资源管理水平下，区域为维持其人口资源消费和废物消纳而需要从区外进口的自然资源相应的生态生产性土地，以及区域向区外出口的用于维持其他区域人口资源消费和废物消纳的自然资源相应的生态生产性土地，并将虚拟生态足迹作为区域可持续发展的有效调控手段。

由于生态足迹分析方法及其模型多以年度或月度为时间单位对可持续发展状况进行测度，属于静态研究，有研究者应用时间序列的方法，并通过多学科合作，模拟预测系统可持续性的变化趋势，展开生态足迹的动态研究。

12.1.3　生态足迹的应用

经过多年的研究和发展，生态足迹方法和模型已被广泛应用于不同时空区域尺度的可持续发展测度。

12.1.3.1　不同空间尺度上的应用

1. 全球尺度

Mathis Wackernagel 等率先测算了人类可利用的生态承载力和生态足迹，结果表明，1997 年全球人均生态生产性土地拥有量为 2.3 ha。另外，根据 WCED *Our Common Future* 建议，应该为地球上栖息着的 3 000 万个物种保留至少 12% 的生态生产性土地以保护生物多样性。扣除这 12% 的面积，剩余的 2.0 ha 就是当年的人均生态承载力。随着人口的增加，人均生态承载力还将下降。

WWF 自 2000 年起每两年发布一期 *Living Planet Report*，公布一次全球的生态足迹研究结果。报告对全球 1961 年以来的生态足迹进行了时间序列的分析。分析显示，20 世纪 80 年代后期，人类的生态足迹首次超过全球生态承载力；此后，生态赤字持续上升，主要是由于吸收 CO_2 的林地需求剧增导致的；2003 年全球生态足迹为 1.41×10^{10} gha，人均 2.2 gha，而全球人均生态承载力只有 1.8 gha，需求超过供给的 25%。也就是说，地球需要相当于 1 年零 3 个月的时间来生产人类 1 年内消费的自然资本。

WWF 出版的 *Asia——Pacific 2005 The Ecological Footprint and Natural Wealth* 公布了亚太区生态足迹和生态承载力情况。报告显示，亚太区生态足迹是其生态承载力的 1.7 倍，相当于全球 40% 的生态承载力。亚太区是目前世界上经济发展最快、人口最多的区域，其生态足迹对全球影响深远。

全球生态足迹的计算揭示了地球生态环境面临的严峻状况。目前人类对生态环境的压力已经远远超过了地球的承载能力，直接结果就是环境污染、资源枯竭、土地退化、生物多样性锐减、全球变暖等环境问题，严重威胁人类的可持续发展。

2. 国家尺度

Wackernagel 等计算了 52 个国家 1997 年生态承载力的供给和占用。这 52 个国家包括了当时世界上 80% 的人口和 95% 的世界生产总值。这 52 个国家中，以美国的人均生态足迹最高，其次是澳大利亚和加拿大。人均生态承载力以冰岛最高，其次是新西兰和澳大利亚。全球绝大部分国家处于生态赤字状态，以新加坡最高。中国的人均生态赤字为 0.4 ha，虽然低于世界平均水平，但由于人口众多，生态赤字总量相当高。

Living Planet Report 跟踪计算了 1961 年至今全球 150 多个国家人类活动对地球的影响，更为深入、系统地研究了国家尺度的生态足迹。

在国内，徐中民等测算了中国 1999 年的生态足迹，并利用 Shannon-Weaner 公式，按照生态足迹计算中不同的土地类型面积，计算生态足迹的多样性指数。刘宇辉等研究了中国历年的生态足迹，结果表明，1962—2001 年中国人均生态承载力不断下降，人均生态足迹在不断上升，导致生态赤字持续扩大，中国目前的发展处于一种强不可持续状态。

3. 地区尺度

目前地区尺度的生态足迹研究正在发展中，国内外学者对许多地区都开展了测算。

国外文献中较有代表的有东京、伦敦、波罗的海沿岸地区城市等的生态足迹计算。结果均表明，大城市对资源的消费和污染消纳所需面积（包括森林、农田、海域、湿地等）远大于其城市面积。例如，波罗的海沿岸地区 29 个最大的城市所需面积至少比其城市面积大 565～1 130 倍。

国内地区尺度的生态足迹分析也很多。涉及的省份有吉林、辽宁、陕西、甘肃、新疆、西藏等；涉及的城市有哈尔滨、大庆、北京、延安、西安等。国内研究同样表明，城市是明显的生态赤字区，城市化的过程，也是城市占用区外资源的过程。可持续发展要考虑的不仅是代际的公平，也要考虑当代人之间的公平，随着城市化进程的加快，城乡生态占用空间的不公平，将是城乡差别的新焦点，应该引起决策界、学术界乃至全社会的高度关注。

4. 单位/家庭/个人尺度

在这个尺度上的生态足迹研究及应用具有很大的现实意义。例如，Wright 计算了 Colorado 学院的生态足迹；李广军等应用成分法计算了沈阳大学等 4 所高校的生态足迹；赵锐等将 IPCC 导则和生态足迹理论中的成分法计算相结合，以四川省成都市某重点高校为例对其校园生活垃圾的生态足迹进行了估算与分析。2003 年"发展重定义组织"（redefining progress）提出家庭生态足迹（household ecological footprint）计算框架，使生态足迹进入了微观的家庭以及个人层面。White、李定邦等、尚海洋等的研究表明，积极转变家庭生活方式和消费行为是未来减少生态足迹的重要途径。

12.1.3.2 不同行业尺度上的应用

（1）提出了旅游生态足迹。使用旅游生态足迹，在对 Seychelles 地区旅游业生态足迹进行评价的过程中，得出航空客运的能源消耗及温室气体排放是造成当地环境问题的主要原因，应在环境影响评价和环境保护政策中予以重视。

（2）提出了能源交通生态足迹。梁勇等通过计算 2002 年北京市公共电汽车、地铁、轻轨、出租车、小公共汽车和私家车等主要交通工具的生态占用，指出可持续交通不但要发展环境友好的小汽车，还需要制定鼓励这种汽车使用的政策。

12.1.4 生态足迹模型的计算方法介绍

生态足迹模型的计算分为生态足迹计算和生态承载力计算两部分。具体的流程如图 12-3 所示。

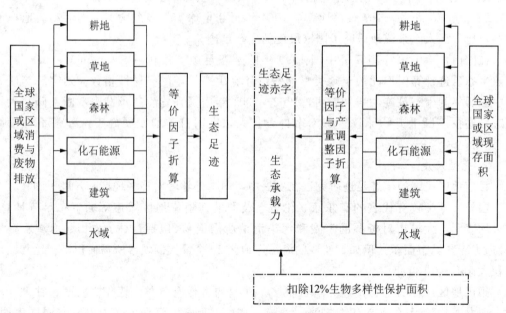

图 12-3 生态足迹模型计算流程

12.1.4.1 计算生态足迹

1. 追踪资源消耗和污染消纳

将人类活动所引起的消费和污染消纳归结为各种资源的消耗，然后将这些资源消耗

量按照区域的生态生产能力分别折算为 6 类生态生产性土地的面积 A_j，即

$$A_j = \sum_{i=1}^{n} \frac{C_i}{EP_i} = \sum_{i=1}^{n} \frac{P_i + I_i - E_i}{EP_i} \tag{12-1}$$

式中：A_j 为第 j 种生态生产性土地面积，单位 ha，包括化石能源地、耕地、草地、森林、建筑用地和水域；EP_i 为单位生态生产力，单位 t/ha；C_i 为资源消费量，单位 t；P_i 为资源生产量，单位 t；E_i 为资源出口量，单位 t；I_i 为资源进口量，单位 t。

2. 产量调整

同类生态生产性土地的生产力在不同国家和地区之间是存在差异的；因此，各国各地区同类生态生产性土地的实际面积不能直接进行对比，需要进行适当的调整，需要引入了产量调整因子(yield factor，yF)。它是一个将各国各地区同类生态生产性土地转化为可比面积的参数，等于当地单位面积产量与全球同类土地的平均单位面积产量的比值。每个地区每年均有一套产量调整因子，如果 $yF>1$，表明该地区单位面积的生态生产力或者废物吸收能力高于全球平均水平；如果 $yF<1$，表明该地区单位面积的生态生产力或者废物吸收能力低于全球平均水平。将调整后的面积称为"产量调整面积"(yield adjusted area)，则 A_j 的公式计算为

$$A_j' = \sum_{i=1}^{n} \frac{C_i \times yF_i}{EP_i} \tag{12-2}$$

由于 $yF_i = \frac{\overline{EP_i}}{EP_i}$，$\overline{EP_i}$ 为第 i 种消费品的全球平均单位生态生产力，单位 ha；所以式 (12-2) 可以简化得到：

$$A_j' = \sum_{i=1}^{n} \frac{C_i}{EP_i} \tag{12-3}$$

3. 等量化处理

等量化处理主要是针对六类生态生产性土地的不同生态生产力而设计的。为了将不同生态生产性土地类型的空间汇总为区域的生态生产力和生态足迹，引入了等价因子(equivalence factors，eF)。这个等价因子是在比较不同类型生态生产性土地的生物生产量的基础上得到的，某类生态生产性土地等价因子为全球该类生态生产性土地平均生态生产力与全球所有各类生态生产性土地平均生态生产力的比值。例如，根据 *Living Planet Report 2006*，2003 年可耕地的等价因子为 2.21，同年牧草地的等价因子为 0.49。由于土地生态生产力会发生变化，等价因子也需每年计算。例如，根据 WWF 数据，2001 年可耕地的等价因子为 2.19，而 2003 年为 2.21，但变化不大。2004—2006 年 WWF 发布的等价因子，如表 12-3 所示。

表 12-3　2004—2006 年 WWF 提出的土地等价因子

年份	耕地	森林	草地	水域	建筑用地	化石能源地
2004	2.19	1.48	0.48	0.36	2.19	1.48
2005	2.17	1.37	0.48	0.35	2.17	1.37
2006	2.21	1.34	0.49	0.36	2.21	1.34

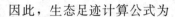

因此，生态足迹计算公式为

$$EF = \sum_{j=1}^{6}(eF_j \times A'_j) = \sum_{j=1}^{6}\left(eF_j \times \sum_{i=1}^{n}\frac{C_i}{EP_i}\right) \qquad (12\text{-}4)$$

其中：EF 为一定人口的生态足迹，单位 gha。

12.1.4.2　计算生态承载力

生态承载力是一个地区所能提供的人类生态生产性土地面积。而由于不同国家或地区的资源不同，不仅单位面积不同类型的土地生产能力差异很大，而且单位面积相同类型生态生产性土地的生产力也有很大差异。因此，不同国家或地区的生态生产性土地面积不能直接比较，同样需要考虑产量调整因子和等价因子的作用。区域生态承载力可通过下式计算：

$$EC = \sum_{i=1}^{6}(a_j \times yF \times eF) \qquad (12\text{-}5)$$

其中：EC 为生态承载力，单位 ha，a_j 为区域内第 j 种生态生产性土地的实际面积。

12.1.4.3　计算生态赤字/生态盈余

如果一个区域的生态足迹（EF）超过了其所能提供的生态承载力（EC），则出现生态赤字；若小于其生态承载力则变为生态盈余。生态赤字和生态盈余，反映了一定区域人口对自然资源的利用状况以及计算时刻该区域的可持续性。

$$ED = EF - EC \quad (EF > EC) \qquad (12\text{-}6)$$
$$ER = EC - EF \quad (EF \leqslant FC) \qquad (12\text{-}7)$$

式中：ED 为生态赤字，ER 为生态盈余。

12.1.4.4　生态足迹特点与不足

1. 特点

生态足迹模型与传统的生态系统及可持续发展评价方法相比，其优点体现在以下几个方面。

（1）生态足迹指标是全球可比的、可测度的。生态足迹分析方法首先通过引入生态生产性土地概念，实现了对各种自然资源的统一描述；而通过产量调整因子和等价因子，进一步实现了不同国家、区域各类生态生产性土地的可加性和可比性，从而为我们提供了一个有效量化评价工具。

（2）具有一定的政策含义。生态足迹分析的结果能够反映一定技术条件下，人类社会活动与生态供给力之间的差距。它能够在一定程度上，辅助决策者寻求减少生态足迹的决策，帮助和教育人们了解个人及家庭生活方式、社会行为对生态环境的影响，培养人们对可持续发展政策的理解。

（3）有利于进行重复性研究。生态足迹分析所需的资料相对易获取，计算方法具有可操作性和可重复性，因此能被广泛应用。

2. 不足

生态足迹理论和方法自提出以来由于不断的改进和完善，已经在不同的尺度和领域得到了广泛的应用和发展，但是现在的生态足迹方法论通常被认为还有很多缺点和不足需要加以改进，还需要其他附加指标才能做出更加完备的决策。具体表现如下。

（1）在测度可持续发展状况方面，其结果缺乏准确性和完整性。

生态足迹援引了生态承载力的内涵，是生态承载力的对等置换表达。生态足迹从消费端衡量人口社会经济活动对生产性空间的需求，而生态承载力从生产端衡量区域供给生产性空间的能力。通过比较两者的关系来测度研究地的可持续发展状况。但生态承载力的计算方法及模型本身尚存在很多无法解决的问题，并且生态足迹分析没有描述完全自然系统提供资源、消纳废物的功能，忽略了地下资源和水资源的估算，也没有考虑污染的生态影响，这些会直接影响到可持续发展状况评估结果的准确性和完整性。例如，由于对环境系统的污染消纳功能评价不足，发展中国家的环境污染压力远远大于发达国家，而生态足迹的数值却低于发达国家。一些危害自然界将来更新能力的活动没有考虑到现时和过去的生态足迹账户之内。这些活动包括排放生物圈没有显著同化能力的物质（如钚、多氯联苯、二噁英等），破坏生物圈后继承载力的过程（如生物多样性的丧失，耕地灌溉导致的盐碱化，耕种造成的土壤侵蚀等）。尽管这些活动的影响会在将来的生态足迹账户里的表现为生物承载力的下降，但生态足迹核算没有引入风险评价模型来计算这种未来的危害。除 CO_2 之外的其他温室气体排放造成的生物承载力需求没有包括在现今的生态足迹账户之内。对除 CO_2 之外的其他温室气体认识不足，使得对综合其他温室气体排放导致的气候变化所需生物承载力进行评价很困难。生态足迹账户也没有直接计算淡水利用和其可利用性，因为淡水是生物承载力的一个限制条件，但是它自身不具有生物生产性物品和服务。

同时，将生态足迹用于区域可持续发展评价时，常常会出现这样的情况，即地区越不发达、人们生活水平越低，可持续性越强，区域发展可持续性的评价结果与可持续发展理论所阐述的基本原则不一致。我们可以这样解释出现这样缺陷的原因，即生态足迹理论是基于全球生态系统的一种理论，但就某一区域生态系统来说，因为在计算生态足迹时没有区分当地产量和进口产量，所以由消费量定义的生态足迹并不能告诉我们区域人口对自然环境的生态压力是作用在当地生态系统还是其他地方。一个地区的生态赤字可能完全靠进口生物产量消除了，而当地生态系统却受到了很好的保护；相反，一个具有生态盈余的区域也可能正在大量出口生态资源，使当地生态系统承受巨大的生态压力。因此，将基于生物产量消费量的生态足迹理论原封不动的用于区域生态系统时，所计算出来的生态足迹并不能真实地反映其资源环境的持续性。

另外，生态足迹方法是建立在土地功能的空间互斥性这一理想状态前提下的，而实际中土地的作用大多为多重性的，也造成了生态足迹计算的误差。

（2）在模型表达方面，缺乏动态性和结构性。

生态足迹基本模型多应用于核算以往固定年份人类活动的足迹空间需求，属于确定条件下的回顾性分析，由此得到的结论是瞬时性的，无法揭示区域生态供需关系的变化趋势。生态足迹研究要求涵盖产品生命周期（包括生产、使用和处置）各个环节的资源和能量，而生态足迹基本模型直接把土地利用分配给最终消费，无法反映消费品从原料到最终产品整个过程中各环节的资源和能量消耗。针对以上的不足，一系列的改进研究已经展开。如前文提到的虚拟生态足迹的提出，考虑到了生态足迹在区域间的转移，从而更加准确的度量区域资源与环境的可持续性；"碳足迹""水足迹"概念的提出，又将生态足迹的研究领域扩展到更为微观的尺度上，从而加强了生态足迹理论的准确性和完整性。

12.1.5 案例分析——以博鳌特别规划区的可持续发展分析为例

12.1.5.1 案例背景

博鳌亚洲论坛特别规划区位于海南省东海岸万泉河入海，占地 122 km²，规划区海岸线往东 3 海里以内为规划区使用海域范围，面积为 131.68 km²。2004 年规划区总人口4.4 万，经济发展以农业和渔业为主。

根据《博鳌亚洲论坛特别规划区总体规划(2005—2020)》，总体发展目标为：5～15 年内，将规划区建设成为集度假休闲、体育锻炼、旅游科教及研发、文化展览等功能为一体的国际水准的会议中心与海滨生态旅游度假区。规划近期(2005—2010 年)人口发展规模为 6.2 万人；规划远期(2010—2020 年)人口规模约 10 万人。

以总体规划为指导，采用生态足迹的分析方法，对规划区的可持续性进行了分析和预测，并在此基础上提出区域可持续发展的策略。本案例相对于传统的生态足迹分析方法，做出了一定的改进；同时，针对系统动态、长期且不确定性的变化特征，采用系统动力学方法，建立生态承载力约束下的区域生态足迹系统动力学模型，实现对生态足迹的动态模拟分析，以预测规划实施过程中区域生态足迹和生态承载力的演化趋势，据此评价规划实施对区域资源环境可能造成的影响。

12.1.5.2 研究方法

采用海南省 2004 年土地单位面积产量数据(统计年鉴)，结合规划区土地利用现状和农业生产结构，进行生态承载力和生态足迹的计算。

根据《博鳌亚洲论坛特别规划区总体规划(修编)文本(2005—2020)》，博鳌亚洲论坛特别规划区现状用地情况如表 12-4 所示。

表 12-4 规划区现状用地平衡表

用地名称	面积/ha	土地类型
村庄居民点	822.28	建成地
耕地	2 822.16	可耕地
养殖池	275.95	水域
林地	1 250	林地
公路用地	125.9	建成地
水域	1 259.67	水域
沙滩面积	42.91	水域
山体	2 811.2	林地
已开发及占用土地	752.73	建成地
其他	2 037.25	牧草地

经过整理，规划区各类生态生产性土地面积如表 12-5 所示。化石能源地采用 CO_2 吸收法计算，即可用于吸收化石燃料燃烧排放的 CO_2 的森林面积，因此规划区化石能源地面积等于林地面积。

表 12-5　规划区各类生态生产性土地面积　　　　　　　单位：ha

用地名称	可耕地	牧草地	林地	建成地	水域	化石能源地
面积	2 822.16	2 037.25	4 061.2	1 700.91	14 746.53	4 061.2

1. 生态足迹计算

规划区 2004 年城乡居民消费的生态产品主要为粮食、油料、糖料、蔬菜、瓜类、猪肉、牛肉、羊肉、鲜奶、禽肉、禽蛋、水果、茶叶、干果、水产品。消费的能源主要为煤炭、煤油、石油液化气、电力。

对于生态产品，按照式(12-3)计算出该类消费所需要的生态生产性土地面积。采用 CO_2 吸收法计算化石能源用地，即将化石能源用地看作是人类应该留出的用于吸收 CO_2 的土地。在生态足迹分析中，以全球单位化石燃料生产土地面积的平均发热量为标准，将当地能源消费所消耗的热量折算成一定的化石能源土地面积。因为 1 kg 标准煤的热值我国按 7 000 kcal(1 kcal＝4.186 8 kJ)计算，故从标准煤到发热量有一个折算系数，为 29.4 GJ/t。由上述计算结果汇总出各类型生态生产性土地的面积，乘以等价因子再相加即得到生态足迹的数值。

2. 生态承载力计算

传统的生态承载力计算如前文所示，是将人类拥有的生态生产性土地，经过产量调整、等量化处理及求和得到的，这一方法称为土地面积法。刘年丰、谢鸿宇等指出土地面积法忽略了土地的多重生态生产能力，即同一块土地可同时提供多种生态产品，因而可能使产量调整因子的计算值较实际偏低，影响计算结果准确性，并在此基础上提出资源产量法，即根据区域生态生产性土地实际资源生产情况来计算。因此，本案例采用资源产量法进行生态承载力的计算。

考虑到可耕地、牧草地、林地和水域，未开发利用土地可能提供的资源量和通过进口而增加的资源可利用量也应视为区域的生态承载力供给，因此生态承载力计算公式如下：

$$BC_j = \left(\sum \frac{P_i + P_{ii}}{EP_i} + S_{未利用地j} \times yF_j \right) \times eF_j \tag{12-8}$$

式中：P_i 为 i 产品的产量；P_{ii} 为 i 产品的净进口量；$S_{未利用地j}$ 为第 j 类土地未利用地的面积。

建成地采用当地可耕地的平均产量调整因子和可耕地的等价因子计算其生态承载力。

化石能源地生态承载力采用 CO_2 吸收法计算，因此规划区的林地除生产林产品外，可同时作为化石能源地的供给。另外，水力、风力、太阳能、地热等可再生能源利用量根据单位发电量煤耗折算成相应减少的用于吸收标准煤燃烧排放 CO_2 的林地面积。因此，化石能源地生态承载力计算公式为

$$BC_{能源} = \left(S_{林地} \times yF_{能源} + \sum \frac{Ce_{可再生i} \times E_w \times H}{EP} + \frac{Ce_{进口} \times E_w \times H}{EP} \right) \times eF_{能源}$$

$$\tag{12-9}$$

式中：$S_{林地}$ 为规划区林地总面积，单位 ha；$yF_{能源}$ 为规划区化石能源地的平均产量调整因

子；$Ce_{可再生i}$为规划区第 i 种可再生能源发电量，单位 $kW\cdot h$；E_w 为全球平均单位发电量的煤炭消耗量，单位 $t/kW\cdot h$；H 为标准煤燃烧释放的热量折算系数，单位 GJ/t；$\overline{EP}$ 为全球森林对煤炭燃烧排放的 CO_2 的平均吸收能力，单位 GJ/ha；$Ce_{进口}$ 为规划区进口电量，单位 $kW\cdot h$；$eF_{能源}$ 为化石能源地的等价因子。

最终计算结果见表 12-6。

表 12-6　规划区 2004 年生态承载力和生态足迹计算结果　　　单位：gha

土地类型	生态承载力	生态足迹	生态赤字"－"表示盈余
可耕地	28 987	27 694	－1 292
牧草地	2 116	7 983	5 867
林地	5 329	44	－5 284
建成地	4 446	4 446	0
化石能源地	5 441	1 163	－4 277
水域	23 728	9 227	－14 500
合计	70 050	50 561	－19 488
人均值	1.59	1.15	－0.44

根据计算结果，2004 年博鳌亚洲论坛特别规划区生态承载力为 70 050 gha，生态足迹为 50 561 gha，生态盈余 19 488 gha，人均生态盈余 0.44 gha。由于规划区内动植物种类繁多，应预留 12% 的生态承载力（合 6 067.32 gha）用于规划区内生物多样性的保护，则尚有生态盈余 13 420.68 gha。

12.1.5.3　生态足迹预测分析

研究区未来有两种发展情景：情景一，即惯性发展情景，是按照规划实施前的发展趋势，人口规模、经济发展速度、消费模式、土地利用方式、土地生产力、资源利用效率和资源进出口均按近年趋势发展；情景二，即规划发展情景，即按照规划制定的发展目标，规划区生态系统可能实现的状态。比较分析两种情景下的预测结果，可评价规划实施给区域生态系统带来的影响，针对规划发展情景出现的问题提出双向调控措施，从而得到最优的方案组合，使区域在生态承载力约束下得到最充分的发展。

我们通过系统动力学的方法，建立了区域生态足迹模型，用以模拟不同情景下系统的可持续性。模型框图如图 12-4 所示。

规划实施后，规划区生态足迹预测结果及其与惯性预测值的比较及变化趋势，如表 12-7 和图 12-5 所示。

表 12-7　规划区 2020 年规划发展情景与惯性发展情景预测结果比较表　　　单位：gha

土地类型	生态承载力		生态足迹		生态赤字（"－"表示盈余）	
	惯性	规划	惯性	规划	惯性	规划
可耕地	33 679	19 260	58 998	101 898	63 568	125 337
牧草地	1 630	1 528	31 189	110 673	40 842	156 101

续表

土地类型	生态承载力		生态足迹		生态赤字（"－"表示盈余）	
	惯性	规划	惯性	规划	惯性	规划
林地	5 110	3 973	206	390	－5 061	－5 263
建成地	5 547	8 350	5 547	8 350	0	－2.609
化石能源地	4 798	5 918	3 826	5 285	－3 601	－2 662
水域	30 440	5 161	20 295	45 136	14 331	82 431
合计	81 206	44 192	120 062	271 733	110 079	355 943
人均值	1.16	0.46	1.72	2.82	1.572	3.374

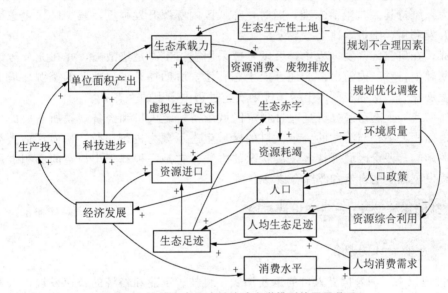

图 12-4 区域生态足迹系统动力学模型的因果关系

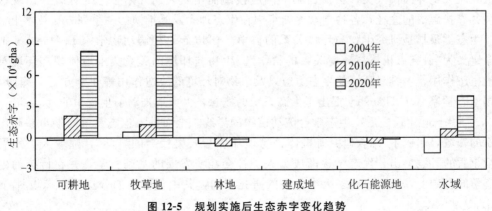

图 12-5 规划实施后生态赤字变化趋势

规划实施后，区域生态承载力较惯性发展情景将有明显下降，主要原因之一是土地利用

方式的变更；而区域生态足迹较惯性发展情景却呈现明显上升；在生态足迹剧增和生态承载力削减的双重压力下，规划区将出现生态赤字，规划实施使得生态赤字愈加明显。

12.1.5.4 结论

通过以上的计算，2004 年博鳌亚洲论坛特别规划区生态承载力为 70 050 gha，生态足迹为 50 561 gha，生态盈余 13 420.68 gha，人均生态盈余 0.44 gha。规划实施会使区域生态承载力明显下降，生态足迹明显上升，引起生态赤字。

可持续发展对策——虚拟生态足迹战略。在当前的技术与资源管理水平下，区域为维持其人口资源消费和废物消纳而需要从区外进口的自然资源相应的生态生产性土地，以及区域向区外出口的用于维持其他区域人口资源消费和废物消纳的自然资源相应的生态生产性土地，统称为虚拟生态足迹。对于出现生态赤字的地区，只要有足够的经济实力和贸易渠道，就可以通过虚拟生态足迹战略，增加资源进口，提高规划区可利用的生态承载力，维持其人口生活水准，同时，降低区内资源开发强度，减少区内生态生产性土地的开发利用，维护本地生态系统。

因此，在研究区开发过程中，可以考虑采用虚拟生态足迹战略，并在充分考虑生态安全的基础上，对区内的出口产地开展生态补偿，协助提升出口地区的资源环境更新和可持续发展能力。从而在整体上缓解规划实施过程中产生的生态赤字。

总体而言，生态足迹分析是通过测定区域维持一定人口和经济规模所需要的生态生产性土地面积大小，与给定的一定人口的区域生态承载力进行比较，从而评估人类对生态系统的影响，评价区域可持续发展状况的方法。它是一种基于土地空间面积占用来度量可持续发展程度的自然资源综合核算工具。

12.2 环境系统设计——生态设计方法

12.2.1 生态设计的概念

20 世纪以来，随着世界人口的迅速增长，科技、工业和经济的快速发展，人类社会的物质文明取得了极大进步。与此同时，全球性资源枯竭、环境恶化、贫富差距悬殊和地区发展失衡等当代人类社会所面临的问题接踵而至，人们开始思考为什么会出现这种困境并寻找解决的途径，各种探索逐渐集中在生态理念及其推演的一系列方法技术上。

生态学最早是研究生物与环境关系的科学。1866 年，德国动物学家 E. Haeckel 把生态学定义为"研究有机体与环境关系的科学"。生物与环境的关系集中地体现在环境对生物的生态作用、生物对环境的生态适应以及生物对环境的改造作用等几个方面。1936 年，英国生态学家 A. C. Tansley 提出了生态系统的概念，大大地推动了生态学的发展。

20 世纪 50 年代之后，生态学打破动植物的界线，全面进入生态系统时期，并超出生物学的领域，形成了"综合研究有机体、物理环境与人类社会的科学"，随着人类发展和环境矛盾的日益突出，生态学逐渐成为人类社会经济发展的基础科学，并在传统的生物生态学的基础上，衍生出许多人类生态的研究方向，其中支柱性的分支为生态设计（eco-design）。

对于生态设计，Sim Van der Ryn 和 Stuart Cowan 给予了相当生动的描述，"现在想象自然世界和人工设计世界交织在一起，在交叉层面上，经线和纬线组成我们生活的织物，但这不是一种简单的双层织物，它是由无数性质大不相同的层面所组成的。这些层面是如何交织在一起决定了其结果将是一种连贯的织物或是功能不善的乱结。我们需要获取有效的交织人类和自然的技能。我们为自己的邻里、城市和生态系统所作的有缺陷的设计主要因不连贯的逻辑和愿景以及缺少对生态系统的充分理解的设计与实践"。他们认为：任何与生态过程相协调，尽量使其对环境的破坏影响达到最小的设计形式都称为生态设计，这种协调意味着设计尊重物种多样性，减少对资源的掠夺，保持营养和水循环，维持环境质量，以改善人居环境及生态系统的健康。生态设计为我们提供一个统一的框架，帮助我们重新审视对产品、生产过程、景观、城市建筑的设计以及人们的日常生活方式和行为。简单地说，生态设计是对自然过程的有效适应及结合，它需要对设计途径给环境带来的冲击进行全面的衡量。

与常规设计相比，生态设计主要有以下区别（见表 12-8）。

表 12-8 传统设计与生态设计对比分析表

比较项目	常规设计	生态设计
能源	依赖于不可再生能源，如石油和煤	强调利用太阳能、风能等可再生能源
材料利用	大量使用高质量材料，导致低质材料变为有毒有害物质，残存在土壤或释放到空气中	循环利用可再生物质，废物再利用，易于回收、维修，耐用
有毒原料	普遍使用	非常谨慎使用
生态测算	只出于规定要求而做，如环境影响评价	贯穿于项目整个过程的生态影响测算
设计指标	习惯、舒适、经济	从生态学考虑，强调人类和生态系统的健康
对生态环境的敏感性	规范化的模式在全球重复使用，很少考虑地方文化和场所特征	应生物区域不同而变化，设计遵从当地的土壤、植物、材料、文化、气候等具体条件
对文化环境的敏感性	全球文化趋同，损害人类的共同财富	尊重和培植地方的传统知识、技术和材料，丰富人类的共同财富
生态、文化和经济的多样性	使用标准化的设计，高能耗和材料浪费，导致多样性受损	维护生物多样性和当地相适应的文化以及经济环境
知识基础	狭窄的专业指向，单一化	综合多个设计学科以及广泛的科学，综合性
空间尺度	往往局限于单一尺度	综合多个尺度的设计，在大尺度上反映小尺度的影响，或在小尺度上反映大尺度的影响
整体系统	以人定边界为限，不考虑自然过程的连续性	以整体系统为对象，设计旨在实现系统内部的完整性和统一性
自然的作用	设计强加在自然上，以实现对自然的控制和狭隘地满足人的需求	与自然合作，尽量利用自然的能动性和自组织能力

续表

比较项目	常规设计	生态设计
可参与性	着重依赖于专业术语和专业人员	致力于广泛而开放的讨论,人人都可以是设计的参与者
成本关注	生产成本	生命周期成本
污染及治理类型	大量、泛滥,先污染后治理	污染预防,生态优先,将污染减少到最低限度,废弃物的量和成分与生态系统的吸收能力相适应
经济效益	企业内部经济效益最大化	企业和用户经济效益最大化
环境效益	较小,不可以追求	生命周期环境影响最小化
可持续性	低	高

生态设计的范围十分广泛,甚至可以说遍及设计的任何领域,各个领域对生态设计的定义和理解有所侧重和发展。下面对几种生态设计方法应用较常见的领域进行介绍。

1. 产品生态设计定义

联合国环境署工业与环境中心在 1997 年的出版物《生态设计:一种有希望的途径》中,将产品生态设计描述为一种概念,其中"环境"有助于界定产品生态设计决策的方向。换言之,产品的环境影响变成产品设计开发中需要加以仔细考虑的重要组成部分。在这种生态设计过程中,环境处在同传统的工业工程、利润、功能、形象和总体质量等相同的地位,在一些情况下,环境甚至能够提高传统商业价值。工业(产业)生态设计作为一种新的设计概念,以产品环境特性为目标,以生命周期评价为工具,综合考虑产品整个生命周期相关的生态环境问题,设计出对环境友好的、又能满足人的需要的新产品。

在联合国环境署的生态设计手册中,生态设计意味着在开发产品时需要综合生态要求和经济要求,考虑产品开发过程所有阶段的环境问题,致力于那些在整个产品寿命周期内产生最少可能对环境产生不良影响的产品。因此,生态设计应当形成可持续的产品寿命周期以及生产与消费体系。

2. 建筑生态设计定义

在建筑领域的生态设计是从建筑全寿命周期的角度出发,基于对环境和资源影响的考虑而进行的设计,是从建筑材料及使用功能,对室内、室外,对局地、区域及至全球环境和资源影响等方面进行考虑,达到一定标准的建筑体系,形成节约能源、资源,无害化、无污染和可循环的设计。

生态建筑设计的目的是要使生态学的竞争、共生,再生和自生原理得到充分的体现,资源得以高效利用,人与自然高度和谐。生态建筑设计不仅指建筑设计,还包括居住区内的风景园林、环境工程和能源工程等工程设计。

3. 景观生态设计定义

景观生态设计从本质上说就应该是对土地和户外空间的设计,是对人类生态系统的设计,是一种最大限度的借助于自然力的设计,一种基于自然系统自我有机更新能力的再生设计,即改变现有的线性物流和能流的输入和排放模式,而在源、消费中心和汇之间建立一个循环流程的设计。景观生态设计理解为是一个对任何有关于人类使用户外空间及土地问题的分析、提出解决问题的方法以及监理这一解决方法的实施过程，而景观设计师的职责就是帮助人类使人、建筑物、社区、城市以及人类的生活同地球和谐相处。这种协调意味着设计尊重物种多样性，减少对资源的剥夺，保持营养和水循环，维持植物生境和动物栖息地的质量，以有助于改善人居环境及生态系统的健康。

12.2.2 生态设计的来源及发展

生态设计的思想可以追溯到20世纪60年代，美国设计理论家Victor Papanek在他出版的《为真实世界而设计》中，强调设计应该认真考虑有限的地球资源的使用，为保护地球的环境服务，当时还引起了很大的争议。随着环境的恶化，资源的耗竭，人们逐渐认识到问题的严重性，特别是在可持续发展战略提出之后，生态设计的概念开始逐步清晰。

1999年2月，日本东京召开了生态设计国际会议"Eco-design 99"，通过了相关的宣言。生态设计涉及的内容广泛，所有的东西都可以成为生态设计的对象。产品的生态化、建筑的生态化、城市的生态化、公园的生态化等都属于生态设计的范畴，而生态设计的理念在不同领域有着重要的应用。

1. 产品生态设计

产品生态设计的概念最早是由荷兰公共机关和联合国环境计划署（UNEP）最先提出的，类似的术语还包括环境化设计（Design for Environment，DfE），生命周期设计（Life Cycle Design，LCD）等。

美国是对产品生态设计重视较早的国家。早在1991年，美国EPA和Michigan大学就联合开发了生命周期设计框架，并正式出版了《生命周期设计指导手册》和《生命周期设计框架和示范项目》两份文件，对生命周期设计的过程、要求和相关策略进行了详细的说明。1994年，该组织开始推行环境化设计计划。

在全球推广生态设计方面，联合国环境规划署（UNEP）发挥了举足轻重的作用。在20世纪90年代初，UNEP启动和实施了关于环境产品开发的计划和项目。UNEP工业与环境中心、荷兰拉特诺研究所以及德尔夫特理工大学一起，记录、分析和解释了来自关于环境产品开发计划和项目有价值的成果和经验，并于1997年出版了名为《生态设计——一种有希望的可持续生产与消费道路》的手册。该手册介绍了生态设计的技术现状和使用指南，汇总了各国政府、工商业、消费者和非政府组织在产品生态设计方面的最新成果。手册的出版，对加速全球的生态设计的进程发挥了重要作用。

国际上许多研究所、大学和企业都在进行生态设计的研究和开发，一些国家政府和企业开展了大量的示范研究。众所周知，荷兰是生态设计的先进国家，为推动中小型企业实施生态设计，荷兰环境与经济事务部1994年开始决定资助"生态设计"项目。该项目的总目标是提高中小型企业对环境产品开发的重要性与潜力的认识。1995年就有94家企业参加了这个项目。Delft工科大学和Phillips大学承担了荷兰的国家项目，编撰生态设计手册，并全力实施。现在这个项目的第三期已经开始，主要是对中南美洲的一些中小企业进行生态设计的指导，资金由荷兰政府提供。

美国议会"污染预防中心"与工业部门合作开展了一系列的示范研究，如与通用汽车公司合作开展燃油箱系统［钢与多层高密度聚乙烯（HDPE）］的研究；与福特公司合作开展

了进气歧管变速箱的生态设计研究；与 Dow 公司合作开展了牛奶和果汁包装的生态设计研究；与 United Solar 公司合作开展了非结晶硅太阳能电池的生态设计研究等。在英国，Michagn Chater 教授主持的"可持续性设计中心"积极开展有关生态设计的活动。

产品生态设计正改变着企业追求目标和决策的属性，产品生命周期的外延及多生命周期工程的出现引导着一大批新兴产业的形成。产品生态设计要求已经在由道德阶段正式转化为法规要求。一些国家和地区已经针对产品生态设计制订了一系列的法律法规（见表 12-9）。

表 12-9　生态设计相关法律法规

国家和地区	促进产品生态设计的法律法规	备注
欧盟	WEEE	报废电子电气设备指令
	RoSH	关于在电子电气设备中禁止使用某些有害物质指令
	EuP	用能产品生态设计框架指令
	REACH	化学品注册、评估和许可办法
	ELV	关于欧洲报废车辆处理的指令
	IPP	整体性产品政策
	包装法规	
	德国包装法令	
美国	联邦法规 16 CFR 1303	美国联邦消费品安全法规
	产品包装之典型毒性物质法规	
	加州 65 法案	安全饮用水及毒性物质禁用准则
	加州 SB20 电子废物回收法	
	加州 SB50 有害物质管理法	
中国	中国电子信息产品污染控制管理办法	
	中华人民共和国清洁生产促进法	
	新化学物质环境管理办法	
日本	绿色采购法	
	包装法规	
	家电回收法	
	促进资源再生利用法	
	循环型社会法	
韩国	有害物质管理法	

2. 生态建筑与生态设计

人类本身是自然系统的一部分，与其环境生态系统休戚相关。居住是人类最基本的需求，建筑设计作为现代城市设计的重要组成部分，伴随着建筑设计理论的不断创新而发展，近代建筑设计理论不断吸收许多生态学思想和生态规划的方法，并形成了许多对

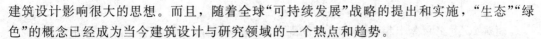

建筑设计影响很大的思想。而且，随着全球"可持续发展"战略的提出和实施，"生态""绿色"的概念已经成为当今建筑设计与研究领域的一个热点和趋势。

从建筑规划设计理论思想发展总体轨迹来看，可以划分为三个阶段：第一阶段是基于建筑学和古典美学准则，它贯穿的是物质形态决定论的思想，注重视觉效果；第二阶段是遵循经济和技术的理性原则，注重功能和效率、最新的科学技术和技术美学，初步涉及生态和自然景观问题；第三阶段是现代建筑设计更加紧密地与生态学原理结合起来，发展出基于整体和环境优先的生态建筑设计方法，贯彻可持续发展的思想，追求人工环境和自然环境的和谐，是站在一个更大的尺度空间或从全球角度探求人类共同的可持续发展的建筑规划设计理论和方法。

目前，我们已经开始步入生态建筑设计阶段，人们对建筑的生态化已经不再是一种单纯的意识形态，而是将节能和生态设施结合为建筑自身的构成元素。生态设计的思想催生了生态建筑。

被誉为"世界生态建筑之父"的保罗·索列里（Paolo Soleri）早在20世纪60年代，就将生态学与建筑学相结合，建立"生态建筑学"（acrology）的概念框架，指出任何建筑或都市设计如果强烈破坏自然结构都是不明智的，主张对有限的物质资源进行最充分、最适宜的设计和利用，反对使用高能耗，提倡在建筑中充分利用可再生资源。1970年，索列里买下亚利桑那州凤凰城以北65英里处占地860英亩的一块沙漠荒地，开始在上面建立自己的生态建筑之城——阿科桑地。他广受世人崇敬，被认为"把沙漠中的材料变成了诗意的栖居之所"。

1963年，V. 奥戈亚在《设计结合气候：建筑地方主义的生物气候研究》中，提出建筑设计与地域、气候相协调的设计理论。1969年，美国风景建筑师麦克哈格在其著作《设计结合自然》一书中，提出人、建筑、自然和社会应协调发展并探索了建造生态建筑的有效途径与设计方法；这些研究标志着生态建筑理论的正式确立。20世纪70年代石油危机后，工业发达的国家开始注重建筑节能的研究，太阳能、地热、风能、节能围护结构等新技术应运而生。

20世纪80年代，节能建筑体系日趋完善，并在英国、德国等发达国家广为应用，但建筑物密闭性提高后产生的室内环境问题逐渐显现。建筑病综合征的出现，影响了人们的身心健康和工作效率，以健康为中心的建筑环境研究因此成为热点。90年代之后，生态建筑理论研究开始走入正轨。1991年，布兰达·威尔和罗伯特·威尔合著的《绿色建筑：为可持续发展而设计》问世，提出了综合考虑能源、气候、材料、住户、区域环境的整体的设计观。阿莫里 B. 洛温斯在文章《东西方的融合：为可持续发展建筑而进行的整体设计》中指出："绿色建筑不仅仅关注的是物质上的创造，而且还包括经济、文化交流和精神等方面"。40多年来，生态建筑研究由建筑个体、单纯技术上升到体系层面，由建筑设计扩展到环境评估、区域规划等多个领域，形成了整体性、综合性和多学科交叉的特点。

1993年4月，美国建筑师协会（AIA）和国家建筑师协会（UAI）在芝加哥召开的国际建协第18次大会将可持续发展定为会议主题。大会发表的《芝加哥宣言》号召全世界建筑师把环境与社会持久性列为建筑师职业及其责任核心。1996年，伊斯坦布尔大会更是在城市建筑领域内对可持续发展思想做了进一步推动。

3. 生态城市与生态设计

面对 20 世纪六七十年代以来世界范围内日益严峻的城市问题，国际社会正式提出"生态城市"的概念，以期应用生态学的原理和方法来指导城市的建设。城市生态设计为生态城市的建设提供了科学方法，它是进行城市生态环境调控和改造、优化城市生态环境，促进城市可持续发展的重要途径，主要根据生态学理论、可持续发展理论、循环经济理论等进行疏浚物质、能量流通渠道，开拓未被有效占用的生态位，以提高系统的经济、社会和生态环境效益。

生态城市建设理念源远流长，我国古代"万物负阴抱阳"的思想和依据风水理论进行的集镇和村落选址建设，古代欧洲城市和美洲西南部印第安人的村庄建设，均反映了人类生态意识萌芽时期生态城市建设的思想和实践。近代生态城市思想直接起源于霍华德的"田园城市"，即建设兼有城市和乡村优点，为健康、生活和产业而设计的城市。

20 世纪初，生态学家开始有意识地研究城市，并将生态学理论应用到城市建设中，如 R. Park(1916)用生物群落的原理和观点研究芝加哥人口和土地利用问题，芒福德强调"以人为本"，创造性地利用景观，使城市环境更加自然而适于居住。20 世纪 60 年代后，以《寂静的春天》等为代表的著作出版，使人们的生态意识开始觉醒，推动了国际社会对生态危机的关注，从而也掀起了城市生态研究的高潮。1971 年，联合国教科文组织发起的"人与生物圈"计划(MAB)，提出了开展城市生态系统的研究，内容涉及城市生物、气候、代谢、迁移、土地利用、空间布局、环境污染、生活质量、住宅、城市化胁迫效应以及城市演替过程等多层面的系统研究。该项目于 20 世纪 70 年代进一步提出"生态城市"这一崭新的城市概念和发展模式，这也得到了全球的广泛关注。在可持续发展观的推动下，研究和建设生态城市的热潮在国内外掀起。20 世纪 90 年代，许多组织开始大力推进生态城市建设。自 1990 年起，城市生态组织已在多个城市召开了数届生态城市国际会议，对生态城市设计、建设和理论方法等问题进行了研讨。

4. 生态公园与生态设计

城市生态公园的发源，来自城市公园的发展。20 世纪初到五六十年代是现代主义风格在西方风景园林设计中发展成熟的时期。受到现代主义思潮的影响，包括城市公园在内的风景园林设计大都把焦点放在了形式风格的创新、功能与美学形式的探索方面。但是，仍然有一些设计师开始关注城市公园的生态问题。

19 世纪末，以西蒙兹为代表的一批美国景观设计师提出了一种新的设计概念：设计不是想当然的重复流行的形式和材料，而是要适应当地的景观、气候、土壤、劳动力状况和其他条件。他们在设计中运用乡土植物群落来展现地方景观特色的方法，体现了朴素的生态观念。

1910 年，瑞典植物学教授 Rutger Sernander 提出根据场地原有的景观形式来设计公园的新风格。他认为，要关注和尊重基地的自然资源，在保持当地景观的前提下，结合草地树丛进行设计。20 世纪三四十年代，瑞典"斯德哥尔摩"学派的景观设计师们对城市公园基地中有特色的环境和地貌(如未开发的天然地、沼泽、山地等)给予了特别的关注，没有采取简单地平整利用的办法，而是以保留强化的形式，在城市公园中塑造了区域性的特色景观和多样的生态系统。这些可以视为是城市公园生态设计理论的雏形。

随着人与生物圈计划的实施及西方"绿色城市"运动的兴起，城市自然保护与生态重建活动广泛开展起来，城市生态公园的模式和设计方法得到了广泛探讨。英国是最早开始探讨用生态学原理来指导城市生态公园建设的国家。1977 年，英国一个志愿者团体(Ecology Park Trust)在伦敦塔桥附近建了具有典范意义的 William Curtis 生态公园。随后，伦敦对生态公园进行了一系列的尝试，先后在废弃地、市中心建筑密集区等地建造了 10 余个生态公园。伦敦城市生态公园建设的探索，为后来城市生态公园的发展提供了非常有益的经验。一些类似的城市生态公园在北美和欧洲出现。

20 世纪 80 年代末 90 年代初，以 1990 年国际生态城市会议、1992 年联合国环境与发展大会为标志，城市生态建设再起高潮。自麦克哈格于 1969 年以《设计结合自然》一书开创生态设计的科学时代以来，生态设计的理论和方法得到了比较深入的研究，这也使城市生态公园从形式到内容都有了很大发展。

城市生态公园在我国开始出现是在 20 世纪 90 年代中期，并在近年来掀起热潮。北京、上海、广州等大中城市都公布了在建和将建的城市生态公园项目。随着城市生态环境建设的加速，中国的生态公园蓬勃发展。

与实践相比，城市生态公园的理论研究严重滞后。在理论研究方面，无论是国外还是国内都比较缺乏，尤其是中国，虽然很多城市生态公园的项目已经开始建设，但到底什么是生态公园、生态公园有什么标准以及如何进行评价等问题，都处于初步研究阶段。一些学者对国外的生态公园实例进行了介绍并对中国的生态公园建设提出了建议，但对到底如何建设，建设成什么样子才算生态公园，人工技术应用多少能够达到目标等问题并没有深入的探讨。

12.2.3 生态设计方法

生态设计是一种与自然相作用和相协调的方式，其涉及的范围非常广：建筑师对房屋设计及材料选择的考虑；水利工程师对洪水的重新认识与控制利用途径；工业产品设计者对有害物的节制使用；工业流程设计者对节能和减少废弃物的考虑以及农业生产者对于种植养殖对象的合理空间、时间结构的设计利用等，都属于生态设计的范畴。由于生态设计的多样性及方法同环境紧密结合联系在一起，国际上生态设计和国内关于生态设计及生态规划的相关原理都结合了环境学、生态学及工程学的一些原理，并在此基础上进行发展演化。下面对生态设计的要素以及基本原理进行介绍。

12.2.3.1 生态设计的关键要素

生态设计的关键要素包括四个部分(见图 12-6)。设计人员在设计开始前应确立项目设计的理念，并将生态学原理融合到其中。"生态技术知识管理"实质上是一个容纳与设计相关的人类各种知识的宝库或一个巨大的信息系统，可供设计人员学习与调用，用来支持设计的理念。设计人员通过学习和实践形成面向对象的设计理念和可能的多种解决问题的方案，并能广泛吸取各界相关人士与公众的意见，初步形成可行的生态设计方案("设计过程")。

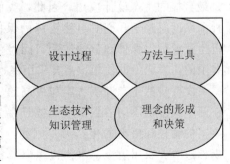

图 12-6　生态设计的关键要素

这个初步决策的方案需要做深入、具体的工作，选择相配的方法和运用先进的手段或工具开展实际的设计工作（"方法与工具"）。设计过程的成果通过制造或建设成为一种生态化或环境友好的产品、建筑或工程设计。

12.2.3.2　生态设计的基本原理和方法

1. 尊重自然、整体优先的设计原则

建立正确的人与自然的关系，尊重自然、保护自然，尽量小地对原始自然环境进行变动。局部利益必须服从整体利益，短期利益必须服从长远的、持续性的利益。

2. 同环境协调，充分利用自然资源的生态设计原理

对能源的高效利用和对资源的充分利用和循环使用，减少各种资源的消耗是生态设计的基本出发点，因此提倡 4R 原则——减量使用（reduce）、重复使用（reuse）、回收（recovery）和循环使用（recycle）。因此，对于自然生态系统的物质流和能量流，为了维持系统的合理循环和功能完善，在生产与生活的过程中，生态设计要求做到以下几点。

（1）减量使用（Reduce）

设计中合理地利用光、风、水等自然资源，尽可能减少能源、土地、水、生物等资源的使用，或者提高使用效率。有观点认为，在全世界范围，只有将资源消耗量减少50%，而发达国家减少 90%，可持续目标才有可能实现。

（2）重复使用（reuse）

利用废弃的土地、原材料（植被、土壤、砖石等）服务于新系统，可以大大节约资源和能源。例如，在城市更新过程中，关闭和废弃的工厂可以在生态恢复后成为市民的休闲地，在发达国家的城市景观设计中，这已成为一个新的潮流。

（3）资源循环使用（recycle）

在自然系统中，物质和能量流动是一个由"源-消费中心-汇"构成的、头尾相接的闭合循环流；因此，大自然没有废物。而在现代城市生态系统中，这一流动是单向的，人们消费和生产的同时，产生了垃圾和废物，造成了对水、大气和土壤的污染。通过在城市生态系统中引进生态设计的理念，促进城市内部资源的循环利用。

（4）让自然做功

自然界健康的生态系统，都有一个完整的食物链和营养级。在城市绿地的维护管理中，变废物为营养，如返还枝叶、返还地表水补充地下水、农田生产中的秸秆还田等都是最直接的生态设计应用。因此，我们不能破坏自然生态物之间相互依赖的关系网，这种关系网有赖于我们对自然资源的保护和维护。发挥自然的自组织功能，就必须对不可再生资源加以保护和节约使用，同时也要特别注意即使是可再生资源，其再生能力也是有限的，对它们的使用也需要采用保本取息的方式而不是杀鸡取卵的方式。

发挥自然生态调节功能和机制的一个重要的方面就是利用边缘效应。边缘效应是指在两个或多个不同的生态系统或景观元素的边缘带，有更活跃的能量流和物质流，具有丰富的物种和更高的生产力。例如，海陆之交的盐沼是地球上产量最高植物群落之一。森林边缘、农田边缘、水体边缘以及村庄、建筑物的边缘，在自然状态下往往是生物群落最丰富、生态效益最高的地段。边缘带能为人类提供最多的生态服务这种效应是设计和管理的基础。

3. 发挥自然的生态调节功能与机制设计原理

生态设计原理强调人与自然过程的共生和合作关系，通过与生命所遵循的过程和格局的合作，充分发挥自然的生态调节功能和机制，可以显著减少设计的生态影响。具体应用到的生态学原理包括：

(1)生态系统平衡及自组织原理

自组织理论是系统科学研究系统的产生、运动、发展规律的一个重要分支。20 世纪40 年代末，维纳和艾什比提出控制论，阐述了以正反馈和负反馈为基础的"自组织"的科学概念。反馈机制是指系统或其中某成分因一个系统输入而在输出上产生一个响应变化趋势，该响应变化又反过来作用于导致产生该响应变化的系统输入。

生态系统平衡是一种动态平衡，因为能量流动和物质循环仍在不间断地变化，生物个体也在不断地进行更新。如何能够保证生态系统处于一个动态的平衡状态主要取决于其调控机制。在自然界中生存最久的并不是最强壮的生物，而是最能与其他生物共生并与环境协同进化的生物，生态系统的调控机制主要是基于自组织原理的反馈机制。反馈机制是经典控制论最基本的概念，在人类进步、社会发展和技术创新过程中最基本的机制。

生态系统中的反馈现象十分复杂，既表现在生物组分与环境之间，也表现于生物各组分之间及结构与功能之间。自然生态系统是具有能动性的。进化论的倡导者赫胥黎就曾描述过，一个花园当无人照料时，便会有当地的杂草侵入，最终将人工栽培的园艺花卉淘汰。由 Gaia 理论可知，整个地球都是在一种自然的、自我的设计中生存和延续的。

生态设计就是用自然的结构和过程来设计，就是要开启自然的自组织或自我设计过程。自然系统的这种自我设计能力在水污染分散处理、生活污水的处理、资源回收与利用等方面都为生态设计提供了坚实的基础。

(2)共生原理

"共生"一词来源于希腊语。"共生"的概念最先是由德国真菌学家德贝里在 1879 年提出的，是指不同种属生活在一起的状态。生态学的共生是指不同物种以不同的相互获益关系生活在一起，形成对双方或对一方有利的方式。人们模仿自然界的共生原理，将其应用于产业生态等领域，构建了生态产业链(网络)，产业链中的各成员在共享利益的同时，促成了产业体系形成各种资源(能源、水和原材料)循环流动的闭环系统，从而实现污染物的减量。产业生态链(网络)是目前基于共生理论的生态设计的典范。

(3)生物多样性原理

《生态设计》一书中指出，"生态设计的最深层的含意就是为生物多样性而设计"。生物多样性是人类生存的基础。目前，人类对自然的过度利用导致生物多样性的大量、快速丧失，保护生物多样性成为人类实现可持续发展过程中面临的首要任务。

现有的生物多样性包含着丰富的信息，具有科学研究的价值。生物多样性的美学价值是其环境功效的一部分。生态设计就是要设计过程中尽可能的维持、利用、发掘这些生态价值。必须通过进一步设法保护物种的生存环境，这是生态设计非常重要的任务。

4. 生态设计的参与性与经济性原则

生态设计强调人人都是设计师，人人参与设计过程。生态设计是人与自然的合作，也是人与人合作的过程。传统设计强调设计师的个人创造，认为设计是一个纯粹的、高

雅的艺术过程。而生态设计则强调人人皆为设计师。因为每个人都在不断地对其生活和未来作决策，而这些都将直接影响自己及其他人共同的未来。从本质上讲，生态设计包含在每个人的一切日常行为之中。对专业设计人员来说，这意味着自己的设计必须走向大众，走向社会，融大众的知识于设计之中。同时，使自己的生态设计理念和目标为大众所接受，从而成为人人的设计和人人的行为。

生态设计反映了设计者对自然和社会的责任，同时生态设计又是经济的，生态和经济本质上是同一的，生态学就是自然的经济学。两者之所以会有当今的矛盾，原因在于我们对经济的理解的不完整和衡量经济的以当代人和以人类中心的价值偏差。生态设计则强调多目标的、完全的经济性（环境的经济性）。

5. 乡土化、方便性、人文性原则

延续地方文化和民俗，充分利用当地材料，结合地域气候、地形地貌。生态设计不仅要保证居民日常生活安全，还要考虑突发情况下工厂的安全，如火灾、地震、洪水等，因此要有防灾设施和避难场所。乡土性原则还体现在植物和材料的选择方面。使用乡土物种不但因为其最适宜于在当地生长，管理和维护成本最少，还因为物种的消失已成为当代最主要的环境问题。所以，保护和利用地带性物种也是时代对生态设计的伦理要求。

居住环境对居民提供的方便性要体现在居住区的内外交通、内外系统关系、公共服务设施的配套和服务方式的便利程度上。舒适性原则一般应当保证居住区环境阳光充足、空气清新无污染、安静无噪声、宽阔的绿地和活动空间等，在环境生态设计时要充分考虑这种变动性，充分考虑适应环境不断变动的环境管理问题。

12.2.4 案例研究——合肥市道路生态设计

12.2.4.1 背景介绍

近年来，合肥市委、市政府始终坚持以科学发展观为统领，在实现经济社会又好又快发展的同时，注重以人为本，全面可持续协调发展，致力于将合肥建设为最佳人居环境和现代化滨湖大城市。

现以合肥市某路为例，运用生态设计的理念和方法对其进行规划和整治。要使道路景观生态丰富而有特色，就必须首先对道路所处城市合肥市的自然、历史、道路条件进行详细分析，充分利用其得天独厚的自然、历史条件，深入挖掘其文化内涵，创造出优美而独具特色的生态城市道路。

12.2.4.2 道路功能定位和主要目标

1. 道路功能的定位

该路是合肥市一环以内主要的交通干道，担负着比较大的交通任务，还连接着安徽大剧院、合肥市少年宫、包河公园等大型公共建筑，是比较典型的城市交通性道路。同时，作为旅客的常经之路，该路直接关系到合肥的城市形象。因此，它不仅具有交通功能，而且还具有城市重要的公共空间及景观生态环境展示的双重城市责任。

该路沿线是合肥市大型公建、旅游景区及宾馆较为集中的地区，与合肥市的绿色项链环城公园最美丽的一段包河、银河景区相连，是合肥市区独具特征风貌的地带。因此，该路也是十分重要的生活性主干道，同时也是日常交通比较密集，人流众多的路段，是一条具有综合功能的城市道路。

2. 研究目标

保留和优化现有的绿化植被及绿化系统，在增加绿量的同时提升该区域的生态效益。规范设计的绿化系统应与现有的绿化空间良好地结合起来，形成统一、协调而又富于变化的绿化空间体系。该路绿地景观建设将最大限度地利用道路空间进行绿化，以缓冲和减弱道路交通造成的生态干扰，在种植手法上突破传统，采用多层次、立体式的种植方式，常绿树种与落叶树种有机结合，构建科学生态的植物群落。将道路周围的城市绿地连接起来，和谐共荣，相得益彰，共同构建城市的生态面貌，从而形成城市绿色生态通道。

利用两侧绿带的标志性建筑、公交站点注重发展本土历史文化，体现个性化的特征，营造多元化、人性化的休闲活动及体验空间，带动两侧的土地开发，拉动周边土地升值并改善城市生态环境质量，以展示城市文化传承为轴发展的建筑风貌、文化活动和肌理特征，体现本土文化的传承及城市精神的展现。总之，要贯彻城市设计理念，力求设计达到与城市风貌和地方文化特色的融合，体现现代化城市的时代气息。

12.2.4.3　设计原则

1. 和谐统一

道路的空间作为一个整体，应保持整段道路的空间可识别性和各段道路空间的延续性与和谐性；道路两侧的城市家具及沿街绿化应与道路两侧街坊的建筑物的空间互为渗透，融为一体。不仅要实现道路与周围环境的和谐统一，还要促进人、车、路及其与周围环境的整体统一和谐。

2. 远近结合

考虑时效性和可操作性，根据道路沿线自身的特点，采取分期实施，远、近期相结合的方法，为将来优化该路的生态环境系统预留时间和空间。

3. 生态优先

高度重视环境保护和生态的可持续发展，合理布局各类绿地，保护古树名木与名胜古迹等历史遗产和景观资源，保障城市发展过程中经济、社会、环境效益平衡发展。

4. 整体协调

道路系统应当兼顾城市发展过程中社会、经济和自然资源的整体效益，尽可能公平地对待不同地区和不同代际人群间的发展需求；统一规划，分步实施，着重近中期规划，寻求切实可行的生态道路建设模式。

12.2.4.4　生态设计方案

1. 道路绿化

道路生态设计应从每一个细节为行人、车辆、沿线居民乃至整个城市的居民营造人性化的、生态的环境，提升文化含量和品味。在道路绿化方面主要体现在以下两点：宏观上，以创造自然生态环境为主题。在都市建筑环境中。融合人工创造的自然环境，用绿意来柔化建筑物的刚硬，充分体现出人与自然的和谐；微观上，以人为核心，满足"人性回归"的渴望，力求创造环境宜人，愉悦舒适，景色诱人，亲切近人，人在其中，人景交融的环境。

具体的设计如下：

由于受到交通条件和规划红线的限制，该路划分机动车道、非机动车道和人行道，用行道树和分隔带把机动车道和非机动车道隔离开来，在人行道的另一边还零星地种植

一些草类。行道树和分隔带植物的栽植遵循合理的生态位原理，采用良好的复层结构植物群落，最大限度地利用土地及空间，使植物能充分利用光照、热量、水势、土肥等自然资源。其中，行道树以法国梧桐为基调，下面配以常绿植物，而在人行道的边缘有一些零星的绿地，创造科学合理的植物群落的整体美，形成了层次变化的群落栽植和季相变化的色彩设计，构成乔、灌、草相结合的复层生态系统。因此，该路周围环境中保持了较好的空气温度与湿度，同时树木植被也起到吸附灰尘、吸收噪音的作用，为该路创造了较好的环境。这样不仅给人以美感，还为该区的生态系统提供良好的环境，有助于该区域生态系统的稳定。

由于该路是一条东西走向的城市干道，总长约为3 100 km，贯穿了合肥老城区外围，因此它是城区景观格局中连接斑块、构成城区生态绿地系统的纽带。它起到连接沿线各个生态斑块的作用，其中比较大的斑块是包河公园-环城生态公园的一部分。作为包河公园入口，这里属于生态斑块的边缘，利用斜坡地形种植草皮，并辅以四季常绿树木。这样不仅有助于保持水土，还有助于维护边缘的生态系统，同时与相邻的包公祠形成呼应。

另外，根据实际情况以及发展的需要，充分利用沿线的空地，注重该路沿线的节点绿地设计，进而连成整体，真正地融入生态公园之中。例如，对该路沿线某加油站空地的改造，将原来的铁栅栏拆除，并对附近的建筑立面进行整治，形成一个供人们休闲的小型绿地。这样不仅增加了该路的绿量，还与该路沿线的其他小块绿地系统连接在一起，形成稳定的生态系统。

通过这样的方式形成"点""线""面"相结合的道路绿化系统，保证了绿化的连续和层次，增加的开放绿地空间，不仅缓解了人流，还维持了该路沿线景观的完整统一；增加的块状绿地，强调了绿地的可进入性，提供驻留可能；在这样的基础上形成一条充满生机的具有一定意义的生态廊道，进而增大该路沿线的生态效益。

2. 人性化设计

该路的改造设计中充分考虑人的需要，在不同的方面都采用人性化的设计。例如，首次在城市道路快慢车道分隔带上建设生态停车坪，合理利用法国梧桐的间隙，减少泊车空间占用率，而且具有良好的遮阳效果；首次在城市道路建设中采用植草格工艺，不仅美观大方，整体效果强，而且承载能力突出，方便停车。采用植草格工艺和铺设草坪砖，增加17处约3 000 m² 生态停车坪，可停放150辆机动车；铺设透水砖，增加47处约1 840 m² 生态停车坪，可停放900辆自行车。这样的设计不仅充分利用沿街的土地，还使土壤与空气的接触面增大，进而为该路沿线的生态提供良好的土壤基础。

除此之外，该路的人性化设计还表现在一体化设计方面。利用行道树空间组织静态交通：法国梧桐之间的间隔或采用植草格工艺，或采用草坪砖，在快慢车分割岛上营造出生态停车坪，这样方便了人们的出行。

另外，人行道上，以港湾式安排座椅，既不影响行人，又让休闲者有安全感。其他诸如公交车站牌、照明、排水等设施都充分体现人性化的设计。

3. 文化内涵的体现

道路建设应注重文化内涵和艺术表现。为弘扬合肥历史地理文化，保存城市的记忆，保护历史的延续性，应将文化遗产和城市特色其融入城市道路建设之中，成为城市可持续发展的姿态和动力。

12.2.5　结论

以上对生态设计的概念、发展历程和方法进行了介绍，并以案例说明了该方法在道路景观设计方面的应用。可以说，生态设计思想的产生与发展，源于人类对自身危机的认识与觉醒，是一种应对环境危机的对策。只要全球环境危机不解除，对于生态设计的理论研究和实践活动就不会停止。它是简单而有效地与自然过程融合和协调的方法，它迫使我们去探询新的问题，向自然生态系统学习，因为一个典型生物体经历了至少百万年以上自然的探索和发展，具有我们所不能比拟的设计水准。生物进化的每一步都显示出它所具有的设计完整性，在试图减小环境影响时，我们不可避免地要从自然中吸取设计策略。

随着生态学研究的深入和生态设计理论的不断完善，生态设计方法在城市规划、景观设计、建筑和产品设计等领域已经进行了卓有成效的探索和实践，并提供了很多成功的经验，生态设计的内涵在各自的领域得到了进一步的丰富和扩展。我们有理由相信，随着生态设计方法在更多领域的广泛应用，人类终将实现与自然和谐与共赢。

12.3　计算机支持下的协同设计

随着计算机软硬件和网络技术的迅猛发展，传统的孤立式工作方式、以单一信息媒体的信息交互方式已远远无法满足信息时代人们的要求，信息共享和人与人之间的合作越来越重要。由于市场的不断变化和竞争激烈，对产品开发的要求在不断地提高，比如要求生命周期越来越短，产品复杂性越来越高。相对传统而言，设计者已不再可能依靠自身单独的设计能力来掌控和完成整个设计过程。要实现一个合理的设计，往往需要有多学科领域的设计参与者共同来承担整个项目，需要设计者引入多种设计方法，运用多种设计数据和知识。这就迫切需要建立一个支持信息共享人员和技术及工具集成的设计环境，支持多学科专家跨越时间空间障碍的协同设计。设计者通过协同设计工具可以共享产品设计信息、设计过程、设计环境、网络通信，以及设计者之间的应用等。因此，计算机支持下的协同设计应运而生。这种系统通过计算机网络可以为分布在各地的人们提供一个虚拟的工作环境，使人们能够互相交流信息。对于一个设计团队人员，通过任务分配、冲突协调等机制，设计任务能够并发地进行，从而大大缩短设计进程。即使面对大量参与项目设计在各方面拥有不同技术和特长的技术人员，也可以通过计算机和网络技术，使系统面向多用户开放，使信息相互传递，通过联网的计算机进行图形、图像、文字和声音的交流、讨论方案、协同工作，使团队所有成员能够共同努力协作完成一系列任务，并解决各种复杂问题。因此，基于计算机支持下的协同设计在当今社会变得日益重要。

12.3.1　协同设计的概念

计算机支持的协同设计（CSCD）是建立在计算机网络环境下如何解决设计信息的共享、交互，以及冲突协调管理等方面问题的模型和方法，是对并行工程、敏捷制造等先进制造模式在设计领域的进一步深化。它是一种设计理念，指多个协同设计参与者在计算机支持环境中，互相合作地完成整个设计项目的过程，并利用计算机网络对多人参与的协同设计工作和所涉及的数据和设计过程进行组织、管理和协调。它以产品设计过程

中协同问题为研究对象，强调加强人-人、人-机、机-机之间的协同工作，通过自组织的协同活动达到总体目标优化的目的。其研究目标是研究设计过程中各种协同活动的行为方式，从系统论和社会学的角度对协同过程进行优化，并提供支持协同设计过程的计算机支撑环境。

协同设计体系是一套对众多设计单位的设计流程、工作习惯和管理手段等方面进行深入地了解、概括和提炼的基础上，结合独到的软件设计理念，开发而成的一套精巧实用的管理软件。该软件模块与项目管理软件一体化集成，自动提取项目管理中已建的工程项目信息、校审流程、成员组织结构和进度计划等工作规程。将项目负责、专业负责、设计和校审人员通过网络组成有机的协作体。从图形的设计、校审到打印归档等都严谨条理、井然有序。各类人员可方便地监控相应的工作进程，并可由相应的功能进行智能提示和催办。软件还可以根据各种要素作灵活的查询和统计，与 AutoCAD 之间紧密嵌合，所形成的图形具有自动版本更新、自动属性记录和自动智能导向等功能。协同设计软件会在不增加使用人员任何工作负担、不影响任何设计思路的情况下，始终帮助使用人员理顺设计中的每一张图纸，记录清楚其各个历史版本和历程，使设计图纸不再凌乱，并始终帮助使用人员掌握设计的协作分寸和时机，使得图纸环节的流转及时顺畅，资源共享充分圆满；协同设计会始终帮助设计人员监控设计过程中的每个环节，使得工程进度把握有序。协同设计由流程、协作和管理三类模块构成，设计、校审和管理等不同角色人员利用该平台中的相关功能实现各自工作。

12.3.2 计算机支持下协同设计的来源及其发展

由于信息技术，特别是计算机技术和通信技术的进步，计算机网络通信技术及其应用得到了广阔的发展，这给协同技术研究与应用提供了强有力的支持，使得计算机支持下的协同工作得到了迅猛地发展。计算机支持的协同工作（Computer Supported Cooperative Work，CSCW）是利用计算机和网络通信技术建立一个协同工作环境。探讨在此环境中人们可以相互合作，共同设计创造一个产品或一个研究领域或一个专题，或一个学术上的难题。计算机支持协同设计（CSCD）是从 CSCW 理论研究演绎和发展过来的，CSCD 是 CSCW 理论的一个特例，它的出现为产品研发、技术研究、项目设计或工程开发等提供了有利的、实用的、便捷的工作手段。因此，通过研究 CSCW 的来源和发展可以说明 CSCD 的发展过程。

计算机支持的协同工作的发展正是适应了信息社会中人们的工作方式的特点，因此被认为是未来社会中被广泛采用的技术。这种工作的研究始于 20 世纪 60 年代，在随后的研究中，出现了一些视频、音频、文本、图像等多媒体环境，但是由于所设计的存储空间的和通信媒体的巨大开销，该研究的使用功能十分薄弱。直到 80 年代，计算机网络技术、多媒体技术、数据压缩与存储技术、通信技术和分布与并行处理技术等都有了长足的进步，同时由于人机交互理论的逐渐成熟，导致了协同工作的迅速发展。1984 年，美国 MIT 的艾琳·格雷夫（Iren Grief）和 DEC 的保罗·卡什曼（Paul Cashman）在一个专题讨论会上首次提出计算机支持的协同工作（CSCW）概念，目的是利用多媒体技术和通信技术建立一个协同工作的环境，支持一组用户参与一个共同的任务，并提供给他们共享环境的接口。但是，作为一门学科，CSCW 是 1986 年 9 月在美国德克萨斯州召开的第一届

CSCW 国际会议上被确定下来的。自 1986 年的国际会议后，CSCW 得到了国际上极大的重视，1989 年欧洲学者们在伦敦召开了第一届欧洲 CSCW 国际会议 CSCW89，专门讨论 CSCW 的理论、技术与应用，此后这两个代表最高水平的国际会议每年在北美和欧洲交替举行。从 1996 年起，亚洲国家的研究机构每年召开一次 CSCW 的学术会议 CSCW in Design，主要讨论计算辅助设计中的协同工作问题，中国是该会议的主要成员之一。我国于 1998 年 12 月，在北京召开了第一次全国 CSCW 学术会议，建立了每两年一次全国 CSCW 学术会议的开端，在通信、计算机网络、信息系统、分布式系统、数据库系统、并行工程、多媒体信息处理和人机界面等领域中也开展了对 CSCW 应用的研究。我国对 CSCW 技术的研究主要包括：CSCW 技术的研究主要跟踪国外的先进技术，从事计算机支持协同工作机理、模型、方法等研究；CSCW 技术在并行工程设计中的应用研究；协同设计工作模型和原型系统的研究等。

CSCW 技术在我国开展以来，过去的十几年到现在是 CSCD 的形成与发展时期。这期间，基于共享可视空间为设计者建立同步或异步交流环境的研究，和基于 Internet 环境协同设计系统的研究等的不断出现，使得这项工作研究在不断地扩大发展。例如，远程协作研究、远程协同设计、远程教学等。如今，在网络的环境中，知识经济和数字化浪潮给协同科学与 CSCD 带来了新的机遇和挑战，CSCD 将更加迅速地发展成熟并进一步影响人们的工作方式和生活方式；因此，更需要我们深入研究其协作模型、工作流管理、共享媒体空间、新型群组通信支持、异构资源集成、协同系统安全、多维接口（包括 API、人机接口、人人接口）、虚拟协作环境、协同应用开发等问题。而 CSCD 的发展也会更侧重于这些方面：

①从产品设计出发，建立其协作模型和协作系统。

②从生产过程出发，建立其工作流协作管理和信息共享空间。

③系统研究更加开放型、集成化、智能化。开放型是指支持现行的各种多媒体软硬件平台、网络平台及协议，使 CSCD 可跨异构平台运行；集成化是指集成多种媒体和多种工具，允许不同的合作技术的结合，允许多种设计方法，支持更广泛的应用；智能化指系统嵌入智能单元，增加对复杂情况的适应能力，由于 CSCD 系统协作组织和协作过程的动态性和不确定性，尤其是多用户访问的冲突，需要系统的智能化以提高系统解决冲突的能力。

④CSCD 协作工具的标准化、规范化以及系统更具安全性。

⑤向虚拟协作化方向发展。虚拟现实技术和 Internet 技术的结合是 CSCD 系统研究的一大趋势，随着虚拟制造企业的产生，CSCD 必须实现虚拟设计。

12.3.3 计算机支持下协同设计的特点

为了实现一个产品的优化合理设计，通常需要引入多种设计方法和技术来达到设计的目的，而且一个设计问题往往含有多种不同的设计任务和多种设计数据类型。因此，它需要丰富的专业知识和设计基础数据，以及对知识进行加工处理、综合和协同这些专业知识的有效机制，来耦合不同设计人员的设计任务。

不同的设计任务和设计数据之间相互交换、相互反馈、相互协调的过程，对计算机的支持提出了迫切需求，同时也在设计方法上提出了多设计人员的通信和协调问题。基

于这些因素,协同设计的特点是:

(1)协同性(计算机系统之间的协同和设计人员与计算机系统的协同)。计算机系统之间的协同,包括各种计算机辅助系统之间的信息交换、信息管理以及互操作性。在由多个计算机系统所构成的分布式异构环境中,实现信息的无缝连接和平滑处理,并为设计人员提供统一的界面和实现系统之间切换的透明化;由于计算机的功能不断增强,辅助设计工具的性能也在不断提高,有很大一部分原来由设计人员完成的工作都由计算机系统完成。到目前为止,计算机所能完成的工作还只能是辅助性的,设计问题中的绝大部分创造性工作都必须由设计人员才能完成。想要使计算机系统与设计人员更加紧密地结合,充分发挥人机一体化的优势,合理地在设计人员与计算机系统之间进行平衡的任务分配,就需要加强对人机协同的研究。

(2)分布性。协同设计是一个分布式的系统,其设计者可以分布在世界各地,不受地域限制。

(3)一致性。设计人员们所设计的目标是同一个,因此设计信息、数据、知识需具有一致性。

(4)多学科性。参与设计的人员通常具有不同领域的知识、研究手段和解决问题的能力。

设计过程需要考虑所设计的任务、设计主体的性能,以及设计数据和信息的一致,并使设计内容的上下关系协调。通过协同设计系统,方便用户对设计主体进行描述,易于设计问题的形成、理解和评价,从而大大提高工作效率,缩短设计周期,提高产品设计的复杂性,使产品更具市场竞争力。计算机支持下的协同设计的发展适应于信息社会人们工作方式的需求,它提高了人们的工作效率,改善人们交流信息的方式。

12.3.4 计算机支持下协同设计的分类

计算机支持的协同设计可按照空间和时间来进行分类。按空间的概念划分,按地域分布可以分成本地和异地;按照时间的概念划分,由合作者的交互方式可以分成同步(synchronous)和异步(asynchronous)。同步协同设计是一种紧密耦合的协同工作,有多个协同设计人员在相同时间内,通过共享工作空间进行设计活动,并且任何一个协作人员都可以迅速地从其他的协作人员处得到反馈信息;异步协同设计通常不能指望能够迅速地从其他协作人员处得到反馈信息,因此,异步协同设计除必须具有紧密集成的CAD/DFX工具之外,还需要解决共享数据管理、协作信息管理、协作过程中的数据流和工作流管理等问题。由此将计算机支持的协同工作分成四类。

(1)本地同步系统。在同一时间和同一地点进行同一任务的合作方式,如会议室系统、共同决策等。

(2)异地同步系统。在同一时间但不同地点进行同一任务的合作方式,如电子会议、群体决策、桌面视频会议等。

(3)本地异步系统。在同一地点但不同时间进行同一任务的合作方式,如轮流作业等。

(4)异地异步系统。在不同地点并且不同时间进行同一任务的合作方式,如电子邮件。

12.3.5 计算机支持下协同设计的关键技术

(1)协同设计过程的规划和控制技术

在协同设计中，设计子任务之间存在的串行、并行与并发等因素使设计规划具有复杂的关系，在设计任务完成之前，每个子任务都可能被修改，从而导致大多数互相依赖的子任务都可能需要修改，这使得完成任务的效率变得很低。因此，需要对协同设计进行规划，用户在接受一个任务后，就成为完成此任务的负责人。根据任务的级别、创建时间顺序、重要程度、紧迫性和任务调度性质等因素，生成任务完成计划。任务执行必须在相应资源的支持下才能进行。因此，对每个任务必须分配相应资源。资源的数量和水平影响着该任务的执行速度，在资源相对缺少的条件下，如何有效地分配资源使设计过程最优，成为过程规划的重要内容。在协同设计实际进行时，需要保证每个任务的输入条件和资源需求得到满足，监督和处理任务执行中发生的各种意外。在任务结束时应该检查输出是否满足规定。通过对过程的控制，设计需求能够通过任务的执行变换出高质量的产品设计。在这个过程中，计算机可以使用特定的算法进行过程的优化和过程执行的监控。

(2)合作与冲突管理

各协同小组之间的合作是协同设计中的基本特征，同时冲突也存在于各协同小组设计的相对独立和相互依赖关系中。每个协同小组的资源、能力、信息是有限的，协同小组间必须通过一定的合作和协调才能完成对整个问题的求解，即协同小组间具有依赖性；同时，每个小组都有自己独立的结构、知识库和问题求解策略，这又决定了协同小组的独立性。

各小组通过执行任务来达到对各个目标的追求，因此各小组之间既有合作又有对各自利益一定程度的坚持，使协同设计满足多目标的追求。由于各目标的相对权重是不一致的，因此需要寻求对各小组合作的关系的限制达到多目标平衡的方法。冲突在协同设计中是常见的现象，它的出现反映了设计在不断向前发展，它的消解又使设计从局部最优向全局最优进化。因此，正确地解决冲突是设计优化的重要手段。冲突的解决手段有两种——协商和仲裁。协商的成功与否有赖于冲突双方的协作关系和冲突对双方利益的影响程度。仲裁的成功与否有赖于一个具有充分理性的实体的存在。利用计算机可以更合理更高效地进行合作和冲突的管理。

(3)信息共享和交流

实现信息共享和交流是协同的先决条件。在信息共享中有三方面的要求，即准确、高效和安全。有关协同设计的信息的基本类型有两种，即设计对象信息和设计行为信息。在协同设计中，由于不同专家的学科不同和任务相异，对设计对象的操作是在不同的抽象水平和层次上进行的；因此，形成了设计对象的多模型和多视图。各专家通过将设计对象局部数据形成的模型一致起来，使其最终可以转化为实现数据，从而进行操作以完成设计任务。另外，设计人员对应了组织中不同的角色，各角色有着不同的权限，需要通过对操作共享信息的权限控制及序列规定，来保证数据使用的安全性。

因此，想要加强各类协同设计人员之间的信息交流，采用多种形式的媒体进行信息表达，如电子邮件、视频、音频、黑板、白板、你见即我见等方式，在各类人员之间建

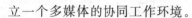

立一个多媒体的协同工作环境。

（4）集成化产品信息模型的建立

建立集成的产品信息模型的目的在于为产品生命周期的各个环节提供产品的全部信息，可为设计（包括工程分析和绘图）、工艺、NC加工、装配和检验等提供共享的产品的全面描述。它不仅包括产品的几何信息，而且包括非几何信息，如制造特征、材料特征、公差标准、表面粗糙度标准等工艺信息和物性信息。它是产品生命周期中关于产品的信息交换和的共享的基础。

（5）分布对象技术

在分布的和多种异构资源的基础上，如何把某一产品数据和相关产品或操作集合在一起进行封装，便于网上传输，实现资源与信息共享，就需要一种可分布的、可互操作的面向对象机制——分布式对象技术，这对实现分布异构环境下对象之间的互操作和协同工作具有十分重要的作用和意义。分布对象技术的主要思想是在分布式系统中引入一种可分布的、可互操作的对象机制，把分布于网络上可用的所有资源封装成各个公共可存取的对象集合。该技术采用客户/服务器（CS）模式实现对象的管理和交互，使得不同的面向对象和非面向对象的应用可以集成在一起。它提供了在分布的异种平台之间进行协作计算的机制，能够满足协同设计系统中各实体的协调合作。

12.3.6 计算机支持下协同设计的主要方式

传统设计是串行迭代的模式，所设计的产品在使用阶段发现问题后，在前面各阶段中找原因加以解决。而协同设计是先进制造技术中并行工程运行模式的核心。它在产品设计阶段尽早考虑产品寿命周期中各种因素的影响，全面评价产品设计，以达到设计中的最优化，并最大限度地消除隐患。在产品的设计阶段，设计专家要进行讨论，协调产品的设计任务，而且工艺、制造、质量等后续部门也要参与产品设计工作，对产品设计方案提出修改意见。

当今，企业为适应世界市场的要求——产品生命周期短、更新换代快、品种增加、批量减小，同时又能快速赢得市场并获得更大利润，需要寻求一种敏捷的、可利用的知识和技术，使企业快速开发新产品，重组资源，组织生产，满足用户"个性化产品"的需要，这成为企业能否赢得竞争、不断发展的关键。而协同设计正是敏捷制造的表现形式与重要手段。它是以信息技术为基础，在全球一体化或地区一体化的金融环境和政治环境中，迅速敏捷地通过临时联合那些能适应环境变化的企业，组成动态联盟，共同承担风险，分担义务，共享成果，并能迅速开发新产品，响应市场需求。

对于产品开发而言，存在着人员组织视图、产品模型视图和开发过程模型视图等三种视图。不同的视图对应不同的产品协同设计实现方式。

从人员组织视图的角度来看，可以让供应商参与产品的设计，这是集成供应商产品研发能力的一种方法，供应商能和企业自身的设计人员同步地进行产品设计，可以缩短产品设计的周期，并能够减少产品的加工和生产费用。

从产品模型视图来看，可以采用模块化来进行产品的协同设计。模块化是企业快速地为用户提供高质量、低成本产品的有效方法，模块化能使产品设计过程分割成一些相对独立的设计任务，并且这些任务之间的信息关联尽可能的少，从而可以并发地进行产品开发。

从过程视图来看，并行工程则是实现产品协同设计的有效途径，在并行工程环境下，产品设计过程中要同时考虑产品的制造、生产、分发以及维护等与产品生命周期密切相关的工作，这种产品设计方法也可称之为并行设计，面向装配的设计、面向制造的设计等产品设计方法都源于这一理念。从产品协同设计的观点来看，由于并行工程中要涉及多学科的知识，需要各方人员协同的组成一个团队来实现产品的设计和开发，因此并行和协同是交织在一起的。

针对不同的产品类型以及不同的应用需求，协同设计的实现方式也是不同的。一般的想法是把一个产品设计项目分成若干个小的设计任务每个设计人员（团队或者企业）负责产品设计中的不同任务，分工进行设计。因此，协同设计的组织形式分为以下几种：

(1)交互式协同。两名或两名以上的设计人员一起工作，并在设计过程协商做出决策。当采用这种方式时，设计人员要花费大量的时间进行协商，因而设计效率较低。

(2)独占式协同。设计人员各自负责自己的设计任务，偶尔征求合作方的意见，实践证明，这种合作方式的效率较高。

(3)独裁式协同。产品的设计决策由一个人来完成，合作方只是根据决策执行设计活动。

一个产品的设计过程往往由多个设计任务组成，不同的设计人员分担不同的设计任务，即采用独占式合作模型进行产品开发在实际中应用的比较广泛，这不仅是因为独占式合作模型的效率和设计质量比较高，同时它也是一种比较容易操作的模式。

12.3.7　计算机支持下协同设计体系结构

在协同设计系统环境中，协同方式是基于计算机支持下环境目标集中控制的互联协同。系统中的各智能主体都围绕着一个共同的目标，各主体目标与全局目标具有一致性。其中的组织与结构具有一定的独立性同时又互相紧密关联。其系统远比一个单纯的 CAD 系统复杂，一般地，组建协同设计系统应具备的集成技术特性，如图 12-7 所示。

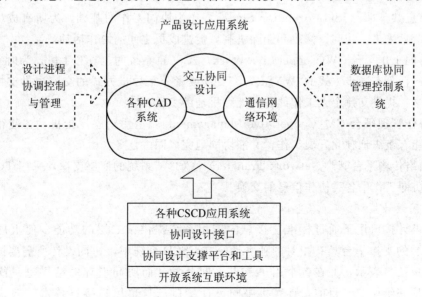

图 12-7　CSCD 系统体系结构图

265

一个产品的设计，要通过高速的网络环境系统来保证数据能够正确、可靠地传输，并且要拥有高性能的 CAD 系统和实时交互设计系统，可以有效地进行数字化设计和信息共享。因此，协同设计系统需要具有应用系统、平台、接口与互联环境等重要结构层。

1. 应用系统

应用系统 AS(Application System)，为整个系统提供目标与策略。需要从研究群体设计的过程入手，以人类学、社会学、组织科学和认知科学为指导，分析群体协作的特性、需求、过程和方法，以抽象出能够表示群体设计方式和需求的协作模型，最后建立其群体问题求解模型。

2. 开放系统互联环境

开放系统互联环境是位于体系结构中最底层的提供异构系统互联、多媒体通信、分布式环境，以解决各协同子系统之间在分布环境下的互联、互操作、分布服务。构成开放系统互联和分布处理环境的协议体系和模型，具体包括开放系统参考模型 OSI、Internet 的 TCP/IP 协议族、开放式分布处理 ODP(Open Distributed Processing)与分布式计算环境 DCE(Distributed Computing Environment)。

3. 协同设计支撑平台和工具

协同设计支撑平台和工具用于解决协同设计过程的信息共享、信息安全、群体管理、电子邮件、讨论系统和工作流程等工作，其包含的平台结构见图 12-8。

图 12-8　协同设计支撑平台结构

(1)信息共享平台 IS(Information Share)：作为协同工作的基础，为所有成员提供方便可靠的信息采集、访问、修改和删除机制，促进成员之间的协作活动；

(2)协同工作平台 CW(Cooperative Work)：CSCD 系统的工具和手段，为时空上分布的协作者进行分布同步方式的"WYSIWIS"交互或者分布异步方式的交流提供支持，实现信息的共享，提供支持个人工作的各种计算机辅助工具；

(3)协作管理平台 CM(Cooperative Management)：运用动态反馈机制，使得各个协作成员既能有组织地独立开展工作，又能协同地完成同一任务；

(4)网络传输平台 NT(Network Transfer)：CSCW 系统的底层支撑，采用 TCP/IP 协议，实现协同工作中各类协作信息的交换。

4. 协同设计接口

协同设计接口用于通过标准化接口向应用系统提供第二层的功能，使上层的应用系统与下层的支撑平台具有相对的独立性。在 CSCD 系统中，协同设计所需要的信息必须通过用户接口表示，并在各个用户节点之间分发。而协同设计的结果也只能够通过用户接口反映给用户。目前，计算机协同设计接口已从单用户接口技术转向多用户接口(群接口)技术的研究与应用。与单用户接口技术相比较，一个主要的差别是群接口必须提供动态的操作环境。因为系统的状态随时会由于其他用户的活动而发生变化，用户接口也必须相应地响应这些变化；所以，各个协作用户之间的感知是群接口必须重点处理的问题。

群接口技术能够体现群体活动及多用户控制的特征，能够处理多用户控制的复杂性。为了支持多层次、多群体的协同设计工作，CSCD 系统必须允许多个用户同时或者先后访问应用系统，提供方便的群接口。这种群接口是一种支持协同设计的群体协作多用户接口(Cooperative Multi-user Interface，CMUI)。CMUI 的目的就是建立和维护一个公共环境，使得参加协同设计的用户可以感知其他成员的存在与活动。表现出以下特性：

(1)分布性。CSCD 用户在自己的计算机上输入信息、设计方案，并将这些信息及相应操作实时地反映到公共环境上，为其他成员所共知。其群接口形式如图 12-9 所示。

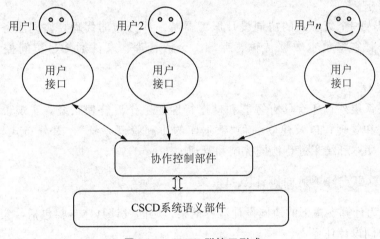

图 12-9　CMUI 群接口形式

(2)人与人交互特征。在 CSCD 系统之中，参加协同设计活动成员之间的相互交互实际上是通过人-机、机-机和人-机三个步骤实现的，如图 12-10 所示。CMUI 不仅通过这种途径实现成员之间的信息交互，而且将传统的人机接口拓展为广义的人与人之间的交互协同工作接口。

图 12-10　CSCD 系统中协同设计成员之间的交互过程

(3)支持不同要求的接口耦合。CMUI 的分布性决定了其共享信息来源于每个参加协同设计活动的成员，各个成员对某一个共享对象的操作称为共享操作。实现共享操作的

过程称为接口耦合。接口耦合的程度反映了成员之间相互感知的要求。感知要求越高，接口耦合也就越紧密，否则越松散。

5. 各种 CSCD 应用系统

CSCD 应用系统用于各种协同工作应用领域，主要包括协同任务的确定、任务分解与分配，利用 CSCD 系统、平台和支持工具，构造实际的协同设计应用系统。它是设计人员发挥想象、交流想法的过程，这就要求协同设计支撑环境首先要提供丰富的人机交互手段，以完成信息的方便采集及表示（同步的或异步的）；其次要提供丰富的人人交互手段，已完成信息交流及共享支持等。为满足第一个需求，协同设计系统提供一个多媒体用户界面，包括一个供所有设计人员共享的虚拟绘图板（VDB，这是一种与桌面会议系统中的电子白板更类似的工具，同时还提供专业化的 CAD 绘图工具）、实时视频、音频以及基于文本或语音的消息传递服务。而用户界面中的各应用程序将满足各种同步或异步通信交流的要求。

该模型引入一个集中式的协同设计服务器及一些分布的代理。协同服务器是整个支撑系统的中心，它将负责数据传输、存储、会话管理、事件通知、访问控制和并发控制等。

6. 其他系统

除以上关系层外，还有具有智能和动态特性的工作流管理系统，实现设计过程或进程的协调控制和管理；以及建立一种"数据库的协同管理系统"，对分布式异构数据库、设计数据库、版本和结果进行协同控制和管理。

12.3.8　计算机支持下协同设计流程框架

图 12-11 为计算支撑下的协同设计流程框架，协同设计具体步骤包括收集资料、设计概念和建立协同设计任务。

12.3.9　产品的协同设计研究

计算机支持下的协同设计系统是实现缩短产品生命周期、提高工作效率的最为关键的途径。从 20 世纪 90 年代开始，产品生命周期不止出现在环境领域，也出现在其他商业领域，如市场、产品开发、质量管理、产品链管理、物流、通信等。随着各领域的活动愈加全球化，生命周期被看作一种商业策略。为使其缩短从而提高工作效率，已经是可持续发展进程中各个部门和领域着重追求的目标。因此，计算机支持下的协同设计被广泛应用于产品制造的各个领域中。

对于一种产品，其各种部件来自于不同企业和不同地域，对其设计可能涉及不同的专业领域，这是一个复杂的处理过程，特别是创新设计需要许多人员共同参与。为了实现优化的创新设计，需要多种不同领域的工程设计人员引入多种设计方法，运用多种设计数据和知识来达到设计的目的。比如，电器等自动化设备，通常由机械、自动化、电气和光学等部分组成，电器的壳体是电器的基础部件，它的作用是固定和支承电器内部的各个零部件，将它们联合组成为一个有机整体，并要求保证电器的使用能力。下面以电器壳体的设计为例，其整个协同设计过程如图 12-12 所示。

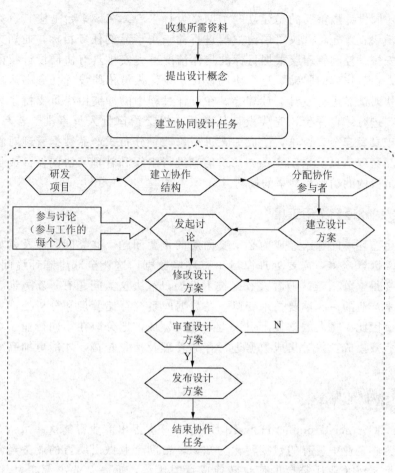

图 12-11 计算机支持下的协同设计框架

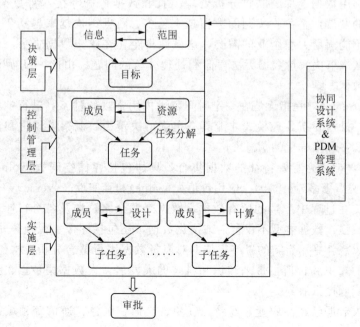

图 12-12 产品协同设计过程框图

产品的协同设计最重要的是建立一个网络设计平台，在该平台上应具有完成产品设计的各功能模块。首先，由决策层建立要进行的一个产品的任务目标，通知控制管理层进行组织和安排；控制管理层根据目标的具体情况首先安排具有协同设计权限的成员分配设计任务，在工作流的驱动下进行协同设计。设计人员依照设计任务书运用相关的设计和计算模块对产品进行设计、计算等。在设计过程中的冲突由决策支持系统提供解决方式和策略，进行综合评价，完成设计任务后，提交给审批人员审批。若有需要修改，则通过协同工具发起会议讨论，达成一致进行修改。分布式产品数据管理对在设计过程中所有的产品数据信息及系统资源、知识信息进行组织和管理。协同设计成员对设计数据具有权限范围内的访问和共享的权利。

12.4　大数据处理及实用工具

当前，生态环境问题已经成为必须要面对的重要问题。这类问题涉及领域广泛、过程复杂、驱动因素众多，需要处理海量生态环境数据，这让全球生态环境问题的监测、分析和处理变得十分困难。随着大数据技术发展，解决这类问题有了新方向。大数据技术是信息技术产业的一次重要技术变革，在数据库系统存储管理和分析处理能力上具有很大的优势。因此，将大数据技术引入生态环境领域，把分散在不同行业领域的生态环境数据进行有效集成，并对集成数据进行存储管理及信息挖掘，才能更加高效地解决生态环境问题。

12.4.1　大数据的概念

1989 年，Gartner Group 的 Howard Dresner 首次提出商业智能这一术语。商业智能通常被理解为将企业中现有的数据转化为知识，帮助企业做出明智的业务经营决策的工具，主要目标是将企业所掌握的信息转换成竞争优势，提高企业决策能力、决策效率、决策准确性。利用数据仓库、联机分析处理工具和数据挖掘等技术将数据转化为知识。随着互联网络的发展，企业收集到的数据越来越多、数据结构越来越复杂，一般的数据挖掘技术已经不能满足大型企业的需要，这就使得企业在收集数据之余，也开始有意识的寻求新的方法来解决大量数据无法存储和处理分析的问题。由此，IT 界诞生了一个新的名词——大数据。

大数据(big data)，是指无法在一定时间范围内用常规软件工具进行捕捉、管理和处理的数据集合，是需要新处理模式才能具有更强的决策力、洞察发现力和流程优化能力的海量、高增长率和多样化的信息资产。

大数据是以"5V"为主要特征的数据集合，具体包括存储空间大(volume)、快速访问(velocity)、类型繁多(variety)、应用价值大(value)和真实性高(veracity)。大数据包括市场交易及其交互过程中产生的所有数据，数据来源众多，涉及各个行业部门，数据之间的关联性比较强，数据类型不仅包括结构化数据，还包括图像、视频等非结构化数据。大数据的核心思想就是用崭新的思维、技术对海量数据进行整合分析，构建各类数据库，从中发现有用的知识和价值，带来知识和科技的大发展。大数据集数据、技术和应用为一身，为决策问题提供服务。

近年来，大数据已经在农业、经济、气象、交通、医疗、通信等领域得到了有效应

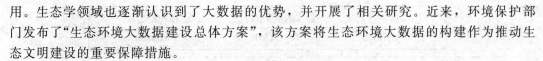

用。生态学领域也逐渐认识到了大数据的优势，并开展了相关研究。近来，环境保护部门发布了"生态环境大数据建设总体方案"，该方案将生态环境大数据的构建作为推动生态文明建设的重要保障措施。

随着互联网与移动通信技术的发展，信息数据量呈现出史无前例的爆发式增长，"大数据"已经引发了学术界的广泛关注。从 2008 年《自然》杂志刊登出大数据专题，到 2012 年 3 月奥巴马政府发布"大数据研究和发展"倡议，再到 2015 年 9 月中国政府"关于促进大数据发展的行动纲要"的发布，大数据已经引起越来越多人的重视。在中国，国家非常重视大数据发展和应用的前景，已将大数据确立为国家发展战略。"大数据"时代的到来被业界誉为又一次信息技术革命，正在给技术进步和社会发展带来全新的动力，并将对政府和企业的管理与决策，以及人们的生活产生巨大而又深远的影响。大数据将以一种更加理性的方式颠覆人们探索世界的方法，它更多地体现在思维方式的改变，是一种崭新的战略、认知和文化，必将引起经济、军事、交通、环境等领域的里程碑式的深刻变革。

12.4.2 大数据处理流程

整个大数据处理流程如图 12-13 所示，即经数据源获取的数据，因为其数据结构不同（包括结构、半结构和非结构数据），用特殊方法进行数据处理和集成，将其转变为统一标准的数据格式方便以后对其进行处理；然后，用合适的数据分析方法将这些数据进行处理分析，并将分析的结果利用可视化等技术展现给用户，这就是整个大数据处理的流程。

1. 数据采集

大数据的"大"，原本就意味着数量多、种类复杂；因此，通过各种方法获取数据信息便显得格外重要。数据采集是大数据处理流程中最基础的一步，目前常用的数据采集手段有传感器收取、射频识别、数据检索分类工具（如百度等搜索引擎），以及条形码技术等。并且，由于移动设备的出现，如智能手机和平板电脑的迅速普及，大量移动软件被开发应用，社交网络逐渐庞大，这也加速了信息的流通速度和采集精度。

2. 数据处理与集成

数据的处理与集成主要是完成对于已经采集到的数据进行适当的处理、清洗去噪以及进一步的集成存储。通过数据处理与集成这一步骤，首先将这些结构复杂的数据转换为单一的或是便于处理的结构，为以后的数据分析打下良好的基础，因为这些数据里并不是所有的信息都是必需的，而是会掺杂很多噪音和干扰项。因此，还需对这些数据进行"去噪"和清洗，以保证数据的质量以及可靠性。常用的方法是在数据处理的过程中设计一些数据过滤器，通过聚类或关联分析的规则方法将无用或错误的离群数据挑出来过滤掉，防止其对最终数据结果产生不利影响。将这些整理好的数据进行集成和存储，这是很重要的一步，若是单纯随意的放置，则会对以后的数据取用造成影响，很容易导致数据访问性的问题。现在一般的解决方法是针对特定种类的数据建立专门的数据库，将这些不同种类的数据信息分门别类的放置，可以有效地减少数据查询和访问的时间，提高数据提取速度。

3. 数据分析

数据分析是整个大数据处理流程里最核心的部分，传统的数据处理分析方法有数据

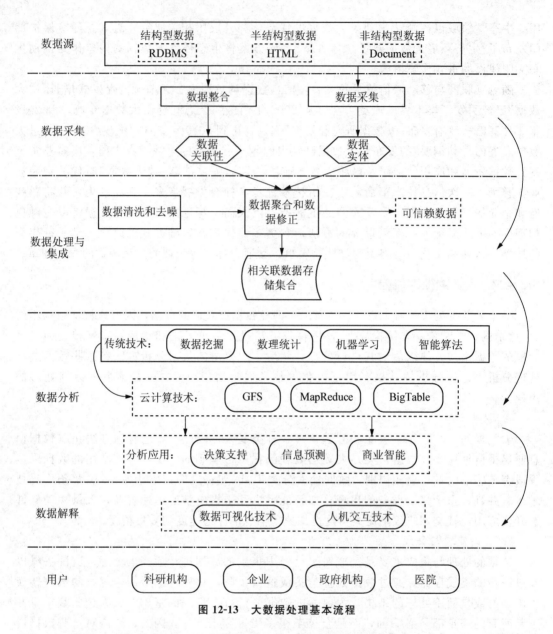

图 12-13 大数据处理基本流程

挖掘、机器学习、智能算法、统计分析等，但这些方法已经不能满足大数据时代数据分析的需求。在数据分析技术方面，Google 公司无疑是做得最先进的一个。Google 作为互联网大数据应用最为广泛的公司，于 2006 年率先提出了"云计算"的概念，其内部各种数据的应用都是依托 Google 内部研发的一系列云计算技术，如分布式文件系统 GFS、分布式数据库 BigTable、批处理技术 MapReduce，以及开源实现平台 Ha-doop 等。这些技术平台的产生，提供了很好的手段对大数据进行处理、分析。

4. 数据解释

对于广大的数据信息用户来讲，他们最关心的并非是数据的分析处理过程，而是对大数据分析结果的解释与展示。因此，在一个完善的数据分析流程中，数据结果的解释步骤至关重要。若数据分析的结果不能得到恰当的显示，数据用户会产生困扰，甚至会被误导。传统的数据显示方式是用文本形式下载输出或用户个人电脑显示处理结果。但随着数据量的加大，数据分析结果往往也越复杂，传统的数据显示方法已经不足以满足数据分析结果输出的需求，因此，为了提升数据解释、展示能力，现在大部分企业都引入了"数据可视化技术"作为解释大数据最有力的方式。可视化结果分析可以形象地向用户展示数据分析结果，更方便用户对结果的理解和接受。常见的可视化技术有基于集合的可视化技术、基于图标的技术、基于图像的技术、面向像素的技术和分布式技术等。

12.4.3　生态环境大数据

伴随着经济的高速发展，全世界的生态环境问题越发严重。目前，全球的生态环境问题主要表现在环境污染、土地退化、森林锐减、生物多样性丧失和水资源枯竭等方面。中国目前的环境问题突出表现在水土流失严重、湿地面积减少、淡水资源短缺加剧、生物多样性减少、草原退化和土地沙化尚未得到有效遏制等方面。另外，气候变化已经导致中国内陆冰川冻土融化加剧、局部沙漠化、海平面上升和海水倒灌、旱涝灾害增加、农业生产受损等。这些问题往往涉及尺度大、过程复杂、驱动因素众多，解决起来难度大。

早在20世纪中叶，生态环境领域就出现了"大数据"的思想，宏观生态学研究首先发现了大数据的重要性。生态环境问题的解决需要长期的数据积累，大数据技术为解决当前复杂的生态环境问题带来了新的可能。生态环境大数据是在集成多个部门、多源、多尺度数据的基础上，经过对生态环境全要素"空天地一体化"的连续观测，收集了海量的信息，借助云计算、人工智能及模型模拟等大数据分析技术，实现生态环境大数据的集成分析和信息挖掘，找到关键问题与关键区域，制定不同的解决方案与对策，通过对比分析找到最优解决途径，为解决中国目前生态环境问题、提高重大生态环境风险预警预报水平，以及制定相关政策法规提供科技支撑。生态环境大数据，就是通过运用大数据理念、技术和方法，对生态环境范畴数据的收集、存储、分析与利用，用以解决实际存在的各种生态问题，是大数据理论和技术在生态环境领域上的应用和实践。生态环境大数据不仅包括一般大数据的根本属性，并且具有其本身的特殊性和复杂性。比如，数据来源多样、分布广泛、内容庞杂、涉及部门广；数据采集方式不统一、标准不一致；服务对象众多（包括政府、企业、科研院校、社会团体、公众等）；对专业化服务要求高等。目前，中国生态环境领域所涉及的数据资源主要包括地面监测数据、遥感影像数据、社会经济数据、专项调查数据以及科学研究数据等。这些数据并不是由专门的部门统一管理，而是分布在环保、国土、水利、农业、林业、卫生、气象、海洋等多个政府部门。另外，生态环境的数据信息类型丰富多样，既有像传统数据库数据等结构化信息，又有文本、图像、视频等非结构化信息，数据之间的关联性特别强。大数据的核心思想是在类型繁多、数量巨大的数据库中如何快速有效地提取出有价值的信息。

12.4.4　大数据在生态环境领域应用进展

生态环境领域的研究已经进入信息化时代，利用现代化的数据采集与传输工具，开展数据密集型科学研究来解决错综复杂的生态环境问题，通过对海量数据的整合和分析，

创新科学技术，挖掘出更大的价值。大数据在生态环境领域得到了初步应用，主要突出表现在全球气候变化预测、生态网络观测与模拟、区域大气污染治理等方面。

1. 全球气候变化预测

进入 20 世纪以来，随着生产力爆发式提高，温室气体排放增多，全球气候变化出现异常。如何短期提高气象预报的精度，以及如何长期应对各种气象灾害及其带来的次生灾害，减少人员伤亡及财产损失，已经引起越来越多的关注，也是现在气象预报领域和气候变化预测中的重点和难点。然而，因为气候体系是一个耗散的、具备多个不稳定源的高阶非线性系统，其内部相互作用非常复杂，由此导致了气候的复杂性和可变性。借助于大数据技术的应用，气候变化预测与气象预报精度将得到很大的提升。

随着新气象观测设备的推广和应用，气象观测水平由过去较少指标的常规观测到现在大量多指标的非常规观测，观测的频率和精度日益增加，观测方法也由最开始的人为观测变为高水平的雷达卫星观测，观测的规模从地面到几千米的高空。与此同时，为了真实地模拟全球大气走向，大量的模式数据也随之产生。根据实际的天气数据，高性能的计算机可以通过物理方程计算温度、空气湿度、气压、风速、风向等物理量。随着对陆面和气候系统认识的逐步深入，研究者发现，气候变化不但与气候系统内部过程有关，还受到下垫面土壤和植被等因素的影响。气候模式由最初的大气环流模式发展到今天的陆、海、空耦合模式，并向着包括人类生活圈在内的地球各个系统耦合的"气候系统模式"发展，所需的输入变量也从最初的气象数据拓展到现在的植被、土壤、水分、人类干扰等多方面全方位数据。大数据技术有助于整合海量庞杂的观测数据及模式数据，提高数据的存储速度和管理效率，通过对海量气象数据的分析和挖掘，达到精确的气象预测预报和风险预警的水平。大数据技术有助于综合多源数据，能更好地评价长期气候系统状况，提高气象预报精度，尤其是对强大自然灾害天气的预报能力。2015 年中国科学院大气物理研究所等发布了"地球数值模拟装置"原型系统，该系统集成了土壤、大气化学、植被动力学、生物地球化学等模式和模块，仅需一整天就能够估算地球的大气、水、岩土、生物等多个圈层长达 6 年的变化。

此外，气候变化观测数据包含的信息非常丰富，也发挥了跨行业的服务价值，有可能挖掘出新的信息，从而扩大业务和服务的范围。例如，美国硅谷的一家公司使用降雨、气温、土壤状况等气象数据与多年农作物产量进行关联分析，来预测出各地农场来年的产量和适宜栽培的品种，这些结果以个性化保险服务的形式向农户出售，从而减少了气象灾害给当地农户带来的风险及损失。气象大数据应用还可在林业、海洋、气象灾害等方面拓展新的业务领域。

2. 生态网络观测与模拟

大数据在生态网络研究方面的应用，可以追溯到国际地球物理年（1957—1958 年）以及国际生物学计划（IBP），其目的是收集大量的数据，后来这种研究演变成了现在的国际长期生态研究计划（ILTER）。ILTER 主要是依托研究站开展生态系统过程与格局方面的研究工作，并系统地收集和存储所有观测数据。目前，在国际上存在的观测网络，大部分都是基于长期定位观测，用来收集区域的生物、大气、水、土壤和污染物等的综合观测数据，如 GEMS（全球环境监测系统）、FLUXNET（通量观测网络）以及国际生物多样性观测网络。这些网络采集的数据量大，涵盖内容丰富，具备生态环境大数据的典型特

征。大数据在生态系统研究方面的应用，还需要依靠生态系统长期定位研究网络。

美国国家生态观测站网络是由 17 个地区网络构成一个国家级生态学研究和环境教育平台，包括遥感观测与陆地观测。陆地观测指标约有 500 个大类，包含气象、土壤、植被、大气化学和水体；遥感观测覆盖全球，不仅包括传统的多光谱数据，还包括新型的高分辨率和高光谱数据，甚至扩展至荧光数据与重力场数据。这些大范围、多变量数据的收集，促使科学家在更大时空尺度、更多领域进行更为复杂的综合分析。例如，综合考察生物入侵模式、预测物种丰富度、统计森林覆盖变化与记录各生态区碳动态等研究。

中国已于 1988 年建立了由 42 个定位监测站组成，覆盖农田、森林、草原、沙漠等 9 类生态系统，280 多个观测指标的生态系统研究网络（CERN），经过近 30 年的发展，该网络形成了长期服务于不同尺度的水-碳通量研究、生物多样性研究、陆地样带野外观测一体化的综合观测研究。目前，CERN 有横跨超过 30 个纬度、代表了不同气候带 73 个森林生态观测站，覆盖了中国主要森林生态系统分布区，同时也在积极建设湿地监测网络和荒漠监测网络，规划到 2020 年，森林生态站数量达到 99 个，湿地生态站达到 50 个，荒漠生态站达到 43 个。

生态系统长期定位观测网络的诞生，最大限度地摒除了采样和人为的误差，研究结果更加可靠。具有基于多方位全面覆盖的观测网络，观测数据的实时有效、自动传输，现代化的计算机水平，多源多尺度数据融合技术，以及数据共享策略等方面的优势。生态网络观测可以看作是生态环境领域加入大数据世界的重要一步。

3. 区域大气污染治理

生态环境问题的复杂性不仅源于生态系统的内在复杂性，更受到地球、生命和社会等诸多领域的共同作用。改革开放以来，中国经济持续快速增长的同时，高消耗、高排放和高污染的"三高"粗放型发展模式，带来了严重的生态环境污染问题。据"2015 年中国气候公报"统计，2015 年全国总计出现过 11 次高强度、大范围的霾过程，持续时间长，具有强雾与重霾混合及能见度低、影响大等特点。

只有及时分析挖掘大气污染的时空数据，才能准确预测，及时反馈，预防生态环境灾难的发生。然而，大气污染数据呈现出复杂的时间和空间关系，涉及的数据多样、区域广泛，不仅包括环境监测数据、气象等常规数据，还需要考虑经济统计数据、交通流量数据等社会数据。对于大气污染治理，地区间联防联控仍然是当下的主流方式，大数据为地区大气质量管理、区域间协调和合作机制提供了技术和决策支撑，大数据技术通过对海量数据的有效整合、抽取、分析以及解释和挖掘，为实施地区间空气污染联防联控措施带来了新的机遇。传统的大气污染质量控制一般通过对监测数据、气象数据、地理数据等进行综合分析，可以起到一定的作用，但传统的数据分析方法处理大气污染的时空数据面临较多困难和局限。与之相比，大数据技术在对视频、语音、文档、图片这些非结构化数据的处理、分析和模拟预测方面更具有优势。

4. 其他方面

大数据在生态环境领域还有许多其他方面的应用。例如，在生态环境资源管理方面，由于涉及的数据内容众多、存储格式不一，传统的数据管理方法很难对生态环境资源进行有效的管理。随着大数据存储、处理、智能分析技术的发展，基于生态环境大数据平台对各类生态环境资源数据进行整合，实现生态环境资源的优化配置及合理开发，解决

目前存在的资源开发利用过度、配置不合理等问题；在生态环境评价方面，可以运用大数据在数据分析方面的优势，结合模型模拟、人工智能等先进技术，评价各类生态系统的现状和可能存在的不利于其稳定的各种问题。例如，进行生态环境质量评价、安全评价、风险评价、退化评价、脆弱性评价、多样性评价以及工程影响评价和生态健康评价等，为生态环境的决策管理提供科学依据。

12.4.5 生态环境大数据平台架构

生态环境大数据平台建设应该基于先进的大数据系统框架，充分融合先进的传感器技术、无线通信技术在数据获取方面的优势以及分布式数据库、云计算、人工智能等技术在大数据处理分析方面的优势，建设实时、高效、开放的应用平台，实现信息服务的多样化、专业化和智能化，从而提升生态环境重大风险预警预报水平，为生态环境管理决策提供科技支撑。参考一般大数据的系统结构从 4 个方面设计了生态环境大数据综合平台的总体架构，包括数据平台、基础设施平台、技术平台及应用服务平台（见图 12-14）。

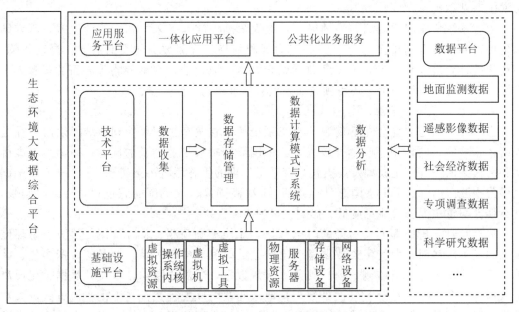

图 12-14 生态环境大数据平台架构

1. 数据平台

数据平台为生态环境大数据综合平台的建设提供了有力的数据支撑，如何增强数据采集获取能力，对生态环境相关的各类数据进行有效整合，是开展生态环境大数据建设的前提和基础。与生态环境相关的数据众多，大致包括地面监测数据、遥感影像数据、社会经济数据、专项调查数据以及科学研究数据等。由于生态环境的多样性和复杂性，这些数据的来源、监测对象及收集管理均不统一，分布在环保、国土、水利、农业、林业、卫生、气象、海洋等多个领域。

此外，随着社会的不断进步，人们对生态环境及其规律的认识不断深化，加之物联网和移动互联网等技术的发展，生态环境数据来源和种类不断增多，除了传统的遥感、

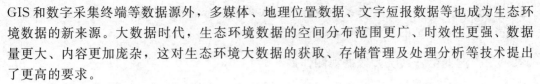

GIS 和数字采集终端等数据源外，多媒体、地理位置数据、文字短报数据等也成为生态环境数据的新来源。大数据时代，生态环境数据的空间分布范围更广、时效性更强、数据量更大、内容更加庞杂，这对生态环境大数据的获取、存储管理及处理分析等技术提出了更高的要求。

2. 基础设施平台

基础设施平台是整个大数据平台的运行基础，为大数据综合平台的建设提供软硬件支撑，不仅提供了计算机、网络、通信、存储等硬件资源，而且还提供操作系统、中间件、数据库管理系统等软件资源。根据基础服务设施所包含的资源类别，生态环境大数据基础设施平台可以从两个方面进行建设，分别为物理资源层和虚拟资源层。其中，物理资源层是架构的最底层，由服务器、存储设备和网络设备组成；虚拟资源层由操作系统内核、虚拟机及虚拟化工具组成，通过虚拟化工具把物理资源层的物理设备变成全局统一的虚拟资源池，供上层服务调用。用户无须购买、维护硬件设备和相关系统软件，就可以直接在虚拟化资源平台上构建自己的平台和应用，这些资源能够根据用户的需求进行动态分配，实现资源的高利用率。

3. 技术平台

技术平台是整个大数据系统的核心，没有统一的解决方案，在不同领域和不同应用中涉及的模块及技术不完全一致。在生态环境大数据的体系架构中，该平台主要包括 4 个连续的模块，分别为数据获取、存储管理、计算和数据分析。基于物理和虚拟的基础服务设施平台，依托现代数据获取、存储和处理技术，构建数据获取、存储管理、计算和数据分析这一系列的工具模块对不同来源的生态环境数据进行预处理、标准化、存储管理和计算分析，从而形成大数据平台的技术核心，为生态环境大数据应用服务平台的建设提供前期保障和支撑。

4. 应用服务平台

生态环境的应用服务是指利用不同的方式将有价值的信息提供给用户，实现生态环境信息的传播、交流和增值，全面展现生态环境资源和状况变化，综合揭示各种因素的关系和内在变化规律，为生态环境建设以及社会公众提供全面、及时、准确的信息。提供生态环境应用服务是建设和发展生态环境大数据平台的最终目标。应用服务平台的构建主要有以下两种思路：一是针对所选择的优先发展领域，基于生态环境大数据相关技术，构建包括数据采集技术、存储技术、处理技术、分析挖掘技术、展现技术等一体化的应用平台；二是基于大数据技术，研发智能化的决策支持系统，可提供大数据分析成果发布，决策管理信息发布，为政府、企业、科研院所、公众等提供公共化的业务服务。

12.5　案例研究——基于大数据的湿地生态系统服务价值评估

湿地生态系统的服务功能价值定量化评估，对于湿地保护以及合理有效地管理湿地至关重要。但是受观测手段和分析方法限制，当前大多数研究在生态系统服务的定量测度和综合评估上考虑不够充分，导致评价结果误差较大，结果难以令人信服，准确量化和评估湿地生态系统服务价值面临诸多挑战。与传统的数据分析方法相比，大数据是一种新的思维方式，依赖全面的数据来系统解决复杂的科学问题。在生态学方面，在大数据科学时代，利用海量、高维度、变量全面的湿地观测大数据对湿地生态系统服务价值

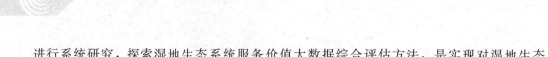

进行系统研究，探索湿地生态系统服务价值大数据综合评估方法，是实现对湿地生态系统服务价值准确评估的重要突破口。

12.5.1 湿地生态系统大数据观测体系

湿地生态系统观测就是通过定时观测湿地的生态指标，定量获取湿地生态质量及其变化信息的过程。在观测方法上，湿地大数据观测面临类型多样、结构复杂、分布广泛、要素众多、动态变化等一系列问题，全面科学的湿地观测需要综合运用现代化技术手段进行全指标体系、时间连续、空间连续、多尺度联合等系统观测。在技术手段上，湿地大数据观测需要建立完善的湿地野外观测网络，建立科学实用的湿地观测指标体系，充分利用新型遥感观测手段，加强构建湿地大数据的获取、传输、存储、管理技术体系。

1. 湿地生态系统观测站网大数据

我国地域辽阔，地貌类型千差万别，地理环境复杂，气候条件多样，是世界上湿地类型齐全、数量丰富的国家之一。按照《湿地公约》对湿地类型的划分，31 类天然湿地和 9 类人工湿地在我国均有分布，湿地的主要类型包括沼泽湿地、湖泊湿地、河流湿地、河口湿地、海岸滩涂、浅水海域、水库、池塘、稻田等自然和人工湿地。湿地的类型多样、分布广泛，使得湿地的观测也必须根据湿地的类型、湿地的分布以及湿地的重要程度进行有目的、多层次的观测，形成从重点湿地到一般湿地、从内陆到滨海、从内陆淡水湿地到内陆咸水湿地的网状观测系统。湿地生态站通过在重要、典型湿地区建立长期观测点与观测样地，对湿地生态系统的生态特征、生态功能以及人为干扰进行长期定位观测，从而揭示湿地生态系统的发生、发展、演替的作用机理与调控方式，为保护、恢复、重建以及合理利用湿地提供科学依据。湿地生态站的建立为观测湿地生态系统提供了良好的技术平台，是湿地研究、湿地科学发展的重要保障。

截至目前，国家林业局湿地生态系统定位观测研究网络共建立湿地生态站 30 个，覆盖沼泽湿地、湖泊湿地、河流湿地、人工湿地和滨海湿地 5 个大类，草本沼泽、永久性淡水湖、永久性咸水湖、永久性河流、蓄水区、农耕文化湿地、河口水域/三角洲湿地、潮间淤泥海滩/潮间盐水沼泽和红树林湿地等 10 个亚类，遍布全国 21 个省(市、自治区)。根据《国家林业局陆地生态系统定位研究网络中长期发展规划(2008—2020 年)》总体规划，到 2020 年我国将建成层次清晰、功能完善的覆盖全国主要生态区域的湿地生态定位观测网络，共包含湿地生态站 50 个，涵盖我国沼泽、湖泊、河流、滨海和人工湿地等 5 大类，以及 37 个湿地类型中的森林沼泽、草本沼泽、永久性淡水湖、永久性咸水湖、永久性河流、河口水域、三角洲湿地、潮间淤泥海滩、潮间盐水沼泽、红树林沼泽、人工蓄水区等典型湿地类型。湿地生态系统观测网络将对我国主要湿地生态系统的水分、土壤、大气环境要素和生物等进行长期联网观测，获取动态变化的长时间序列湿地生态参数数据，这将为湿地生态系统服务价值评估提供科学的大数据支撑。

2. 湿地生态系统观测遥感大数据

遥感具有宏观、快速、准确、及时等特点，是人类实现全球范围内多层次、多视角、多领域的对地立体观测而获取丰富资源信息的一种综合性空间探测技术，被广泛应用于资源综合规划与利用、城乡规划与管理、自然灾害防治、环境动态监测等科学研究和应用领域中。随着卫星与传感器技术的发展，世界各国发射的卫星数目不断增多，传感器获取的遥感数据质量越来越好，分辨率越来越高，为科学研究和工程应用提供了丰富的数据源。现代对地观测技术集搭载平台（卫星、飞机、无人机等）、传感器（可见光、近红外、微波、雷达等）、通信设备、地面观测系统、数据存储技术、计算机技术等多种设备和技术手段于一体，通过多学科联合，进行空天地多平台、多传感器的协同观测，实现空天地一体化观测，扩宽了对地观测技术的手段和数据获取的范围，实现对全球实现全天时、全天候的调查与测量。

根据湿地生态系统大数据观测的科学发展和实际需要，在未来有必要将空天地对地遥感观测体系纳入湿地生态大数据观测体系。通过遥感大数据观测逐步实现：①地面站定位种群、群落尺度观测、航空遥感生态系统、景观尺度观测、航天遥感区域、全球尺度观测等多尺度观测；②地面点定位数据和遥感空间连续数据耦合实现空间连续精细化观测；③地面站全指标观测和遥感可见光植被分布观测、近红外植被生长观测、高光谱植被结构和营养观测、微波水分观测、激光森林树高观测等湿地生态参数全方位观测；④地面点长期连续观测和遥感重访时序观测耦合形成时空连续观测大数据等。在此基础上，真正形成无缝化、立体化、时序化、全指标、全方位、跨尺度的湿地生态跨部门、跨学科、一体化综合观测体系，获取全面的湿地资源空间化观测数据，满足湿地生态系统研究可持续发展的长远需求。

12.5.2 基于大数据的湿地生态系统服务价值评估

在湿地生态系统观测大数据的支撑下，研究适用的生态系统服务大数据挖掘与耦合分析方法体系，是实现湿地生态系统服务价值评估的关键。以湿地生态系统服务价值评估理论为基础，定义其一般研究范式为

$$Y=[X][S][C] \tag{12-10}$$

式中：Y 为因变量，指湿地所提供的生态系统服务功能，一般为多维服务功能；X、S 和 C 为自变量，分别指湿地生态系统服务价值的量和质表征，其中 X 为表征量的湿地资源信息，一般是湿地分布空间数据，S 为表征质的生态参数信息，一般是湿地属性数据，C 为湿地生态系统服务价值评估方法体系，一般将不同服务评估方法规范化，通过耦合全面的湿地观测数据，构建数据驱动的湿地生态系统服务价值评估方法。以此为基础，将湿地生态系统服务价值评估的大数据研究体系分解为维度分析方法、空间分析方法、属性分析方法以及综合耦合方法。

1. 湿地价值评估大数据的维度、空间、属性分析

研究基于维度、空间、属性的大数据分析方法，从维度、空间、属性三个角度对湿地生态系统服务进行机理分析，为湿地生态系统服务的大数据评估提供理论基础。

维度分析。维度是指湿地生态系统服务功能体系，包括主导服务功能与权重。以受益者分析和层次分析方法作为维度分析的实现方法，采用受益者分析来定性研究湿地生态系统主导服务功能，使用层次分析法定量研究主导服务功能的相对权重。主要分析过程为：将湿地受益者所涉及的尺度和生态系统服务分层；确定各层次判断矩阵及其标度；层次单排序及一致性检验；层次总排序及一致性检验。通过上述方法，满足一致性检验，可得出所求生态系统服务指标的权重，根据权重值，对受益者关心的生态系统服务进行排序，得到湿地的生态系统服务功能相对权重。

空间分析。空间分析是从湿地空间分布角度对湿地资源状况及提供服务的定量表征。空间表达可采用湿地空间分布、湿地地类分布、湿地地理权重矩阵等定量数据，分析单元可采用地理格网、地貌单元、地类单元、湿地单元等多种方式，分析方法可采用空间关联矩阵等形式。以湿地地类分布为例，湿地空间分布基本属性与生态系统服务内涵有同源性，湿地地表类型融合了自然与人文因素，是理解生态系统服务形成与使用的重要本体，湿地地类分布代表了湿地资源与湿地生态系统服务之间的维持关系。空间分析的详细程度一般根据评估的湿地尺度及价值类型综合确定，当评估全国或区域性大尺度湿地时，可采用湿地类或湿地型反映湿地分布，当评估为局部湿地时，可采用区域地表覆盖解译数据精确表达湿地空间分布。地类类型与生态系统服务类型的关联关系及其提供相应服务的能力通过供给矩阵表示。

属性分析。属性是指滨海湿地生态系统的自然、环境、社会经济信息，是湿地实现生态系统服务供给的质量特征。属性分析主要是在对湿地生态观测数据综合分析基础上，采取数据清洗、因子分析、降维分析、变量抽取等方法，提取具有共性的湿地自然、社会、经济属性并构建向量，作为湿地生态系统服务的属性分异特性指标。属性指标一般分为自然指标、环境指标、社会经济指标三类：①自然指标主要指湿地的自然特性，是湿地生态系统服务供给能力的内在因素；②环境指标主要指湿地所在的自然环境信息，是主要影响生态系统服务供给能力的客观因素；③社会经济指标主要指湿地所在的社会经济信息，是主要影响生态系统服务价值量的客观因素。

2. 湿地服务价值评估大数据耦合

在湿地生态系统服务价值评估一般研究范式的基础上，提出了一种对数模型的维度-空间-属性大数据耦合模型，实现湿地生态系统服务维度、空间、属性大数据的集成分析。模型因变量为湿地生态系统服务总价值，自变量为湿地地类、供给矩阵、湿地自然、社会、经济指标向量等，模型的表达式为

$$\ln V_{ij} = \beta_0 + \beta_w X_{wj} + \beta_c X_{di} X_{cj} + \beta_m X_{mi} + U_{ij} \tag{12-11}$$

式中：因变量 $\ln V_{ij}$ 为第 j 个湿地中第 i 个湿地生态系统评价的价值量，单位为元/(ha·年)；X_w 为湿地自然向量，主要是指湿地规模、湿地类型和湿地生态系统服务功能等；X_c 为湿地环境向量，包括湿地所处城市的 GDP、产业类型、人口密度等；X_d 为湿地的所有生态系统服务效益总值，计算方法为

$$X_d = \sum N_{ij} A_{ij} \tag{12-12}$$

式中：A_{ij} 为第 i 种湿地地类的面积，N_{ij} 为第 i 种湿地地类对应的第 j 种生态系统服务的标准能力值，参见湿地地类与湿地生态系统服务供给矩阵；X_m 为评估技术的向量，为各类服务的评估方法常量；下标 i、j 表示第 j 个研究中第 i 个评价；β_0 为常数，β_w、β_m、β_c 为包含解释性的在各自团体变量中的回归系数；U 为误差项。

耦合模型构建及求解方法为：在受益者分析基础上，确定湿地地类类型与生态系统服务类型关联关系；通过层次分析法确定各种生态系统服务类型的综合权重；制定湿地地类类型和生态系统服务的关系矩阵，矩阵横列和纵列分别为湿地类型和生态系统服务类型，矩阵单元值为所在湿地类型与对应生态系统服务的供给能力；基于湿地地类分布数据和关系矩阵构建生态系统服务耦合评价模型；以典型湿地生态系统服务的价值评估

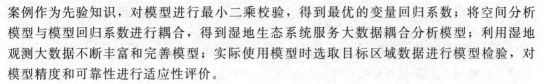

案例作为先验知识，对模型进行最小二乘校验，得到最优的变量回归系数；将空间分析模型与模型回归系数进行耦合，得到湿地生态系统服务大数据耦合分析模型；利用湿地观测大数据不断丰富和完善模型；实际使用模型时选取目标区域数据进行模型检验，对模型精度和可靠性进行适应性评价。

3. 大数据评估体系可靠性分析

一般而言，湿地生态系统服务价值外部化的方法是通过为人类提供的福祉进行定量化和货币化实现的，传统的湿地生态系统服务价值评估方法按照湿地生态系统服务分类各类服务量化各类服务货币化服务价值汇总，最终得到湿地生态系统服务的总价值。但是，由于观测手段的限制或服务价值认识的差异，在评估的各环节存在不确定性，会影响评估结果的可靠性。本书提出的方法从湿地生态系统服务价值的机理出发，以客观的湿地分布数据和属性数据为基础，通过系统性数理建模，可以在一定程度上解决上述问题，表现在以下几个方面：

湿地生态系统服务分类。一般研究方法采用千年价值评估的分类体系，产生了服务重复性计算问题，使得评估结果往往超出实际水平，大数据评估体系通过两方面手段来解决重复性计算问题：首先，采纳最新的去重复性研究成果，将服务区分为中间服务和最终服务，将最终服务作为评估对象，排除了中间服务等重复性计算因素；其次，将服务的权重纳入到评估体系中，通过受益者分析定量计算不同最终服务的相对权重，相当于在评估之前就确定了服务总量，避免了最终服务的直接相加，使得各服务在最终汇总时相互权衡，尽可能保证了最终结果的客观性，排除不同服务间的内在关联性及服务间的相互影响，使得服务的分类汇总更加科学合理。

各类生态系统服务量化。传统方法通过多种方法进行服务量化，但是由于湿地分布的广泛性及空间异质性，缺乏高精度的通用性量化方法，使得不同研究之间的评估结果差异显著，横向对比有时说服力不足。湿地观测大数据作为基础的服务量化，在一定程度上解决了湿地服务量化难的问题，表现在：以高精度的湿地分布或地表覆盖等客观数据为基础，耦合影响湿地服务的全地域自然、环境、社会经济数据，以案例点实际观测评估数据为基础，以湿地分布或地表覆盖数据为媒介，进行全地域的湿地服务价值的定量校核，实现了湿地服务的空间定量化，同时通过不同案例点结果的模型率定与相互检校，排除评估差异大的离群案例干扰，使得量化结果更加接近真实水平。

各类生态系统服务货币化。在货币化方法上，传统方法因不同研究采用的具体方法存在差异，一定程度上影响了结果的横向可比性。本书采用统一的评估框架，将货币化方法作为定量因子组建评估方法向量，作为自变量进行统一定量评估模型构建，在一定程度上规避了因货币化方法差异造成的影响，使得货币化方法在不同研究案例及全地域湿地评价上标准相对统一，提高了货币化计算过程的一致性和可靠性。

4. 滨海湿地生态系统服务价值评估

选取中国滨海湿地作为研究案例，采用大数据分析方法对滨海湿地生态系统服务价值进行评估，论证大数据方法在湿地生态系统服务价值评估中的适用性。根据数据的获取情况，通过问卷调查及专家咨询结果进行滨海湿地服务维度分析，对湿地资源调查中的滨海湿地分布数据进行空间分析，综合选取湿地面积、类型、斑块数、斑块密度、丰富度、受益人口数量、人口密度、人均 GDP、与城市的距离、保护力度、价值评估方法等作为滨海湿地价值评估的属性指标，在此基础上构建大数据耦合评估模型，评估我国滨海湿地的生态系统服务价值。

数据与方法。案例的原始数据包括湿地资源调查的滨海湿地分布数据、问卷调查及专家咨询数据、滨海湿地自然特性、环境统计、社会经济、气象水文数据、沿海省份统计年鉴以及我国典型滨海湿地文献评估案例等。

为避免重复性计算问题，在前人分类基础上，将滨海湿地生态系统服务分为中间服务和最终服务两部分，将最终服务作为我国滨海湿地的生态系统服务功能，包括物质生产、调蓄洪水、固碳、大气调节、气候调节、消浪护岸、促淤造陆及休闲旅游。在此基础上，通过受益者分析确定滨海湿地生态系统服务的当地、省域、全国及全球等四个层次的受益者，构建维度分析的层次结构模型（图12-15）。为定量表达服务间的定量关系，通过问卷调查及专家咨询数据，调查不同层次受益者的生态系统服务重要性关系，使用层次分析法对调查结果进行多层次分析，得到不同层次滨海湿地生态系统服务功能的主导服务功能并计算滨海湿地服务价值的综合权重，如表12-10所示。

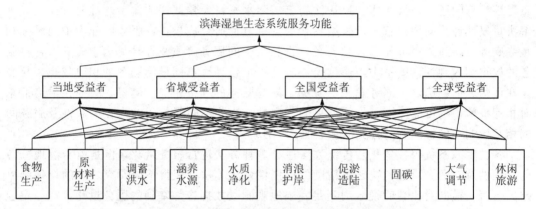

图 12-15　滨海湿地生态系统服务功能的层次结构模型

表 12-10　滨海湿地生态系统服务功能相对综合权重

滨海湿地服务功能	权重	滨海湿地服务功能	权重
食物生产	0.134 4	消浪护岸	0.129 6
原材料生产	0.103 7	促淤造陆	0.059 3
调蓄洪水	0.068 8	固碳	0.048 1
涵养水源	0.125 5	大气调节	0.091 0
水质净化	0.118 5	休闲旅游	0.012 1

为表征湿地空间分布与生态系统服务供给的定量关系，采用湿地资源相关调查中的近海与海岸湿地数据作为滨海湿地分布状况的详细信息来源，通过湿地范围与湿地分布数据作空间叠加分析并计算面积，在此基础上根据生态系统服务的概念及内涵，结合滨海湿地生态系统类型、结构及生态过程的特点，对不同类型湿地的生态过程及生态特点所支持的主要服务进行判别，得到我国12种主要滨海湿地的类型、面积以及生态系统服务供给能力。

湿地生态系统服务价值评估受价值评估方法、湿地空间分布类型、湿地面积、生态系统服务类型、湿地所处区域的社会经济发展水平、同类型湿地的替代效应以及其他因素等多种自然、环境、社会经济因素的影响。参考国内外相关研究中考虑的影响因素，结合数据的实际获取情况，选取湿地面积、斑块数、斑块密度、丰富度、受益人口、人口密度、人均 GDP、与城市的距离、保护力度、价值评估方法等作为滨海湿地价值评估的属性指标，其中价值评估方法选取评估案例中常用的市场价值法、替代成本法、影子工程法、能值转换法、专家评估法、成果参照法、避免损失成本法、碳税法、旅行费用法等。

在此基础上，选取我国 62 个典型滨海湿地评估案例，涵盖我国沿海的辽宁、河北、山东、江苏、上海、浙江、福建、广东、广西、海南等省份（自治区、市），通过数据分析抽取 349 个滨海湿地生态系统服务价值评估数据，使用消费者物价指数将不同评估基准年的价值观察值统一调整到湿地资源调查的 2013 年物价水平，将常见的服务类型、评估方法类型统一作为模型变量，通过 0 或 1 取值表征评估数据对应的服务类型和评估方法，模型中的所有其他变量取值通过收集的湿地分布、湿地自然、环境、社会经济数据、统计年鉴等分析和计算获得。

以此为基础，构建式（见表 12-11）形式的滨海湿地生态系统服务耦合评价模型，并进行模型最小二乘参数率定与精度校验，计算我国滨海湿地价值回归模型系数，并将空间分析模型与回归模型系数进行耦合，得到我国滨海湿地生态系统服务大数据耦合分析模型，用于滨海湿地生态系统服务价值评估。模型构建过程中通过标准化残差的 2.5 倍标准剔除异常值。

表 12-11　中国滨海湿地生态系统服务价值评估结果

滨海湿地服务功能	单位面积价值量/(10^4 元·年$^{-1}$·km^{-2})	总价值量/(10^8 元·年$^{-1}$)
食物生产	275.01	983.49
原材料生产	124.31	17.93
调蓄洪水	479.11	82.65
涵养水源	358.73	1 947.47
水质净化	188.15	1 021.43
消浪护岸	170.01	245.99
促淤造陆	67.75	94.95
固碳	92.51	12.71
大气调节	34.09	4.68
休闲旅游	103.36	599.02

结果分析。使用 ArcGIS10.2 软件进行湿地相关空间数据的计算与分析，使用 SPSS17.0 软件进行统计数据分析。在完成数据处理后对模型进行留一法最小二乘交叉校验与求解，并将模型应用于我国滨海湿地生态系统服务价值评估，分别得到我国滨海湿地的食物生产、原材料生产、调蓄洪水、涵养水源、水质净化、消浪护岸、促淤造陆、

固碳、大气调节、休闲旅游等单位面积价值量与总价值量。通过评估结果可知，我国滨海湿地生态系统服务价值量从高到低依次为涵养水源、水质净化、食物生产、休闲旅游、消浪护岸、促淤造陆、调蓄洪水、原材料生产、固碳、大气调节，通过服务价值的累加得到滨海湿地生态系统服务的总价值为 $5010.32×10^8$ 元/年。

综合来看，本书提出的基于大数据的湿地生态系统服务价值评估方法从湿地生态系统服务价值的机理出发，在确定服务功能之间定量关系的基础上，通过空间分析研究滨海湿地与生态系统服务的供给关系，从空间和属性角度定义湿地生态系统服务价值评估的一般范式，通过数理模型耦合多源的湿地特征数据，实现湿地生态系统服务价值的量化评估，并以我国滨海湿地价值评估为案例进行了方法验证，结果表明大数据分析方法可以应用于湿地生态系统服务价值评估。通过案例研究可以发现，与传统湿地生态系统服务价值评估方法相比，基于大数据的评估方法具有以下特点：以湿地生态系统服务的机理为基础，通过维度分析确定服务及权重，评估过程具有较好理论基础，避免了价值评估过程的盲目性，极大减少了重复性计算；大数据分析方法通过耦合影响湿地生态系统服务价值的多方面数据，并通过典型湿地评价案例进行模型校验与求解，确保了评价过程的客观性，所有服务价值均通过人为核定权重，通过湿地真实数据计算得到最终数值，实现了客观数据与认知知识的结合，保证了评价理论的可靠性和评价数据的客观性；基于真实湿地空间分布、地表覆盖现状数据为基础耦合构建模型，使得模型的内部结构具有严格的几何约束关系，对异常案例点的数据具有较好的健壮性，不会随案例点数据的差异而发生结构性改变；方法具有较强的可拓展性，随着湿地生态系统服务价值理论的发展、湿地观测技术的发展和数据的丰富以及真实评估案例的增加，可以逐步将更加科学的湿地服务价值分析方法、湿地分布及属性数据更新到模型中，并将实际案例分析数据与案例点数据相结合，借助采集的典型湿地的一手数据进行模型校验和验证，使大数据评估结果逐步趋近真实水平。

但是，在评估过程中，大数据评估方法也存在一定的不确定性，如涵养水源和水质净化两项服务在维度分析中的权重排序与模型计算的价值量排序上有一定差异，表明问卷调查的人为先验知识与大数据计算的结果并不完全一致，滨海湿地的涵养水源和水质净化两项服务在主观认识上有可能被低估，而空间分析中的滨海湿地与生态系统服务供给关系仅表达了各湿地类型的主要服务供给能力，实际上各湿地类型所能提供的服务会更加全面，这一供给认知模型会显著影响模型的空间结构和服务表达的准确性，进而影响湿地价值的最终评估结果。因此，这种服务供给关系还有待更加深入地研究湿地生态系统服务机理，提升对湿地生态系统服务供给关系的认识，优化模型的可靠性及评估精度。

推荐阅读

1. S. E. Jorgensen，周广胜，王玉辉. 全球生态学[M]. 北京：气象出版社，2003.

2. 方精云. 全球生态学：气候变化与生态响应：Climate change and ecological response[M]. 北京：高等教育出版社，2000.

方法学训练

1. 以湿地生态系统为例阐述研究区边界确定方法。
2. 生态环境定位监测及数据库一体化分析。

第 13 章 生态环境研究的尺度分析

污染物的生态风险评价是当前国内外的研究热点，种群、群落和生态系统尺度下污染物的种群风险与安全浓度阈值是其中亟须回答的基础科学问题，对于生态系统、水系/流域、景观、城市/区域等不同环境空间，所选择的研究方法也不同，生态环境的空间尺度和时间维度同样也是非常重要的科学问题。

传统的污染物生态风险评价多以单物种测试为基础，缺乏考虑种群竞争和通过食物链相互作用而产生的间接效应，生态系统尺度下种群风险值与污染物浓度阈值的计算与判定成为有机物生态风险评价研究的瓶颈。

13.1 不同尺度下研究方法比较

针对城市湖泊污染特征，首先以传统的熵值法为基础，在种群尺度下评价了我国水环境中邻苯二甲酸酯类（PAEs）生态风险；以生态环境监测方法为基础，在群落尺度下建立了底栖动物群落结构指标与重金属生态风险的相关关系，筛选出适用于监测重金属生态风险的生态指标；最后以食物网模型方法为基础，在生态系统尺度下运用 AQUATOX 模型评价典型持久性有机污染物（POPs）水生态风险，建立了典型 POPs 浓度与生态效应的量化关系。

13.1.1 研究区概况

白洋淀地处华北平原中部（见图 13-1），北纬 $39°4'\sim40°4'$，东经 $113°39'\sim116°11'$，白洋淀流域南部，属海河流域的海河北系，总面积 366 km^2。白洋淀多年平均降水量为 510.1 mm，是华北地区最大的浅水草型湖泊，原有 9 条入淀河流，现除府河外，其余 8 条河流季节性断流，依靠流域内调水和黄河补水。淀内以沼泽为主，土壤营养物质丰富，生物种类繁多，是芦苇的理想产地。芦苇在白洋淀的分布广泛，是白洋淀分布面积最大、最典型的水生植被。近年来，由于自然因素和人为干扰的影响，复合污染状况严重，淀内湖水富营养化非常严重，水质从Ⅲ类下降到Ⅳ类或Ⅴ类水。生态环境恶化，频繁出现干淀、水质污染、生物多样性减少，生态结构缺失等生态环境问题。根据白洋淀的人为干扰特征，并结合国控点的布设，筛选了 8 个样点（见表 13-1）。

表 13-1 白洋淀 8 个采样点的人为干扰特征

采样点	地理坐标		人为干扰特征
	北纬/(°)	东经/(°)	
S1	38.904 4	115.923 8	主要受保定市城市污水的影响
S2	38.904 5	115.934 8	主要受府河城市污水的影响，较少的养殖业，村庄稀疏
S3	38.917 7	116.011 4	主要受养殖业，村庄密集
S4	38.940 7	115.999 7	养殖业少

采样点	地理坐标		人为干扰特征
	北纬/(°)	东经/(°)	
S5	38.902 1	116.080 4	白洋淀的出淀口，少人为干扰
S6	38.860 4	116.028 2	主要受养殖业，离村庄近
S7	38.824 9	116.010 2	养殖业少，村庄稀疏
S8	38.847 0	115.950 6	主要受养殖业，村庄密集

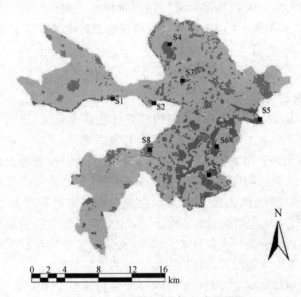

图 13-1 白洋淀 2007 年土地利用图

(S1—府河入淀口，S2—南刘庄，S3—王家寨，S4—烧车淀，
S5—枣林庄，S6—圈头，S7—采蒲台，S8—端村)

13.1.2 研究方法

1. 在种群尺度下，运用熵值法评价 PAEs 生态风险

在书中，风险熵(RQ)被用来评估目标生物的生态风险，它主要是根据环境中 PAEs 的测量浓度(MEC)与预测的无效应浓度($PNEC$)之间的比值。$PNEC$ 根据毒理学的相关浓度(LC_{50} 或 EC_{50})与安全系数(f)的比值估算。因此，鱼类、水蚤和藻类对 DMP、DEP、DnBP 和 BBP 的 LC_{50} 或 EC_{50} 被应用于生态风险值的计算。PAEs 的风险熵计算公式为：

$$RQ = \frac{MEC}{PNEC} = \frac{MEC}{\dfrac{L(E)C_{50}}{f}} \tag{13-1}$$

当 $RQ < 1.00$ 时，表示无显著风险；

当 $1.00 \leqslant RQ < 10.0$ 时，表示存在较小的潜在负效应；

当 $10.0 \leqslant RQ < 100$ 时，表示存在显著的潜在负效应；

当 $RQ \geqslant 100$ 时，表示存在预期的潜在负效应。

2. 在群落尺度下，运用生态环境监测的方法评价重金属的生态风险

(1)沉积物重金属生态风险评价

沉积物重金属潜在生态风险评价采用瑞典科学家 Hakanson 提出的评价方法。潜在生态风险指数评价方法包括 Cu、Pb、Zn、Cr、Cd、Hg、As 和 PCB 共 8 种污染物，涵盖了重金属和典型有机污染物。该方法考虑了沉积物中污染物的毒性及其在沉积物中的普遍的迁移转化规律，通过污染物总量分析与区域背景值进行比较，消除了区域差异及异源污染的影响，已成为目前沉积物重金属污染质量评价应用广泛的一种方法。沉积物综合潜在生态风险指数(RI)的值由单个污染物的潜在生态风险参数(E_r^i)之和组成，RI 的风险水平的划分标准见表 13-4：

$$RI = \sum E_r^i = \sum T_r^i \times Cf^i \tag{13-2}$$

(2)底栖动物结构和功能指标

底栖动物样品采集及分析测定参照《湖泊富营养化调查规范》进行，定量样品的采集利用改良的 $1/16 \ m^2$ 彼德生采泥器，每个采样点重复采集 3～4 次。底泥在现场用孔径为 0.45 mm 网筛洗涤，剩余物带回实验室，置于解剖盘中进一步分拣出底栖动物标本，用 10％的福尔马林溶液固定，物种尽可能鉴定到种并且计数和称重。称量时，先用吸水纸吸去动物表面的水分，直到吸水纸表面无水痕迹为止。定量称重用电子天平，精确到 0.01 g，节肢动物、环节动物精确到 0.001 g。每个采样点的实验数据以平均值表示。定性采集使用三角推网，每个采样点采样 2～3 次，分离、鉴定同上。对底栖动物种群进行鉴定，确定种群丰度等结构特征后，计算底栖动物的结构指标。

3. 在生态系统尺度下，运用 AQUATOX 模型评价典型 POPs 生态风险

通过选取典型的污染物作为主要风险应激因子，构建湖泊食物网概念模型，计算各个种群及其群落生态风险值，建立污染物浓度与生态效应之间的量化关系，深入的揭示 POPs 对各个种群的直接毒性效应和间接生态效应。同时，通过生态风险评价模型计算不同暴露水平各种群生物量变化的概率，测定种群生物量突变的浓度范围，判定安全浓度阈值或风险值。

(1)暴露-效应监测

根据白洋淀的土地利用类型，并结合国控点的布设，筛选了 8 个监测样点，分别在春季(4 月)，夏季(7 月)，秋季(10 月)，冬季(12 月)进行野外采样。利用 GC-MS 等手段对 8 个样点的典型有机污染物的类型、分布和浓度进行定量分析。同时，收集淀区底栖动物、底栖藻类、浮游动物、浮游藻类、大型水草、鱼类群落各种群的生物量，测定碎屑中总有机碳的含量，并将监测期间生物量的时空分布与模型模拟的各个种群的生物量的时空分布特征进行比较。

(2)AQUATOX 生态风险评价模型

根据野外监测的结果建立了基于底栖-浮游耦合食物网的 AQUATOX-白洋淀生态风险评价模型。该模型的参数主要根据模型原始数据和文献资料，初始生物量主要依据野外监测和历史数据。并利用相关模型校验方法进行模型验证和敏感性分析。

13.1.3　基于熵值法的邻苯二甲酸酯类（PAEs）生态风险评价

对我国典型城市水环境中 PAEs 的污染现状的文献进行综述，总结归纳得到我国典型城市水环境中 PAEs 的污染分布特征；其次运用熵值法计算了我国典型水环境中 PAEs 对于藻类、水蚤和鱼类种群的生态风险，对于我国城市水环境安全具有重要的现实意义。

13.1.3.1　水环境中的 PAEs

根据我国典型水环境中 PAEs 的污染分布特征，除广州（城市湖泊）、北京（城市湖泊）和长江江苏段外，我国典型河流和湖泊水体中 PAEs 浓度多数均高于 $8.00\ \mu g \cdot L^{-1}$，而根据我国地表水环境质量标准（PRC-NS，2002）和饮用水环境质量标准（PRC-NS-2006），DEHP 的浓度限值为 $8.00\ \mu g \cdot L^{-1}$ 或 DBP 的浓度限值为 $3.00\ \mu g \cdot L^{-1}$ 和 DEHP 的浓度限值为 $8.00\ \mu g \cdot L^{-1}$、DBP 的浓度限值为 $3.00\ \mu g \cdot L^{-1}$ 或 DEP 的浓度限值为 $300\ \mu g \cdot L^{-1}$。因此，我国水环境中 PAEs 的潜在生态风险不容忽视。将我国典型水环境中 PAEs 的污染水平与其他国家相比，整体上我国水环境中的 PAEs 污染水平较高（表 13-2）。

表 13-2　我国与其他国家水环境中 PAEs 的污染水平

地区	种类	地点	PAEs 浓度/($ng \cdot L^{-1}$)	水环境	参考文献
中国	湖泊或水库	苏州太湖	1 888~126 100	湖泊水	Wang 等，2003
		太原汾河水库	37 490	水库水	郭栋生等，2002
		广州城市湖泊	1 690~4 720	湖泊水	Zeng 等，2008
		北京城市湖泊	386~3 184	湖泊水	Zheng 等，2014
	河水	海河	3 890~141 780	河水	Chi，2009
		长江武汉段	34.0~91 220	河水	Wang 等，2008
		黄河太原段	87 230	河水	郭栋生等，2002
		松花江吉林段	2 500~68 960	河水	魏薇等，2011
		黄河	3 990~45 450	河水	Sha 等，2007
		长江三角洲	61.0~285 50	河水	Zhang 等，2012
		湘江株洲段	22 390~27 400	河水	汤斌等，2010
		钱塘江浙江段	4 150~15 380	河水	张蕴晖等，2003
		长江江苏段	178~1 474	河水	He 等，2011
	地表水	上海	0.00~13 530	地表水	张蕴晖等，2003
		扬州	0.00~10 430	地表水	张蕴晖等，2003

续表

地区	种类	地点	PAEs 浓度/(ng·L^{-1})	水环境	参考文献
中国	河口/港口/海湾水	长江河口	3 380	海水	刘征涛等，2006
	地下水	广州东莞	0.00~6 700	地下水	张利飞等，2011
		湖北江汉平原	80.1~1 882	地下水	Zhang 等，2009
	饮用水源	长江三角洲苏州	5 700~14 000	饮用水	Shi 等，2012
		长江三角洲无锡	6 300~12 000	饮用水	Shi 等，2012
		长江三角洲常州	3 500~8 300	饮用水	Shi 等，2012
		长江三角洲盐城	3 000~3 800	饮用水	Shi 等，2012
		长江三角洲徐州	40.0	饮用水	Shi 等，2012
其他国家	湖泊水	美国 Pontchartrain 湖	0.00~20 000	湖泊水	Liu et 等，2013
	河水	尼日利亚 Ogun 河	3 950 000~4 775 000	河水	Adeniyi 等，2011
		马来西亚 Klang 河	5 000~69 200	河水	Tan，1995
		意大利 Rieti 河	0.00~45 900	河水	Vitali 等，1997
		瑞士 Svartan 河	320~3 100	河水	Thurén，1986
		英国 Trent 河	740~1 800	河水	Long 等，1998
		法国 Seine 河	464~771	河水	Dargnat 等，2009
		西班牙 Embo 河	0.00~700	河水	Penalver 等，2000
	地表水	德国柏林	330~97 800	地表水	Fromme 等，2002
		新西兰	540~26 200	淡水	Peijnenburg and Struijs，2006
		意大利 Rieti 雨水	3 700~11 400	居民区雨水	Guidotti 等，2000
	河口/港口/海湾水	泰国	8 640	海水	Sirivithayapakorn and Thuyviang，2010
		加拿大 False Creek 海港	3.30~106 0	海水	Mackintosh 等，2006
		西班牙工业港口	0.00~2 120	海水	Penalver 等，2000
	饮用水源	日本东京	210~5 700	地表水	Fatoki and Noma，2002
		德国	1010	自来水	Serôdio and Nogueira，2009
		德国	740	瓶装水	Serôdio and Nogueira，2009

1. 我国典型水环境中的 PAEs 的生态风险评价

在我国 PAEs 对水环境造成的生态风险仍处于未知状态。PAEs 对水生生态系统的影响主要取决于 PAEs 的输入量和其毒性参数。本书中 PAEs 的生态风险评价方法以欧盟技术指导性文件为基础，该文件要求至少同时考虑鱼类、水蚤和藻类的 LC_{50} 或 EC_{50}。PAEs 的毒性数据主要来源于 Staples 的综述"Aquatic Toxicity of Eighteen Phthalate Esters"。RQ 值是根据最大无影响效应浓度（$NOEC$）、最低的 LC_{50} 或 EC_{50} 以及安全系数（1 000）进行计算。表 13-4 列出了 RQ 计算过程中三个种群对 PAEs 的 LC_{50}、EC_{50} 和 $NOEC$。表 13-3～表 13-6 列出了我国典型城市水环境中典型 PAEs 对鱼类、水蚤和藻类的 RQ 值，三个种群的 RQ 值呈现明显差异。在我们计算的六种 PAEs 中，DBP、DEHP 和 BBP 为最主要的风险物质。DMP 对 Lepomis macrochirus 的 RQ 变化范围为 0.00～2.78，对 Daphnia magna 的 RQ 变化范围为 0.00～25.10，对 Selenastrum capricornutum 的 RQ 变化范围为 0.00～0.66。相比而言，DEP、DBP、BBP 和 DEHP 在长江江苏段、松花江吉林段对 Lepomis macrochirus 种群、在北京朝阳公园湖泊对 Selenastrum capricornutum 种群的 RQ 达到预期的潜在负效应水平，即 $RQ>100$。一般来说，藻类对于 PAEs 极其敏感，而 Daphnia magna 的 RQs 相对较小。除了 DMP、DEP 和 DHP 以外，多数 PAEs 的 RQs 变化范围都在 10.0～100，这表明我国水环境中的 PAEs 存在显著的潜在负效应。

为了计算 PAEs 在我国水环境中的联合效应，将各个点位中各种 PAEs 的 RQ 进行加和计算，得到 PAEs 的总生态风险。结果表明，在长江三角洲徐州段鱼类、水蚤和藻类种群的总生态风险处于无显著风险水平，即 $RQ<1.00$，鱼类种群总的风险值变化范围为 0.160（长江三角洲徐州段）～1 407（长江江苏段），水蚤种群总生态风险变化范围为 0.040 0（长江三角洲徐州段）～333（长江江苏段），藻类种群总生态风险变化范围为 0.310（长江三角洲徐州段）～2 634（长江江苏段）。总生态风险的结果表明在长江江苏段 PAEs 对鱼类、水蚤和藻类种群均存在显著的潜在负效应，即 $RQ>100$。

对于城市湖泊来说，除北京什刹海外，颐和园和官厅水库中 PAEs 的生态风险处于无显著风险或较小的潜在负效应水平，大部分城市湖泊的 PAEs 生态风险处于存在显著的潜在负效应或预期的潜在负效应水平。对于城市河流来说，除长江武汉段丰水期外，大部分河流的 PAEs 生态风险处于存在显著的潜在负效应或预期的潜在负效应水平。对于其他水环境来说，如北京污水处理厂进水的 PAEs 生态风险处于存在预期的潜在负效应水平，而其他水环境多数处于存在较小的潜在负效应或显著的潜在负效应水平。因此，需要对我国城市水环境中 PAEs 的生态风险进行研究，可以通过长期或短期的毒理学数据，表征 PAEs 混合物在水环境中的综合效应，建立水环境中可靠的 PAEs 生态风险评价方法。

表 13-3　生态风险评价中鱼类、水蚤类和藻类的急性毒性数据（LC_{50} 或 EC_{50}）

PAEs 种类	鱼类（Lepomis macrochirus）			无脊椎动物（Daphnia magna）			藻类（Selenastrum capricornutum）		
	$L(E)C_{50}/$ (mg·L^{-1})	NOEC	参考文献	$L(E)C_{50}/$ (mg·L^{-1})	NOEC	参考文献	$L(E)C_{50}/$ (mg·L^{-1})	NOEC	参考文献
DMP	50.0	15.3	Adams 等，1995	33.0	<1.70	LeBlanc，1990	142	<64.7	Adams 等，1995
DEP	16.7	1.65	Adams 等，1995	86.0	37.5	Adams 等，1995	16.0	3.65	Adams 等，1995
DBP	0.480	0.420	Adams 等，1995	3.00	1.70	Adams 等，1995	0.400	0.21	Adams 等，1995
BBP	1.70	0.360	Adams 等，1995	3.70	1.00	Gledhill，1980	0.210	<0.100	Adams 等，1995
DHP	>0.110	0.110	Adams 等，1995	>0.180	0.0300	Adams 等，1995	>0.330	0.180	Adams 等，1995
DEHP	>0.200	0.200	Adams 等，1995	>1.00	1.00	Brown and Williams，1994	>0.100	0.100	Adams 等，1995

表 13-4 我国典型水环境中 DMP、DEP、DBP、BBP、DHP
和 DEHP 对鱼类种群的 RQ 以及总生态风险($\mu g \cdot L^{-1}$)

种类	区域	DMP	DEP	DBP	BBP	DHP	DEHP	合计	参考文献
湖泊或水库	北京窑洼湖公园湖泊	1.22	12.7	61.0	49.4	ND	160	284	钟嵽盛等，2010
	北京朝阳公园湖泊	0.144	1.64	12.6	136	ND	27.5	178	钟嵽盛等，2010
	北京红领巾公园湖泊	0.229	2.97	16.2	15.3	ND	31.0	65.7	钟嵽盛等，2010
	北京人定湖公园湖泊	ND	ND	4.00	14.5	ND	45.3	63.8	钟嵽盛等，2010
	北京莲花池公园湖泊	0.018 3	0.285	10.4	13.1	ND	34.5	58.2	钟嵽盛等，2010
	北京龙潭湖公园湖泊	ND	ND	5.86	15.6	ND	32.2	53.6	钟嵽盛等，2010
	北京玉渊潭公园湖泊	ND	ND	12.6	13.3	ND	25.7	51.6	钟嵽盛等，2010
	苏州太湖	2.78	4.23	20.9	11.7	ND	ND	39.7	Wang 等，2003
	北京北海	0.017 0	1.23	6.31	ND	ND	26.8	34.4	钟嵽盛等，2010
	北京什刹海	ND	ND	8.50	13.3	ND	ND	21.8	钟嵽盛等，2010
	太原汾河水库	—	—	17.21	—	—	4.15	21.4	郭栋生等，2002
	北京陶然亭公园湖泊	0.045 8	0.606	ND	13.1	ND	ND	13.7	钟嵽盛等，2010
	广州城市湖泊	0.000 600	0.009 10	5.76	ND	ND	0.850	6.62	Zeng 等，2008
	北京官厅水库	0.003 70	ND	0.726	1.32	ND	0.435	2.49	Zheng 等，2014
	北京颐和园湖泊	0.004 10	0.036 4	0.631	0.016 7	ND	1.31	1.99	Zheng 等，2014
河水	长江江苏段	1.63	175	1 161	58.3	ND	10.3	1 407	He 等，2011
	长江武汉枯水期	0.006 50	ND	84.9	ND	ND	273	359	Wang 等，2008
	黄河伊洛河	0.017 3	0.142	35.7	ND	ND	159	195	Sha 等，2007
	黄河蟒沁河	ND	0.208	61.9	ND	ND	115	177	Sha 等，2007
	黄河小浪底	ND	0.097 6	50.0	ND	ND	120	170	Sha 等，2007
	松花江吉林段	0.039 9	1.02	163	ND	ND	ND	164	魏薇等，2011
	长江三角洲	0.008 40	0.052 1	17.1	0.2	ND	142	159	Zhang 等，2012
	黄河洛阳段	ND	0.061 2	50.0	ND	ND	101	151	Sha 等，2007
	海河城市段	—	—	17.4	—	—	109	126	Chi，2009
	黄河开封段	0.016 4	0.268	ND	ND	ND	80.0	80.3	Sha 等，2007
	黄河郑州段	0.006 60	0.187	ND	ND	ND	15.0	75.0	Sha 等，2007
	黄河东明段	0.011 0	0.233	ND	ND	ND	70.0	70.2	Sha 等，2007
	台湾河流	ND	0.303	11.7	ND	ND	46.5	58.5	Yuan 等，2002
	黄河新蟒河段	ND	0.177	22.0	ND	ND	29.3	51.5	Sha 等，2007
	黄河孟州段	0.037 3	0.007 30	31.0	ND	ND	19.6	50.6	Sha 等，2007
	钱塘江浙江段	ND	5.19	17.0	ND	ND	10.0	32.2	张蕴晖等，2003

续表

种类	区域	DMP	DEP	DBP	BBP	DHP	DEHP	合计	参考文献
河水	黄河太原段	ND	ND	18.1	ND	ND	3.95	22.0	郭栋生等，2002
	湘江株洲段	1.286	2.15	8.12	10.1	ND	ND	21.6	汤斌等，2010
	黄河胶东段	0.016 4	0.258	ND	ND	ND	16.2	16.5	Sha等，2007
	黄河孟津段	0.016 1	0.095 8	10.2	ND	ND	1.74	12.0	Sha等，2007
	长江武汉段丰水期	0.019 3	0.221	0.319	ND	ND	0.140	0.700	Wang等，2008
地表水	扬州	ND	1.07	3.79	ND	ND	14.9	19.8	张蕴晖等，2003
	上海	ND	1.47	3.60	ND	ND	12.7	17.7	张蕴晖等，2003
河口/港口/海湾	长江口	ND	0.594	2.62	ND	ND	6.50	9.71	刘征涛等，2006
地下水	广州东莞	0.000 700	0.030 3	0.929	0.027 8	ND	2.35	3.34	张利飞等，2011
饮用水	长江三角洲苏州	0.003 90	0.049 1	22.1	0.806	ND	4.90	27.9	Shi等，2012
	长江三角洲无锡	0.002 00	0.037 6	18.9	0.066 7	ND	2.80	21.8	Shi等，2012
	长江三角洲常州	0.003 70	0.020 0	12.9	0.972	ND	4.80	18.7	Shi等，2012
	长江三角洲盐城	0.004 20	0.039 4	7.86	0.106	ND	0.700	8.71	Shi等，2012
	长江三角洲徐州	ND	ND	0.100	ND	ND	0.055 0	0.155	Shi等，2012

注：ND，not detected，未检测出。

表 13-5　我国典型水环境中 DMP、DEP、DBP、BBP、DHP 和 DEHP 对水蚤种群的
RQ 以及总生态风险($\mu g \cdot L^{-1}$)

种类	区域	DMP	DEP	DBP	BBP	DHP	DEHP	合计	参考文献
湖泊或水库	北京窑洼湖公园湖泊	10.9	0.560	15.1	17.8	ND	32.0	76.4	钟巍盛等，2010
	北京朝阳公园湖泊	1.29	0.072 0	3.12	49.0	ND	5.50	59.0	钟巍盛等，2010
	北京红领巾公园湖泊	0.047 6	0.000 200	25.8	0.183	ND	0.239	26.2	钟巍盛等，2010
	北京人定湖公园湖泊	2.06	0.131	4.00	5.50	ND	6.20	17.9	钟巍盛等，2010
	北京莲花池公园湖泊	0.524	0.029 6	1.82	5.40	ND	9.33	17.1	钟巍盛等，2010
	北京龙潭湖公园湖泊	ND	ND	0.988	5.22	ND	9.06	15.3	钟巍盛等，2010
	北京玉渊潭公园湖泊	0.165	0.012 5	2.57	4.71	ND	6.89	14.3	钟巍盛等，2010
	苏州太湖	ND	ND	1.45	5.60	ND	6.43	13.5	Wang等，2003
	北京北海	ND	ND	3.12	4.80	ND	5.13	13.0	钟巍盛等，2010
	太原原汾河水库	ND	ND	2.10	4.79	ND	ND	6.89	郭栋生等，2002
	北京陶然亭公园湖泊	0.412	0.026 7	ND	4.70	ND	ND	5.14	钟巍盛等，2010

续表

种类	区域	DMP	DEP	DBP	BBP	DHP	DEHP	合计	参考文献
湖泊或水库	广州城市湖泊	—	—	4.25	—	—	0.830	5.08	Zeng 等，2008
	北京官厅水库	0.005 30	0.000 400	1.42	ND	ND	0.170	3.02	Zheng 等，2014
	北京颐和园湖泊	0.032 9	ND	0.179	0.476	ND	0.087 0	0.775	Zheng 等，2014
	北京什刹海	0.036 5	0.000 200	0.156	0.006 00	ND	0.261	0.460	Zheng 等，2014
河水	长江江苏段	14.7	7.68	287	21.0	ND	2.05	332	He 等，2011
	长江武汉枯水期	0.058 8	ND	21.0	ND	ND	54.7	75.8	Wang 等，2008
	黄河伊洛河	0.155	0.006 20	8.82	ND	ND	31.8	40.8	Sha 等，2007
	黄河蟒沁河	0.359	0.044 8	40.4	ND	ND	ND	40.8	Sha 等，2007
	黄河小浪底	ND	0.009 10	15.3	ND	ND	23.0	38.3	Sha 等，2007
	松花江吉林段	ND	0.004 30	12.4	ND	ND	24.0	36.4	魏薇 等，2011
	长江三角洲	0.075 9	0.002 30	4.23	0.072 0	ND	28.4	32.8	Zhang 等，2012
	黄河洛阳段	ND	0.002 70	12.4	ND	ND	20.3	32.7	Sha 等，2007
	海河城市段	—	—	4.31	—	—	21.7	26.0	Chi，2009
	黄河开封段	0.148	0.011 8	ND	ND	ND	16.0	16.2	Sha 等，2007
	黄河郑州段	0.059 4	0.008 20	ND	ND	ND	15.0	15.1	Sha 等，2007
	黄河东明段	0.098 8	0.010 2	ND	ND	ND	14.0	14.1	Sha 等，2007
	台湾河流	ND	0.013 3	2.88	ND	ND	9.30	12.2	Yuan 等，2002
	黄河新蟒河	0.336	0.000 300	7.65	ND	ND	3.91	11.9	Sha 等，2007
	黄河孟州段	ND	0.007 80	5.44	ND	ND	5.86	11.3	Sha 等，2007
	钱塘江浙江段	11.6	0.094 7	2.01	3.63	ND	ND	11.3	张蕴晖 等，2003
	黄河太原段	ND	0.228	4.19	ND	ND	2.00	6.42	郭栋生 等，2002
	湘江株洲段	ND	ND	4.47	ND	ND	0.790	5.26	汤斌 等，2010
	黄河胶东段	0.148	0.011 3	ND	ND	ND	3.24	3.40	Sha 等，2007
	黄河孟津段	0.145	0.004 20	2.52	ND	ND	0.347	3.01	Sha 等，2007
	长江武汉段丰水期	0.174	0.009 70	0.078 8	ND	ND	0.028 0	0.290	Wang 等，2008
地表水	扬州	ND	0.046 9	0.935	ND	ND	2.98	3.96	张蕴晖 等，2003
	上海	ND	0.065 1	0.888	ND	ND	2.53	3.48	张蕴晖 等，2003
河口/港口/海湾	长江口	ND	0.026 1	0.647	ND	ND	1.30	1.97	刘征涛 等，2006
地下水	广州东莞	0.005 90	0.001 30	0.229	0.010 0	ND	0.470	0.717	张利飞 等，2011

续表

种类	区域	DMP	DEP	DBP	BBP	DHP	DEHP	合计	参考文献
饮用水	长江三角洲苏州	0.034 7	0.002 20	5.47	0.290	ND	0.980	6.78	Shi 等，2012
	长江三角洲无锡	0.017 6	0.001 70	4.66	0.024 0	ND	0.560	5.26	Shi 等，2012
	长江三角洲常州	0.032 9	0.000 800	3.18	0.350	ND	0.960	4.52	Shi 等，2012
	长江三角洲盐城	0.037 6	0.001 70	1.94	0.038 0	ND	0.140	2.16	Shi 等，2012
	长江三角洲徐州	ND	ND	0.024 7	ND	ND	0.011 0	0.035 7	Shi 等，2012

注：ND，not detected，未检测出。

表 13-6 我国典型水环境中 DMP、DEP、DBP、BBP、DHP 和 DEHP 对藻类种群的 RQ 以及总生态风险($\mu g \cdot L^{-1}$)

种类	区域	DMP	DEP	DBP	BBP	DHP	DEHP	合计	参考文献
湖泊或水库	北京窑洼湖公园湖泊	0.288	5.75	122	178	ND	320	626	钟巍盛等，2010
	北京朝阳公园湖泊	0.034 0	0.739	25.2	490	ND	55.0	571	钟巍盛等，2010
	北京红领巾公园湖泊	ND	ND	8.00	52.2	ND	90.6	151	钟巍盛等，2010
	北京人定湖公园湖泊	0.054 1	1.34	32.4	55.0	ND	62.0	151	钟巍盛等，2010
	北京莲花池公园湖泊	0.004 30	0.129	20.8	47.1	ND	68.9	137	钟巍盛等，2010
	北京龙潭湖公园湖泊	ND	ND	11.7	56.0	ND	64.3	132	钟巍盛等，2010
	北京玉渊潭公园湖泊	ND	ND	25.2	48.0	ND	51.3	125	钟巍盛等，2010
	苏州太湖	0.658	1.912	41.9	42.2	ND	ND	86.6	Wang 等，2003
	北京北海	0.004 00	0.104	12.6	ND	ND	53.6	66.3	钟巍盛等，2010
	太原汾河水库	0.010 8	0.274	ND	47.0	ND	ND	47.3	郭栋生等，2002
	北京陶然亭公园湖泊	—	—	34.4	—	—	8.30	42.7	钟巍盛等，2010
	广州城市湖泊	0.000 100	0.004 10	11.5	ND	ND	1.70	13.2	Zeng 等，2008
	北京官厅水库	0.000 900	ND	1.45	4.76	ND	0.870	7.08	Zheng 等，2014
	北京颐和园湖泊	0.001 30	0.002 50	0.314	1.83	ND	2.39	4.54	Zheng 等，2014
	北京什刹海	0.001 00	0.001 60	1.26	0.060 0	ND	2.61	3.93	Zheng 等，2014
河水	长江江苏段	0.386	78.9	2 323	210	ND	20.5	2 633	He 等，2011
	长江武汉枯水期	0.001 50	ND	170	ND	ND	547	717	Wang 等，2008
	黄河伊洛河	0.004 10	0.064 1	71.4	ND	ND	318	389	Sha 等，2007
	黄河蟒沁河	ND	0.094 0	124	ND	ND	230	354	Sha 等，2007
	黄河小浪底	ND	0.044 1	100	ND	ND	240	340	Sha 等，2007
	松花江吉林段	0.009 40	0.460	327	ND	ND	ND	327	魏薇等，2011
	长江三角洲	0.002 00	0.023 6	34.2	0.720	ND	284	319	Zhang 等，2012

续表

种类	区域	DMP	DEP	DBP	BBP	DHP	DEHP	合计	参考文献
河水	黄河洛阳段	ND	0.027 7	100	ND	ND	203	303	Sha 等，2007
	海河城市段	—	—	34.9	—	—	217	252	Chi，2009
	黄河开封段	0.003 90	0.121	ND	ND	ND	160	160	Sha 等，2007
	黄河郑州段	0.001 60	0.084 7	ND	ND	ND	150	150	Sha 等，2007
	黄河东明段	0.002 60	0.105	ND	ND	ND	140	140	Sha 等，2007
	台湾河流	ND	0.137	23.3	ND	ND	93.0	116	Yuan 等，2002
	黄河新蟒河段	ND	0.080 0	44.0	ND	ND	58.6	103	Sha 等，2007
	黄河孟州段	0.008 80	0.003 30	61.9	ND	ND	39.1	101	Sha 等，2007
	钱塘江浙江段	ND	2.35	34.0	ND	ND	20.0	56.3	张蕴晖等，2003
	黄河太原段	0.304	0.973	16.2	36.3	ND	ND	53.8	郭栋生等，2002
	湘江株洲段	ND	ND	36.2	ND	ND	7.90	44.1	汤斌等，2010
	黄河胶东段	0.003 90	0.116	ND	ND	ND	32.4	32.5	Sha 等，2007
	黄河孟津段	0.003 80	0.043 3	20.4	ND	ND	3.47	23.9	Sha 等，2007
	长江武汉段丰水期	0.004 60	0.100	0.638	ND	ND	0.280	1.02	Wang 等，2008
地表水	扬州	ND	0.482	7.57	ND	ND	29.8	37.9	张蕴晖等，2003
	上海	ND	0.669	7.19	ND	ND	25.3	33.2	张蕴晖等，2003
河口/港口/海湾	长江口	ND	0.269	5.24	ND	ND	13.0	18.5	刘征涛等，2006
地下水	广州东莞	0.000 200	0.013 7	1.86	0.100	ND	4.70	6.67	张利飞等，2011
饮用水	长江三角洲苏州	0.000 900	0.022 2	44.3	2.90	ND	9.80	57.0	Shi 等，2012
	长江三角洲无锡	0.000 500	0.017 0	37.6	0.240	ND	5.60	43.5	Shi 等，2012
	长江三角洲常州	0.000 900	0.009 00	25.7	3.50	ND	9.60	38.8	Shi 等，2012
	长江三角洲盐城	0.001 00	0.017 8	15.7	0.380	ND	1.40	17.5	Shi 等，2012
	长江三角洲徐州	ND	ND	0.200	ND	ND	0.110	0.310	Shi 等，2012

注：ND，not detected，未检测出。

13.2 基于生态环境监测方法的重金属生态风险评价

以建立底栖动物群落特征与重金属生态风险的相关关系为目标，拟将底栖动物应用到白洋淀湿地重金属生态风险的监测中，通过分析底栖动物群落相似性指数、Hilsenhoff 生物指数、群落损失指数等结构特征，对在不同时空、不同种类重金属的生态风险与底栖动物的结构指标的相关性进行比较，筛选出适宜草型湖泊重金属生态风险监测的底栖动物群落结构指标，以期为白洋淀湿地生态系统重金属污染的生物监测提供理论依据和技术支持。

13.2.1 白洋淀重金属及其生态风险的时空分布

白洋淀表层沉积物中七种重金属元素含量的变化见图 13-2。在 2011 年 4—11 月，As、Cd、Cr、Cu、Pb、Hg、Zn 的浓度范围分别为 $7.97 \sim 20.79$ mg/kg(S.D.$=4.62$)；$0.07 \sim 0.67$ mg/kg(S.D.$=0.18$)；$51.74 \sim 100.50$ mg/kg(S.D.$=13.37$)；$13.61 \sim 61.50$ mg/kg (S.D.$=13.29$)；$15.42 \sim 53.00$ mg/kg(S.D.$=10.40$)；$0.04 \sim 0.10$ mg/kg(S.D.$=0.02$)；$21.90 \sim 134.00$ mg/kg(S.D.$=35.83$)(图 13-2)。重金属的空间分布规律为在生境 1 中最高，该空间分布规律与人为干扰的程度直接相关。重金属浓度的季节分布规律为从 4 月到 8 月逐渐增加，而从 8 月到 11 月逐渐降低。As 在 3 种生境中的平均浓度在 4 月分别为 10.79 mg/kg(S.D.$=2.13$)，9.40 mg/kg(S.D.$=1.45$)，8.50 mg/kg(S.D.$=3.27$)；在 8 月分别为 20.79 mg/kg(S.D.$=2.60$)，17.73 mg/kg(S.D.$=1.85$)，15.77 mg/kg(S.D.$=4.68$)；在 11 月分别为 10.67 mg/kg(S.D.$=1.65$)，9.03 mg/kg(S.D.$=1.50$)，7.97 mg/kg(S.D.$=3.00$)。其他重金属的时空分布与 As 相似。所有的重金属显示出显著相关性($r=0.559-0.967$)，这表明这些重金属具有相似来源。

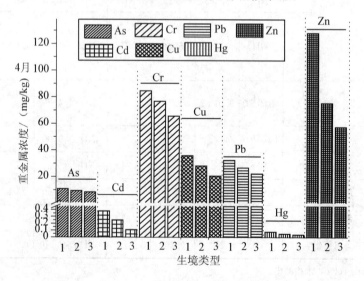

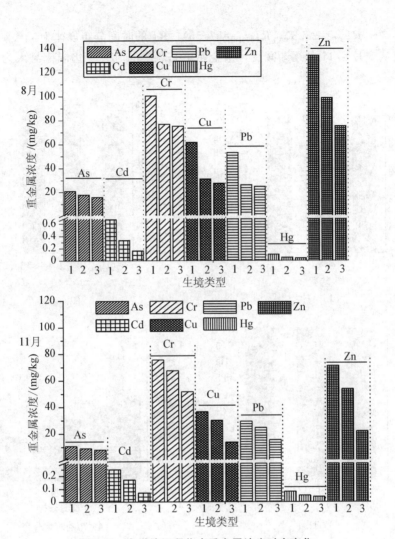

图 13-2　白洋淀沉积物中重金属浓度时空变化

在不同生境中各种重金属所占 RI 的百分比 RI_{ij}（％）如图 13-3 所示，生态风险的时空变化具有差异。4 月，在生境 1 和生境 2 中，主要的生态风险来自于 Hg（32.07％和27.94％），其次为 Cd（28.57％和 26.20％）和 As（18.03％和 21.89％）；在生境 3 中，主要的生态风险来自于 Hg（30.77％），其次为 As（27.24％）和 Cd（15.87％）。8 月，在生境1 中主要的生态风险来自于 Cd（31.96％），其次为 Hg（25.44％）和 As（22.04％）；在生境2 中主要的生态风险来自于 As（31.99％），其次为 Cd（26.80％）和 Hg（21.65％）；在生境3 中主要的生态风险来自于 As（37.14％），其次为 Hg（22.61％）和 Cd（16.96％）。11 月，在生境 1 主要的生态风险来自于 Hg（36.32％），其次为 Cd（21.28％）和 As（20.18％）；在生境 2 和生境 3 主要的生态风险来自于 Hg（31.15％和 36.47％）；其次为 As（23.44％和30.27％）和 Cd（19.86％和 11.97％）。

生态风险（RI）值的空间分布规律为在生境 1 中最高（$RI_{4月}=39.91$，$RI_{8月}=62.89$，$RI_{11月}=35.24$），其次为生境 2（$RI_{4月}=28.63$，$RI_{8月}=36.94$，$RI_{11月}=25.68$）和生境 3

$(RI_{4月}=20.80，RI_{8月}=28.30，RI_{11月}=17.55)$。$RI$ 的时间分布规律为，从 4 月到 8 月逐渐增加，而从 8 月到 11 月逐渐减少，重金属生态风险的时空变化规律与人为干扰的程度显著相关。

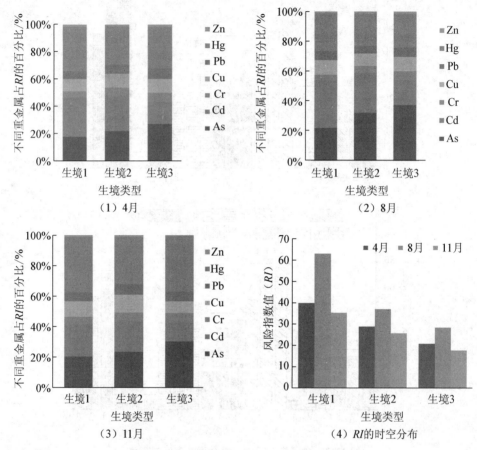

（1）4月

（2）8月

（3）11月

（4）RI的时空分布

图 13-3　不同重金属占 RI 的百分比的时空分布

13.2.2　白洋淀底栖动物结构特征的时空分布

在采样期间，HBI 的范围为 4.87～9.18(S. D. =±1.68)，PTT 的范围为 0.15～0.88(S. D. =±0.23)，PIT 的范围为 0.00～0.30(S. D. =±0.12)，TR 的范围为 0.50～3.33(S. D. =±1.01)，NDT 的范围为 0.67～3.50(S. D. =±0.99)，PNI 的范围为 0.00～0.89(S. D. =±0.31)，PC 的范围为 0.07～1.0(S. D. =±0.40)，PDT 的范围为 0.50～0.93(S. D. =±0.17)，CLI 的范围为 0.48～1.88(S. D. =±0.57)，CSI 的范围为 0.00～0.60(S. D. =±0.23)。从空间分布来看，HBI、PTT、NDT、PC、PDT、CLI 的最大值均出现在生境 1 中，PIT、PNI、CSI 的最大值出现生境 3 中，TR 的最大值出现在生境 2 中；从时间分布来看，HBI、PTT、TR、NDT、PNI、PC、PDT、CLI 的最大值出现在 8 月，PIT、CSI 的最大值出现在 4 月(见图 13-4)。

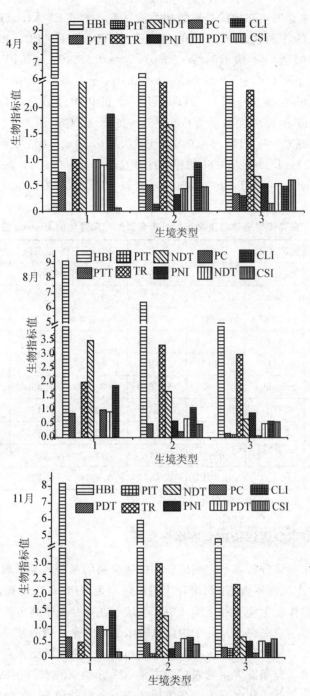

图 13-4 白洋淀底栖动物结构指标时空分布

13.2.3 白洋淀底栖动物结构指标与重金属潜在生态风险的相关性

本书旨在试图建立底栖动物结构指标与重金属生态风险之间的相关性，表 13-7 显示了生物指标与风险指数的 Pearson 相关系数。HBI、PTT、PIT、NDT、PC、PDT、CLI

和 CSI 指标与各种重金属生态风险指数的相关性显著，除了 E_r^i As；TR 和 PNI 指标与重金属生态风险指数的相关性较弱。HBI、PTT、NDT、PNI、PC、PDT、CLI、CSI 与 E_r^i Hg 的相关性最显著（$r=0.975$，$p<0.01$；$r=0.935$，$p<0.01$；$r=0.974$，$p<0.01$；$r=-0.856$，$p<0.01$；$r=0.945$，$p<0.01$；$r=0.965$，$p<0.01$；$r=0.948$，$p<0.01$；$r=-0.983$，$p<0.01$），PIT 与 E_r^i Zn 的相关性最显著（$r=-0.795$，$p<0.05$）。E_r^i As 与 PIT 的相关性最显著（$r=-0.626$），E_r^i Cd，E_r^i Cr，E_r^i Cu，E_r^i Pb 与 NDT 的相关性最显著（$r=0.911$，$p<0.01$；$r=0.850$，$p<0.01$；$r=0.913$，$p<0.01$；$r=0.890$，$p<0.01$），E_r^i Hg 与 CSI 的相关性最显著（$r=-0.983$，$p<0.01$），E_r^i Zn 与 CLI 的相关性最显著（$r=0.861$，$p<0.01$），RI 与 NDT 的相关性最显著（$r=0.913$，$p<0.01$）。

表 13-7 白洋淀底栖动物生物指标与重金属生态风险值的 Pearson 相关系数

生物指标	E_r^i As	E_r^i Cd	E_r^i Cr	E_r^i Cu	E_r^i Pb	E_r^i Hg	E_r^i Zn	RI
HBI	0.429	0.854**	0.817**	0.856**	0.827**	0.975**	0.810**	0.862**
PTT	0.329	0.839**	0.729*	0.810**	0.797*	0.935**	0.724*	0.813**
PIT	−0.626	−0.731*	−0.785*	−0.752*	−0.655	−0.723*	−0.795*	−0.770*
TR	0.130	−0.235	−0.221	−0.305	−0.289	−0.657	−0.257	−0.293
NDT	0.510	0.911**	0.850**	0.913**	0.890**	0.974**	0.801**	0.913**
PNI	0.019	−0.597	−0.516	−0.630	−0.613	−0.856**	−0.484	−0.577
PC	0.188	0.701*	0.677*	0.757*	0.723*	0.945**	0.643	0.715*
PDT	0.372	0.807**	0.759*	0.811**	0.777*	0.965**	0.753*	0.817**
CLI	0.470	0.860**	0.829**	0.824**	0.807**	0.948**	0.861**	0.863**
CSI	−0.394	−0.833**	−0.801**	−0.857**	−0.837**	−0.983**	−0.788*	−0.847**

注：* 相关显著性在 0.05；** 相关显著性在 0.01。

13.2.4 沉积物中重金属污染指数的水平特征

由上节研究结果整体分析各个生境沉积物中重金属的单项污染系数 C_f^i，多项污染系数 C_d，单项潜在生态风险系数 E_r^i 和潜在生态风险指数 RI，可以发现，白洋淀生境 1 中的各项指标均高于白洋淀生境 2 和生境 3 中，生境 1 在 8 月处于高风险水平，其余月份处于中度风险水平，而生境 2 在 8 月处于中度风险水平，其余月份处于低风险水平，生境 3 一直处于低风险水平。这种差异状况的出现可能与生境 1 直接承受来自保定市城市污水的污染有关，而生境 2 分布着大量的农村，主要承受养殖业和农村生活污水的污染有关，生境 3 较少承受人为干扰的状况有关。在生境 3 中，各种指数在 S5 处最低，这可能与其处于白洋淀出水通道有关，府河携带的重金属在白洋淀中逐渐被吸收、沉淀，使得到达出水口时重金属的含量已经极大降低；S4 位于白洋淀的生态保护区中，因而其各项指数也较低；S7 则由于位于引黄河水的入水口，因此该点的各项指数也较低。

上述特征反映出在承受较高人为干扰的生境 1 中，重金属的自然分布状态已经受到严重干扰，极大增加了其污染程度和生态风险水平。在这种情况下，需要加强对上游府河

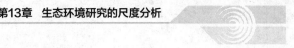

城市污水的控制和管理，尽量减少其对白洋淀生态系统健康的影响。

13.2.5 各金属之间相关性分析

对湖泊沉积物中各种主要微量重金属元素的含量进行相关性分析（见表 13-8），结果表明，除 Hg 与 As 外（$r=0.389$），其余重金属 Cd、As、Cu、Pb、Cr、Zn 相互之间都存在显著相关性（$p<0.05$）。这说明白洋淀中上述重金属元素的含量具有共同的变化趋势，在来源、运输、沉降、富集等方面有着十分相似的地球化学行为。

表 13-8 白洋淀沉积物中各种重金属元素的相关性

重金属元素	As	Cd	Cr	Cu	Pb	Hg	Zn
As	1						
Cd	0.752*	1					
Cr	0.740*	0.931**	1				
Cu	0.725*	0.952**	0.936**	1			
Pb	0.708*	0.962**	0.941**	0.983**	1		
Hg	0.389	0.825**	0.784*	0.870**	0.850**	1	
Zn	0.696*	0.889**	0.942**	0.824**	0.834**	0.708**	1

注：* $p<0.05$，** $p<0.01$（双尾检验）。

13.2.6 沉积物中重金属潜在生态风险与底栖动物群落结构指标的相关分析

有研究资料表明，沉积物中重金属含量在一定程度上对不同类群的底栖动物有着不同的影响。由于底栖动物种群组成时空差异大，因此研究着重研究底栖动物的群落结构指标，将白洋淀各生境底栖动物的群落结构特征与其沉积物重金属生态风险指数进行相关性分析（见表 13-8），结果表明，HBI、PTT、NDT、PC、PDT 和 CLI 与 E_r^i Cd，E_r^i Cr，E_r^i Cu，E_r^i Pb，E_r^i Hg，E_r^i Zn 和 RI 呈显著正相关关系（$p<0.05$），除了 PC 与 E_r^i Zn 之外；PIT 和 CSI 与 E_r^i Cd，E_r^i Cr，E_r^i Cu，E_r^i Hg，E_r^i Zn 和 RI 呈显著负相关关系（$p<0.05$）。

研究结果表明，底栖动物群落的 HBI、PTT、NDT、PNI、PC、PDT、CLI、CSI 与 E_r^i Hg 的相关性最显著（$r=0.975$，$p<0.01$；$r=0.935$，$p<0.01$；$r=0.974$，$p<0.01$；$r=-0.856$，$p<0.01$；$r=0.945$，$p<0.01$；$r=0.965$，$p<0.01$；$r=0.948$，$p<0.01$；$r=-0.983$，$p<0.01$），这一结果与长江江苏段的研究结果相似，该水域的颤蚓寡毛类也可以作为重金属污染尤其是 Hg 污染的指示物种。结合本研究的结果，说明在重金属生态风险较高的区域，耐污种（主要为摇蚊幼虫）作为优势种群大量存在，而清洁种不适合生存，造成底栖动物群落种群数量的减少，群落损失指数增加。因此，将底栖生物的群落结构指标作为白洋淀沉积物中重金属潜在生态风险的指示生物指标具有一定的意义。

13.3 基于 AQUATOX 模型的 PBDEs 生态风险评价

以多溴联苯醚（PBDEs）为例，为了建立 PBDEs 浓度与生态效应的量化关系，拟将

AQUATOX 耦合食物网模型应用到白洋淀 PBDEs 的生态风险评价中，通过筛选白洋淀的优势种群和典型群落，建立白洋淀底栖-浮游耦合食物网，准确评价生态系统尺度下 PBDEs 可能导致的直接效应和间接效应，确定自然生态系统中化学物质在"可接受风险"水平时的浓度阈值，为保障湖泊生态系统安全和污染物环境基准制定提供理论依据和技术支持。

13.3.1 模型校正与验证

图 13-5 为白洋淀 6 个典型生物群落模型模拟值与野外监测值的比较。结果表明，AQUATOX 白洋淀模型能够很好地描述各个群落的生态关系。整体而言，AQUATOX 模型模拟的结果与实际监测结果吻合较好，能够较为合理的模拟白洋淀 18 个优势种群的生物量年内变化趋势。校正模型模拟的效果分别通过 3 个指数进行评价，即 $RMSE$、EF 和 r。其中，均方根误差（$RMSE$）的值域范围为 $6.75 \sim 20.45$；模型效率（EF）的值域范围为 $0.82 \sim 0.92$；相关系数（r）的值域范围为 $0.995 \sim 0.998$。模型模拟值与观测值比较的结果表明，校正模型模拟的 6 个典型生物群落的生物量变化趋势是合理可信的（见表 13-9）。

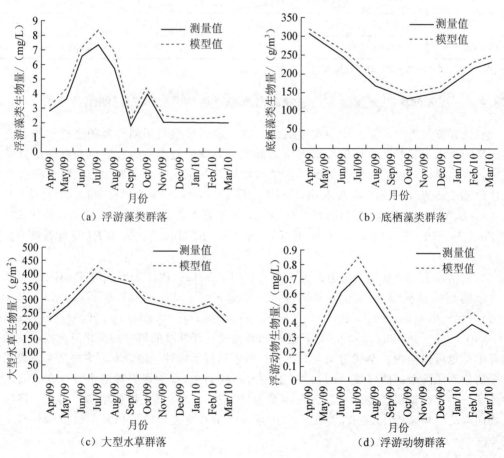

（a）浮游藻类群落　　　　　　　　　　　（b）底栖藻类群落

（c）大型水草群落　　　　　　　　　　　（d）浮游动物群落

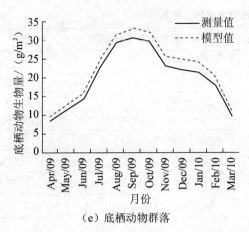

（e）底栖动物群落

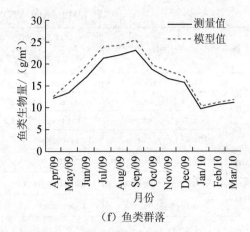

（f）鱼类群落

图 13-5　模型验证结果

表 13-9　验证过程中模型模拟生物量的拟合优度指数

群落	均方根误（$RMSE$）	模型效率（EF）	相关系数（r）
浮游藻类	17.48	0.90	0.996
底栖藻类	7.85	0.92	0.996
大型水草	6.75	0.87	0.996
浮游动物	20.45	0.82	0.998
底栖动物	10.90	0.91	0.998
鱼类	10.67	0.82	0.995

13.3.2 敏感性分析

表 13-10 列出了模型中每个种群主要的影响因子，第一栏列出了 AQUATOX-白洋淀中选取的种群，后面三列列举了各个种群最敏感的两个或三个因子。模型的敏感性指数越大，模型参数对年生物量的变化贡献越大。根据敏感性分析结果，其中 *Cryptomonas* 种群对最大光合速率最为敏感；Diatoms、Greens、Bacillariophyta、Chlorophyta、Cyanophyta、*Myriophyllum* 和 Asian Mud snail 种群对呼吸速率（R）最为敏感；Blue-greens、Duckweed、Rotifer、Copepoda、Chironomidae、Crab、Carp 和 Catfish 种群对最适宜温度（T_0）最为敏感，结果表明 AQUATOX 模型对温度限制极为敏感（表 13-10）。

表 13-10　AQUATOX 模型敏感性分析结果

类别	种群	控制生理参数因子的排序(敏感性指数)		
		1	2	3
浮游藻类群落	硅藻类(Diatoms)	Diatoms R(20.12)	Diatoms T_0(14.21)	Diatoms P_m(13.14)
	绿藻类(Greens)	Greens R(19.37)	Greens P_m(15.14)	Greens T_0(14.07)
	蓝藻类(Blue-greens)	Blue-greens T_0(42.4)	Blue-greens P_m(32.7)	Blue-greens R(21.46)
	隐藻属(*Cryptomonas*)	*Cryptomonas* P_m(21.6)	*Cryptomonas* R(14.93)	—
底栖藻类群落	硅藻门(Bacillariophyta)	Bacillariophyta R(61.7)	Bacillariophyta T_0(3.24)	Bacillariophyta R(3.75)
	绿藻门(Chlorophyta)	Chlorophyta R(53.2)	Chlorophyta M_c(14.1)	Rotifer T_0(3.12)
	蓝藻门(Cyanophyta)	Cyanophyta R(70.9)	Cyanophyta M_c(15.3)	—
大型水草群落	狐尾藻属(*Myriophyllum*)	*Myriophyllum* R(41.2)	*Myriophyllum* T_0(33.3)	—
	浮萍(Duckweed)	Duckweed T_0(48.7)	Duckweed P_m(18.2)	Duckweed R(7.05)
浮游动物	轮虫(Rotifer)	Rotifer T_0(21.46)	Rotifer R(10.32)	Shrimp R(3.15)
	桡足纲(Copepoda)	Copepoda T_0(22.78)	Shrimp R(13.71)	Shrimp T_0(2.18)
底栖昆虫群落	摇蚊科(Chironomidae)	Chironomidae T_0(52.6)	Chironomidae M_c(24.3)	Shrimp R(2.50)
底栖大型无脊椎动物群落	贻贝(Mussel)	Rotifer T_0(24.12)	Mussel T_0(12.73)	Bacillariophyta R(8.11)
	蟹(Crab)	Crab T_0(28.14)	Rotifer T_0(13.16)	Shrimp R(11.93)
	虾(Shrimp)	Rotifer T_0(17.52)	Shrimp R(12.95)	Shrimp T_0(12.74)
	亚洲泥螺(Asian Mud snail)	Asian Mud snail R(19.72)	Asian Mud snail T_0(14.07)	Rotifer T_0(10.95)
鱼类群落	鲤鱼(Carp)	Carp T_0(22.32)	Duckweed T_0(13.47)	Bacillariophyta R(11.98)
	鲶鱼(Catfish)	Catfish T_0(16.43)	Chlorophyta R(10.15)	Bacillariophyta R(7.68)

注：P_m 为最大光合速率，R 为呼吸速率，T_0 为最适宜温度，L_s 为光饱和强度，M_c 为死亡率。

13.3.3　PBDEs 风险评价

　　运用此前建立的 AQUATOX-白洋淀模型，比较对照和添加有毒物质两种条件下模型模拟的各个种群生物量，风险概率为两种条件下生物量变化的比值。图 13-6 概括了浮游藻类、底栖藻类、大型水草、浮游动物、底栖昆虫、底栖大型无脊椎动物、鱼类种群暴露在不同浓度条件下 PBDEs 的生态风险，这些浓度是根据此前文献中报道的白洋淀水环境中的 PBDEs 浓度。

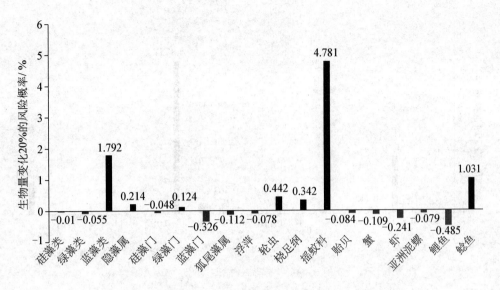

（a）S4 0.50 μg/g

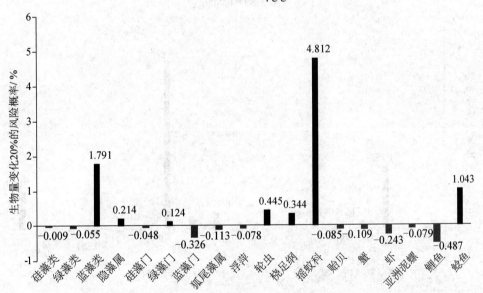

（b）S5 0.57 μg/g

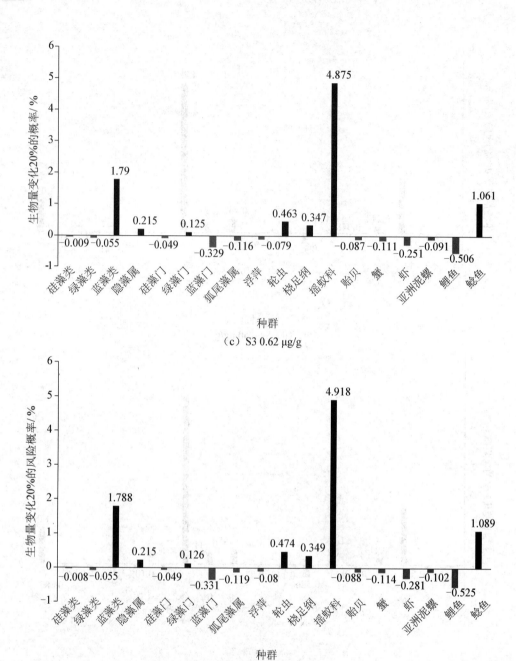

（c）S3 0.62 μg/g

（d）S7 0.73 μg/g

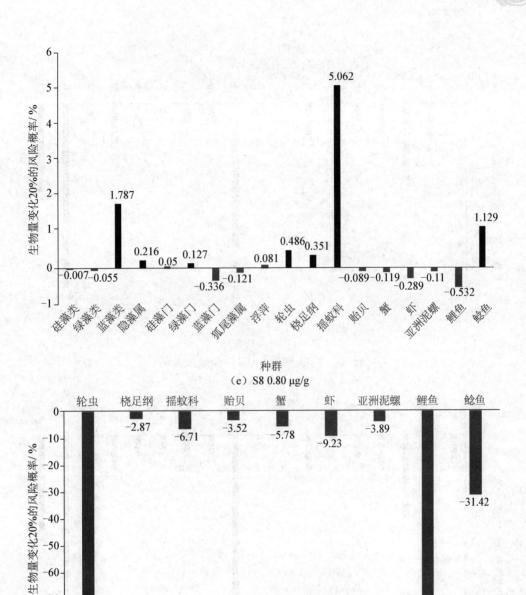

（e）S8 0.80 μg/g

（f）S6 1.85 μg/g

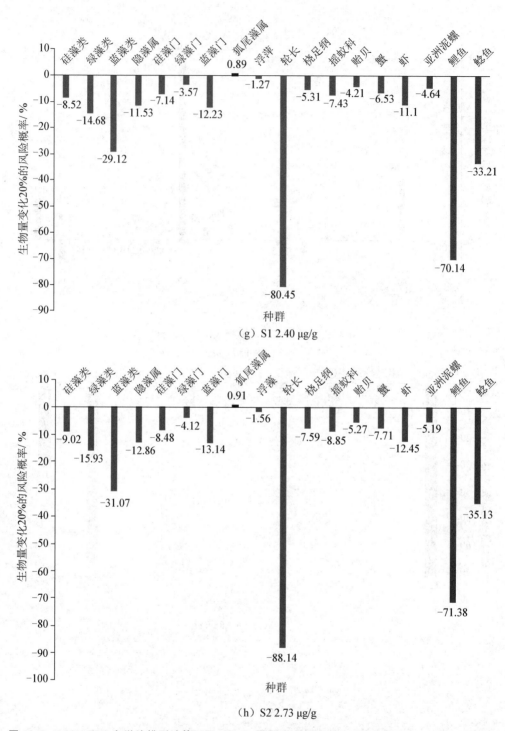

（g）S1 2.40 μg/g

（h）S2 2.73 μg/g

图 13-6　AQUATOX-白洋淀模型计算不同 PBDEs 暴露浓度条件下种群生物量变化 20% 的风险概率

运用 AQUATOX-白洋淀模型计算了不同 PBDEs 暴露浓度条件下各个种群生物量变化 20% 的风险水平（见图 13-6）。在 S3、S4、S5、S7 和 S8 较低暴露浓度条件下（浓度范围为 0.50～0.80 μg/g），Diatom、Green、Bacillariophyta、Cyanophyta、*Myriophyllum*、Duckweed、Mussel、Crab、Shrimp、Asian Mud Snail 和 Carp 种群生物量下降 20% 的风险范围为 0.007%～0.531%，而 Blue-greens、*Cryptomonas*、Chlorophyta、Rotifer、Copepoda、Chironomidae 和 Catfish 种群生物量增加。这些种群生物量增加可能与 Mussel、Crab、Shrimp、Asian Mud Snail 和 Carp 种群生物量下降有关，因为这些种群生物量的下降将造成 Blue-greens、*Cryptomonas*、Chlorophyta、Rotifer、Copepoda、Chironomidae 和 Catfish 种群捕食和竞争压力减少。

在 PBDEs 暴露浓度为 1.85 μg/g(S6) 时，尽管 PBDEs 的暴露浓度有所增加，但是所有生产者生物量下降 20% 的风险为 0。这种变化可能是由于 PBDEs 的直接毒性效应与减少的消费者捕食压力相互抵消。同时，消费者种群生物量的风险迅速增加，风险水平达到 2.87%～71.24%。消费者种群生物量风险增加的原因可能与 PBDEs 的直接毒性效应和生物放大效应有关。

在 S1 和 S2 更高的暴露浓度条件下（浓度范围为 2.40～2.73 μg/g），除了 *Myriophyllum* 种群，其余生产者生物量下降 20% 的风险概率迅速增加，风险水平达到 1.27%～31.07%；而消费者生物量下降的风险则略微增加。

13.3.4 模型-NOEC 与实验室-NOEC 比较

图 13-7 为模型中生物种群生物量下降 20% 时可能的 PBDEs 暴露浓度。对于生产者种

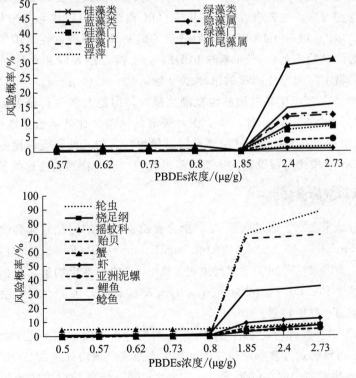

图 13-7 模型中生物种群生物量下降 20% 时可能的 PBDEs 暴露浓度

硅藻的 Exp-NOEC 浓度范围为 1.99～2.25 μg/L；桡足动物 Exp-NOEC 浓度为 72μg/L

群来说，除了 Blue-greens 种群，其余生产者种群生物量变化 20% 的可能性较小，而当 PBDEs 的暴露浓度超过 2.40 $\mu g/g$ 时，生产者种群生物量变化 20% 的风险则迅速增加。对于消费者种群来说，除了 Rotifer，Carp 和 Catfish 种群，其余消费者种群生物量变化 20% 的可能性较小。对于 Rotifer 和 Carp 种群，在暴露水平为 1.85 $\mu g/g$ 生物量变化 20% 的风险概率就高达 50%，而当 PBDEs 的暴露浓度超过 1.85 $\mu g/g$ 时，消费者种群生物量变化 20% 的风险则略微增加，因此 AQUATOX 模型方法是建立化学有毒物质的环境基准的一个较好的方法。

13.3.5 AQUATOX 模型外推到其他湖泊

随着经济的发展和人为活动的增强，工业活动中的 POPs 污染物已经进入到水体中，使湖泊生态系统面临严重的持久性有机物污染问题，因此湖泊生态系统中的 PBDEs 已经广泛调查。根据 Wu 和 Hu 的研究，表层沉积物中 PBDEs 的最高浓度出现在白洋淀(5.5～300.7 ng/g)，其次为滇池(46.7 ng/g)；巢湖(9.20 ng/g)和太湖(6.51 ng/g)。这些湖泊分别位于中国的北部、东部和西南部，因与大城市毗邻，接收了大量的城市污水，城市污水是这些湖泊中 PBDEs 的主要来源，因此我们认为 AQUATOX 模型可以外推到其他湖泊的 PBDEs 生态风险评价中。

AQUATOX-白洋淀模型还能够应用于设计微宇宙或者野外的毒性测试，尽管这些测试可以用来确定化学物质的生态效应，大尺度的毒理学测试需要耗费大量的人力、物力和财力。出于这些考虑，生态模型(如 AQUATOX-白洋淀)可以成为设计大尺度毒理学测试的潜在工具。Lei 运用 AQUATOX 模型确定了硝基苯在野外毒性试验中的可靠性。研究结果表明，野外试验中如果同时考虑 PBDEs 的直接毒性效应和食物网的间接生态影响，如白洋淀，微宇宙和野外测试的浓度范围是 0.80～2.40 $\mu g/g$。在 0.50～0.80 $\mu g/g$ PBDEs 浓度条件下，模型中某些种群也观测到风险，但是大多数营养级较高的生物种群在 PBDEs 浓度大于 0.80 $\mu g/g$ 时，处于相对较高的风险。此外，敏感性分析结果表明，AQUATOX 模型对于温度限制和呼吸速率极其敏感，这与其他研究结论一致。因此，在运用 AQUATOX 模型评价污染物的生态风险过程中，应该特别关注这些参数。

13.3.6 不同种群的间接效应

敏感性分析结果表明，通过底栖-浮游耦合食物网传递的间接效应会改变种群的生态风险。例如，Rotifer T_0(T_0=24.12%)和 Bacillariophyta R(R=8.11%)是 Mussel 种群生物量变化的主要因素，种间关系间接决定了 Mussel 的种群生物量。底栖大型无脊椎类动物种群生物量受 $Rotifer\ T_0$ 和 Bacillariophyta R 的影响，因此种间关系间接决定了大型无脊椎类动物的种群生物量。

AQUATOX-白洋淀评价化学物质的生态风险时评价不仅考虑了化学物质的直接毒性效应，也包含了污染物通过食物网传递的间接生态效应。风险评价的 AQUATOX 模型得到的 NOEC 要比实验室中的 NOEC 低 1～2 个数量级。传统的以单物种测试为基础的生态风险评价，缺乏考虑种群竞争和通过食物链相互作用而产生的间接效应，难以实现生态系统尺度上风险值的判定，对于湖泊生态系统污染物管理存在不确定性。

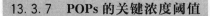

13.3.7　POPs 的关键浓度阈值

关于 POPs 生态风险方面生态阈值的研究鲜有报道，目前生态阈值的研究主要集中在资源保护及可持续生态系统管理等领域的理论研究。其基本机理为：生态系统从一种状态快速转变为另一种状态的某个点或一段区间，推动这种转变的动力来自某个或多个关键生态因子微弱的附加改变。在生态阈值点前后，生态系统的特性、功能或过程发生迅速的改变，其在湖泊生态系统的管理中极其重要。在研究中，AQUATOX 模型被用于确定生物种群生物量突变时的污染物浓度。例如，在 PBDEs 的暴露浓度为 $1.85\ \mu g/g$ 时，消费者种群生物量变化 20% 的概率显著增加；而在 PBDEs 的暴露浓度为 $2.40\ \mu g/g$ 时，生产者种群生物量变化 20% 的概率显著增加。此外，在 PBDEs 的暴露浓度低于 $0.80\ \mu g/g$ 时，所有生物种群生物量变化 20% 的概率较小。因此，AQUATOX 模型能够确定自然生态系统中化学物质在"可接受风险"水平时的关键浓度阈值。

13.4　结论

在种群尺度下，运用熵值法对邻苯二甲酸酯类（PAEs）的生态风险进行评价。计算了我国典型水环境中 PAEs 对于藻类、水蚤和鱼类种群的生态风险，并依据生态风险等级划分标准将 PAEs 生态风险划分为 4 个水平。生态风险评价的结果表明，DBP、DEHP 和 BBP 是我国城市水环境中最主要的风险因子。PAEs 污染分布特征和生态风险评价的结果表明，我国城市水环境中的 PAEs 生态风险值总体处于 $10 \leqslant RQ < 100$ 到 $RQ \geqslant 100$ 水平，尤其是在大城市或者 PAEs 工业密集区域。因此，亟须对我国城市水环境中 PAEs 的生态风险进行早期预警和风险管理。

在群落尺度下，运用生态环境监测方法对重金属生态风险进行评价。本章以底栖动物群落为例，筛选了群落结构和功能指标，通过相关性分析，结果表明底栖动物的结构指标与重金属生态风险的相关性较显著，尤其是双刺目种群数（NDT）、群落损失度（CLI）和群落相似度（CSI）指标的相关性最显著，因此可以考虑运用底栖动物监测白洋淀重金属的生态风险水平。

在生态系统尺度下，运用 AQUATOX 风险评价模型对典型 POPs 生态风险进行评价，结果表明，AQUATOX 模型能够有效地评估 POPs 的直接毒性效应和间接生态效应，AQUATOX 模型得到的最大无影响效应浓度（NOEC）要比实验室中的 NOEC 低 1~2 个数量级。因此，在自然生态系统中 POPs 的生态风险难以根据单一种群的毒性数据进行外推，AQUATOX 模型成为自然生态系统中 POPs 风险评价的可靠方法，能够判定在"可接受风险"水平时污染物的浓度阈值。

参考文献

车晓翠，赵玲，郭聃. 2016. 基于 DPSIR 模型的低碳城市发展水平评价——以长春市为例[J]. 城市地理(14)：17.

陈静生，邓宝山，陶澍，等. 环境地球化学[M]. 北京：海洋出版社，1990.

郭秀锐，杨居荣，毛显强. 2002. 城市生态系统健康评价初探[J]. 中国环境科学，22(6)：525—529.

李博. 生态学[M]. 北京：高等教育出版社，2003.

李锋，王如松. 2003. 中国西部城市复合生态系统特点与生态调控对策研究[J]. 中国人口·资源与环境，13(6)：72—75.

刘奇，王化可，李文达. 重金属铅的生态效应及其地球化学循环[J]. 安徽教育学院学报，2005，23(6)：11.

陆钟武. 钢铁产品生命周期的铁流分析[J]. 金属学报，2002，38(1)：58—68.

陆钟武. 关于进一步做好循环经济规划的几点看法[J]. 环境保护，2005(1)：14—17.

陆钟武. 关于循环经济几个问题的分析研究[J]. 环境科学研究，2003，16(5)：1—10.

陆钟武. 物质流分析的跟踪观察法[J]. 中国工程科学，2006，8(1)：18—25.

马兰，毛建素. 中国铅流变化的定量分析[J]. 环境科学，2014a，35(7)：2829—2833.

马兰，毛建素. 中国铅流变化原因分析[J]. 环境科学，2014b，35(8)：3219—3224.

毛建素，徐琳瑜，李春晖，裴元生. 循环经济与可持续发展型企业. 北京：中国环境出版社，2016

毛建素. 铅的工业代谢及其对国民经济的影响[D]. 沈阳：东北大学，2003.

毛建素. 铅元素人为流动. 北京：科学出版社. 2016.

欧阳志云，王如松，赵景柱. 1999. 生态系统服务功能及其生态经济评价[J]. 应用生态学报，10(5)：635—640.

陶在朴. 2003. 生态包袱与生态足迹[M]. 北京：经济科学出版社.

杨志峰，刘静玲. 环境科学概论[M]. 2 版. 北京：高等教育出版社，2010.

杨志峰，徐琳瑜. 2019. 城市生态规划学(第二版)[M]. 北京：北京师范大学出版社.

郁亚娟，郭怀成，刘永，等. 2008. 城市病诊断与城市生态系统健康评价[J]. 生态学报，28(4)：1736—1747.

周启星，黄国宏. 环境生物地球化学及全球环境变化[M]. 北京：科学出版社，2001.

大卫·福特，肖显静. 生态学研究的科学方法[M]. 林祥磊译. 北京：中国环境科学出版社，2012.

曾思育. 环境管理与环境社会科学研究方法[M]. 北京：清华大学出版社，2004.

CHEN W Q, GRAEDEL T E. Improved alternatives for estimating in—use material stocks [J]. Environmental Science & Technology, 2015, 49(5): 3048—3055.

Costanza R, DArge R, De Groot R, et al. 1997. The Value of the Worlds Ecosystem Services and Natural Capital[J]. Nature, 387(15): 253—260.

Costanza R, Norton B, Haskell B J. 1992. Ecosystem health: new goals for environmental management[M]. Washington: Island Press.

Daily G C. 1997. Natures Service: Societal Dependence on Natural Ecosystems[M]. Washington D C: Island Press.

LIANG J, MAO J S. A dynamic analysis of environmental losses from anthropogenic lead flow and their accumulation in China [J]. Transactions of Nonferrous Metals Society of China, 2014, 24(4): 1125—1133.

LIANG J, MAO J S. Source analysis of global anthropogenic lead emissions: their quantities and species [J]. Environmental Science and Pollution Research, 2015, 22(9): 7129—7138.

MAO J S, CAO J, GRAEDEL T E. Losses to the environment from the multilevel cycle of anthropogenic lead [J]. Environmental Pollution, 2009(157): 2670—2677.

MAO J S, DONG J, GRAEDEL T E. The multilevel cycle of anthropogenic lead II: Results and discussion [J]. Resource Conservation and Recycling, 2008b(52): 1050—1057.

MAO J S, DONG J, GRAEDEL T E. The multilevel cycle of anthropogenic lead I: methodology [J]. Resource Conservation and Recycling, 2008a(52): 1058—1064.

MAO J S, GRAEDEL T E. Lead in—use stock: a dynamic analysis [J]. Journal of Industrial Ecology, 2009, 13(1): 112—126.

MAO J S, LU Z W, YANG Z F. Eco—efficiency of lead in China's lead—acid battery system [J]. Journal of Industrial Ecology, 2006, 10(1/2): 185—197.

MAO J S, MA L, NIU J P. Anthropogenic transfer & transformation of heavy metals in anthrosphere: concepts, connotations and contents [J]. International Journal of Earth Sciences and Engineering, 2012, 5(5): 1129—1137.

MAO J. S., LI C H., PEI Y S., XU L Y. Circualr Economy and Sustainable Development Enterprises. Springer. 2018

Rapport D J, Bohm G. 1999. Buckingham D, et al. Ecosystem health: the concept, the ISEH, and the important tasks ahead[J]. Ecosystem Health(5): 82—90.

Rapport D J, et al. 1998. Ecosystem health. library of congress cataloging in publication data[M]. Inc. USA: Blackwell Science, 18—33.

RECK B, GRAEDEL T E. Challenges in metal recycling [J]. Science, 2012, 337 (6095): 690—695.

Wackernagel M, Onisto L, Bello P, et al. 1999. National natural capital accounting with the ecological footprint concept[J]. Ecological Economic(29): 375—390.